送给宝宝的手编毛衣

4~8岁

张翠 万秋红 郑红 编著
编写小组：景梅 伍密 李月平
制图：张燕华
摄影：陈健强
模特：邓雅兰 辛梓萱

辽宁科学技术出版社
·沈阳·

图书在版编目（CIP）数据

送给宝宝的手编毛衣/张翠，万秋红，郑红编著.——沈阳：辽宁科学技术出版社，2011.5
ISBN 978－7－5381－6924－9

I. ①送 … II. ①张… ②万… ③郑… III. ①绒线—童服—编织—图集IV. ①TS941. 763.1—64

中国版本图书馆CIP数据核字（2011）第057315号

出版发行：辽宁科学技术出版社
（地址：沈阳市和平区十一纬路29号　邮编：110003）
印 刷 者：东莞新丰印刷有限公司
经 销 者：各地新华书店
幅面尺寸：210mm×285mm
印　　张：13
字　　数：200千字
印　　数：1～13000
出版时间：2011年5月第1版
印刷时间：2011年5月第1次印刷
责任编辑：赵敏超
封面设计：徐秋萍
版式设计：刘　燕
责任校对：李淑敏

书　　号：ISBN 978－7－5381－6924－9
定　　价：39.80元

联系电话：024—23284367
邮购热线：024-23284502
E-mail:473074036@qq.com
http://www.lnkj.com.cn
本书网址：www.lnkj.cn/uri.sh/6924

目录

做法：P81~P82

优雅翻领小外套

前后两面花样完全不一样的外套，衣服前片和衣袖是树叶花样，背后则是如同花茎顶着花苞的竖形排列，同样的美丽精致，却带来不一样的风格。前片宽宽的门襟和大翻领，让衣服看起来很大气，后片的小圆领和罗纹束腰则显得优雅柔美。扇形的衣边也是不可忽视的优雅修饰。

做法：P83

韩版女童外套

渐宽的下摆和衣袖，带来韩版衣服的可爱味道。衣服中部的两种扭花纹交替编织，精致而优雅，穿出宝贝的大方美丽。

做法：P85

青翠小坎肩

青翠欲滴的颜色，生机勃勃，配上简洁个性的款式，小坎肩穿出宝贝的健康和活力。

做法：P84

大气休闲装

宽松的款式，大大的扭花纹，以及利索的辫子花样，让衣服显得很大气，穿出潇洒个性的时尚休闲风。

做法：P86

做法：P86

时尚女生套裙

小马甲配上小裙子，有着成人女装的时尚和干练气质，却又透着童真稚气的可爱。上衣前后花样各有特色，精致而独特。

做法：P87

树叶纹小坎肩

衣服全部由树叶纹排列织成，
带着树叶的轻盈和木叶清香，
让人闻到大自然的味道。

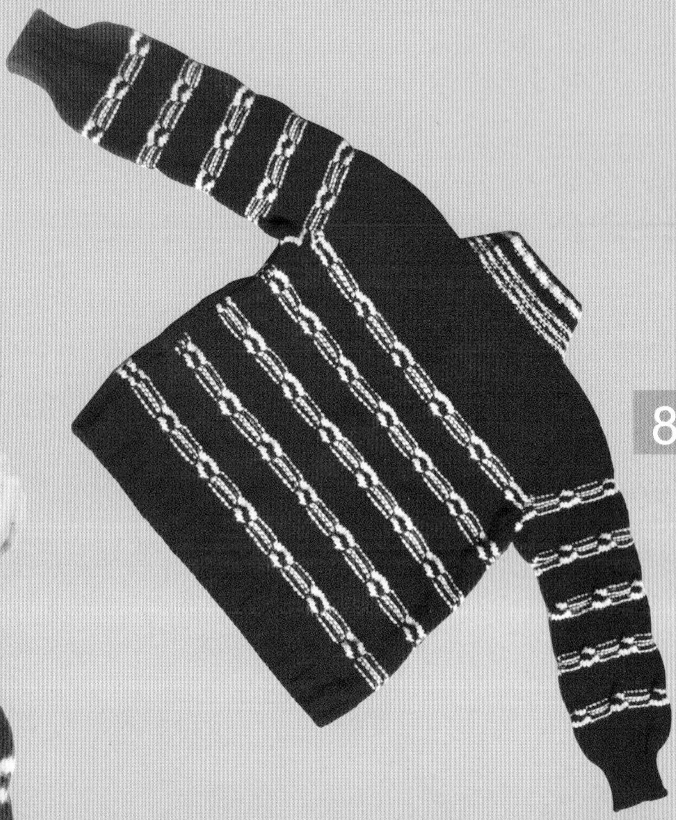

做法：P87~P88

横纹对襟毛衣

大红的底色上，穿梭着白色的横纹，颜色不会太过艳丽，也不会单调无生气，白色横纹像波浪一样给衣服带来动态活跃的美。毛衣看起来厚实而温暖，在凉意已深的秋末也可以当作大外套来穿。

做法：P89

韩版中袖毛衣

衣服上半部分用罗纹和麻花织出上身的收缩效果，下部分则逐渐加宽似裙摆，有着可爱又乖巧的韩式味道。下摆的几朵小花，更显秀雅怡人。

做法：P88

美丽葡萄园上装

纯黑的底色上，葡萄成熟、花儿绽放，鲜亮抢眼，让人想不注意都不行。

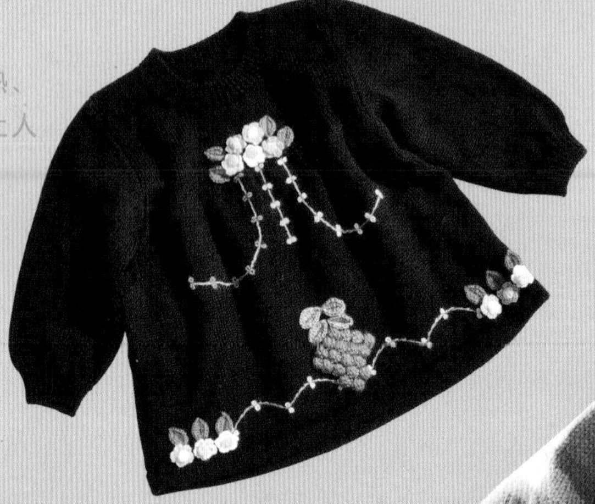

做法：P90

中国红高领毛衣

喜庆而热情的中国红，穿出宝贝的活力和如花的美丽，高领的款式，温暖又显气质。全身各种大小扭花纹交错排列，凸显精致的美感。配上黑色裤子，捋起衣袖，优雅大气又个性十足。

做法：P91

帅气小马甲

蓝色的小马甲，简洁大方，背后的鱼刺形花纹一气呵成，帅气又个性。搭配T恤、短裤，更显潮味十足，轻松扮靓俏美眉。

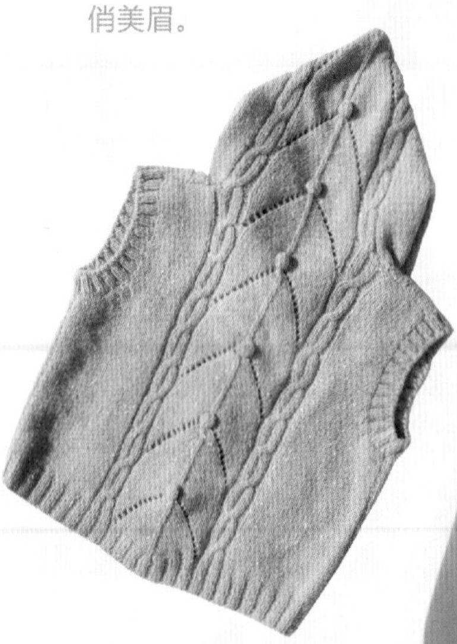

做法：P91~P92

扭花纹插肩毛衣

衣服被花样分割成几个小块，层次分明，个性突出。扭花纹的收缩效果，给人精致又很精神的感觉。拉链的款式，带来自然又帅气的运动休闲风。

做法：P92

大气系带披肩

一款厚实而大气的披肩。多种颜色搭配起来，并不艳丽，而显得含蓄沉静。披肩的花样，像一枝枝树枝伸长开来，带来繁茂的美丽。领口的系带，给大气端庄的披肩添几分动态的轻盈和美丽。

做法：P93

帅气高领毛衣

宽松版的长款毛衣，穿出时尚的运动休闲风，高高的温暖的衣领，衬得小男孩愈加英气逼人。毛衣前后用棕色线勾勒出似风车的图案，简洁有力，个性十足。

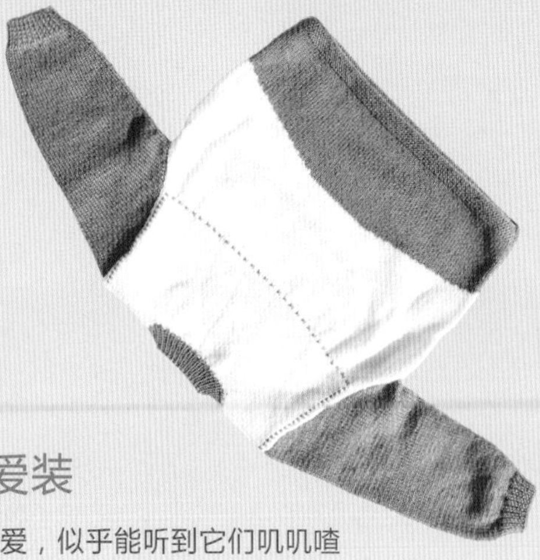

做法：P94

小鸡图案可爱装

衣服上三只小鸡娇嫩可爱，似乎能听到它们叽叽喳喳的叫唤声。颜色的搭配和拼接也是这件衣服的重点，白色和粉色分形状的组合，让衣服在秀雅中透着个性风采。

做法：P95

优雅菱形纹上装

白色的束腰款式，整齐精致的菱形花样，显得大方而优雅，然而调皮的宝贝仍然将它表现得可爱俏皮。

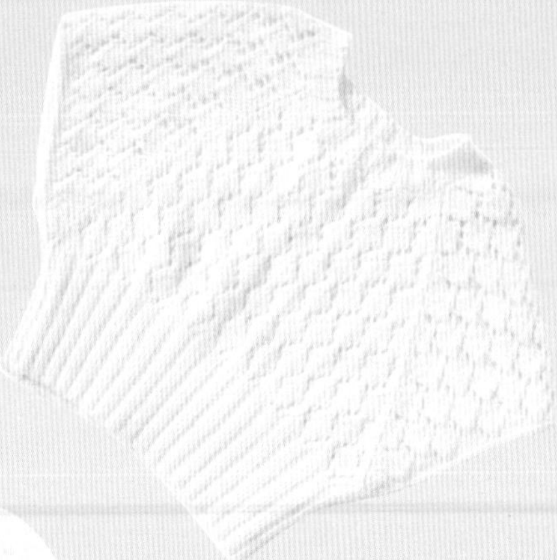

做法：P95

青翠绣花裙

青青翠翠的颜色，如雨水洗过的小树叶子，青葱可爱，鲜亮夺目，衬得宝贝明艳照人。黑色的裙边和黑色线绣的花朵，在青翠的活力中又加入了几分优雅的感觉。

做法：P96

温暖带帽外套

温暖的毛衣款式，配上个性而大气的竖纹图案，让宝贝美丽得与众不同。绿底黑花的裙子，亮丽优雅，也只有小小女孩配得起这样红红绿绿的鲜艳。

做法：P97~P100

优雅淑女装

淡淡的蓝色连帽外套，落落大方，衣服上精致的花纹，给人时尚大气的感觉，更衬托出优雅的淑女味道。

做法：P101

超个性蝙蝠衫

造型独特的蝙蝠衫，时尚又大气，让宝贝个性十足，配上一顶白色帽子，更加有范儿。家有女儿是幸福的，将宝贝打扮得漂漂亮亮而又独特出众，更是妈妈们最幸福最得意的事情。

做法：P102

韩版淑女装

罗纹和平针结合，配上几颗白色扣子，简单打造优雅又可爱的韩版淑女风。家中有女儿的妈妈们可以大胆尝试哦。毛衣配上白色小裙子，更显宝贝清秀乖巧，惹人疼爱。

做法：P103

双色连帽背心

红色和白色搭配，热情中不乏文静，秀雅间又不失俏皮，加上款式的简洁明朗，更让人感觉清新可爱。这样简洁又个性的小背心，淘气或文静的宝贝都可以尝试，穿上去各有各的风格。

做法：P104

横纹休闲装

驼色加棕色横纹的毛衣，穿出时尚又个性的休闲风。略显褶皱的小衣摆，则又添柔美味道。休闲的小毛衣，将宝宝的可爱活泼表现得淋漓尽致。

做法：P105

方格纹上装

横纹和竖纹交织，将毛衣前片分为一个个的方格，有着棱角分明的个性色彩。配上一顶多彩的方格小帽，更衬得宝贝个性鲜明。

做法：P106

温暖紧身毛衣

紧身的款式，穿出宝贝的清秀小巧，扭花纹的花样像是一个个的小灯笼悬挂着，带来精致而热闹的感觉。

做法：P107~P108

菱形纹大衣

全身的线条交织成菱形图案，整洁而大气，宽大的衣型，更显大方。领口依着针法特点，形成自然卷曲的衣边，使露肩的衣领显得柔和美丽。大大的绿色毛衣，给冷肃的冬日带来怡人的春天气息。

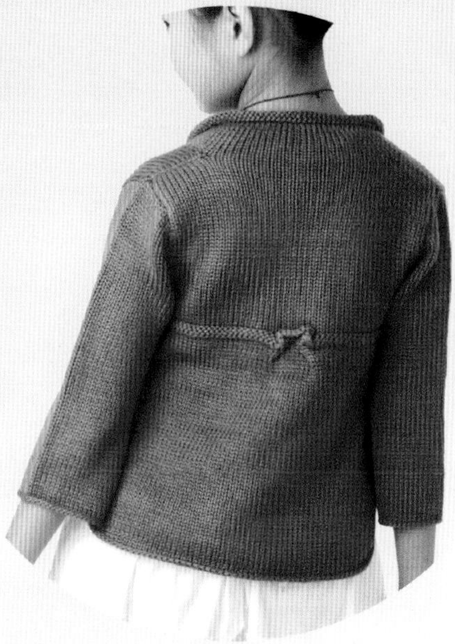

做法：P109

淑女风小外套

简单的平针，成就不一样的精彩，衣边形成的自然卷曲，看起来很随意，前短后长，带来不规则的美感。后背上的小小褶皱有蝴蝶结的效果，精致柔美。

做法：P110~P111

横纹圆领毛衣

浅蓝色的线条穿行于深蓝的底色上，带来海军衫的效果，穿出小小女孩的飒爽英姿和潇洒个性。两处的字母图案增加衣服的变化，避免单调。不同的搭配会带来完全不同的个性风采，妈妈们可以根据不同场合，选择搭出宝贝不同的一面。

做法：P111

蓝色运动装

蓝色，似这秋高气爽的秋日天空，宁静高远，让人的心灵似乎都被净化了，忘却了许多的俗世烦恼。宽松简洁的款式打造休闲运动的风格，显得健康有活力。衣身上部分的花样个性而不张扬，穿出宝贝温和又独特的个性。

做法：P112

美丽公主衣

米色为主体的修身款外套，背后有流畅大气的扭花纹、袖子、前片有精致灵动的树枝纹，再配上暖暖的橙黄色毛边，整件衣服落落大方、高贵优雅。

做法：P113

怀旧偏襟毛衣

红色衣身，配上宽宽的粉色粗毛线衣边，有种妈妈的年代里北方冬天的感觉，偏襟和小立领更加深了这种怀旧的暖暖感觉。没有复杂的花样，出众只在于心思的新颖独特。

做法：P114

双排扣淑女装

时尚的韩版款式，小翻领和双排扣显得大气明朗，微敞的中袖和下摆，带来小公主的秀美可爱感。袖间的系带和后背的蝴蝶结，更秀出优雅的淑女风。配上碎花淑女裙，更显恬静优雅的可爱。

做法：P115

温暖拉链装

两种不同质地的毛线分部分编织，织出两件套的效果，如同灰色毛衣上还配着一件小马甲。衣服毛绒绒的，看起来很温暖，拉链的款式则又带来运动休闲的感觉。帽子是用扣子系上去的，可以拆下来，实用方便。

做法：P116~P117

淡雅紫色套裙

浅浅的紫色，清新淡雅，简洁大方的款式，穿出宝贝的优雅恬美气质。衣裙在花样、细节处也时时留心着意，新颖而精致。裙子的小开衩设计，时尚而又实用，便于宝贝活动自如。

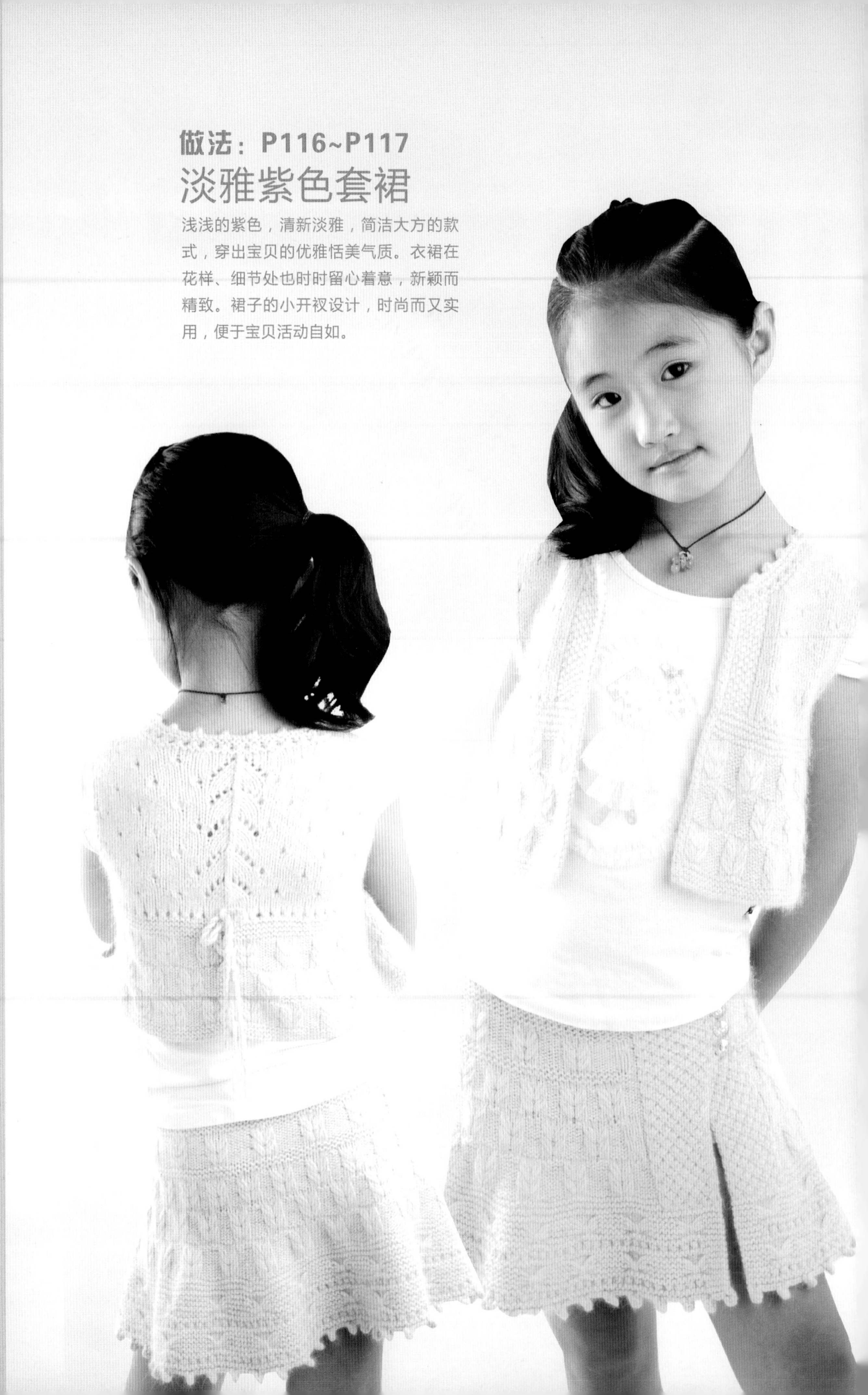

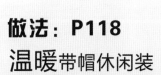

做法：P118

温暖带帽休闲装

带帽的拉链款毛衣，带来活力和运动的感觉，棕色的衣身配上红、黑两色的衣边，简洁大方，看起来很有精神。厚实有弹性的毛衣，穿起来温暖又不影响活动，调皮的宝贝一定超喜欢。

做法：P119

休闲风圆领毛衣

宽松的款式，简洁大方的横纹，让衣服有种自然随意的潇洒感，自然卷起的衣边更添洒脱不羁的味道。

做法：P120

喇叭袖翻领小外套

大大的翻领和三颗大扣子，让衣服看起来大气而时尚，花样编织的袖口和衣摆，有微喇的效果，增添甜美可爱的感觉。

做法：P121

学院派无袖衫

简洁大方的款式，内敛的深蓝色，领口系几颗小扣子，配上一件衬衣，带来浓浓的学院派味道，穿出学生的整洁明净、大方得体。衣摆部分的三角形镂空，在细节中体现着精致，腰围几圈白色横纹，则有效调节色彩，避免单调。

做法P122~P123

超个性套裙

背带裙厚实而有质感，裙身的小口袋，三颗大扣子，腰间的珠片，无一不体现着个性和独特的时尚感。配上叶子花小马甲，再加一顶黑色亮片帽子，有一种爵士女郎帅气又个性的魅力。小马甲结构简单却夸张，花样复杂而不凌乱，彰显个性而不忘美丽精致。

做法：P124

柔美小套裙

嫩嫩的粉色，给人柔和甜美的感觉，粉粉的小套装，穿出温婉可人的小淑女。上衣的线条很流畅，挂脖后的三角形和绒球则增加了动态的美感，显出淑女的小俏皮。

做法：P125

清凉吊带裙

清清爽爽、简简单单的吊带裙子，穿出夏季美丽又清凉的小美女。裙摆的小小镂空花样，星星点点，既美观又透气。

做法：P126

活力男孩装

绿绿的颜色，让人仿佛看到万物繁茂的夏日，生机勃勃，充满热情的生命活力。衣身上的叶子花样，翠绿饱满，满是生机和希望。拉链款小竖领毛衣，款式简洁，宽松而不拖沓，宝贝穿起来很有精神，而且可以活动自如。

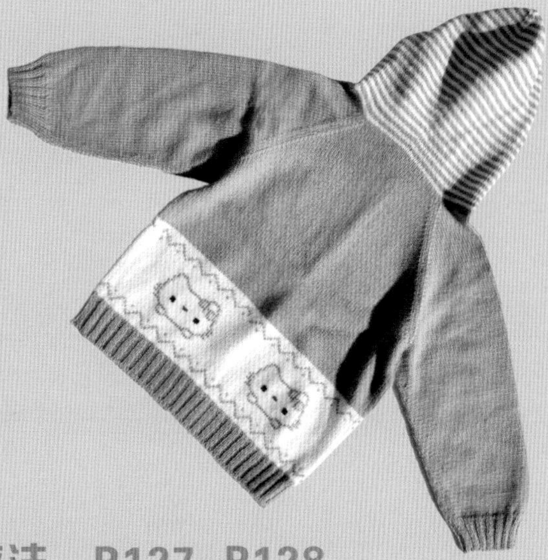

做法：P127~P128

可爱小猫毛衣

绿色和白色搭配，清新明净，前片两个可爱的小猫图案，简洁可爱。拉链带帽的款式，则又带来健康活泼的感觉。

做法：P129

修身高领毛衣

修身紧致的款式，在冬天比较实用，而且有很好的保暖效果，简洁的设计，干净大气得如同晴朗的冬日。

做法：P131

时尚运动装

黑灰两色配的插肩袖毛衣，带来
满健康活力的运动感，再绣上运
品牌名，更显时尚休闲。

做法：P130

文雅男孩装

黑色与红色搭配，深沉而不沉闷，鲜亮又不张扬。拉链圆领的款式，露出白色衬衣衣领，更显大方文雅的气质。

做法：P132

插肩款带帽毛衣

棕色的毛衣，深沉而不张扬，利索的插肩带帽款式，加上简单的花样，简洁大方。

做法：P133

明艳女孩装

红色美丽明艳是属于女孩子的颜色，白皙娇嫩的小女孩穿上一身红装，更显光彩照人，明艳不可方物。披肩精致优雅，裙子简洁大方，红色中夹一根金丝，更显优雅高贵、大方得体。

做法：P134

柔美女孩装

毛绒绒的粉色，像是淡淡的烟霞，柔美浪漫。两颗包扣，扣出上面的柔和圆领，扣出下面的倒V形，新颖独特，清新雅致。

做法：P134~P135

帅气横纹外套

衣服一边是窄横纹，一边是宽横纹，两边不对称的花样，显得个性而独特。高高的立领款式更显大气时尚。

做法：P136

清新娃娃装

浅浅的蓝色，淡雅清新，用红色毛线勾勒出韩服般的线条，鲜亮突出又俏皮可爱，红色胸线下细细的褶皱，有着优雅温和的感觉。衣服左下方的蒲公英图案，带着稚嫩的简洁和生动，在风中飞扬。

做法：P138

皮卡丘小背心

大大的胖胖的皮卡丘图案，独特抢眼，宝贝看了一定喜欢。

做法：P137

优雅小披肩

紫色为主的小披肩，优雅高贵，披肩前面的褶皱和桃心系带，带来蝴蝶展翅的优美感觉，小巧修身的款式更显宝贝美丽可人。

做法：P140~P141

甜美背心裙

粉色的长款背心裙，清纯甜美。上身简洁宽大的设计，让调皮女孩子可以挥洒自如，同时也方便天冷的时候可以内搭衣服。

做法：P139

运动型男孩装

简洁修身的运动款式，穿出休闲味儿十足的轻松和随意，绿色和白色在灰色中勾勒出线条，更显青春活力。

做法：P142~P143

帅气小背心

款式简单的小背心配上白衬衣，显得大方帅气。黑色的衣边和横纹，增添一种稳重文雅的味道。

做法：P144

大气温暖外套

毛衣的针法看起来很密实，厚厚的，很温暖。大大的扣子，大大的帽子，以及粗线条的花样，显得大气时尚。这样一款外套，在冷冷的秋冬季节，给宝贝加一些温暖，添几分帅气。

做法：P145

可爱小马甲

背心前面是用毛线绣的两只可爱史努比，背后是烫花调皮米奇，小小背心可是两大童装品牌的结合哦，喜欢史努比和米奇的宝贝们一定超爱。

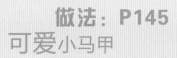

做法：P146~P147

树叶花连衣裙

时尚的西瓜红，衬得女孩子愈加白皙水嫩、娇俏可爱。袖口和裙摆的树叶花整齐排列，在夏季有很好的透气散热效果。树叶花从胸线下就开始编织，线条流畅，也避免了上下分割的单一。

做法：P148~P149

烫花双色套裙

背心裙将白色和玫红色完美拼接，有着套裙的效果，大大的卡通图案增加了可爱和调皮的感觉。搭配外套后，则显得端庄大方。你的一颦一笑、一喜一怒，都是那么直接那么简单，纯真而可爱。

做法：P150~P151

V领淑女装

深深的蓝色和沉稳的灰色搭配，含蓄安静。两色配的褶皱V领，像是一朵朵花组成的美丽花环，立体有质感，显得优雅美丽。衣摆上的小花，各自摇摆着，看起来很随意很快乐，给淑女风添一丝顽皮的味道。

做法：P152

阳光男孩装

灰色的毛衣配上红色线条，带来温暖明媚的阳光气息，拉链带帽的款式，穿出宝贝运动的活力。配上一顶个性小帽，更显宝贝阳光帅气。

做法：P153

扭花纹连衣裙

扭花纹与平针结合，将连衣裙分为上下两部分，中间用系带束腰，甜美的款式将粉红色的柔和温馨演绎得淋漓尽致。裙摆处的花边加一行绿色不规则波浪纹，如同是青青的篱笆，玫红色的小点也许是喇叭花也许是蔷薇，简洁中带来一股清新的田园泥土气息。

做法：P154

烫花长袖毛衣

红艳艳的颜色，衬得女孩子像一枝明艳的花，在人群中明媚而抢眼，成为秋天的亮丽风景。面前的可爱图案，给衣服添几丝活泼俏皮的感觉，领口、袖口、衣摆的丝带则增加灵动飘逸的美。

做法：P155

树叶花小坎肩

嫩嫩的黄色，衬出宝贝红润健康的好气色。满身的树叶花，是秋日里永不凋零的快乐和美丽。

做法：P156~P157

裙摆式女孩毛衣

用一根系带将衣服分成上下两部分，下部分有着裙摆的宽松效果，美丽时尚，全身的小镂空花样，使衣服更显精致优雅。

做法：P157~P158

裹肩无袖衫

从上往下织的无袖衫，线条流畅，造型独特，裹肩的款式更添优雅贵气之感。橙色的修身款衣服，搭配裙子或者随意搭配一条裤子，都显得青春靓丽。

做法：P159~P160

树叶花长袖裙

大大的裙摆上，满是树叶花，有着树叶飞舞的轻盈飘逸，宝贝仿佛是那乘叶而行的仙子，衣袖挥舞，美丽洒满人间。腰间随便系一条黑色腰带，显得潇洒而时尚。

做法：P161

青青女孩套裙

白底绿边的吊带加绿色小裙子，青翠可爱，像夏日里清凉的风，清爽怡人，沁人心脾。裙子上的字母图案给人随意又可爱的感觉，宽宽的蝴蝶结系带则显轻盈优雅。

做法：P162

大肥猫背心

这是一只很懒很肥的大白猫，背心上只看到一张猫的脸，可爱而生动，它的耳朵在衣服的肩部，前爪在衣摆处，一根粗粗的尾巴竖在腰间，整件衣服就是它的身体，胖胖的显得憨厚可爱。

做法：P163

花朵小背心

浅紫色带来淡雅宁静的淑女感觉，领口的立体花以及腰间的大大花朵，更增添了甜美清新的感觉。

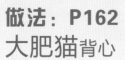

做法：P166~P167

快乐宝贝装

红黄蓝三色组合，像一团跳动的火焰，充满生命的活力和自由的快乐。宝贝的童年应该是热情而尽情快乐的，给宝贝充分的自由，让他的人生有一个快乐的开始。

做法：P164~P165

卡通拼色开衫

卡通式的画面出现在衣服上，天上飞的飞机，地上跑的汽车，江上游的帆船一个个活灵活现，更增了几分灵动、俏皮的感觉。

做法：P167~P168

树叶纹V领背心

统一的竖形花纹，简洁的V领和短袖款，显得干净明朗，配上纯净的蓝色，更觉清爽可爱。

做法：P168~P169

小白兔背心

绿绿的草地上，一只可爱的小白兔在吃草，一幅清新宁静的画面，充满生动的童趣和健康的活力。

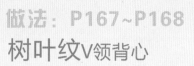

做法：P170~P171

秀美小外套

柔美的粉色，加上圆润的衣领和圆衣摆，显得时尚而温和，肩部和胸口的灰色蝴蝶，更添轻盈优美。

做法：P171~P173

多色披肩

色彩斑斓的披肩，仿佛是宝贝所希望的五彩缤纷的童年，多姿多彩，快乐无忧。

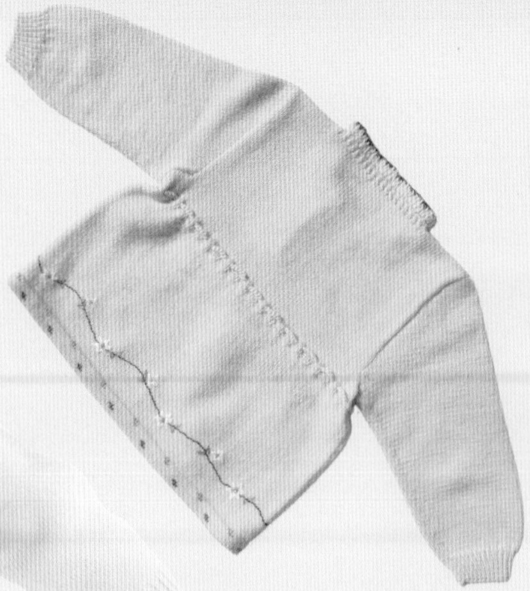

做法：P174~P175

文静娃娃装

韩版娃娃装，有柔和的系带、秀雅的小花，加上嫩嫩的鹅黄色，穿出小女孩难得的文静秀气的一面。

做法：P175~P176

迎春花小外套

遍布各处的花朵，让人感觉到春暖花开的气息，而这明艳的黄色的花，定是那最先探出头的迎春花了。

做法：P179

粉色小开衫

水水嫩嫩的颜色，温馨柔和，穿出宝贝娇嫩轻柔的美。同时，给宝宝舒适贴身的温暖。

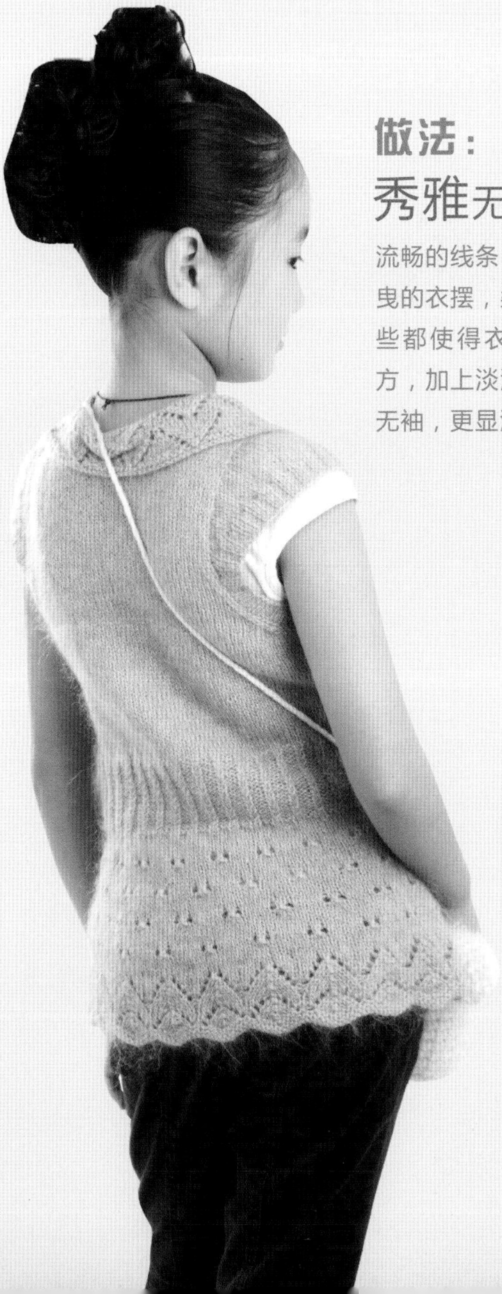

做法：P177~P178

秀雅无袖衫

流畅的线条，修身的款式，摇曳的衣摆，柔和的小翻领，这些都使得衣服看起来端庄大方，加上淡淡的紫色和清爽的无袖，更显清新秀雅。

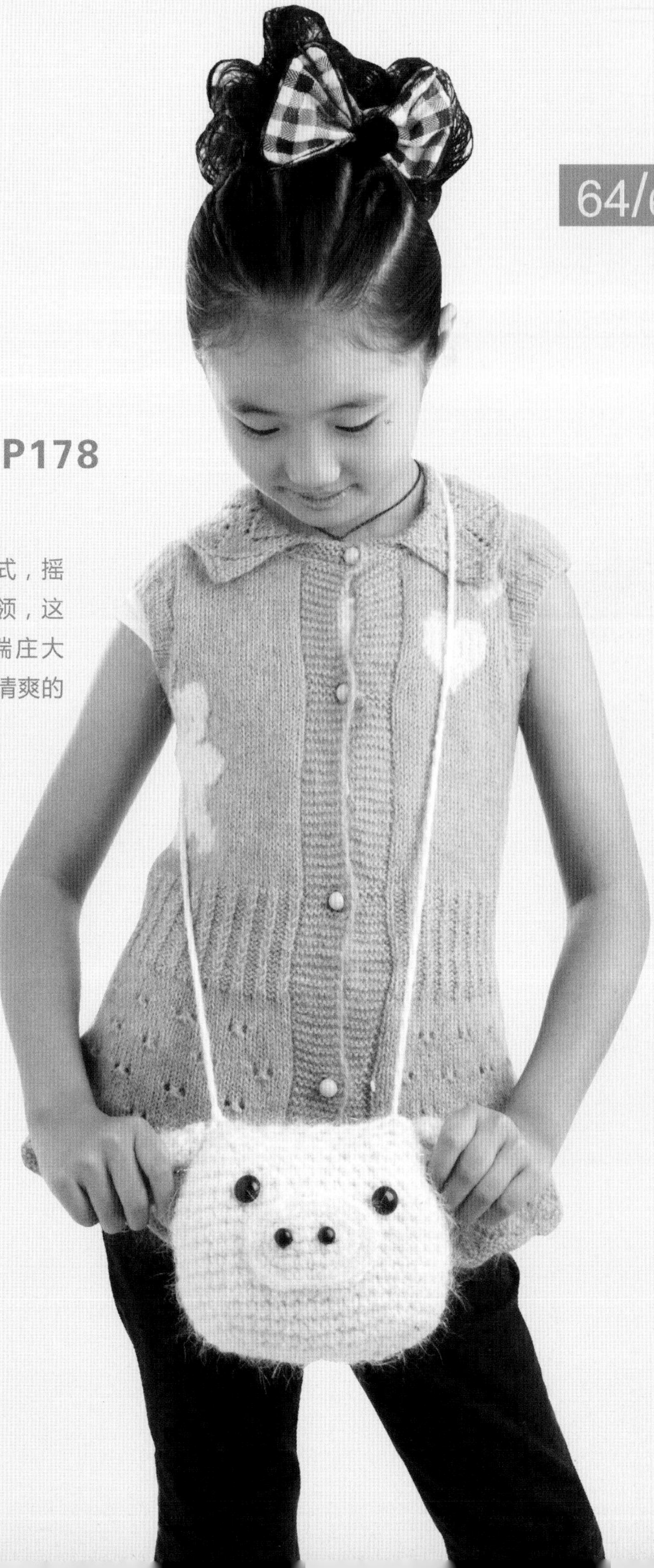

做法：P180

大方小马甲

红色衣服配上黑色衣边，显得大方优雅，简洁的马甲款式，更适合表现宝贝的纯真无邪。帽子后的绒球增加了衣服的动态美，显得活泼可爱。

做法：P181

淘气小魔女披肩

粉色长款斗篷式披肩，加上翘翘的立领，打造出童话世界里的小魔女形象，她小有魔法，古灵精怪而又心地善良，有时老成稳重，有时淘气搞怪，让人爱则太溺，恨又不舍。

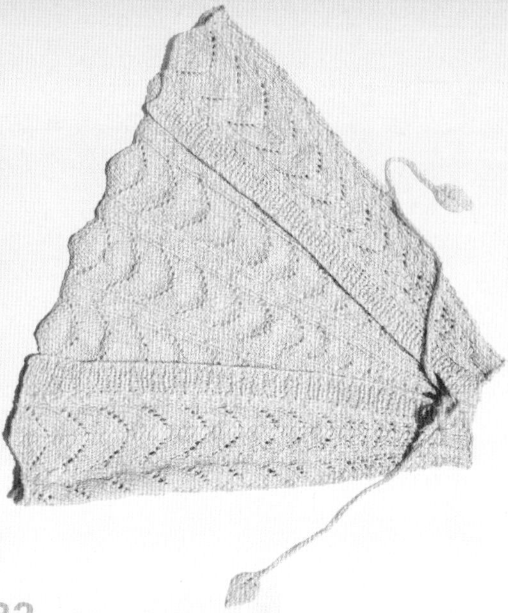

做法：P182~P183

美丽蝴蝶短袖衫

衣服上织着一只大大的镂空蝴蝶，让人似乎能感受到它轻盈的薄薄的翼，衣领上也束结一个蝴蝶结，更添几许生动美丽。

做法：P184~P185

清爽连衣裙

黄色与段染组合的连衣裙，颜色和谐，过渡自然，看起来有两件套的效果，高腰的款式显得时尚青春。鹅黄色的背心款上身，清清爽爽，娇美可爱。

做法：P186

时尚韩版美裙

一款从上往下织的时尚美裙。上部分的罗纹织成高高的衣领，凸显高贵优雅，罗纹散射成肩部，简洁大气，而且有很好的弹性。下部分用麻花和平针逐渐加宽成裙摆，简洁自然，更显落落大方。线条流畅的裙子，穿出时尚韩版味道。

做法：P187~P188

休闲风温暖毛衣

绿色和黄色自然过渡，充满阳光活力，用毛线在黄色上绣一辆单车图案，带来潇洒自然的休闲风。戴上草帽，骑着单车，来一次健康环保的郊游吧。

做法：P190

淑女风连衣裙

裙子腰身和裙摆的花样比较独特，像是一条条水草在水中飘游，清新而飘逸。桃红色是那样的甜美柔和，配上精致的花样，更添淑女的优雅气质。

做法：P188~P189

活力女孩裙

简洁流畅的线条，清爽的背心裙款，带来运动女孩的健康活力，仿佛是一缕阳光，给人温暖又明亮的感觉。精细的树枝花样，凸起的波浪纹，以及柔柔的粉色，让衣服在活力中不乏精致柔美。

做法：P191

文静女生裙

素雅的白色长款连衣裙，清新雅致，领口系一个蝴蝶结，穿出文静优雅的小女生。全身的镂空花样，清凉透气，给宝贝一个美丽凉爽的夏日。浅浅的橙色穿插在白色中，更添几分秀美宁静之感。

做法：P192

清凉淑女裙

裙身花样织成的镂空，带来夏日的清凉感觉。端庄的短袖长款连衣裙，配上柔和的粉色，腰间再结一条蝴蝶结丝带，完全是大方甜美的淑女款。宝贝好像对淑女风超级不满哦，淘气的她用村姑造型提出严重抗议。

做法：P193

阳光橙色开衫

橙色，有着阳光的温暖和鲜亮，穿出宝贝充满朝气的健康活力美。镂空的花样显得精细秀美，为宝贝加几分美丽，添几分清凉。配上宝贝最爱的漂亮裙子出游吧，她就是最阳光最快乐的小女生。

做法：P196

叶子花小背心

简单宽松的橙色背心，穿出健康活力的休闲风。柔和的卷边领口，显得随意自然，更添几分潇洒感。前片中心的竖排叶子花，热闹的开放，带来几分朝气和热情。

做法：P194~P195

拼色背心裙

简洁的款式，流畅的线条，透气的镂空花样，陪宝贝度过一个美丽又清凉的美好夏日。浅粉色、白色、浅紫色在腰身以下自然衔接，让花样过渡更显层次分明。

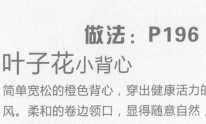

做法：P199

柔美短袖衫

束腰带帽的短袖衫，清新柔美。衣身上部分的
方格和下摆的扇形花样，整齐精致。腰间系带
帽顶上的小绒球则在柔美中添几分活跃。

做法：P197~P198

扭花纹长毛衣

衣身大大的双排扭花纹花样，显得大气而端庄。插肩袖上的麻花精致而有质感，配上圆领，凸显高贵优雅的淑女气质。

做法：P200

柔美淑女裙

粉色、浅蓝色、嫩黄色三色拼接，过渡自然，仿佛颜色是被晕染开的，带着朦胧水润的感觉，更显宝贝清新柔美。胸前的立体花加精致衣边，是对单一针法的调节。

做法：P202

清新小披肩

一件新颖独特的披肩。在纯净的白色底色上，前片两边分别绣一只蝴蝶一只蜻蜓，让人有无限遐想，仿佛置身热闹而美丽的花园，有着大自然的清新美丽。

做法：P201

简洁小马甲

纯洁的白色，简单的款式，看起来清清爽爽，带来清新自然的简洁美。衣摆的小樱桃图案，增添几分甜美可爱的味道。

做法：P202~P203

典雅金鱼裙

深绿色显得古朴典雅，肩部偏襟系扣的款式更显古典的美感，黄色小花的扣子则清新可爱。圆肩上的金鱼栩栩如生，带来几分生气和童趣。白色的加入，在深绿色的古朴中添几许清新和鲜亮。

做法：P204

明艳美人装

火红的颜色，亮丽抢眼，衬得宝贝愈加明艳动人。独特的款式，修身的线条，像是美人鱼上岸后换上的红色时尚晚装，惊艳而灵动。精致的花样，以及独特的大开袖和椭圆裙摆，穿出宝贝独一无二的美丽。

优雅翻领小外套

【成品规格】衣长49cm，衣宽40cm，袖长36cm
【工　　具】10号棒针
【材　　料】羊毛线400g
【编织密度】21针×20行=10cm²

制作说明：

衣服由几种花样组合织成

1. 后片。起84针织花样A为边，织好后均加14针为98针，开始织花样。
2. 腋下。两侧各19针；递减针形成腰线；中间分成3份织成步步高花样，平针分布分别为9，11，11，14针。中间用花样间隔。
3. 前片。起36针织花样A作边；然后均加3针，分成3部分；18针织边缘花样为边，中间织叶子花9针，内侧12针为平针。
4. 袖。从上往下织，中间织腋下花样，两侧织平针，袖口织边缘花样。
5. 领。前片边缘织40行后，上边递加针10次后，两侧同步减针，减5次后平收；后片从领窝挑出针数，前片两侧各挑12针，开始织边缘花样，领角减针形成圆角，前边与前片叠压；完成。

符号说明：

□ Ⅰ

O 加针

⋋ 右上2针并1针

Q 扭针

⋀ 中上3针并1针

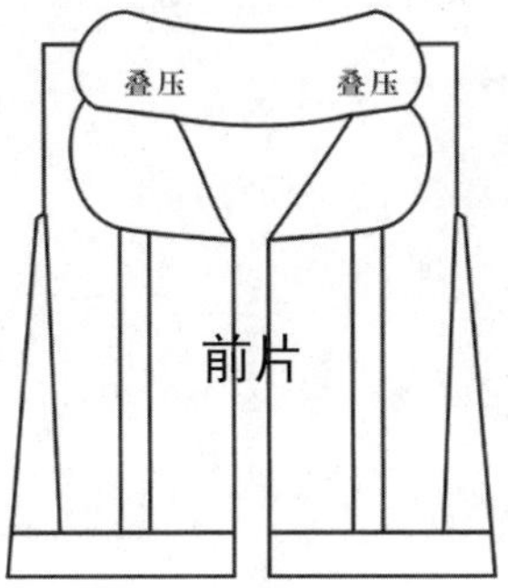

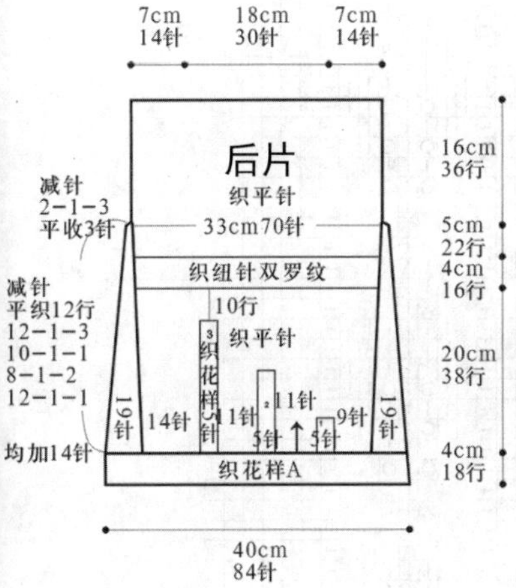

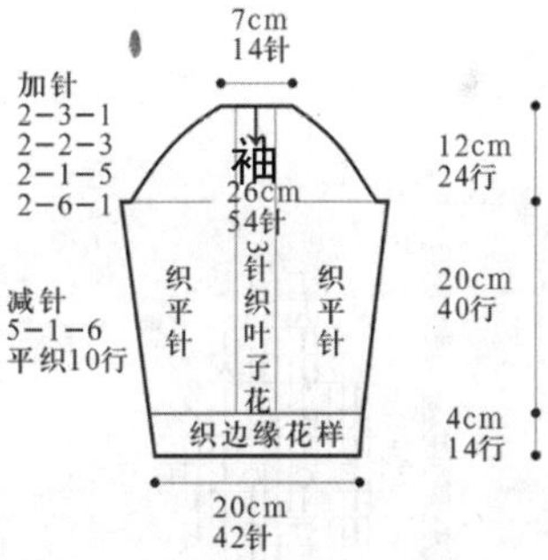

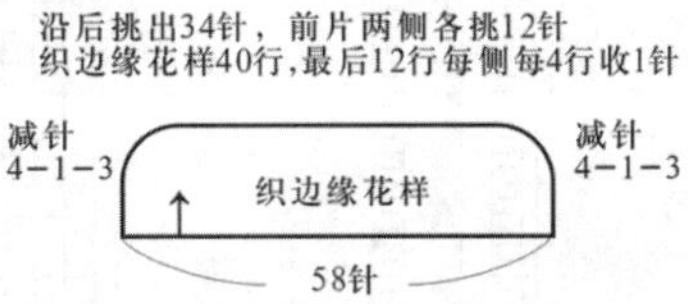

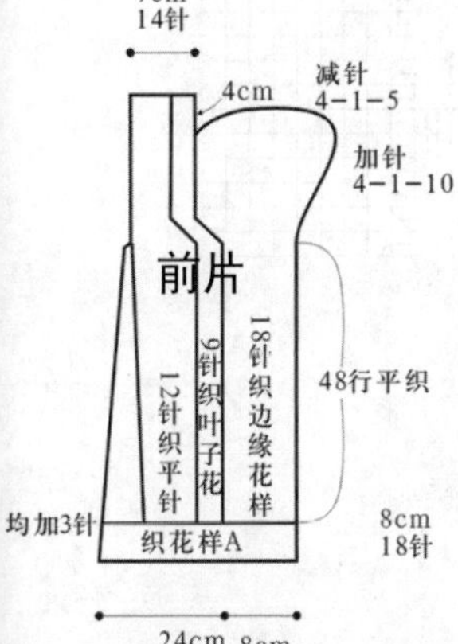

腋下及袖中心花样

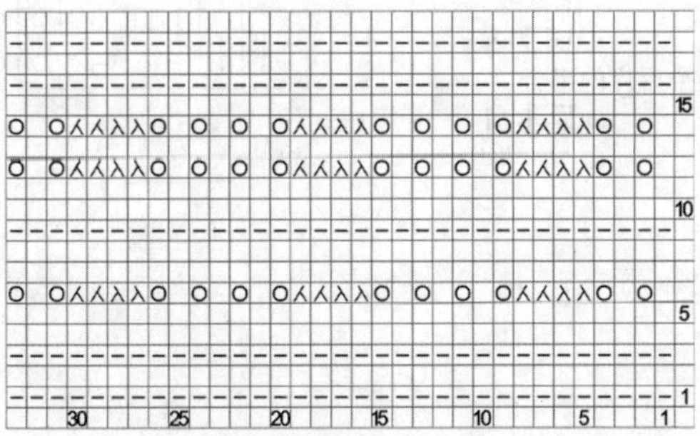

□=Ⅰ　花样A　底边

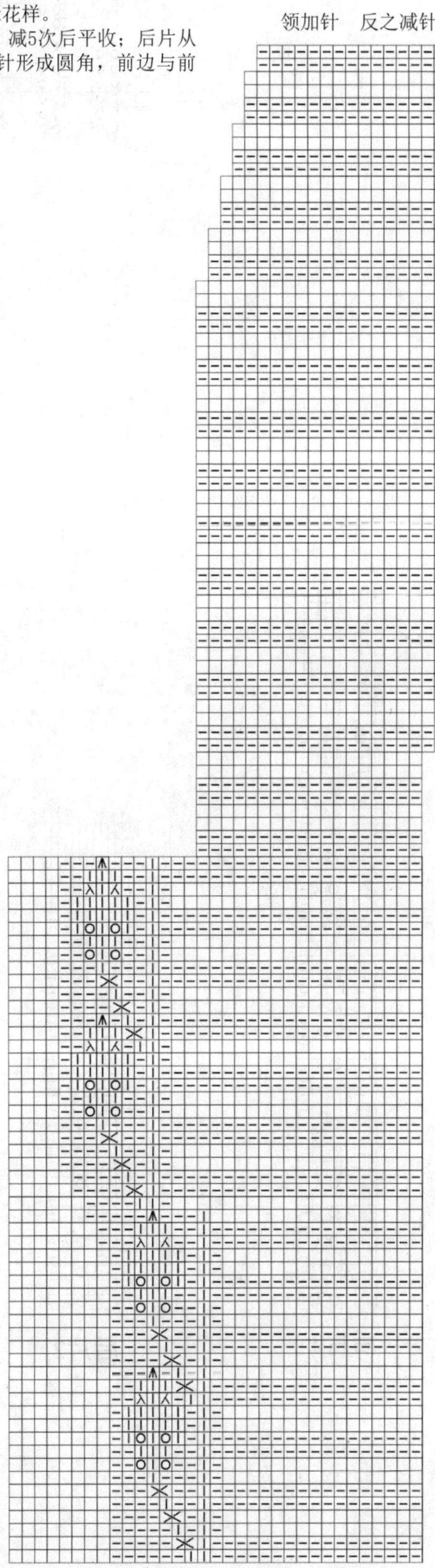

前片织法　□=Ⅰ　前片边缘

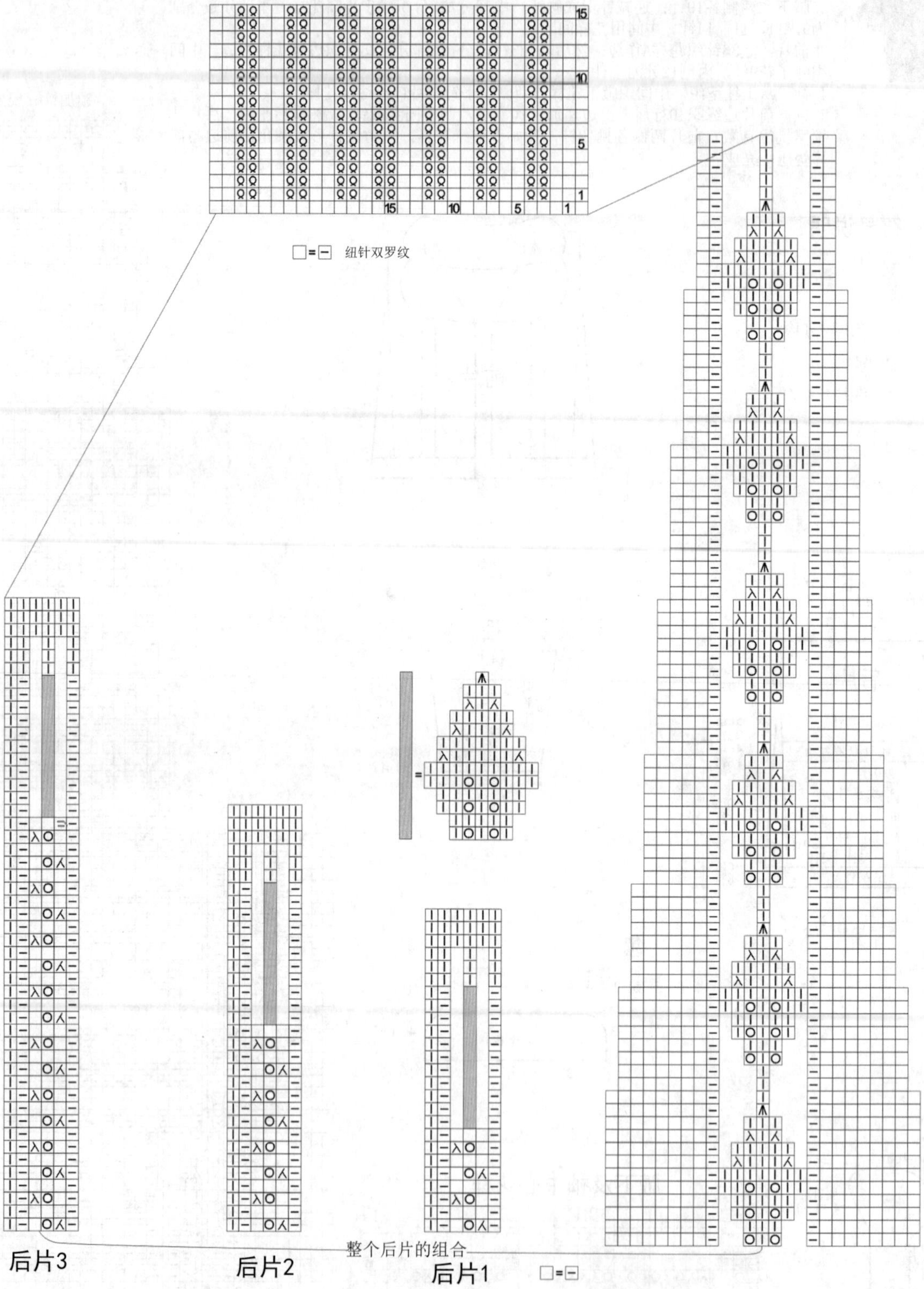
15
10
5
1
15
10
5
1
□=− 纽针双罗纹
=
后片3
后片2
后片1
整个后片的组合
□=−

韩版女童外套

【成品规格】上衣长35cm，衣宽27cm，袖长35cm
【工　　具】12号棒针，1.25号钩针
【材　　料】蓝色棉线400g
【编织密度】32.5针×37.5行=10cm²

前片/后片制作说明：

1.棒针编织法。袖窿以下一片编织完成，袖窿起分为左前片、右前片、后片来编织。织片较大，可采用环形针编织。

2.起织。下针起针法，起172针起织，起织花样A，共织45行，第46行全部织上针，第47行下针，第48行上针，从第49行起将织片分配花样，由花样B，C与花样D组成，见结构图所示，分配好花样针数后，重复花样往上编织，织至83行，从第84行起将织片分片，分为右前片，左前片和后片，右前片与左前片各取42针，后片取88针编织。先编织后片，而右前片与左前片的针眼用防解别针扣住，暂时不织。

3.分配后片的针数到棒针上，用12号针编织。起织时两侧需要同时减针织成插肩，减针方法为1-3-1，4-2-12，两侧针数各减少27针，织至98行。第99行全部织上针，第100行下针，第101行上针，第102行起，全部改织花样A，一直织至132行，余下34针，用防解别针扣住，留待编织衣领。

4.左前片与右前片的编织。两者编织方法相同，但方向相反。以右前片为例，右前片的左侧为衣襟边，起织时不加减针，右侧要减针织成插肩，减针方法为1-3-1，4-2-12，针数减少27针，织至98行，第99行全部织上针，第100行下针，第101行上针，第102行起，全部改织花样A，一直织至124行，第125行起，左侧减针织成前衣领，减针方法为1-8-1，2-2-3，将针数减14针，余下1针，留待编织衣领。左前片的编织顺序与减针法与右前片相同，但是方向不同。

袖片制作说明：

1.棒针编织法，一片编织完成。

2.起织。下针起针法，起70针起织，起织花样A，共织45行，第46行全部织上针，第47行下针，第48行上针，从第49行起将织片分配花样，由花样B、花样C与花样D组成，见结构图所示，分配好花样针数后，重复花样往上编织，织至83行，从第84行起，两侧需要同时减针织成插肩，减针方法为1-3-1，4-2-12，两侧针数各减少27针，织至98行，第99行全部织上针，第100行下针，第101行上针，第102行起，全部改织花样A，一直织至132行，余下16针，用防解别针扣住，留待编织衣领。

3.同样的方法再编织另一袖片。

4.缝合方法：将袖片的插肩缝对应前后片的插肩缝，用线缝合，再将两袖侧缝对应缝合。

领片/衣襟制作说明：

1.棒针编织法，往返编织。

2.先钩织衣襟。见结构图所示，沿着衣襟边钩织2行花样F，作为衣襟。

3.完成衣襟后才能去编织衣领，沿着前后衣领边挑针编织，织花样E，共织10行的高度，用下针收针法，收针断线。

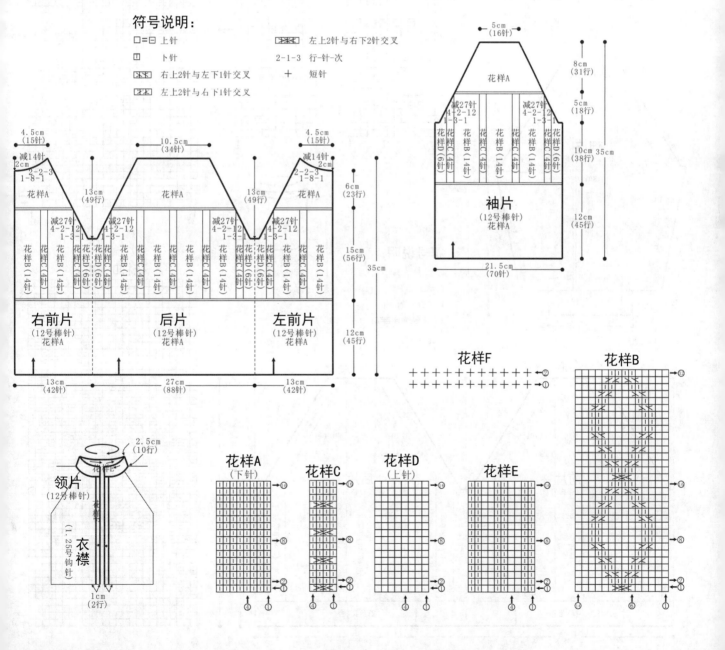

符号说明：

□=⊟ 上针
⊡ 下针
右上2针与左下1针交叉
左上2针与右下1针交叉
左上2针与右下2针交叉
2-1-3 行-针-次
＋ 短针

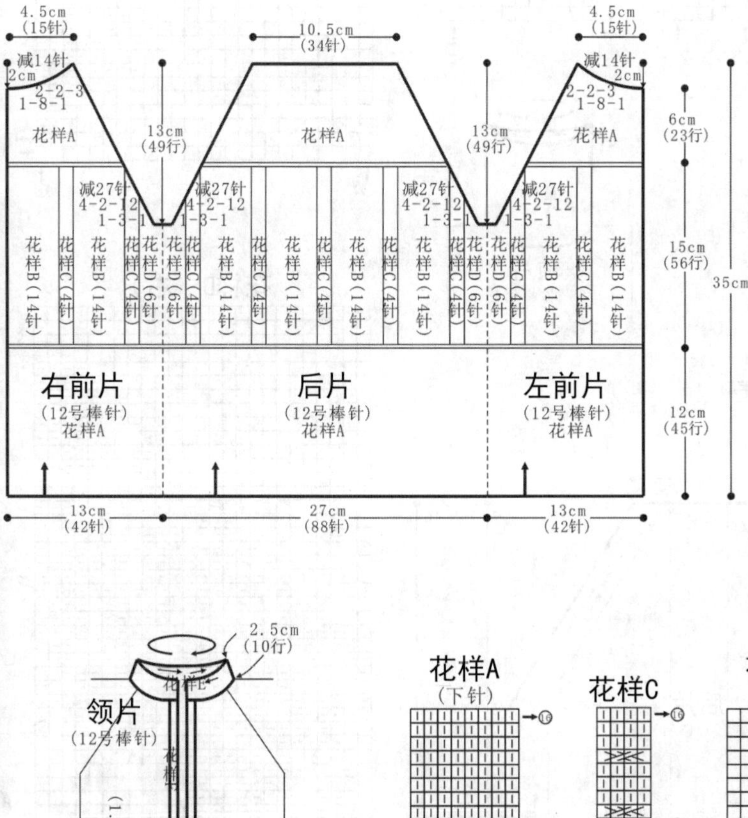

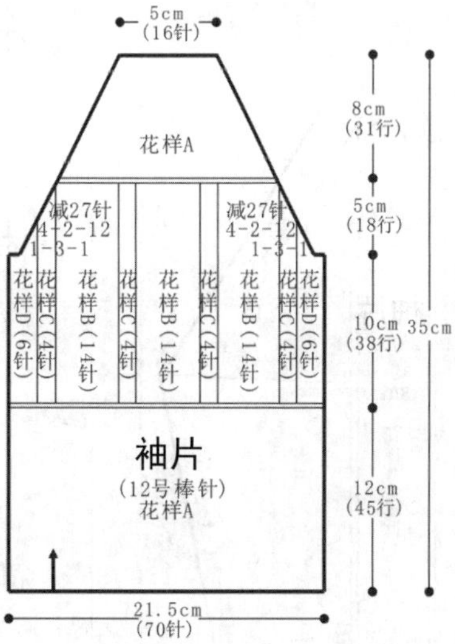

花样F

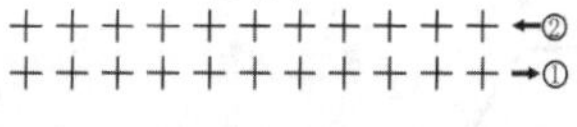

花样B

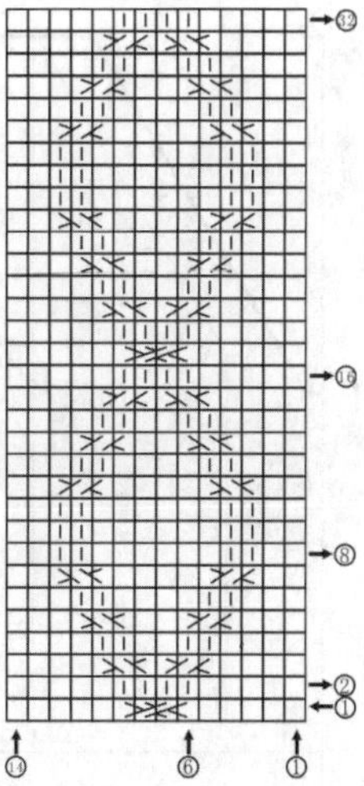

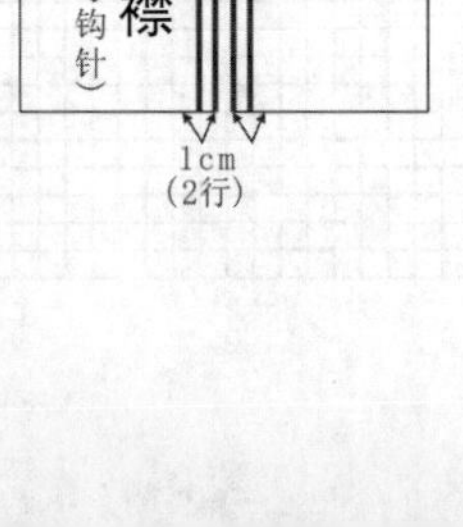

花样A
(下针)

花样C

花样D
(上针)

花样E

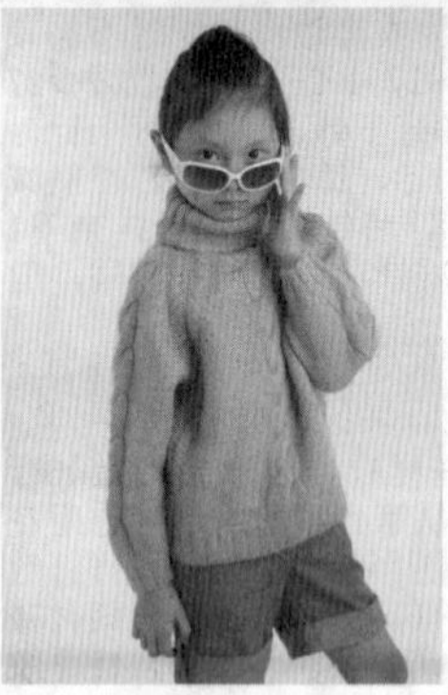

大气休闲装

【成品规格】衣长40cm，衣宽35cm，肩连袖长42cm
【工　　具】12号棒针
【材　　料】浅蓝色羊毛线500g
【编织密度】25针×31行=10cm²

袖片制作说明：

1. 棒针编织法，一片编织完成。
2. 起织。起48针，起织花样A，织12行，第13行将织片均匀加针至60针，并将织片分配花样，由花样E与花样C间隔组成，见结构图所示，先织22针花样E，再织2针上针，再织12针花样C，再织2针上针，22针花样E，分配好花样针数后，重复花样往上编织，一边织一边两侧加针，方法为6-1-10，共加20针，织至74行，从第75行起，两侧需要同时减针织成插肩，减针方法为1-4-1，4-2-13，两侧针数各减少30针，织至130行，余下20针，用防解别针扣住，留待编织衣领。
3. 同样的方法再编织另一袖片。
4. 缝合方法：将袖片的插肩缝对应前后片的插肩缝，用线缝合，再将两袖侧缝对应缝合。

前片/后片制作说明：

1. 棒针编织法，衣服分为前片，后片分别编织完成。
2. 先织后片。起织，起88针起织，起织花样A，共织12行，第13行起将织片分配花样，由花样B、花样C与花样D间隔组成，见结构图所示，分配好花样针数后，重复花样往上编织，织至68行，两侧开始同时减针织成插肩，减针方法为1-4-1，4-2-13，减针时两侧7针花样B不变，在第8针及倒数第8针的位置减针，两侧各减30针，共织56行，余下28针，用防解别针扣住，暂时不织。
3. 前片的编织方法与后片相同。完成后将前后片的两侧缝对应缝合。

领片制作说明：

1. 棒针编织法，圈织。
2. 沿着前后衣领边挑针编织，织花样A，共织44行的高度，收针断线。

花样D（左）

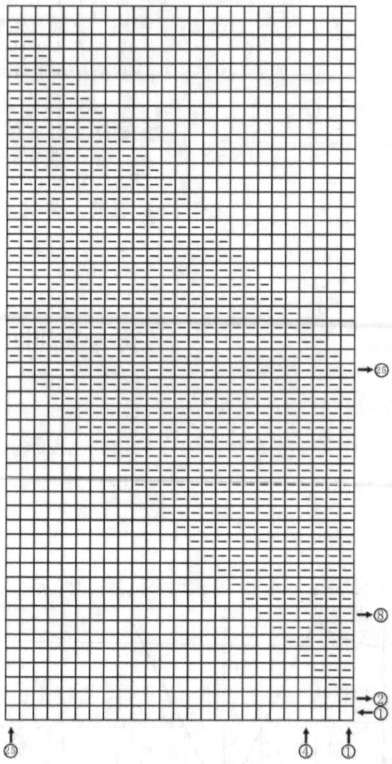

花样A

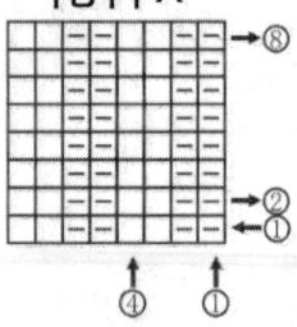

花样E

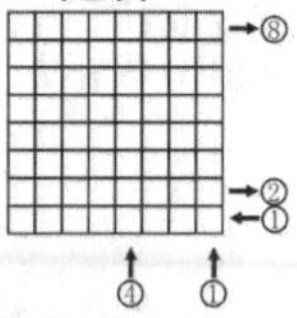

花样B

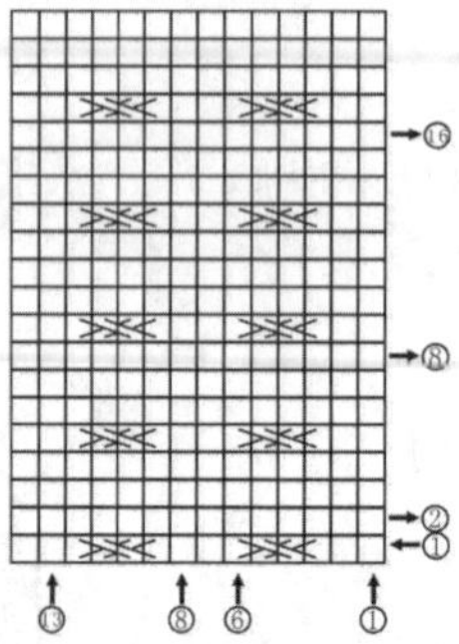

花样C

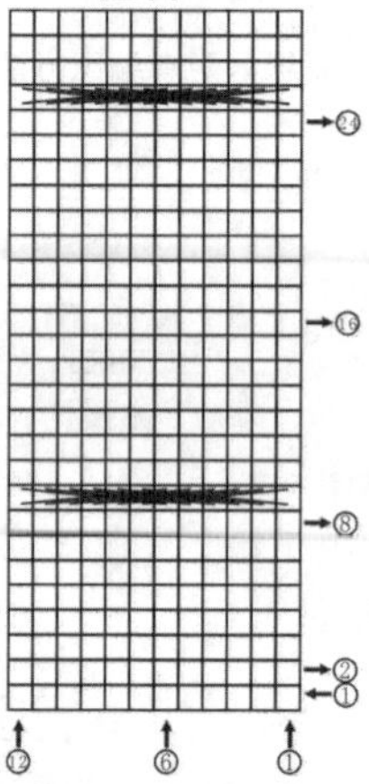

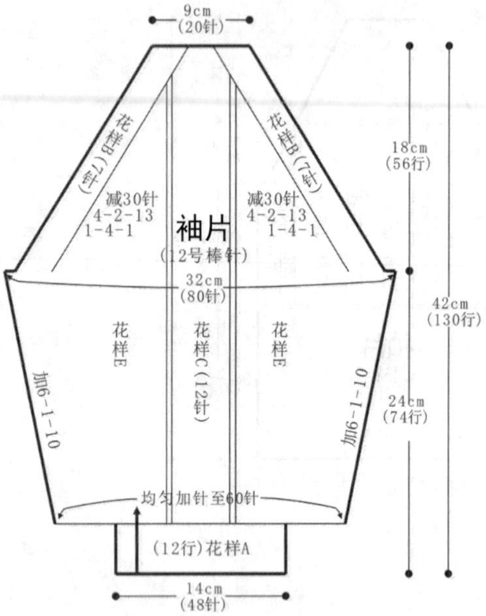

符号说明：

- 上针
- □=□ 下针
- 右上3针与左下3针交叉
- 左上6针与右下6针交叉
- 2-1-3　行-针-次

花样D（右）

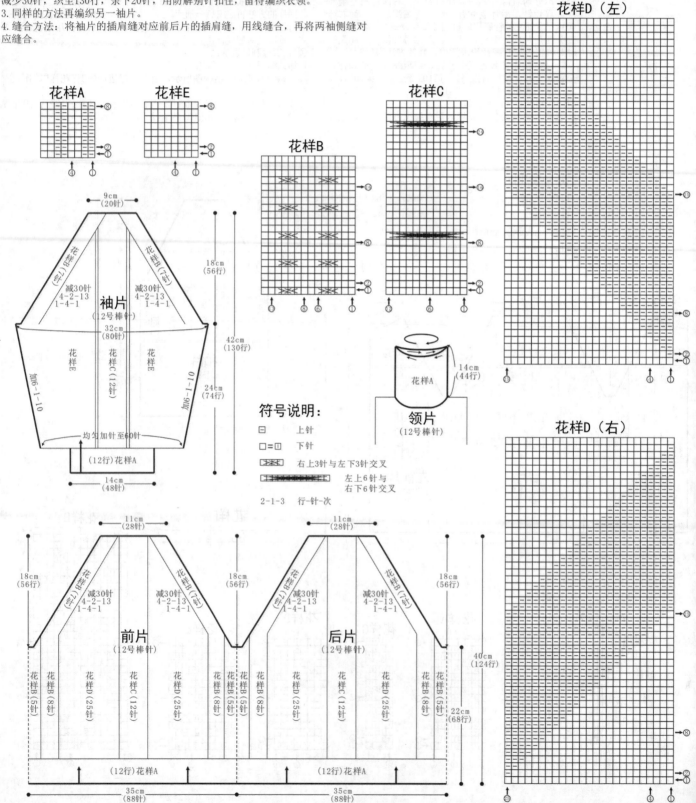

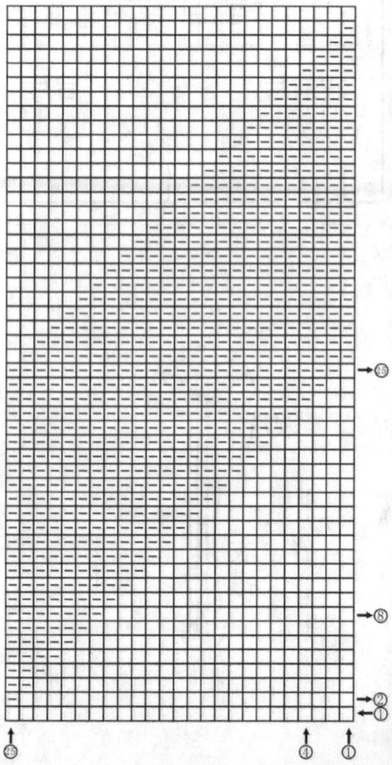

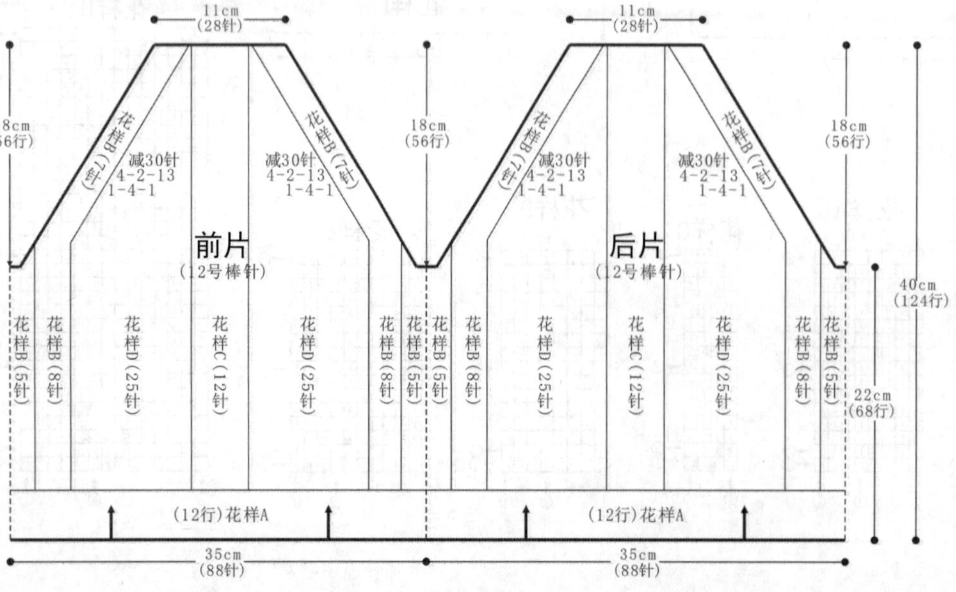

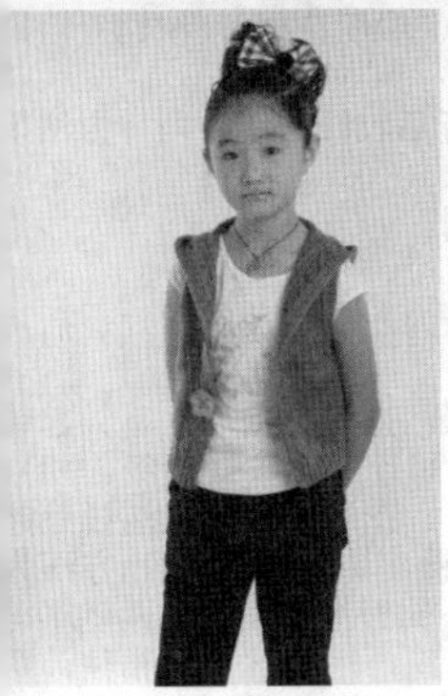

青翠小坎肩

【成品规格】衣长37cm，衣宽28cm
【工　　具】12号棒针，12号环形针
【材　　料】绿色棉线400g
【编织密度】30针×40行=10cm²

前片/后片制作说明：

1. 棒针编织法。袖窿以下一片编织而成，袖窿起分为前片、后片来编织。织片较大，可采用环形针编织。
2. 起织。双罗纹针起针法起174针起织，先织16行花样A，第17行起开始编织花样A~F组合编织，组合方式及顺序见结构图所示，分配好花样后，重复往上编织至44行，第45行起，将织片分片，分成左前片、右前片和后片分别编织，左右前片各取45针，后片取84针编织。
3. 分配后片的针数到棒针上，用12号针编织，起织时两侧需要同时减针织成袖窿，减针方法为2-1-6，两侧5针花样D不变，花样B减针编织，两侧针数各减少6针，余下72针继续编织，两侧不再加减针，织至148行，中间留取42针不织，用防解别针扣住，留待编织帽子，两侧肩部各收针15针，断线。
4. 编织左前片。起织时右侧需要减针织成袖窿，减针方法为2-1-6，右侧5针花样D不变，花样B减针编织，右侧针数共减少6针，余下39针继续编织，两侧不再加减针，织至148行，左侧留取24针不织，用防解别针扣住，留待编织帽子，右侧肩部收针15针，断线。
5. 相同的方法相反方向编织右前片。完成后将前片与后片的两肩部对应缝合。

帽子制作说明：

1. 帽子编织。棒针编织法，沿领口挑针起织，挑起90针，编织花样B，C，D，E组合花样，编织方法及顺序见结构所示，重复往上编织96行，将织片从中间分成左右两片，各取45针，缝合帽顶。

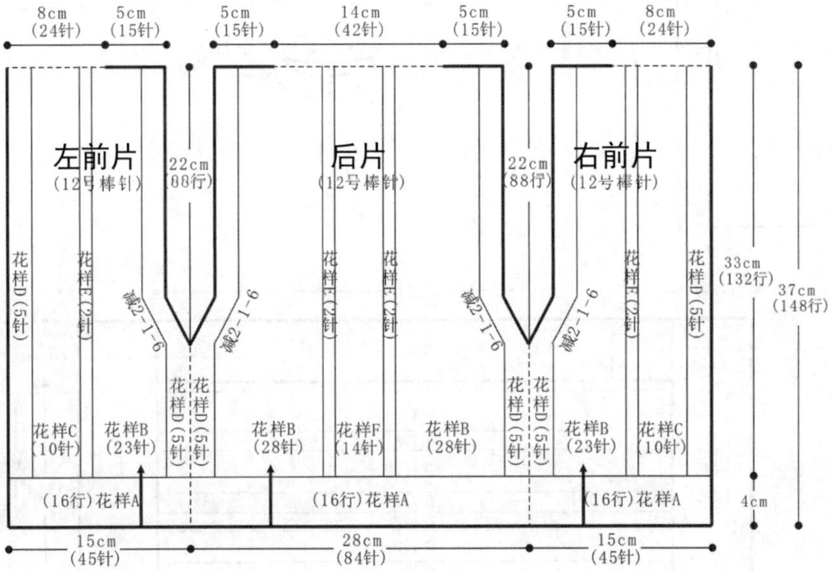

符号说明：

上针
下针
2针相交叉,左边1针在上
左上2针与右下2针相交叉
右上2针与左下2针相交叉
左上3针与右下3针相交叉
右上3针与左下3针相交叉
2-1-3　行-针-次

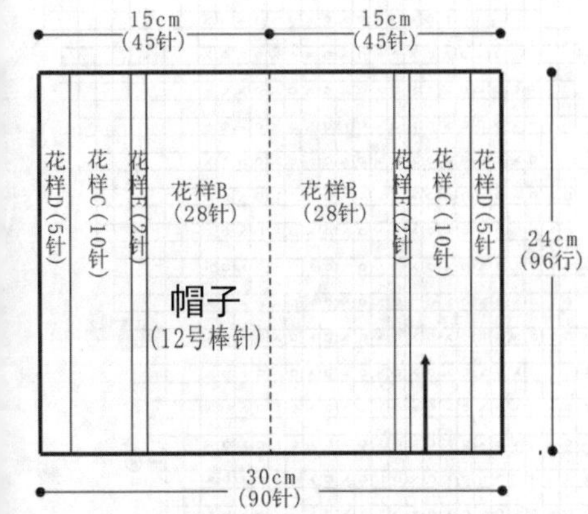

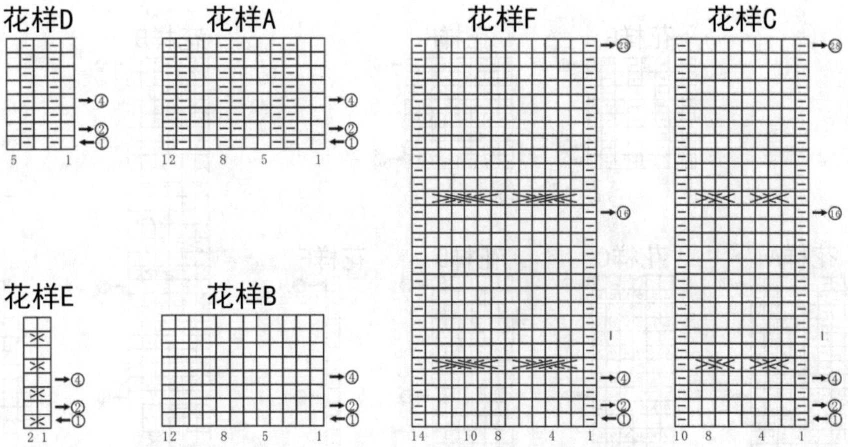

时尚女生套裙

【成品规格】上衣长33cm，衣宽26cm，裙长54cm，裙宽25cm
【工　　具】10号棒针
【材　　料】黄色宝宝绒220g，上衣120g，裙子100g
【编织密度】23针×28行=10cm²

领片制作说明：

1. 棒针编织法，往返编织。
2. 沿着前后衣领边挑针编织，与前后片编织相同的组合花样，共织16行的高度，用下针收针法，收针断线。

裙子制作说明：

1. 棒针编织法，裙子分四片编织完成。
2. 先织裙身，下针起针法起34针，编织花样A，B，D，F组合编织，组合方法为5针花样D+1针花样F+5针花样D+1针花样F+4针花样A+6针花样B+4针花样A+6针花样B+1针上针+1针下针，重复往返编织至120行，收针断线。
3. 沿裙身片侧边挑针起织裙腰，挑起80针，编织花样G，织14行后，收针断线。
4. 沿裙身及裙腰侧挑针起织花样H，织18行后收针断线，同样方法挑织裙片另一侧边。完成后缝合侧缝。
5. 制作两个直径约4cm的小球，缝合于裙侧。

前片/后片制作说明：

1. 棒针编织法，上衣分五片编织完成，分为左前片、右前片、后片及两片后摆片来编织。
2. 起织。先织后摆片。后摆片为横向编织，先织左侧片，下针起针法，起30针，起织花样E，按图示方法织36行后，收针断线。相同的方法相反方向编织右侧片，完成后缝合。在后摆片的上端挑针起织，挑起60针，起织时两侧需要同时减针织成袖窿，减针方法为1-2-1，2-1-1，两侧针数各减少3针，余下54针继续编织，两侧不再加减针，织至第41行时，中间留取32针不织，用防解别针扣住，两端相反方向减针编织，各减少2针，方法为2-1-2，最后两肩部各余下9针，收针断线。
3. 左前片与右前片的编织。两者编织方法相同，但方向相反。以右前片为例，右前片的左侧为衣襟边，起30针，先织6针花样C，再织6针花样B，再织6针花样C，间隔2针上针，再织6针花样B，最后织2针上针，2针下针，重复往上编织至48行，第49行起，右侧要减针织成袖窿，减针方法为1-2-1，2-1-1，针数减少3针，余下27针继续编织，当衣襟侧编织至88行时，织片左侧留起16针不织，用防解别针扣住，向右减针织成前衣领，减针方法为2-1-2。
4. 前片与后片的两侧缝对应缝合，两肩部对应缝合。

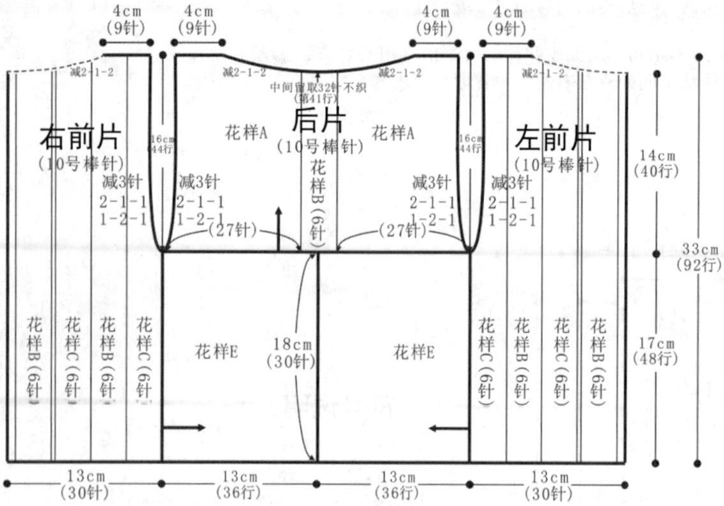

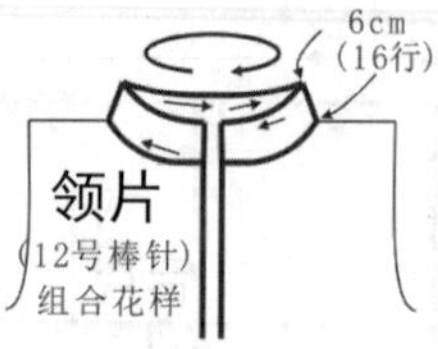

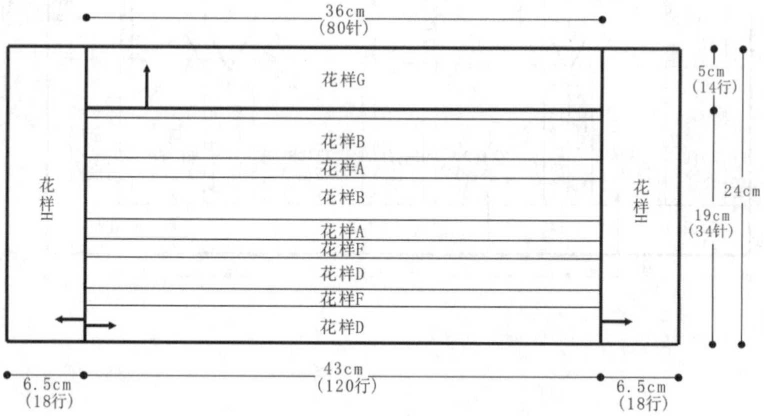

符号说明：

- 上针
- 下针
- 右上2针并1针
- 左上2针并1针
- 镂空针
- 右上2针与左下2针交叉
- 左上2针与右下2针交叉
- 2-1-3　行-针-次

花样G

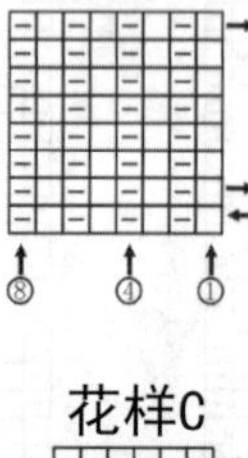

花样H

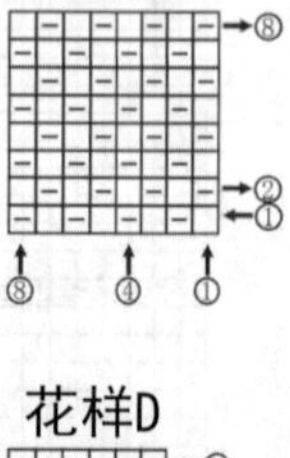

花样B

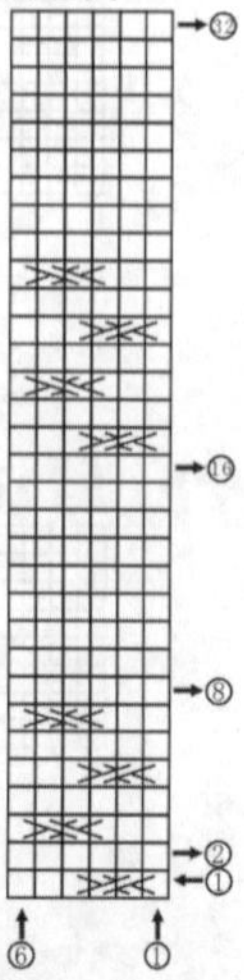

花样E（后摆编织花样）

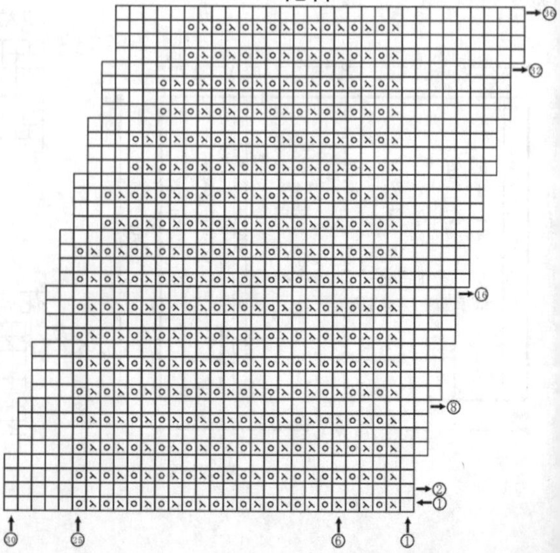

花样A

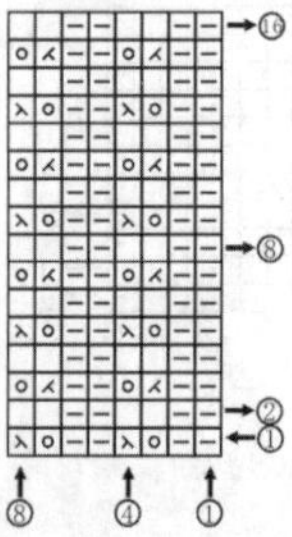

花样C

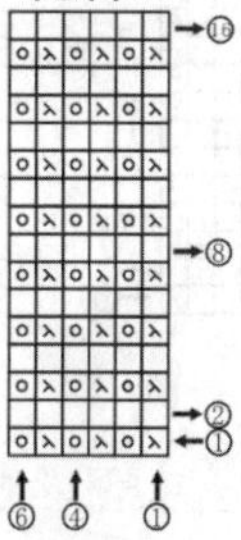

花样D

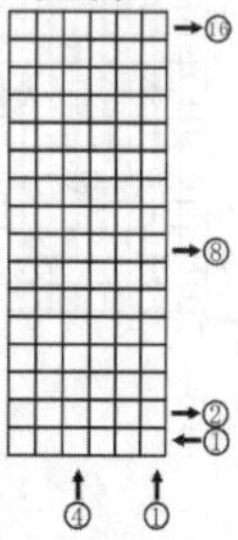

花样F

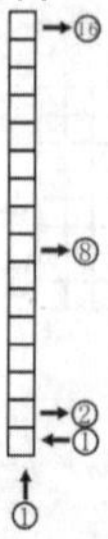

树叶纹小坎肩

【成品规格】衣长40cm，衣宽36cm
【工　　具】12号棒针
【材　　料】粉红色棉线350g
【编织密度】20针×28行=10cm²

前片/后片制作说明：

1. 棒针编织法，衣服分为左前片、右前片和后片分别编织而成。
2. 起织后片。下针起针法起73针，先织2行花样A，即搓板针，然后改织花样B，每12针为一组花样，起织1针下针，共织6组花样，重复往上编织至42行后，第43行起，两侧开始袖窿减针，方法为1-2-1，2-1-4，两侧各减6针，余下61针不加减针往上编织，织至108行，第109行中间留取33针不织，用防解别针扣住留待编织帽子，两侧减针编织，方法为2-1-2，两侧各减2针，最后两肩部各余下12针，收针断线。
3. 起织左前片。左前片的右侧为衣襟侧，下针起针法起37针，先织2行花样A，即搓板针，然后改织花样B、花样C组合编织。花样B每12针为一组花样，先织6针花样C，然后织2.5组花样B，最后织1针下针，重复往上编织至42行后，第43行起，左侧开始袖窿减针，方法为1-2-1，2-1-4，共减6针，余下31针不加减针往上编织，织至112行，右侧留取19针，用防解别针扣住留待编织帽子，左侧收针12针，断线。
4. 相同方法相反方向编织右前片，完成后将左右前片分别与后片的侧缝缝合，肩缝缝合。
5. 编织帽子。沿领口挑针起织，挑起75针，织片两侧各织6针花样C作为帽襟，中间织63针花样B，织76行后，收针，将帽顶缝合。

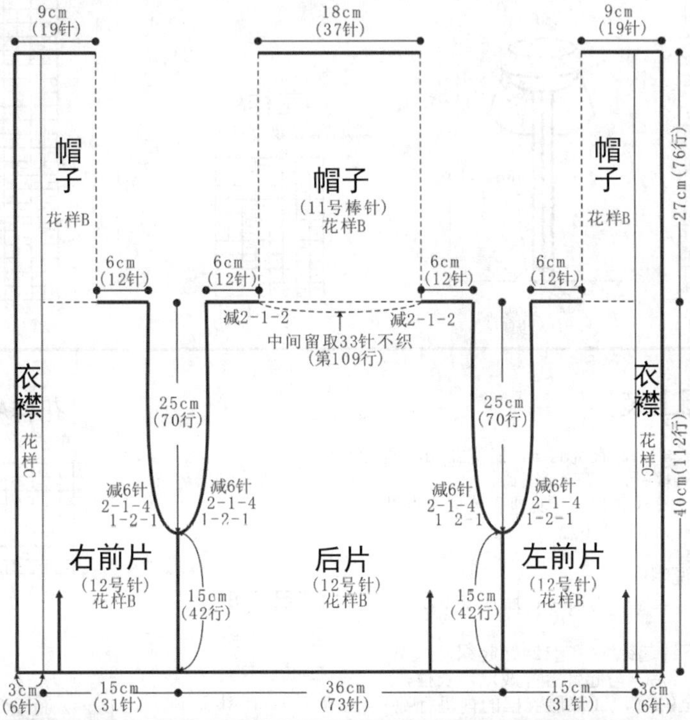

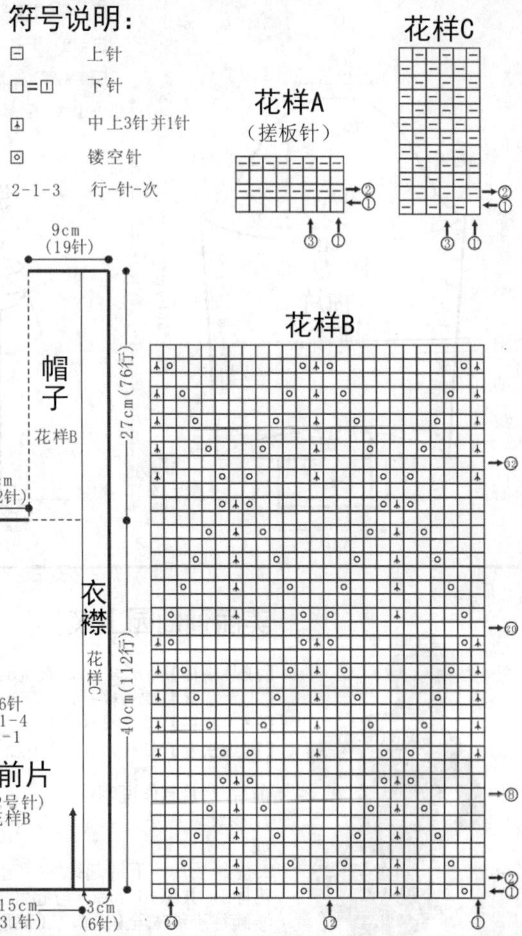

横纹对襟毛衣

【成品规格】衣长46cm，衣宽40cm，肩宽33cm，袖长42cm
【工　　具】10号棒针
【材　　料】红色棉线共400g，白色棉线100g
【编织密度】25针×32行=10cm²

前片/后片制作说明：

1. 棒针编织法，衣服分为左前片、右前片及后片来编织完成。
2. 先织后片。双罗纹针起针法，起82针起织，起织花样A，共织16行后，改织花样B，织至96行，第97行两侧开始袖窿减针，方法为1-4-1，2-1-4，各减8针，余下66针不加减针往上织至116行，即重复编织5组花样B，第117行起，改为编织全下针，织至144行，第145行起，将织片中间留取26针不织，两侧减针织成后领，方法为2-1-2，织至148行，最后两肩部各余下18针，收针断线。
3. 编织左前片。双罗纹针起针法，起38针起织，起织花样A，共织16行后，改织花样B，编织至34行，第35行起将织片从第32针处分开成两片，先编织衣襟侧共32针，一边织一边左侧减针，方法为2-1-2，4-1-2，减针后不加减针织至68行，织片余下28针，另起线编织袖窿侧织片共6针，一边织一边右侧加针，方法为2-1-2，4-1-2，同样织至68行，织片变成10针，第69行将两片连起来编织，织至96行，第97行起左侧开始袖窿减针，方法为1-4-1，2-1-4，共减8针，余下30针不加减针往上织至116行，即重复编织5组花样B，第117行起，改为编织全下针，织至136行，第137行起，织片右侧减针织成前领，方法为1-6-1，2-2-2，2-1-2，左前片共织148行，最后肩部余下18针，收针断线。
4. 同样的方法相反方向编织右前片，完成后将左右前片与后片的两侧缝对应缝合，两肩部对应缝合。衣襟处缝好拉链。

口袋制作说明：

1. 棒针编织法，编织两个口袋。
2. 在左前片内里，沿着织片留起的袋口，挑针环织，挑起44针环织，编织花样C，织6行后，选取口袋顶部的1针，在其两侧同时减针编织，将口袋的上面织出圆形角，减针方法为2-2-5，共织26行，将袋底缝合。
3. 在左前片外部，沿袋口挑针起织袋边，挑起22针，编织花样A，织4行后，改织2行白色线，收针，将袋边两侧与前片缝合。
4. 同样的方法，相反方向编织右前片的口袋。

领片/衣襟制作说明：

1. 棒针编织法，往返编织。
2. 沿着前后衣领边挑针编织，挑起94针编织花样A，共织26行的高度，向内与起针合并成双层衣领，收针断线。
3. 领片编织完成后，挑织衣襟，沿领片及衣襟侧挑起98针，织花样A，织10行，收针断线。

袖片制作说明：

1. 棒针编织法，编织两片袖片，从袖口起织。
2. 起40针，起织花样A，织16行后，第17行将织片均匀加针至54针，改织花样B，每20行一组花样，共织5组花样，余下的行数全部编织下针，第17行起，两侧同时加针，加18-1-4，两侧的针数各增加4针，织至96行时，将织片织成62针，接着就编织袖山，袖山减针编织，两侧同时减针，方法为1-4-1，2-1-18，两侧各减少22针，最后织片余下18针，收针断线。
3. 同样的方法再编织另一袖片。
4. 缝合方法：将袖山对应前片与后片的袖窿线，用线缝合，再将两袖侧缝对应缝合。

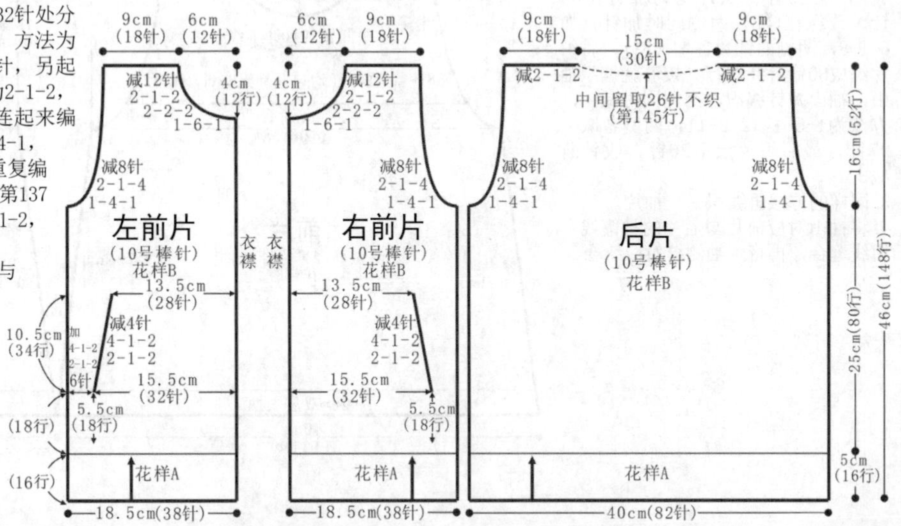

符号说明：

⊟ 上针

□=⊡ 下针

[交叉符号] 左上3针与右下3针交叉

2-1-3 行-针-次

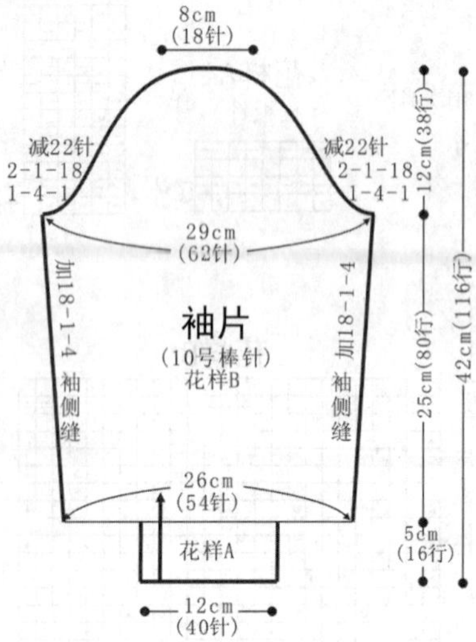

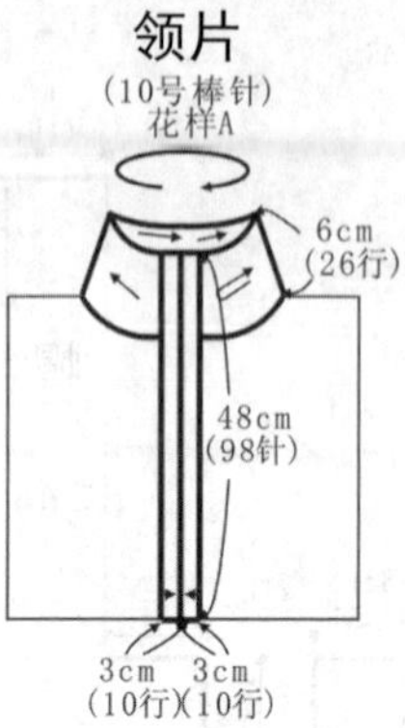

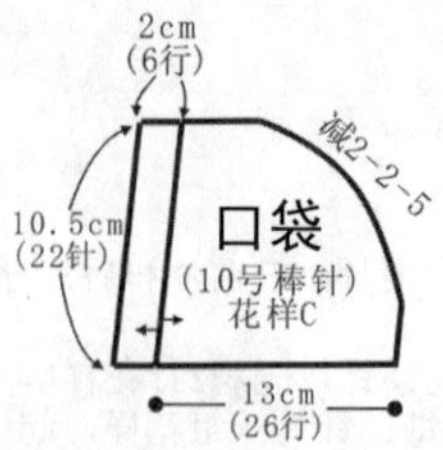

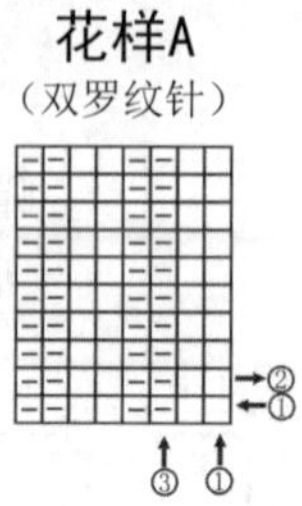

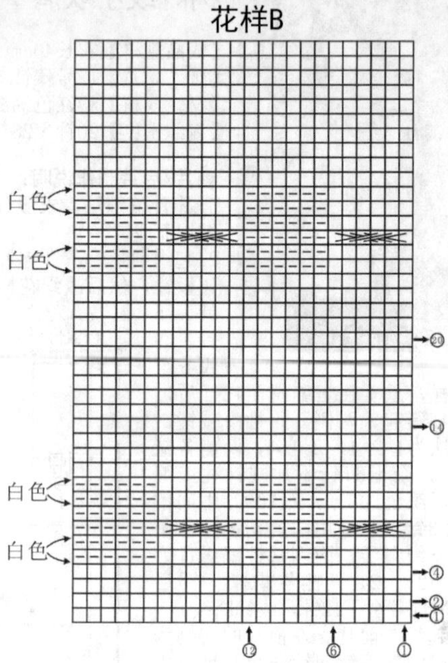

美丽葡萄园上装

【成品规格】衣长38cm，衣宽34cm，肩宽22cm，袖长26cm

【工　　具】12号棒针，1.75mm钩针

【材　　料】黑色棉线共400g，其他彩色棉线少量

【编织密度】31针×40行=10cm²

前片/后片制作说明：

1. 棒针编织法，衣服分为前片、后片来编织完成。

2. 先织后片。下针起针法，起124针起织，起织花样B，共织16行后，与起针合并成双层衣摆，继续往上编织至92行，（双层衣摆的内里行数不计），两侧同时减针织成袖窿，各减8针，方法为1-5-1，2-1-3，织至第101行，将织片均匀减针至68针，继续编织，两侧不再加减针，织至第149行时，中间留取30针不织，用防解别针扣住，两端相反方向减针编织，各减少2针，方法为2-1-2，最后两肩部余下17针，收针断线。

3. 前片的编织。编织方法与后片相同，当编织至第125行时，中间留取10针不织，用防解别针扣住两端相反方向减针编织，各减少12针，方法为2-2-2，2-1-8，最后两肩部余下17针，收针断线。

4. 前片与后片的两侧缝对应缝合，两肩部对应缝合。

领片制作说明：

1. 棒针编织法，圈织。

2. 沿着前后衣领边挑针，前衣领挑72针，后衣领挑36针编织，织花样A，共织10行的高度，用单罗纹收针法，收针断线。

袖片制作说明：

1. 棒针编织法，编织两片袖片。从袖口起织。

2. 下针起针法，起52针，编织12行花A，第13行将织片均匀加针至64针，改织花样B，两侧同时加针，加6-1-8，两侧的针数各增加8针，将织片织成80针，共80行。接着就编织袖山，袖山减针编织，两侧同时减针，方法为1-5-1，2-2-11，两侧各减少27针，最后织片余下26针，收针断线。

3. 同样的方法再编织另一袖片。

4. 将袖山对应前片与后片的袖窿线，用线缝合，再将两袖侧缝对应缝合。

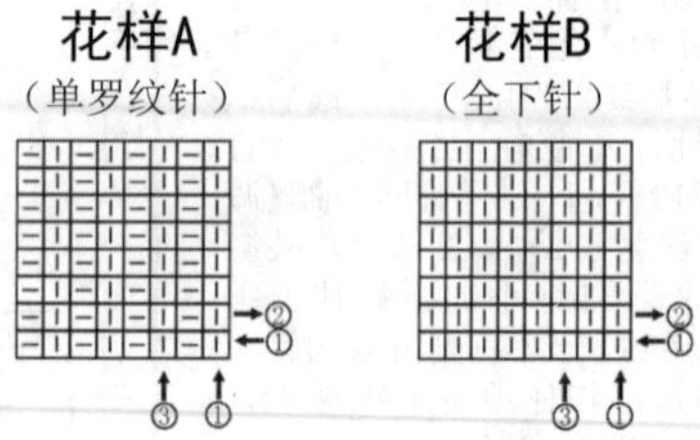

符号说明：

⊟ 上针

□=⊡ 下针

2-1-3 行-针-次

＋ 短针

长针

锁针

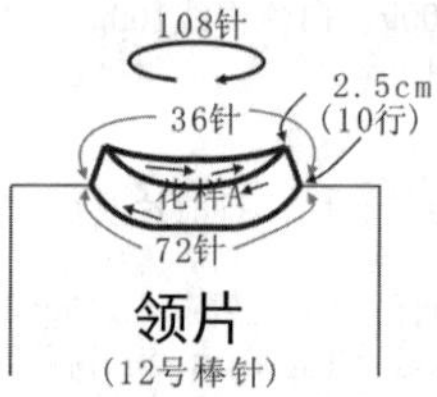

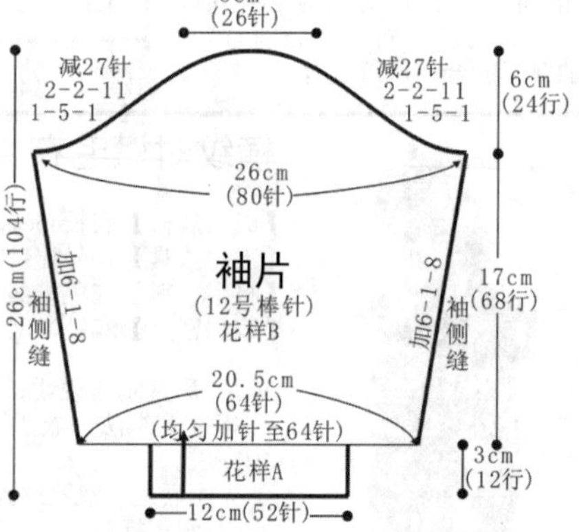

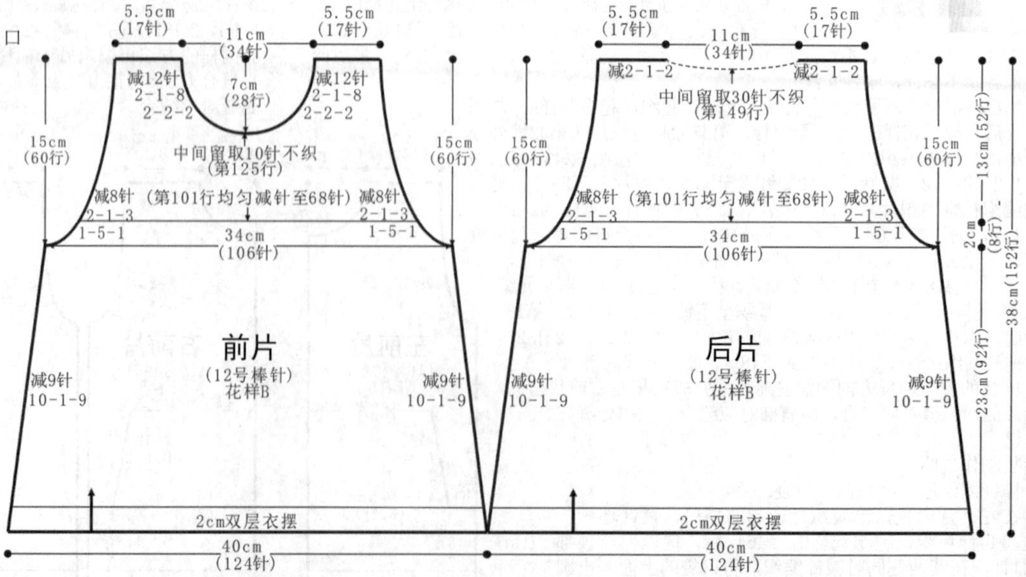

韩版中袖毛衣

【成品规格】衣长38cm，衣宽33cm，袖长30cm
【工　　具】12号棒针，1.75mm钩针，十字绣针
【材　　料】粉红色棉线150g，大红色棉线150g，红褐色棉线150g
【编织密度】21针×25.5行=10cm²

前片/后片制作说明：

1.棒针编织法，衣服分为前片、后片来编织完成。

2.先织后片。下针起针法，起93针起织，起织花样A，共织10行后，改织花样B，织至82行，第83行起，两侧减针织成袖窿，各减13针，方法为1-5-1，2-2-4，减针后不加减针织至90行，第91行起，改织花样C，两侧不再加减针，织至第133行时，中间留取25针不织，用防解别针扣住，两端相反方向减针编织，各减少2针，方法为2-1-2，最后两肩部余下19针，收针断线。

4.前片的编织，编织方法与后片相同，当编织至第111行时，中间留取7针不织，用防解别针扣住，两端相反方向减针编织，各减少11，方法为2-2-2，2-1-7，最后两肩部余下19针，收针断线。

5.前片与后片的两侧缝对应缝合，两肩部对应缝合。

袖片制作说明：

1.棒针编织法，编织两片袖片。从袖口起织。

2.下针起针法，起48针，编织10行花D，第11行将织片均匀加针至58针，改织花样B，两侧同时加针，加10-1-7，两侧的针数各增加7针，将织片织成72针，共86行。接着就编织袖山，袖山减针编织，两侧同时减针，方法为1-5-1，2-2-6，2-1-6，两侧各减少23针，最后织片余下26针，收针断线。

3.同样的方法再编织另一袖片。

4.将袖山对应前片与后片的袖窿线，用线缝合，再将两袖侧缝对应缝合。

领片制作说明：

1.棒针编织法，圈织。

2.沿着前后衣领边挑针编织，前衣领片挑68针，后领片挑32针，织花样D，共织10行的高度，用单罗纹收针法，收针断线。

符号说明：

⊟　上针
□=⊡　下针
左上1针与右下1针交叉，中间1针下针
2-1-3　行-针-次

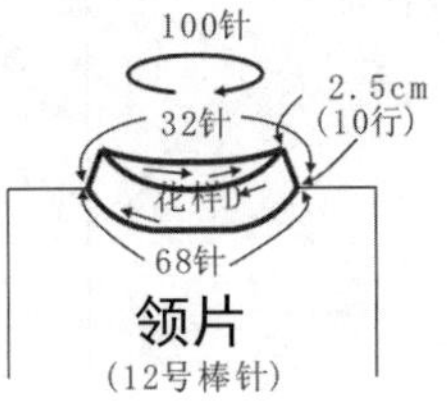

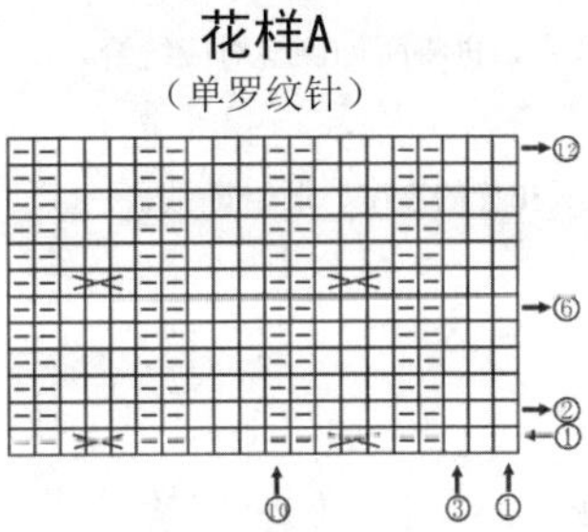

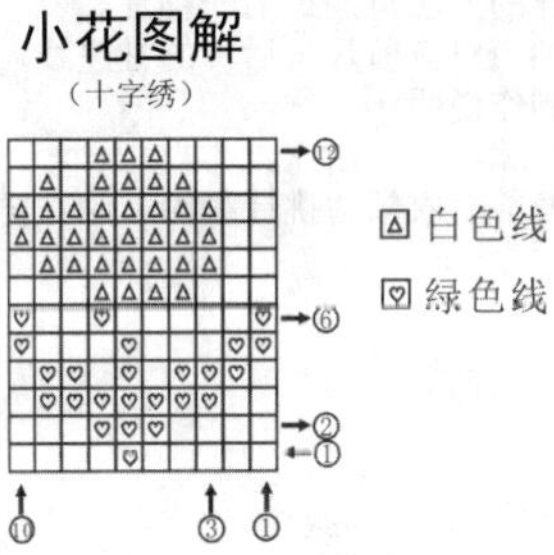

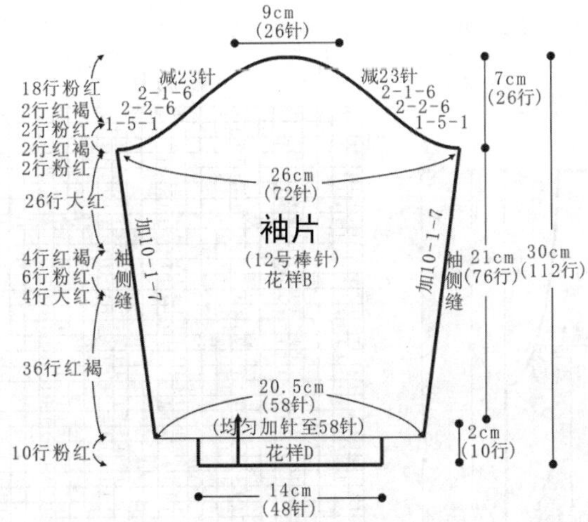

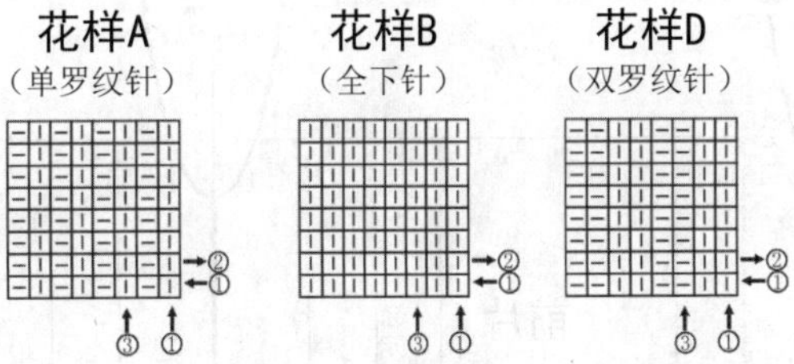

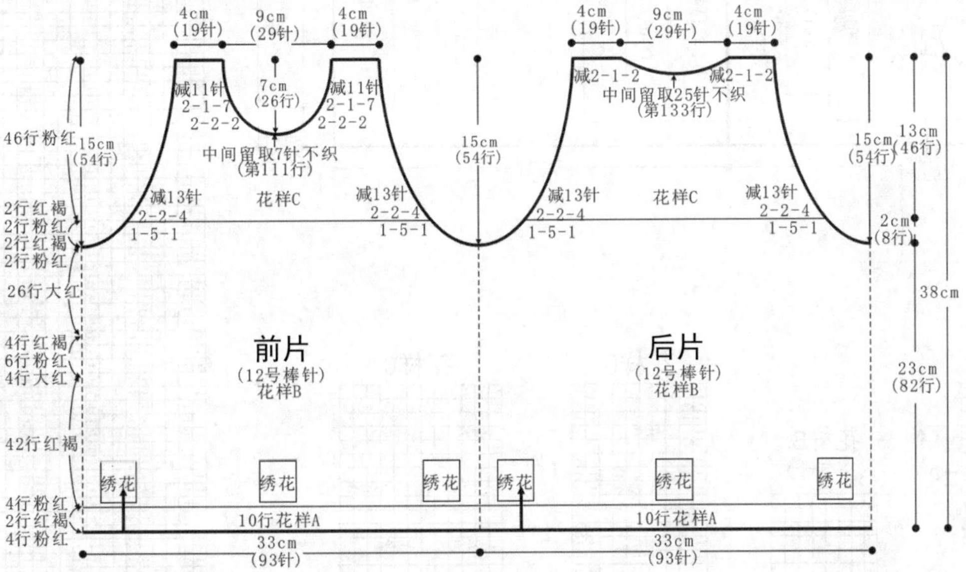

中国红高领毛衣

【成品规格】衣长39cm，衣宽33cm，袖长34cm
【工　　具】12号棒针
【材　　料】红色棉线共450g
【编织密度】28针×28行=10cm²

前片/后片制作说明：
1.棒针编织法，衣服分为前片，后片来编织完成。
2.先织后片。下针起针法，起92针起织，起织花样A，共织6行后，改织花样B、花样C、花样D组合，组合方法如图示，重复往上编织至63行，两侧同时减针织成袖窿，各减8针，方法为1-4-1，4-2-2，织至第72行，将织片改织花样E，两侧不再加减针，织至第111行时，中间留取36针不织，用防解别针扣住，两端相反方向减针编织，各减少2针，方法为2-1-2，最后两肩部余下18针，收针断线。
3.前片的编织。编织方法与后片相同，织至第105行，中间留取28针不织，用防解别针扣住，两端相反方向减针编织，各减少6针，方法为2-2-2，2-1-2，最后两肩部余下18针，收针断线。
4.前片与后片的两侧缝对应缝合，两肩部对应缝合。

袖片制作说明：
1.棒针编织法，编织两片袖片。从袖口起织。
2.起40针，起织花样A，两侧同时加针，加4-1-16，两侧的针数各增加16针，织至56行时，将织片改织花样B，共织至64行。将织片织成72针，接着就编织袖山，袖山减针编织，两侧同时减针，方法为1-4-1，4-2-7，两侧各减少18针，最后织片余下36针，收针断线。
3.同样的方法再编织另一袖片。
4.将袖山对应前片与后片的袖窿线，用线缝合，再将两袖侧缝对应缝合。

领片制作说明：
1.棒针编织法，圈织。
2.沿着前后衣领边挑针编织，织花样A，共织36行的高度，收针断线。

符号说明：

⊟　上针
□=⊡　下针
2-1-3　行-针-次

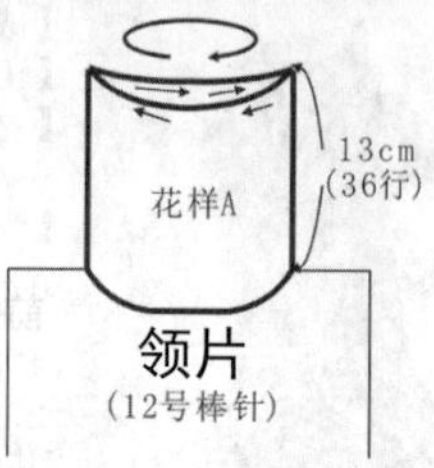

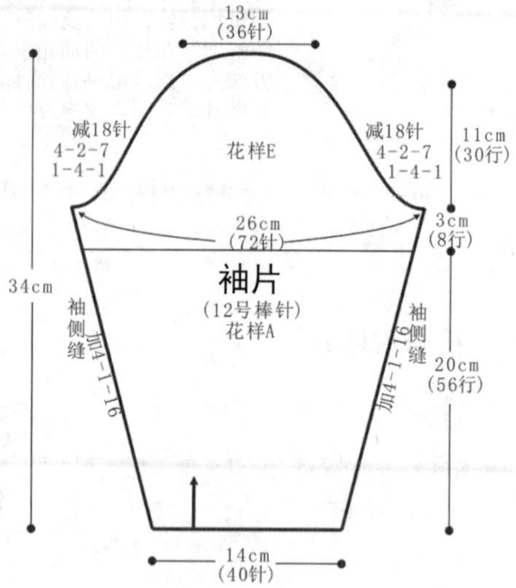

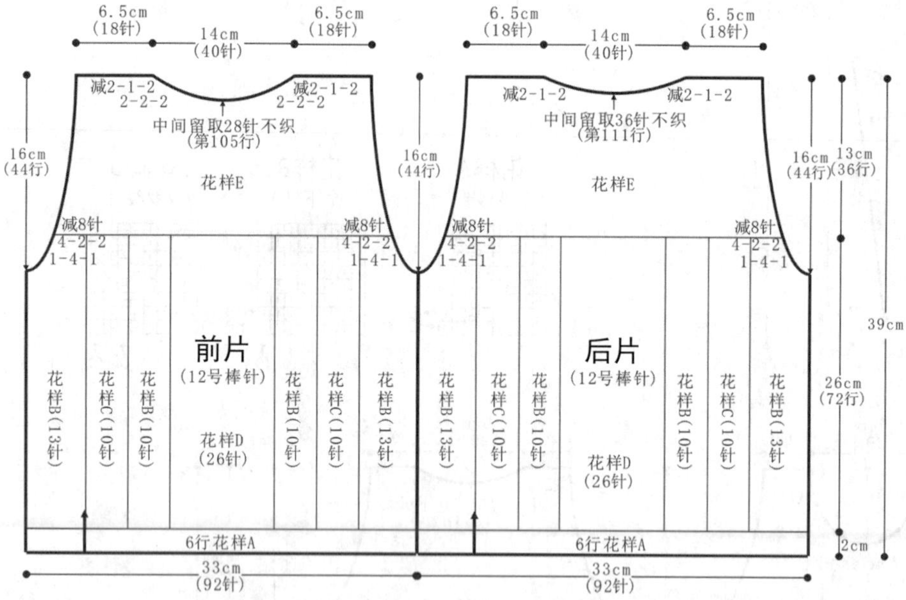

花样D

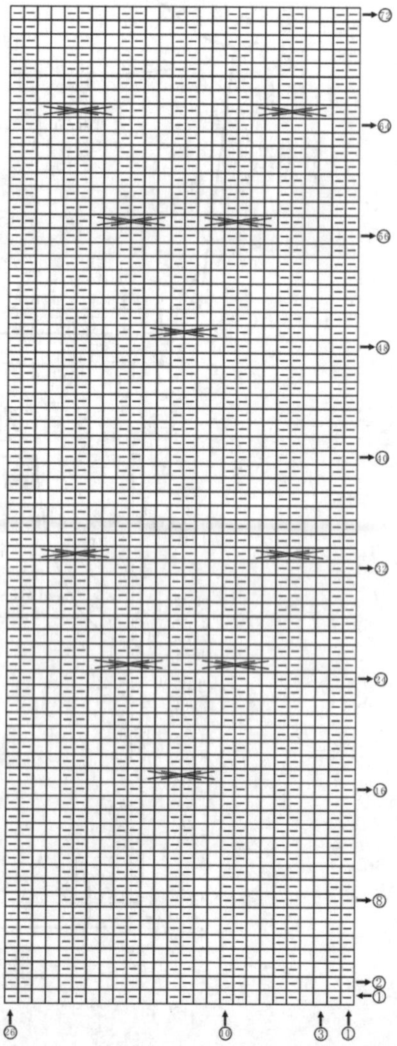

花样A
（双罗纹针）

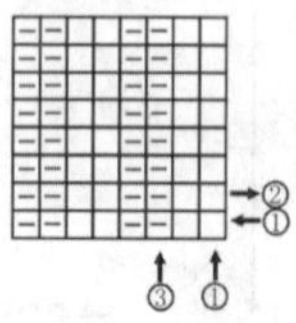

花样B
（全下针）

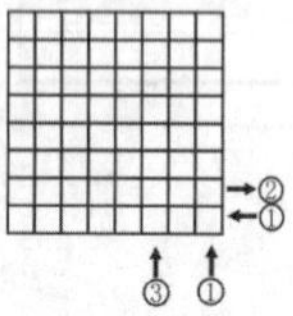

花样C

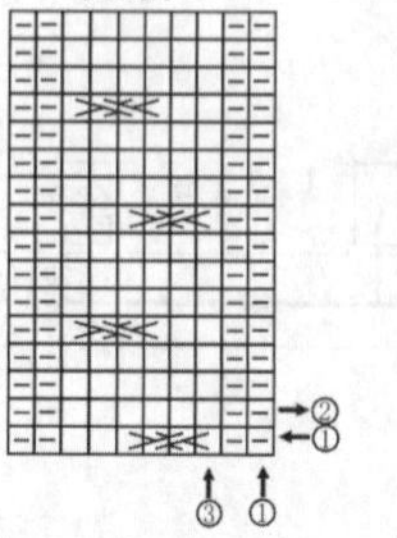

花样C

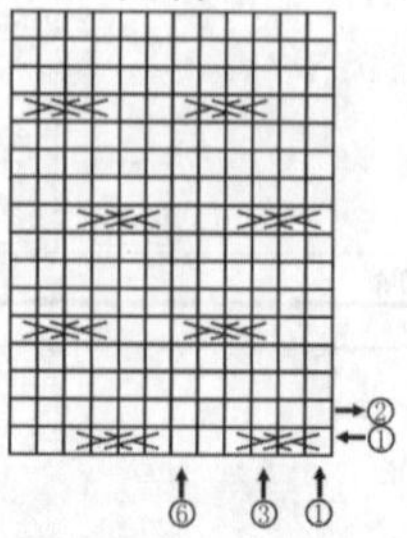

帅气小马甲

【成品规格】衣长33cm，衣宽34cm
【工　　具】12号棒针，12号环形针
【材　　料】蓝色棉线300g
【编织密度】25.5针×34行=10cm²

前片/后片制作说明：

1. 棒针编织法。袖窿以下一片环形编织而成，袖窿起分为前片，后片来编织。织片较大，可采用环形针编织。
2. 起织。双罗纹针起针法起167针起织，先织10行花样A，然后改为花样B、花样C、花样D组合编织，组合方法如结构图所示，重复往上编织，织至68行，将织片分片，分为左前片、后片、右前片编织，左右前片各取40针，后片取87针编织。先编织后片，而左右前片的针眼用防解别针扣住，暂时不织。
3. 分配后片的针数到棒针上，用12号针编织，起织时两侧需要同时减针织成袖窿，减针方法为1-4-1，2-1-4，两侧针数各减少8针，余下71针继续编织，两侧不再加减针，织至第112行，织片的左右两侧各收针14针，余下43针留针待织帽子。
4. 编织左前片。起织时右侧需要减针织成袖窿，减针方法为1-4-1，2-1-4，右侧针数减少8针，余下32针继续编织，两侧不再加减针，织至第112行时，织片右侧收针14针，余下18针留针待织帽子。
5. 相同的方法相反方向编织右前片。完成后将前片与后片的两肩部对应缝合。
6. 编织帽子。沿领口挑针起织，挑起79针，按结构图所示方式组合编织花样，不加减针编织68行后，将织片从中间对称缝合帽顶。
7. 编织衣襟。沿着衣襟边及帽边横向挑针起织，挑起的针数要比衣服本身稍多些，织花样A，共织12行后收针断线，同样去挑针编织另一前片的衣襟边。方法相同，方向相反。在右边衣襟要制作5个扣眼，方法是在一行收起两针，在下一行重起这两针，形成一个眼。
8. 编织袖窿边。沿着袖窿边横向挑针起织，织花样A，共织12行后收针断线，同样去挑针编织另一袖窿边。方法相同。

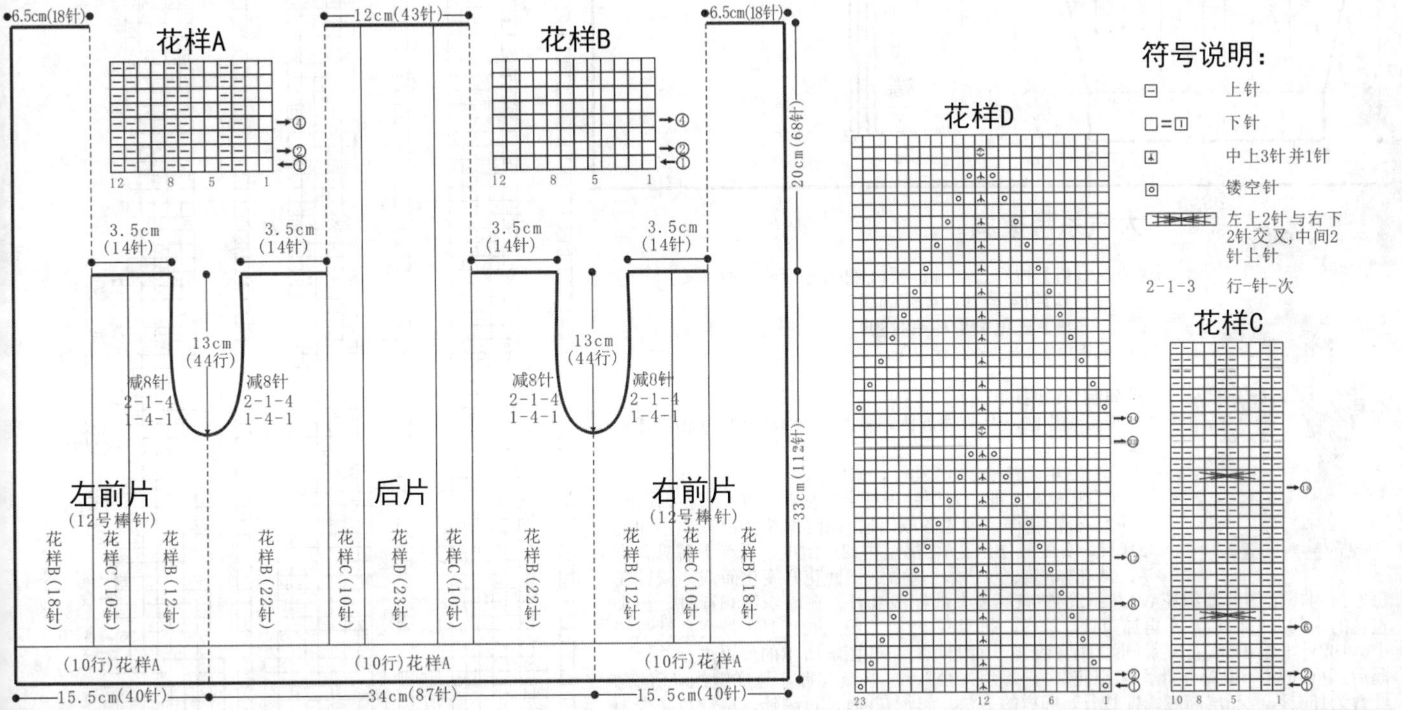

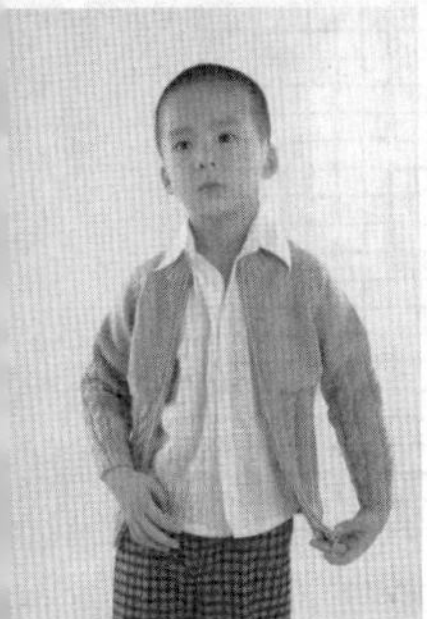

扭花纹插肩毛衣

【成品规格】衣长38cm，衣宽33cm，肩连袖长37cm
【工　　具】12号棒针
【材　　料】绿色棉线400g
【编织密度】25.5针×40行=10cm²

前片/后片制作说明：

1. 棒针编织法。袖窿以下一片编织完成，袖窿起分为左前片、右前片、后片来编织。织片较大，可采用环形针编织。
2. 起织。下针起针法，起168针起织，起织花样A，共织16行，第17行起将织片分配花样，由花样B与花样C间隔组成，见结构图所示，分配好花样针数后，重复花样往上编织，织至80行，改为全部编织花样D，织至88行，从第89行起将织片分片，分为右前片、左前片和后片，右前片与左前片各取42针，后片取84针编织。先编织后片，而右前片与左前片的针眼用防解别针扣住，暂时不织。
3. 分配后片的针数到棒针上，用12号棒针编织花样B，起织时两侧需要同时减针织成插肩，减针方法为1-3-1，4-2-13，两侧针数各减少29针，共织60行，余下26针，用防解别针扣住，留待编织衣领。
4. 左前片与右前片的编织，两者编织方法相同，但方向相反，以右前片为例，右前片的左侧为衣襟边，起织时不加减针，右侧要减针织成插肩，减针方法为1-3-1，4-2-13，针数减少29针，织至52行，第53行起，左侧减针织成前衣领，减针方法为1-6-1，2-2-3，将针数减12针，余下1针，留待编织衣领。左前片的编织顺序与减针法与右前片相同，但是方向不同。

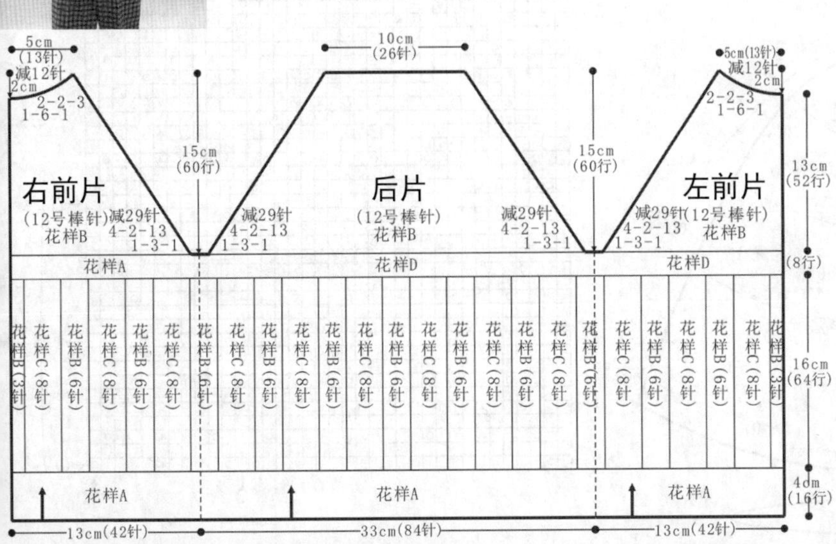

袖片制作说明：

1. 棒针编织法，一片编织完成。
2. 起织，起52针，起织花样A，织16行，第17行起将织片分配花样，由花样B与花样C间隔组成，见结构图所示，分配好花样针数后，重复花样往上编织，一边织一边两侧加针，方法为8-1-9，共加18针，织至88行，织片全部改为花样D编织，织至88行，从第89行起，两侧需要同时减针织成插肩，减针方法为1-3-1，4-2-13，两侧针数各减少29针，织至148行，余下12针，用防解别针扣住，留待编织衣领。
3. 同样的方法再编织另一袖片。
4. 缝合方法：将袖片的插肩缝对应前后片的插肩缝，用线缝合，再将两袖侧缝对应缝合。

领片制作说明：

1. 棒针编织法，往返编织。
2. 编织衣领，沿着前后衣领边挑针编织，织花样A，共织10行的高度，用下针收针法，收针断线。
3. 沿衣襟两侧缝好拉链。

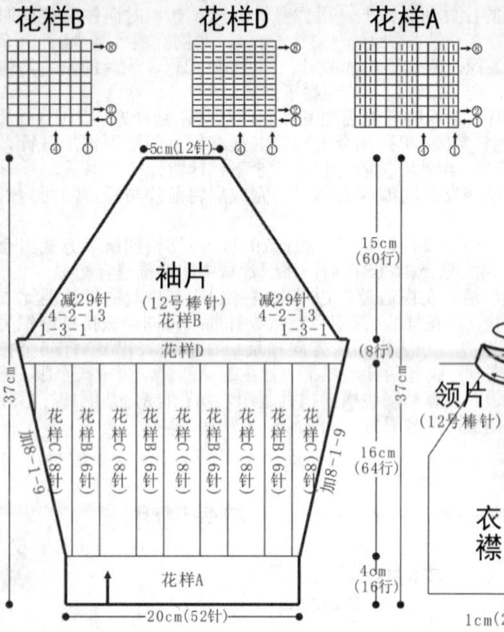

符号说明:

⊟ 上针　□=⊡ 下针

左上3针与右下3针交叉

2-1-3 行-针-次

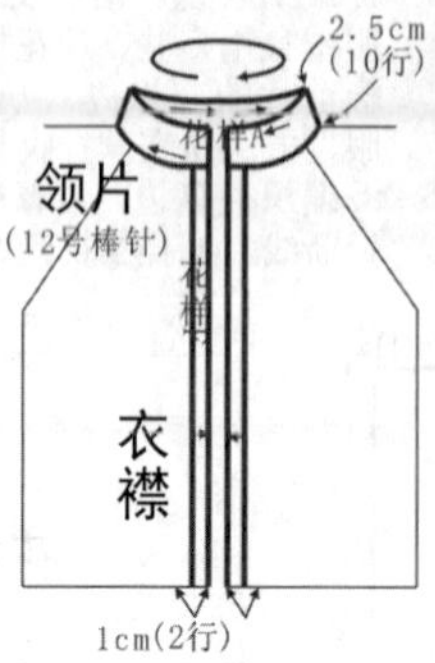

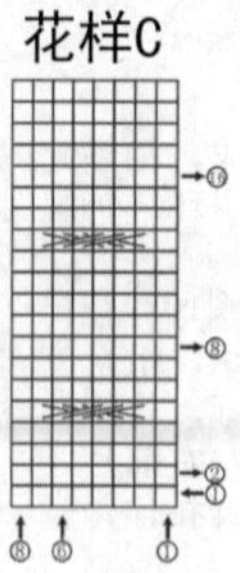

符号说明:

⊟ 上针	⊠ 左并针	↑ 编织方向
□=⊡ 下针	⊠ 右并针	⊡ 中上3针并1针
2-1-3 行-针-次	⊙ 镂空针	∞∞ 锁针

大气系带披肩

【成品规格】披肩长46cm，领口宽24cm，下摆宽62cm
【工　　具】9号棒针，1.50mm钩针
【材　　料】蓝色缎染岛毛线300g
【编织密度】18针×24行=10cm²

披肩制作说明：

1. 棒针编织法。从衣摆起织，一片织至衣领边。用9号棒针编织。
2. 起针。单起针法，起228针，来回编织。
3. 起织搓板针，即一行下针一行上针交替，共织6行。在第7行时，分配花样，两边各取6针，始终编织搓板针，中间的216针，分配成18组花A，每组由12针组成，详细图解见花样A，从花样起织至衣领，都由这18针花样变化而成，减针在每一组内，依图解编织花A，共织2层整花高度，共织成40行，在编织第38行时，一个整花的中间并针两边，不再加空针，这样，每组减少2针，织成40行时，披肩部针数减少为192针，编织5层花B后，即20行，在下一行起织行，在图解所示的位置进行并针，此后都同在这一位置并针，起织花C时，每组减少2针，共减36针，这样编织花C的总针数为156针，织3层高度，即12行，同样的方法，起织花D时，再减针，总针数减少为120针，此后不再减针，依照图解编织8行花D后，全改织单罗纹针，共织8行，再改织花D，共织6层，织成22行，最后将全部的花样全织成搓板针，完成后，收针断线。披肩完成。
4. 用钩针钩出一段约1米的锁针辫子作系带，穿过单罗纹花样下的花样D的空针孔里，再根据毛线球的制作方法，制作出两个小球，系于系带的两端。

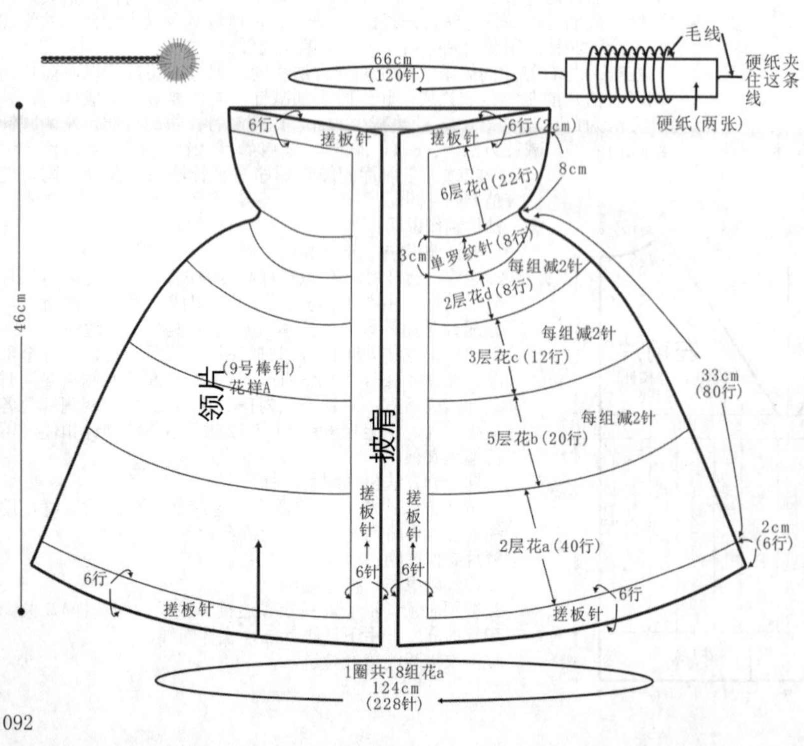

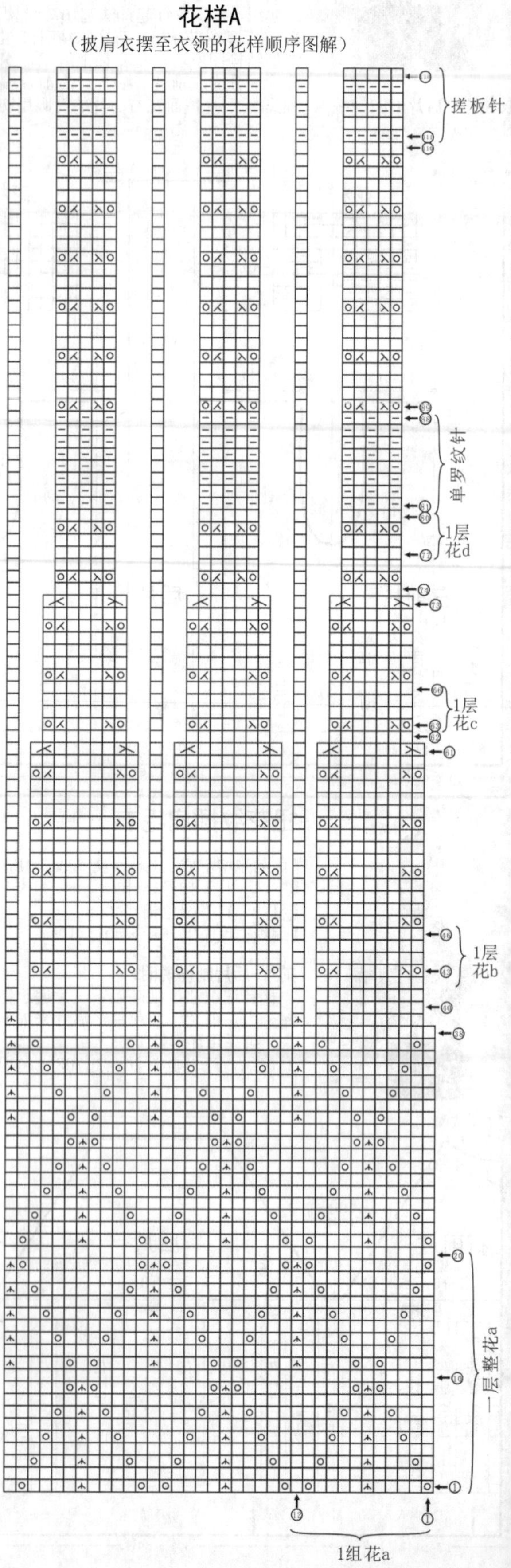

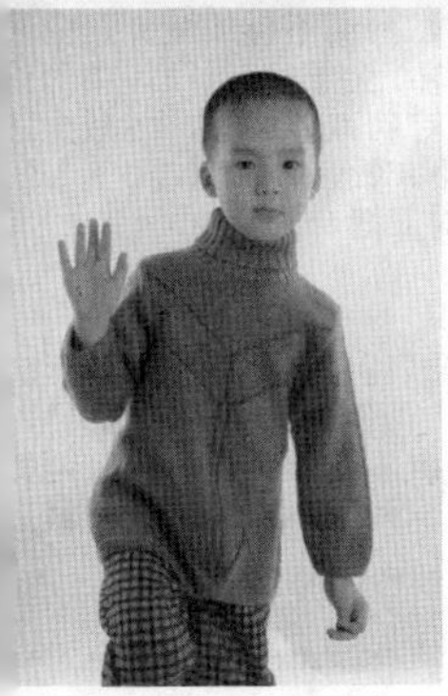

帅气高领毛衣

【成品规格】衣长46cm，衣宽32cm，袖长33cm
【工　　具】12号棒针
【材　　料】灰色棉线共450g，枣红色棉线少量
【编织密度】28针×40行=10cm²

前片/后片制作说明：

1.棒针编织法，衣服分为前片、后片单独编织完成。
2.先织后片。下针起针法，起98针起织，起织花样A搓板针，共织8行后，改织花样B、花样D组合编织，织片中间织2针下针，下针的两侧各织一个花样D，共44针，余下两侧针数织花样B下针，一边织一边两侧减针，方法为20-1-4，织至108行，织片余下90针，两侧同时减针织成袖窿，各减8针，方法为1-4-1，2-1-4，织至第118行，两侧不再加减针往上编织，织至第181行时，中间留取36针不织，用防解别针扣住，两端相反方向减针编织，各减少2针，方法为2-1-2，最后两肩部余下17针，收针断线。
3.前片的编织。编织方法与后片相同，织至第161行，开始编织衣领，方法是中间留取12针不织，用防解别针扣住，两端相反方向减针编织，各减少14针，方法为2-2-4，2-1-6，最后两肩部余下17针，收针断线。
4.前片与后片的两侧缝对应缝合，两肩部对应缝合。

袖片制作说明：

1.棒针编织法。编织两片袖片。从袖口起织。
2.起50针，起织花样A，织8行后，改织花样B，两侧同时加针，加6-1-15，织至100行，开始编织袖山，袖山减针编织，两侧同时减针，方法为1-4-1，2-2-10，两侧各减少24针，最后织片余下32针，收针断线。
3.同样的方法再编织另一袖片。
4.缝合方法：将袖山对应前片与后片的袖窿线，用线缝合，再将两袖侧缝对应缝合。

领片制作说明：

1.棒针编织法，圈织。
2.沿着前后衣领边挑针编织，织花样C，共织52行的高度，收针断线。

符号说明：

- 上针
- 下针
- 中上3针并1针
- 左上2针并1针
- 右上2针并1针
- 左加针
- 右加针
- 2-1-3　行-针-次

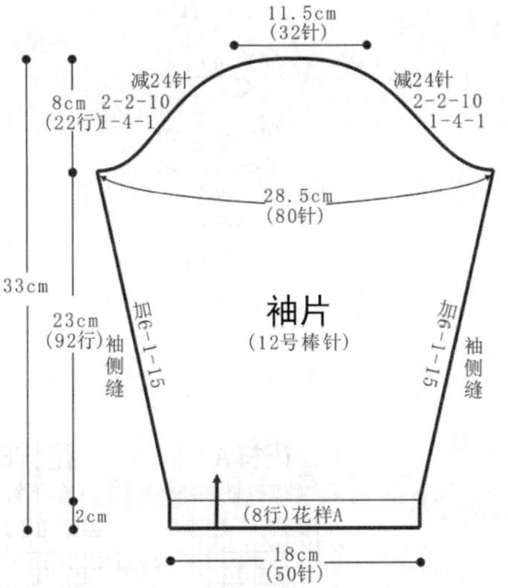

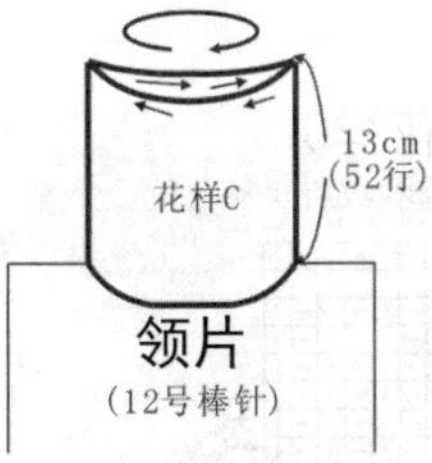

领片
(12号棒针)

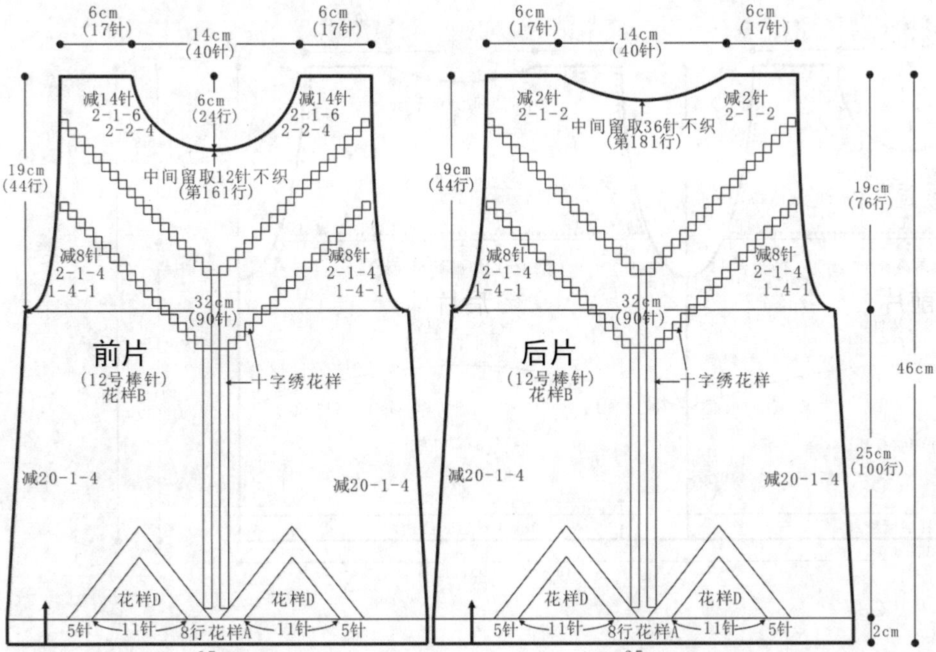

花样D

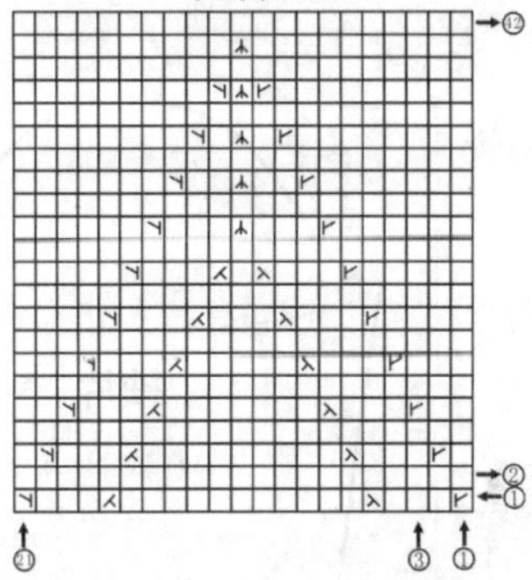

花样A
（搓板针）

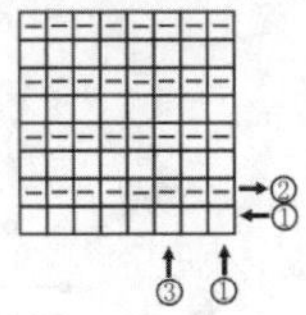

花样B
（全下针）

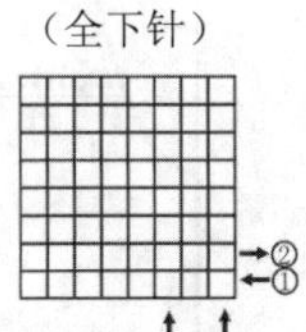

花样C
（双罗纹针）

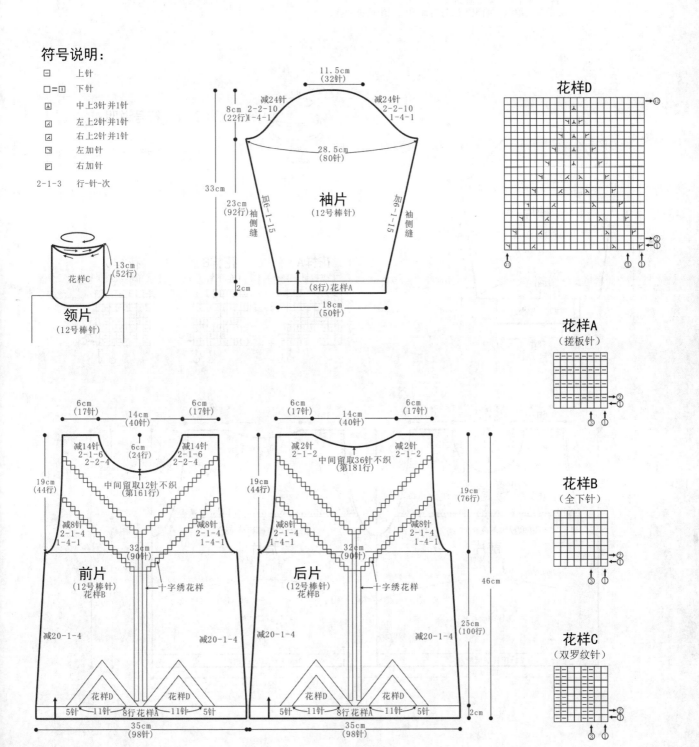

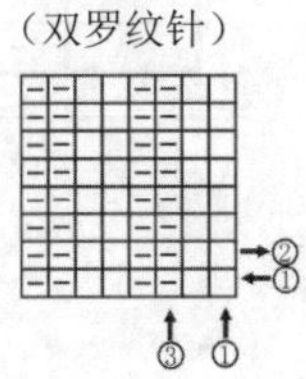

小鸡图案可爱装

【成品规格】衣长38cm，衣宽37cm，袖长32cm
【工　　具】12号棒针，十字绣针
【材　　料】紫红色棉线共220g，白色棉线220g，其他彩色棉线少量
【编织密度】25针×38行=10cm²

前片/后片制作说明：

1. 棒针编织法。衣服分为前片、后片来编织完成。
2. 先织后片。下针起针法，紫红线起92针起织，起织花样A，共织12行后，改织花样B，继续往上编织至40行，紫红线一边织一边由两侧向中间减针，同时加织白色线，编织方法如图示。织至54行，织片全部变为白色线编织，织至80行，两侧同时减针织成袖窿，各减8针，方法为1-4-1，2-1-4，织至第93行，将织片均匀减针至64针，继续编织，两侧不再加减针，织至第141行时，中间留取28针不织，用防解别针扣住，两端相反方向减针编织，各减少2针，方法为2-1-2，最后两肩部余下16针，收针断线。
3. 前片的编织。编织方法与后片相同，织至第93行，将织片均匀减针至64针，继续编织至95行，两侧不再加减针，中间改织20针的紫红线，两侧仍编织白色线，编织至第115行时，中间留取12针不织，用防解别针扣住，两端相反方向减针编织，各减少10针，方法为2-2-2，2-1-6，最后两肩部余下16针，收针断线。
4. 前片与后片的两侧缝对应缝合，两肩部对应缝合。

袖片制作说明：

1. 棒针编织法。编织两片袖片。从袖口起织。
2. 下针起针法。起48针，编织16行花C，第17行将织片均匀加针至52针，改织花样B，两侧同时加针，加8-1-9，两侧的针数各增加9针，将织片织成70针，共88行。接着就编织袖山，袖山减针编织，两侧同时减针，方法为1-4-1，2-2-2，2-1-14，两侧各减少22针，最后织片余下26针，收针断线。
3. 同样的方法再编织另一袖片。
4. 将袖山对应前片与后片的袖窿线，用线缝合，再将两袖侧缝对应缝合。

领片制作说明：

1. 棒针编织法，圈织。
2. 沿着前后衣领边挑针编织，前衣领边挑70针，后衣领边挑30针。织花样C，共织10行的高度，用单罗纹收针法，收针断线。

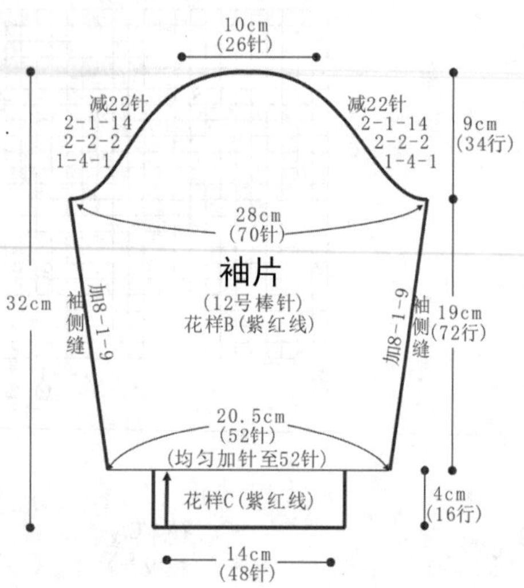

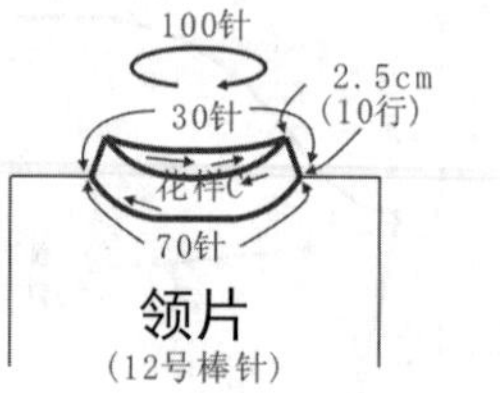

符号说明：

⊟　上针
□=⊡　下针
2-1-3　行-针-次

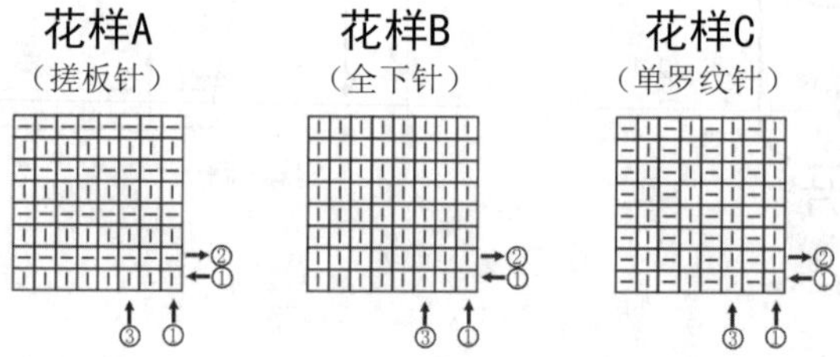

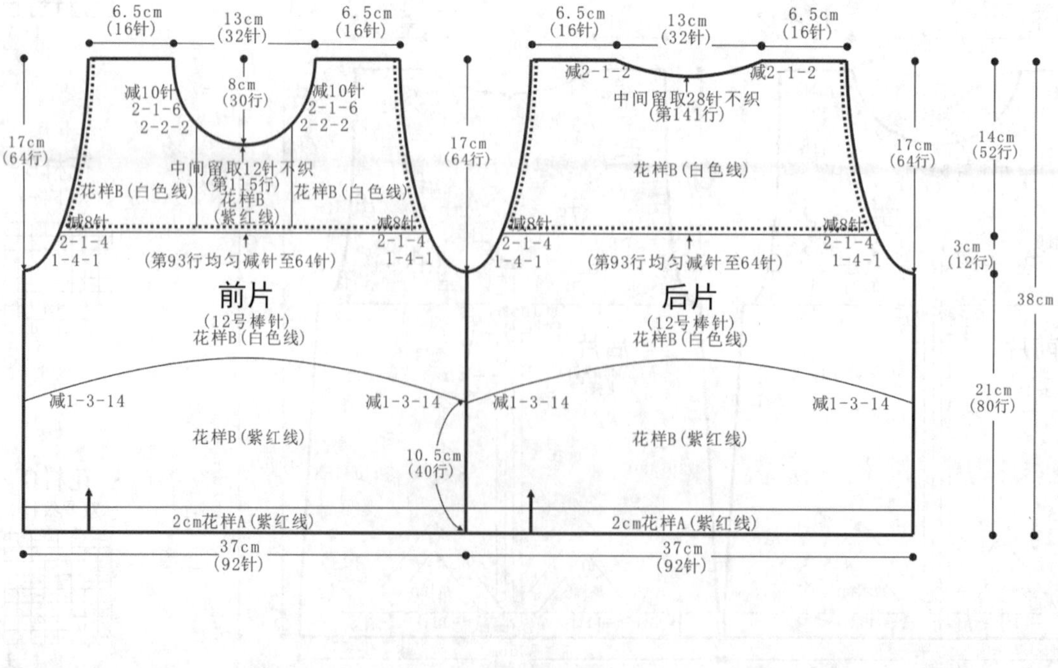

优雅菱形纹上装

【成品规格】衣长29cm，衣宽31cm
【工　　具】12号棒针
【材　　料】乳白色宝宝绒线300g
【编织密度】26针×30行=10cm²

前片/后片制作说明：

1.棒针编织法。袖窿以下一片环织完成，袖窿起分为左前片、右前片、后片来编织。
2.起织。双罗纹针起针法，起160针起织，起织花样A，共织30行，第31行改织花样B，并将织片分片，分为前片和后片，各取80针，先编织后片，而前片的针眼用防解别针扣住，暂时不织。
3.分配后片的针数到棒针上，用12号棒针编织，起织时两侧需要同时减针织成插肩，减针方法为2-1-28，两侧针数各减少28针，织至86行，余下24针，用防解别针扣住，留待编织衣领。
4.前片的编织顺序与减针法与后片相同。

袖片制作说明：

1.棒针编织法。从上往下一片编织完成。
2.起织。下针起针法，起73针起织，起织花样B，起织时两侧需要同时减针织成插肩，减针方法为2-1-28，两侧针数各减少28针，织至56行，余下17针，用防解别针扣住，留待编织衣领。
3.同样的方法再编织另一袖片。
4.缝合方法：将袖片的插肩缝对应前后片的插肩缝，用线缝合。

领片制作说明：

1.棒针编织法，往返编织。
2.沿着前后衣领边挑针编织，织花样A，共织10行的高度，用双罗纹针收针法，收针断线。

符号说明：

□=⊟ 上针
⊟ 下针
中上3针并1针
左上2针并1针
右上2针并1针
镂空针
2-1-3 行-针-次

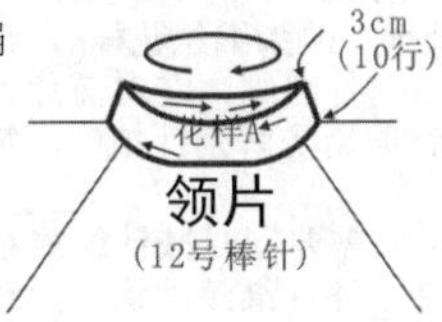

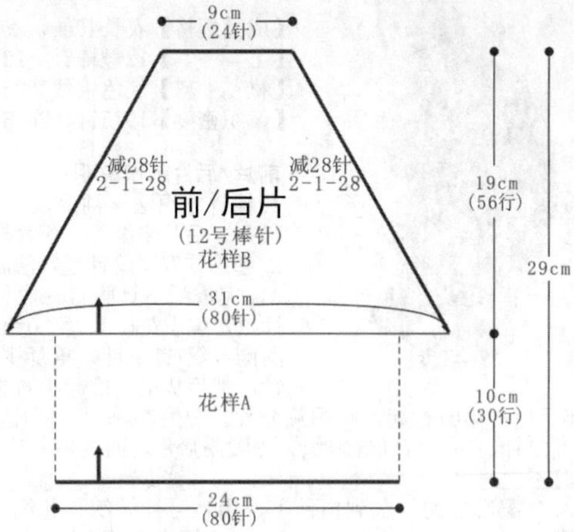

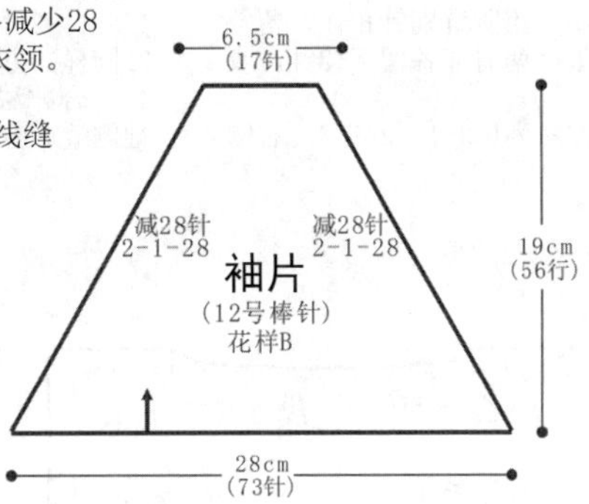

花样A

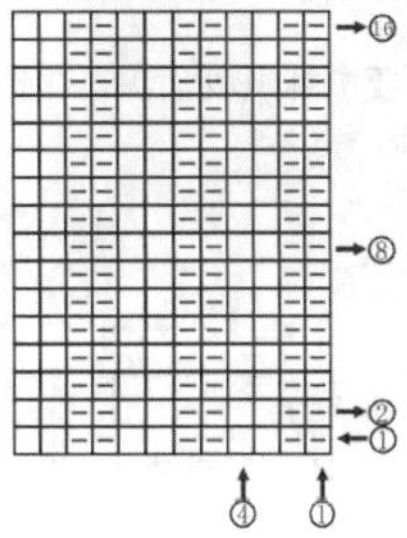

花样B

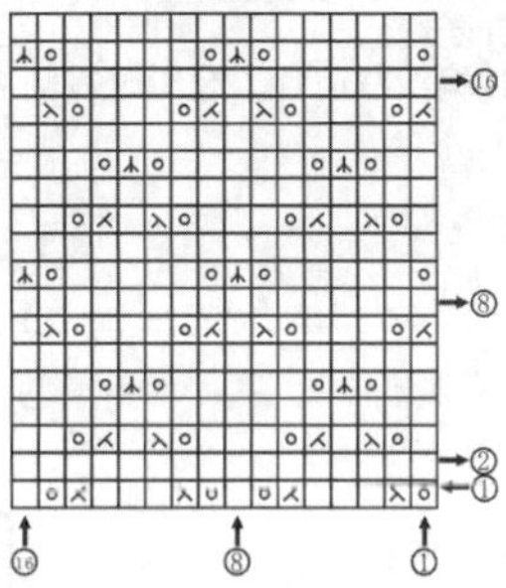

青翠绣花裙

【成品规格】裙长33cm，腰围38cm
【工　　具】13号环形针，1.25mm钩针
【材　　料】绿色棉400g，黑色棉线50g，黑色饰片56片
【编织密度】30针×40行=10cm²

裙子制作说明：

1.棒针编织法。从上往下一片环形编织而成，织片较大可采用环形针编织。
2.起织。下针起针法起192针，编织花样A，织8行后，与起针合并成双层裙腰，然后继续往下编织，织至32行的高度，改织花样B，将织片针数分成8片，每片各取24针，在每片的右侧加针编织，加针方法为2-1-48，共织96行，将织片织成576针，然后改用黑色线编织裙摆边，裙摆边织花样A，共织4行，收针断线。
3.钩花。黑色线分别钩织8朵小花，钩织方法如花样C所示。
4.将钩花及饰片缝合于裙摆片中间位置。

符号说明：

⊟ 上针
□=⊟ 下针
2-1-3 行-针-次
锁针
短针
长针

花样C

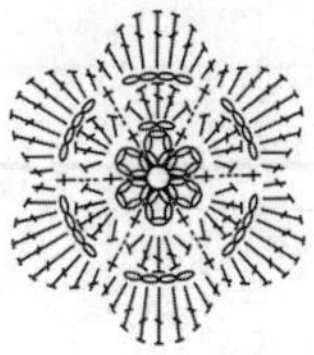

花样A

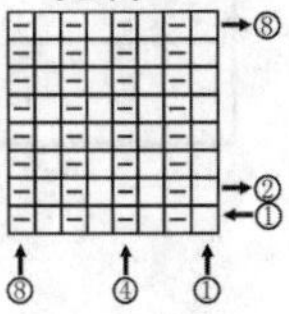

花样B

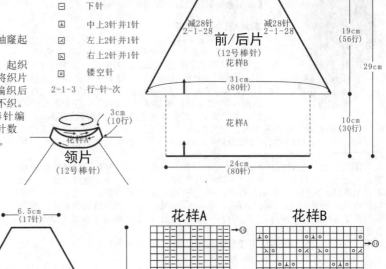

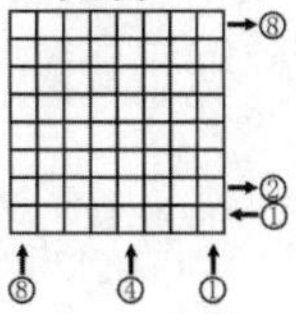

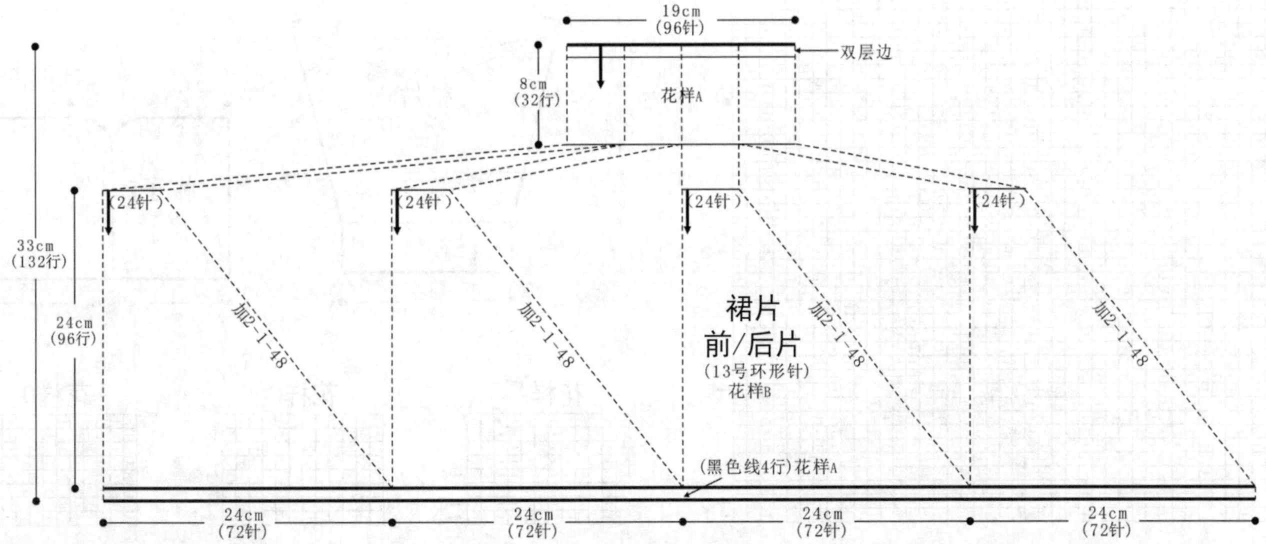

温暖带帽外套

【成品规格】衣长40cm，衣宽36cm，袖长28cm
【工　　具】12号棒针，12号环形针
【材　　料】红色棉线500g
【编织密度】19.5针×26.5行=10cm²

前片/后片制作说明：

1.棒针编织法。袖窿以下一片编织而成，袖窿起分为前片，后片来编织。织片较大，可采用环形针编织。

2.起织。双罗纹针起针法起132针起织，先织10行花样A，完成后下针收针法收针，然后从里侧挑起相同的针数，编织花样B，每20针1个花样，共织6.5个花样，两侧各织1针下针，重复往上织至60行，下针收针法收针，然后从里侧挑起相同的针数，改为编织花样A，织6行后，第67行起，将织片分片，分为左前片、后片、右前片编织，左右前片各取31针，后片取70针编织。先编织后片，而左右前片的针眼用防解别针扣住，暂时不织。

3.分配后片的针数到棒针上，用12号针编织，起织时两侧需要同时减针织成袖窿，减针方法为1-3-1，2-1-3，两侧针数各减少6针，余下58针继续编织，两侧不再加减针，织至78行，第79行起，改为花样A与花样C组合编织，组合方法如结构图所示，织至102行。第103行起，中间留取28针不织，用防解别针扣住，留待编织帽子。两领衣领减针，方法为2-1-2，各减2针，最后两肩部各留下13针，收针断线。

4.编织左前片。起织时右侧需要减针织成袖窿，减针方法为1-3-1，2-1-3，右侧针数减少6针，余下25针继续编织，两侧不再加减针，织至78行，第79行起，改为花样A与花样C组合编织，组合方法如结构图所示，织至102行，第103行起，左侧减针织成衣领，方法为2-2-5，2-1-2，共减12针，织至106行，肩部留下13针，收针断线。

5.相同的方法相反方向编织右前片。完成后将前片与后片的两肩部对应缝合。

帽子/衣襟制作说明：

1.帽子编织。棒针编织法，沿领口挑针起织，起针时交织片均匀减针成60针，挑起70针，编织花样D，织52行，将织片从中间分开成左右两片，各取35针分别编织，两侧对称减针，方法为2-1-11，织至74行，左右两片各留24针。缝合帽顶。

2.沿着衣襟边横向挑针起织，挑起的针数要比衣服本身稍多些，织花样A，共织12行后收针断线，同样去挑针编织另一前片的衣襟边。方法相同，方向相反。在右边衣襟要制作4个扣眼，方法是在一行收起两针，在下一行重起这两针，形成一个眼。

袖片制作说明：

1.棒针编织法，编织两片袖片。从袖口起织。

2.起38针，起织花样A，织10行后，改织花样B，两侧同时加针，加4-1-10，织至20行时，收针，沿边从里侧挑针起织花样B，织至38行后，从织片的中间向两侧，改织花样A，编织方法如结构图所示，织至52行，开始编织袖山，袖山减针编织，两侧同时减针，方法为1-3-1，2-1-10，两侧各减少13针，最后织片余下32针，收针断线。

3.同样的方法再编织另一袖片。

4.缝合方法：将袖山对应前片与后片的袖窿线，用线缝合，再将两袖侧缝对应缝合。

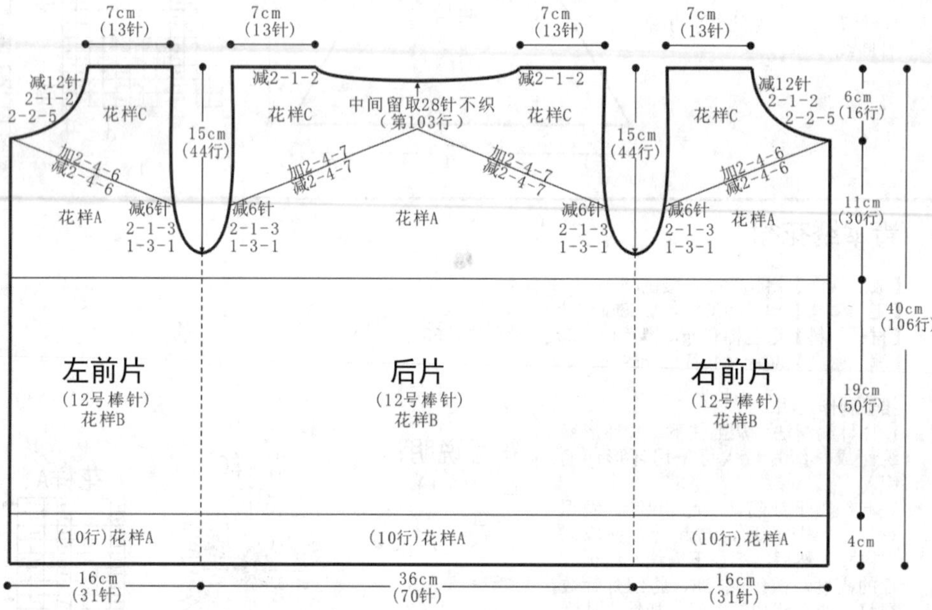

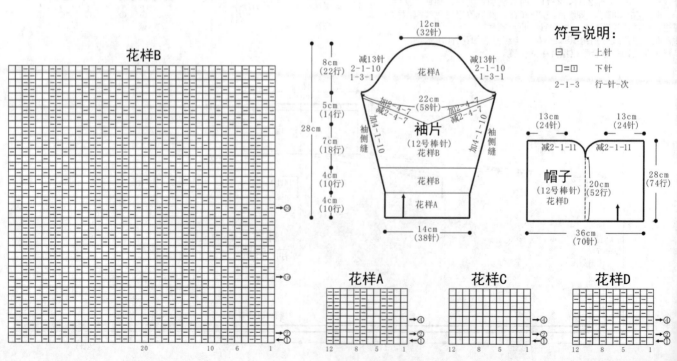

花样B

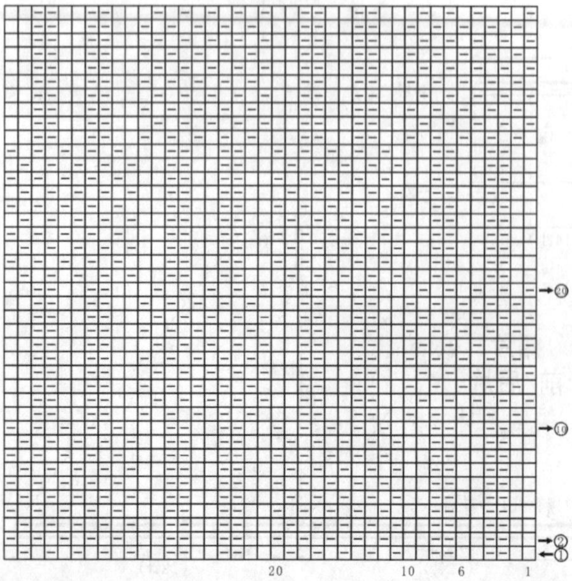

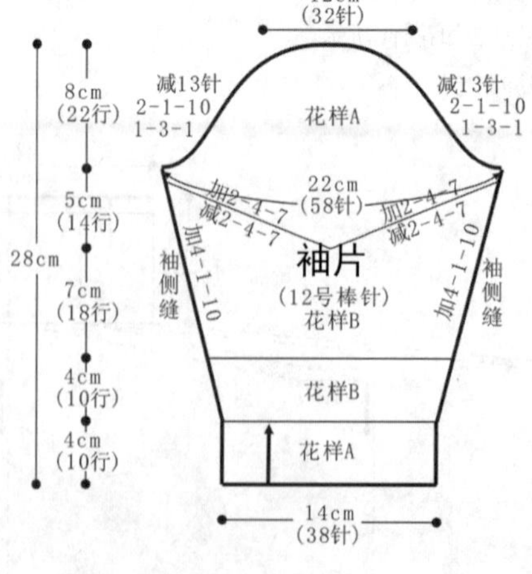

符号说明：

⊟	上针
□=⊡	下针
2-1-3	行-针-次

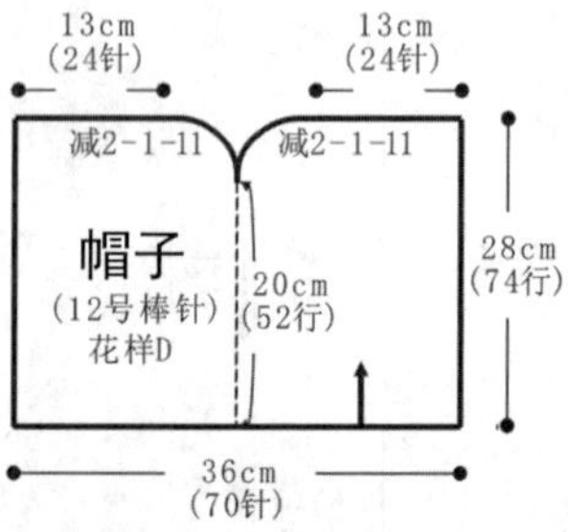

花样A

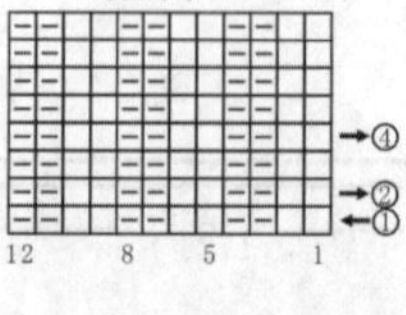

花样C

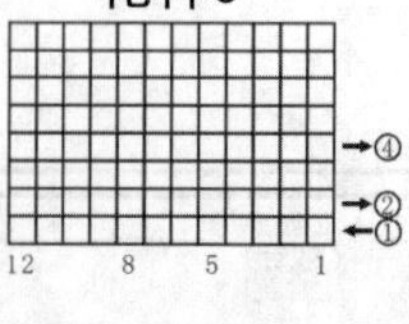

花样D

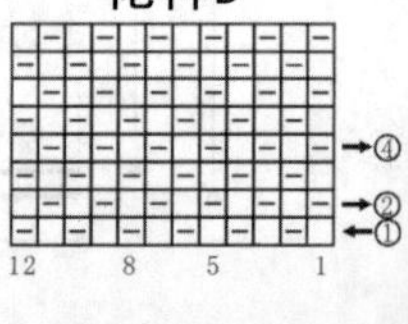

优雅淑女装

【成品规格】衣长46cm，衣宽39cm，插肩连袖长44cm
【工　　具】12号棒针
【材　　料】浅蓝色棉线共600g
【编织密度】20针×30.5行=10cm²

前片/后片制作说明：

1. 棒针编织法。衣服分为左前片、右前片和后片分别编织而成。
2. 起织后片。单罗纹针起针法起78针，详细编织图解见花样A，编织至90行后，第91行起，两侧各收针2针，然后开始插肩减针，方法为2-1-23，两侧各减25针，共织136行，余下28针用防解别针扣住留待编织帽子。
3. 起织左前片。左前片的右侧为衣襟侧，单罗纹针起针法起36针，详细编织图解见花样B，编织至90行后，第91行起，左侧收针2针然后开始插肩减针，方法为2-1-23，共减25针，共织136行，余下11针用防解别针扣住留待编织帽子。
4. 相同方法相反方向编织右前片，完成后将左右前片分别与后片的侧缝缝合，肩缝缝合。
5. 编织帽子。沿领口挑针起织，挑起62针，详细编织图解见花样D，织68行后，将织片从中间分开成左右两片分别编织，中间减针，减2-1-4，织至76行收针，将帽顶缝合。

袖片制作说明：

1. 棒针编织法，编织两片袖片。从袖口起织。
2. 起36针，详细编织图解见花样E，一边织一边两侧加针，加针方法为8-1-11，两侧的针数各增加11针，织至90行时，将织片织成58针，第91行两侧各收针2针，接着就编织插肩，插肩减针编织，两侧同时减针，方法为2-1-23，两侧各减少25针，最后织片余下8针，收针断线。
3. 同样的方法再编织另一袖片。
4. 缝合方法：将衣袖两侧插肩线分别对应前片与后片的插肩线，用线缝合，再将两袖侧缝对应缝合。

符号说明：

□=⊟ 上针
⊟ 下针
右上3针与左下2针交叉
右上3针与左下1针交叉
左上3针与右下1针交叉
■= 3针，2行的节编织
2-1-3 行-针-次

花样D

（衣襟编织图解）

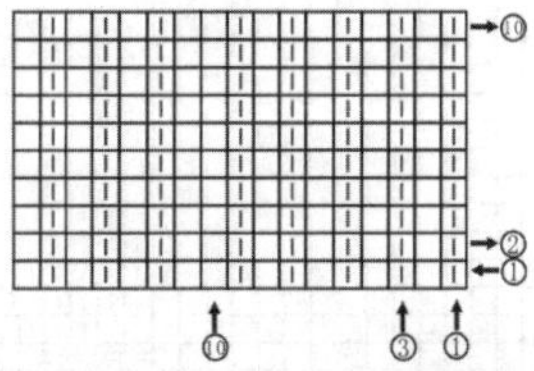

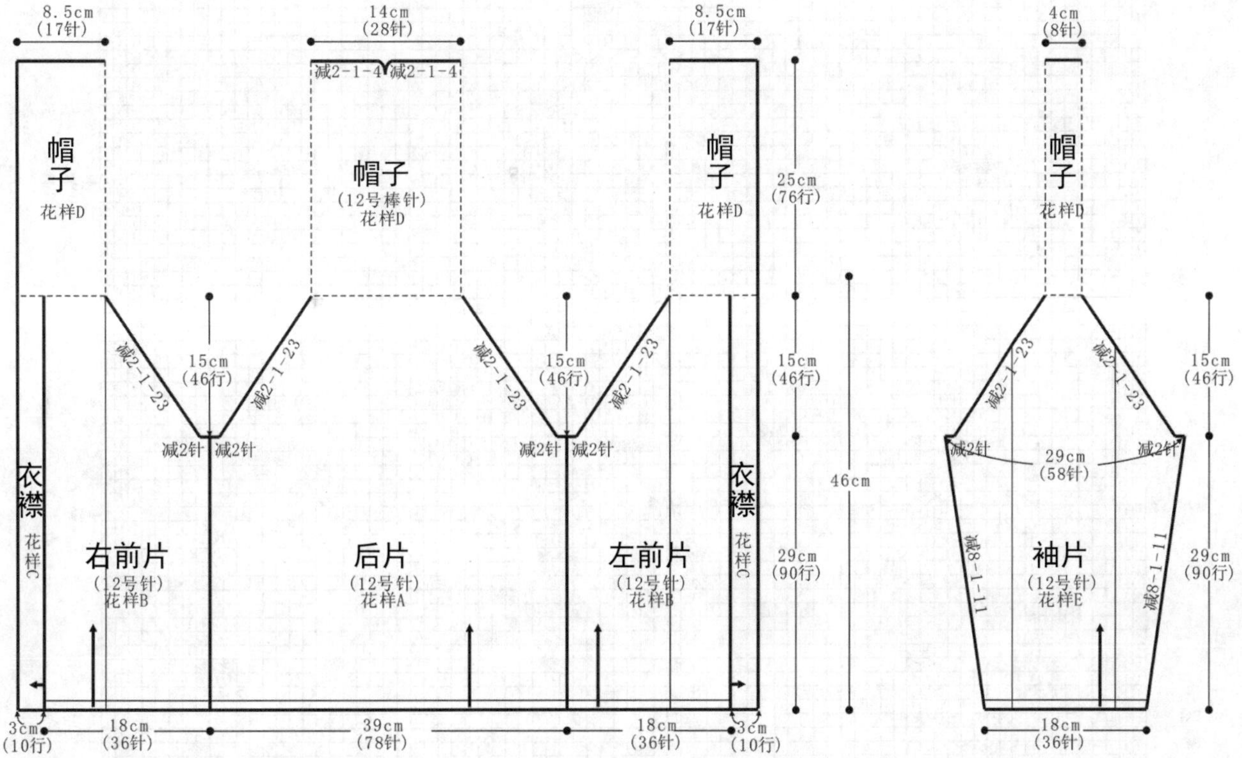

花样A

（后片编织图解）

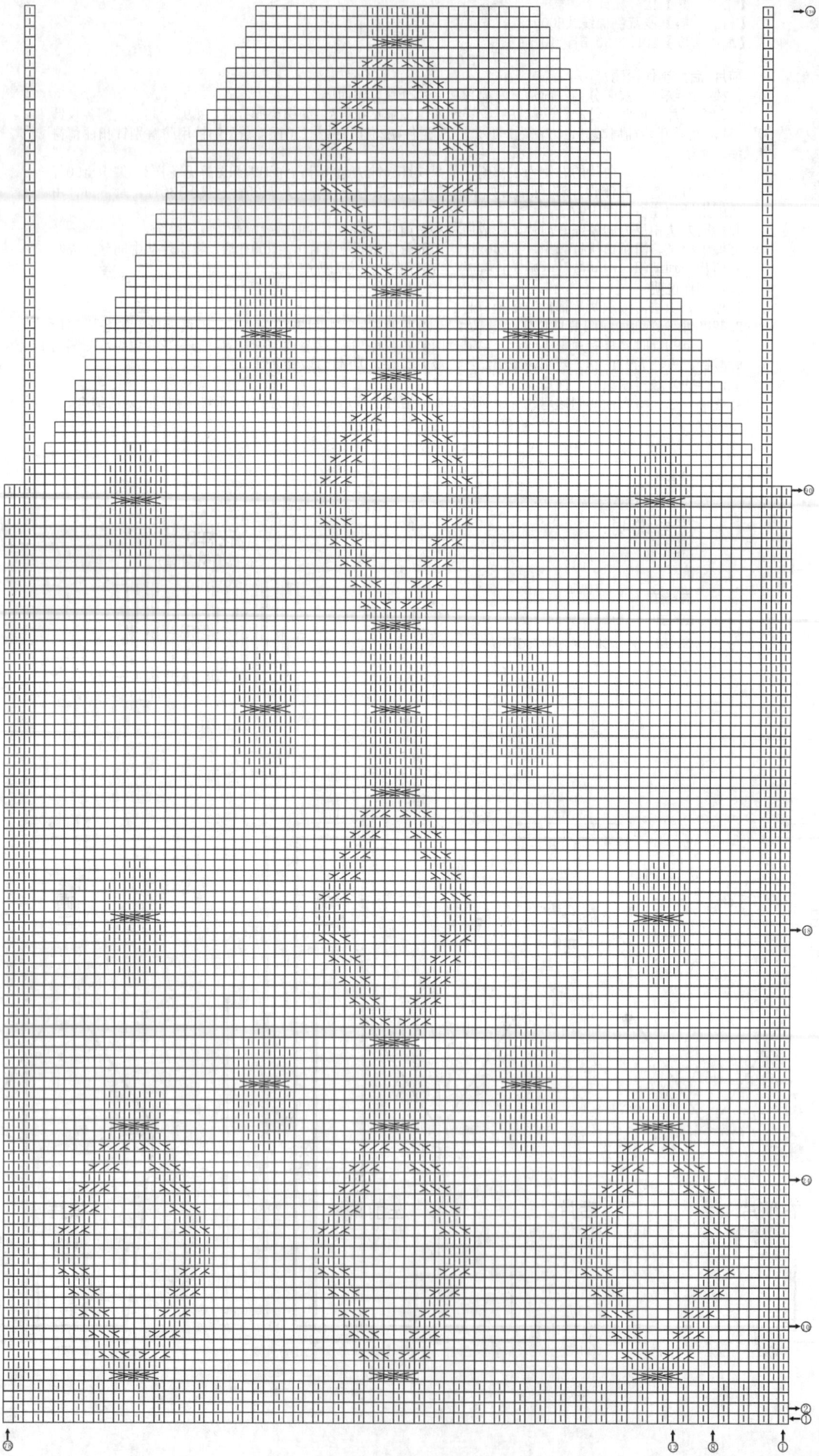

花样B
（左前片编织图解）

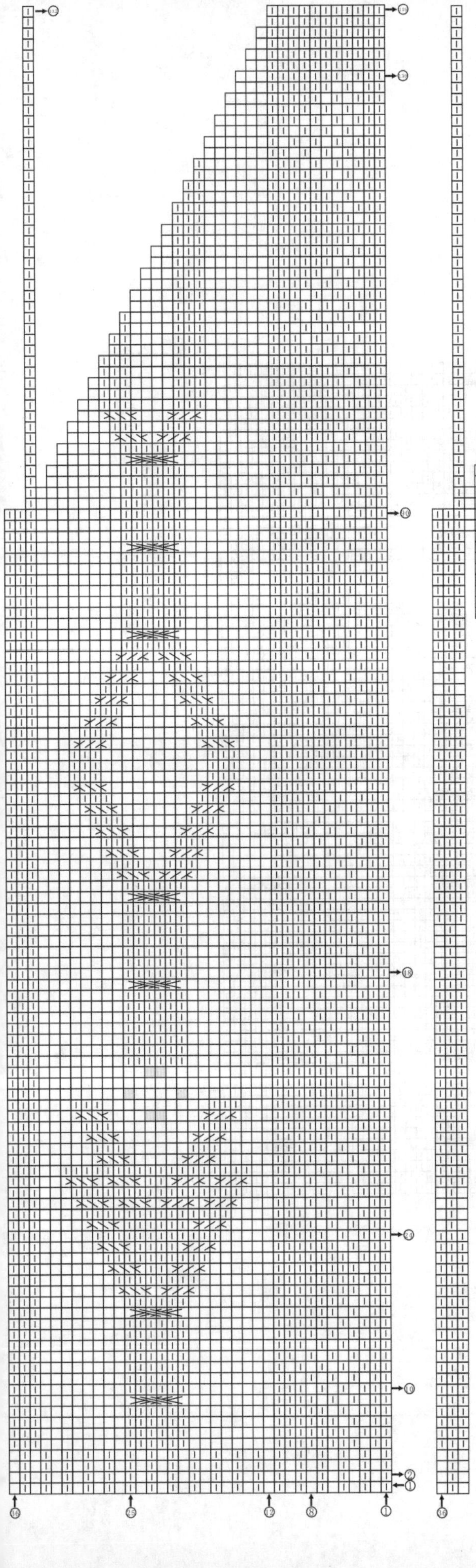

花样E
（袖片编织图解）

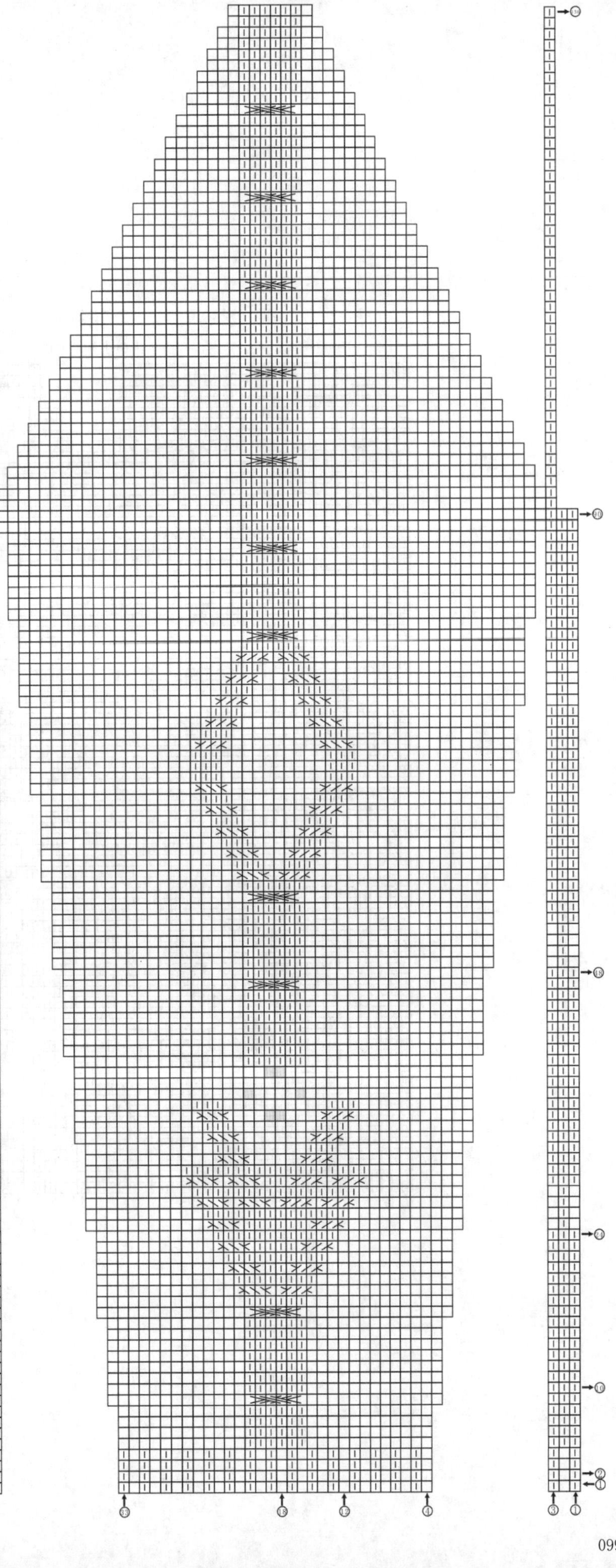

花样D

（帽子编织图解）

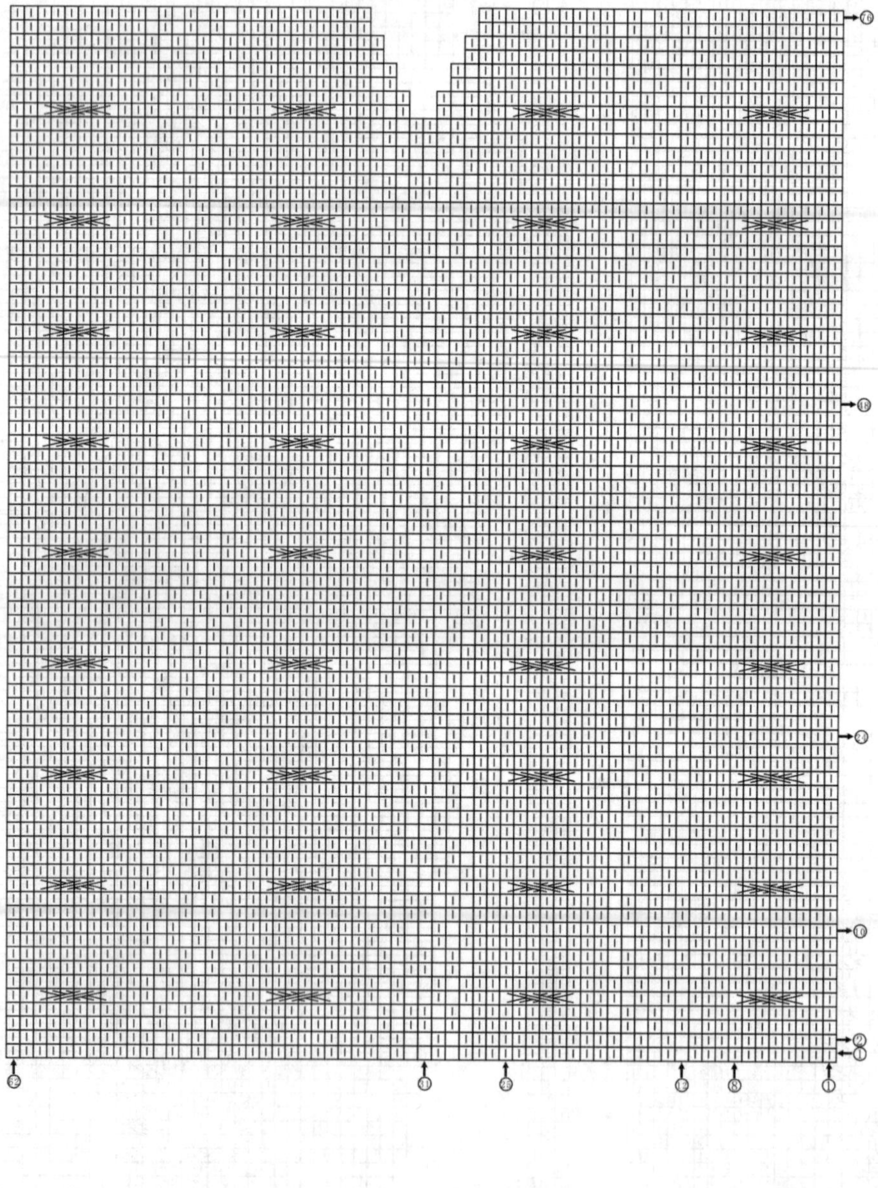

超个性蝙蝠衫

【成品规格】衣长44cm，袖长39.5cm，下摆宽36cm
【工　　具】11号棒针，1.50mm钩针
【材　　料】蓝色晴纶线400g，拉链1根
【编织密度】31针×46.6行=10cm²

前片/后片/衣摆/袖片制作说明：

1. 棒针编织法，看似复杂，其实非常简单的一款时尚蝙蝠毛衣款式。由左前片、右前片、右后片、左后片、帽片组成。

2. 先编织前片。分成左前片、右前片单独编织。以右前片为例。双罗纹起针法，起56针，起织花样A双罗纹针，无加减针织34行的高度，然后全改织下针，无加减针织下针共78行，进入袖窿减针，左边平收针6针，然后每织4行减1针，共减11针，右边不减针，织成44行，再织4行后，左边不减针，右边减针织成前衣领，先收针5针，再织1行减2针，减2次，然后每织2行减1针，减20次，衣领织成42行，针数余下10针，无加减针，编织30行的高度。不收针，用防解别针扣住。相同的方法编织左前片，织至最后的10针，与右前片的10针对应缝合。

3. 后片的编织。分成右后片、左后片，右后片对应的前片是左前片，左后片对应的前片是右前片。以左后片的编织为例，从后中心起织，单起针法，起102针，正面全织下针，返回全织上针，来回编织，无加减针织76行的高度后，两边同时减针，每织4行减1针，共减11次，织成44行的高度，此段减针行形成的边，是与前片的袖窿边对应进行缝合。针数余下80针，然后继续减针，每织4行减1针，减13次，织成52行，此段减针行形成的边，是袖片腋下边缝合。然后下针改织双罗纹针，减针后余下的针数为54针，将两边的1针作缝合边针，将52针分成13组双罗纹编织，无加减再织62行的高度后，收针断线。相同的方法编织右后片。将两片的起针处缝合。

4. 拼接。如结构图所示，图中的小写字abcdefg，表示其对应的线段，将右前片与左后片的相同字母段对应缝合，而后片的E与E，F与F相对应缝合。左前片与右后片的方法相同。完成后，在后片的衣摆处，以中心缝合线为中心，向两边各选45针的宽度，挑出90针起织双罗纹花样，无加减针织成34行的高度后。收针断线，将g边与前片的下摆边缝合。

5. 帽片的编织。沿着前后衣领边，挑出116针，起织下针，正面织下针，返回织上针，无加减针织94行的高度，将116针的中心2针为减针，两边每织2行减1针，共减6针，织成12行，以2针为中心，将两边对折，缝合。

6. 沿着帽子边沿，衣襟边沿，用钩针钩一行逆短针，再在衣襟边缝上拉链。

花样A

（双罗纹针）

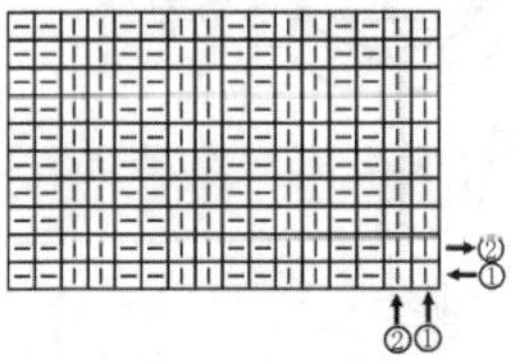

4针一花样

符号说明：

⊟　上针

□=▯　下针

2-1-3　行-针-次

↑　编织方向

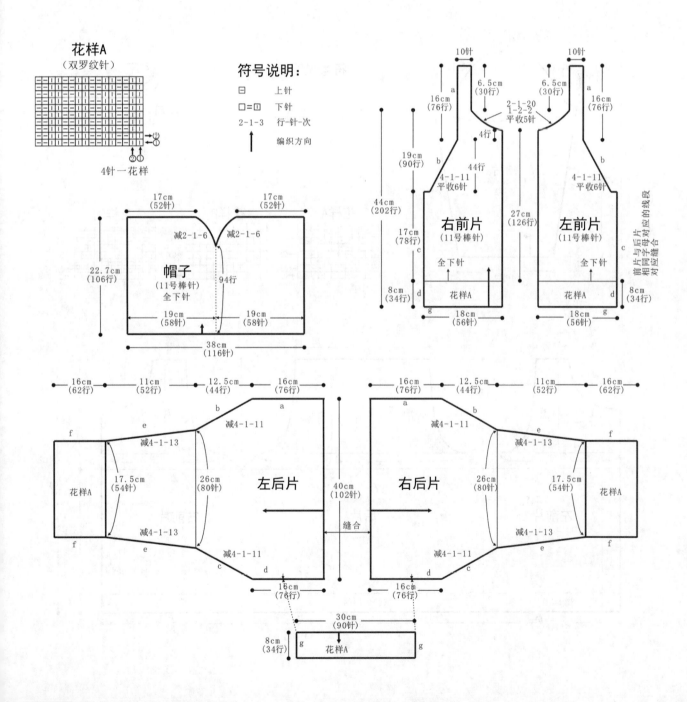

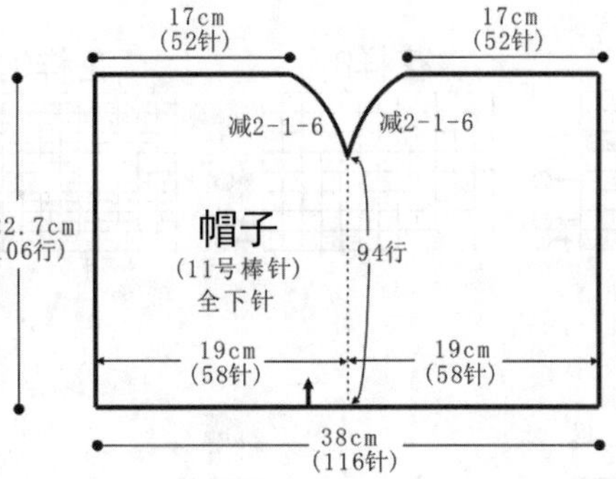

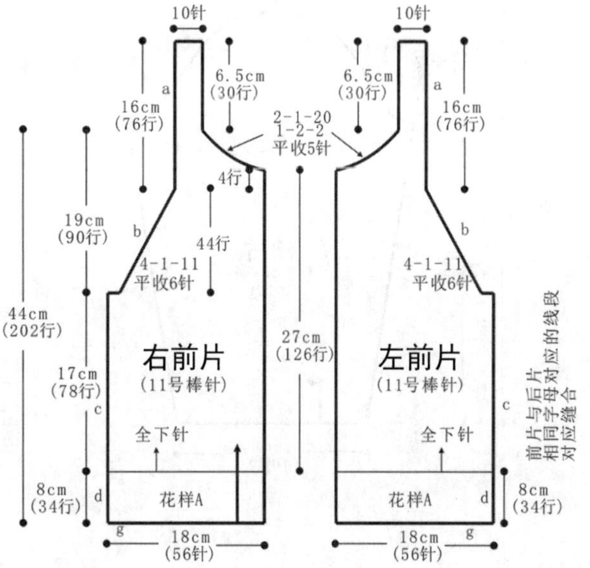

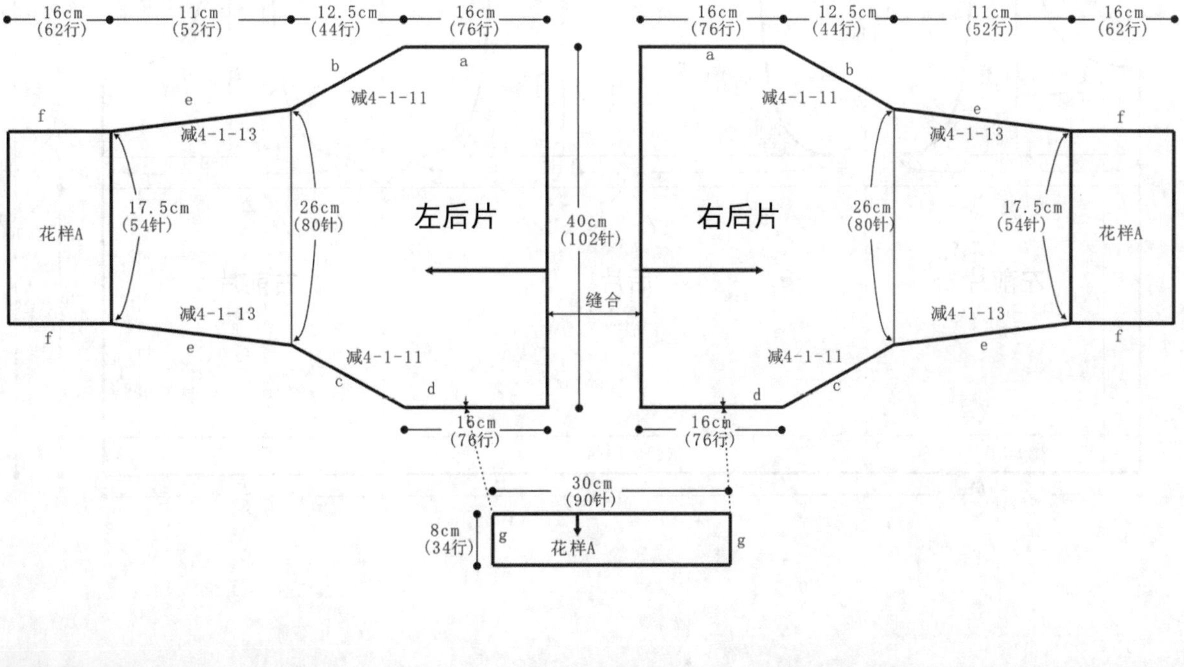

韩版淑女装

【成品规格】衣长38cm，衣宽34cm，袖长33cm
【工　　具】12号棒针，12号环形针
【材　　料】红色棉线500g
【编织密度】22.5针×26.5行=10cm²

前片/后片制作说明：

1. 棒针编织法。袖窿以下一片环形编织而成，袖窿起分为前片、后片来编织。织片较大，可采用环形针编织。
2. 起织下摆片。双罗纹针起针法起194针起织，先织8行花样A，然后改为编织花样B全下针，织至60行，下针收针法收针。
3. 编织后片。起织76针，编织花样A与花样C组合，组合方式如结构图所示，先织1针下针，再织26针花样C，再织22针花样A，再织26针花样C，最后1针织下针，左右两侧下针不变，起织时两侧需要同时减针织成袖窿，减针方法为1-4-1，2-1-9，两侧针数各减少13针，余下50针继续编织，两侧不再加减针，织至40行，两侧各收针14针，余下22针，用防解别针扣住，留待编织衣领。
4. 编织左前片。起织46针，编织花样A与花样C组合，组合方式如结构图所示，先织1针下针，再织19针花样C，最后织2针花样A，重复往上编织，起针的1针织下针，起织时右侧需要减针织成袖窿，减针方法为1-4-1，2-1-9，右侧针数减少13针，余下3针继续编织，两侧不再加减针，织至18行，左侧减针织成衣领，方法为1-8-1，2-2-1，2-1-9，共减19针，织至40行，肩部留下14针，收针断线。
5. 相同的方法相反方向编织右前片。完成后将前片与后片的两肩部对应缝合。
6. 将下摆片分片，分为左前片、右前片和后片，左右前片各取52针的宽度，后片取90针的宽度，左右前片及后片的中间各制作一个对称折，折后的下摆宽度与前后片及后片相同，对应缝合。

袖片制作说明：

1. 棒针编织法，编织两片袖片。从袖口起织。
2. 起40针，起织花样A，一边织一边两侧加针，方法为8-1-7，共织64行，开始编织袖山，袖山减针编织，两侧同时减针，方法为1-4-1，2-1-11，两侧各减少15针，最后织片余下24针，收针断线。
3. 同样的方法再编织另一袖片。
4. 缝合方法：将袖山对应前片与后片的袖窿线，用线缝合，再将两袖侧缝对应缝合。

领片制作说明：

1. 棒针编织法，往返编织。
2. 沿着前后衣领边挑针编织，织花样A，共织10行的高度，收针断线。

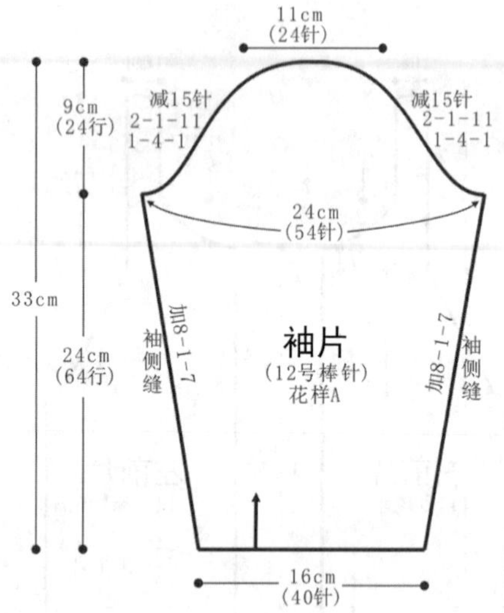

符号说明：

⊟ 上针

□=⊡ 下针

2-1-3 行-针-次

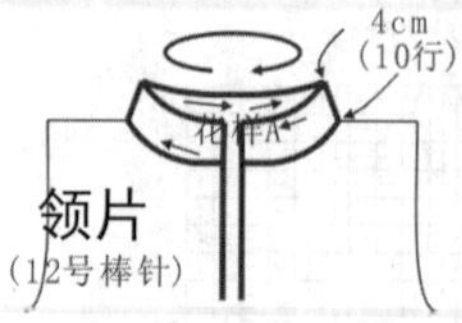

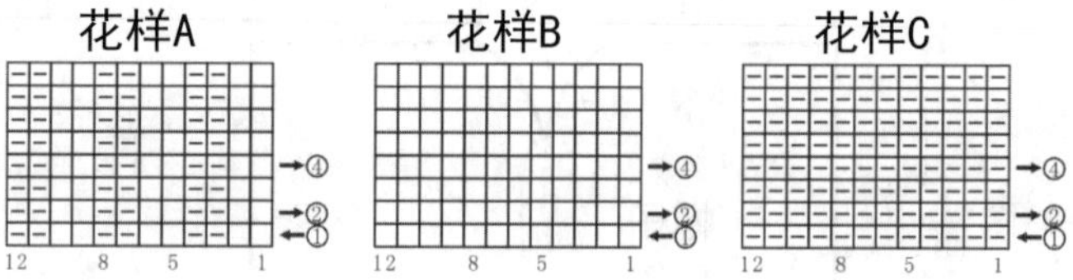

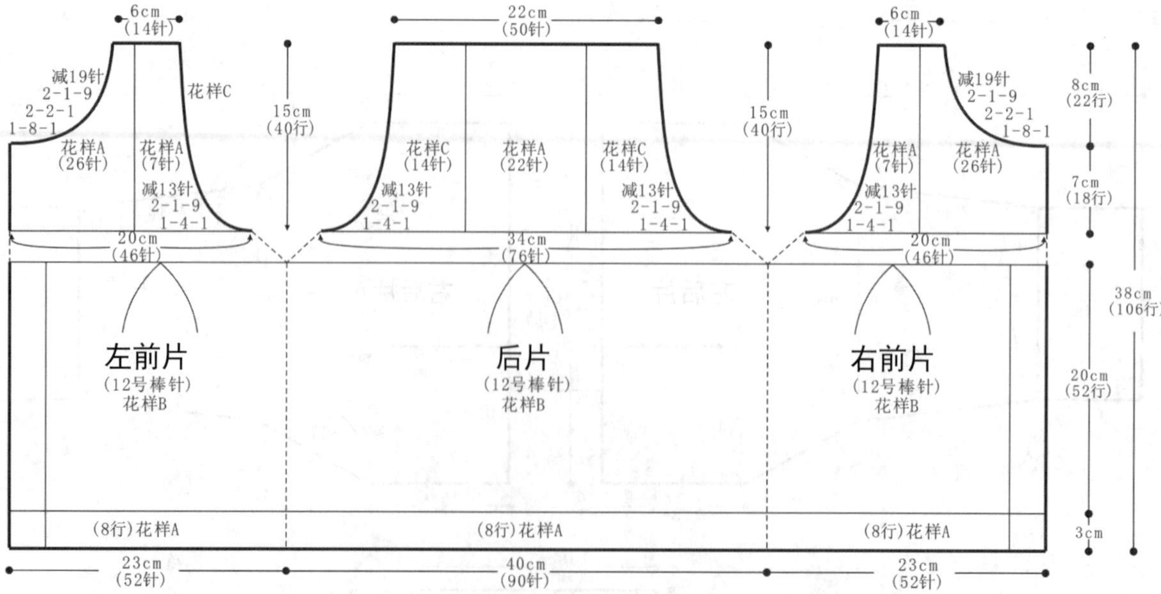

双色连帽背心

【成品规格】衣长38cm，衣宽31cm
【工　　具】13号棒针，13号环形针
【材　　料】红色棉线200g，白色棉线150g
【编织密度】31针×40行=10cm²

前片/后片制作说明：

1. 棒针编织法。袖窿以下一片环形编织而成，袖窿起分为前片、后片来编织。织片较大，可采用环形针编织。
2. 起织。下针起针法起192针起织，环织，先织8行花样A，第9行起开始编织花样B，每12针一组花样，共16组花样，分配好花样后，重复往上编织至40行，第41行起，改织花样C全下针，织至100行，将织片分片，分成前片和后片分别编织，各取96针编织。
3. 分配后片的针数到棒针上，用13号针编织，起织时两侧需要同时减针织成袖窿，减针方法为1-4-1，2-1-4，两侧针数各减少8针，余下80针继续编织，两侧不再加减针，织至152行，中间留取56针不织，用防解别针扣住，留待编织帽子，两侧肩部各收针12针，断线。
4. 编织前片。起织时两侧需要同时减针织成袖窿，减针方法为1-4-1，2-1-4，两侧针数各减少8针，余下80针继续编织，两侧不再加减针，织至133行，中间留取24针不织，用防解别针扣住，留待编织帽子，两侧减针编织，方法为2-2-6，2-1-4，两侧各减16针，共织20行，最后肩部留下12针，收针断线。
5. 将前片与后片的两肩部对应缝合。用红色线在白色织片区缝制花点。用红色线沿袖窿边钩一行逆短针。

帽子制作说明：

1. 帽子编织。棒针编织法，沿领口挑针起织，挑起118针，编织花样D，编织方法及顺序见结构所示，重复往上编织88行，将织片从中间分成左右两片，各取59针，缝合帽顶。

符号说明：

- ⊟　上针
- □=⊡　下针
- 上针3针并1针，中间1针在下
- ⊙　镂空针
- 2-1-3　行-针-次

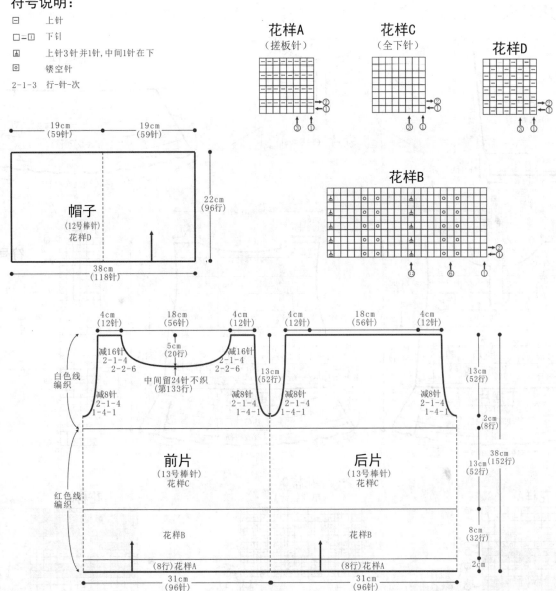

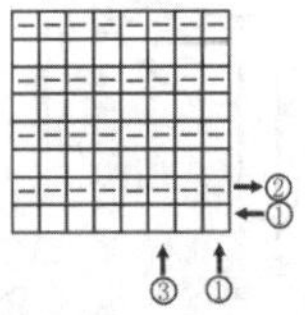

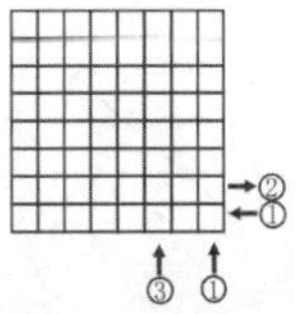

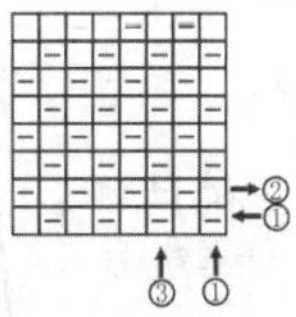

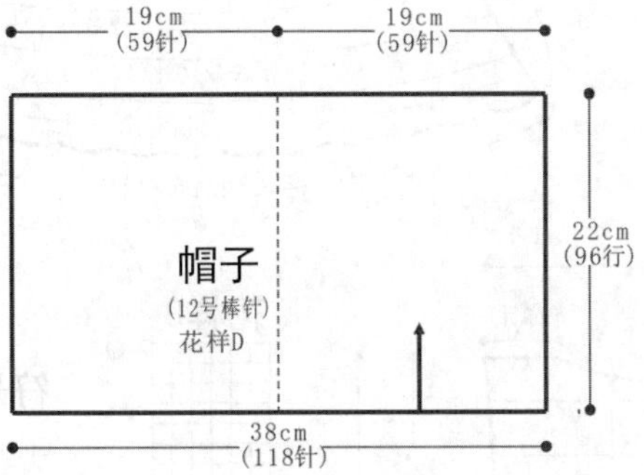

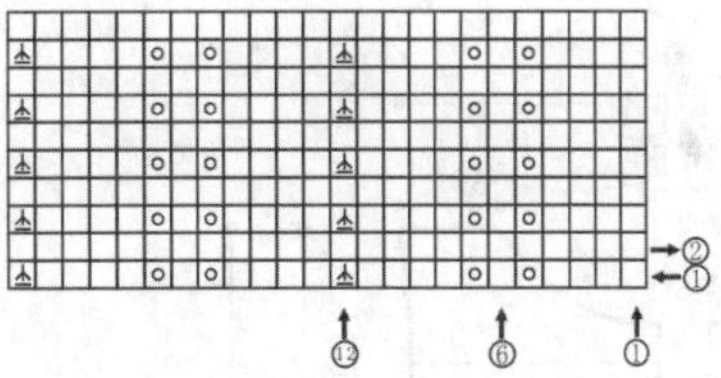

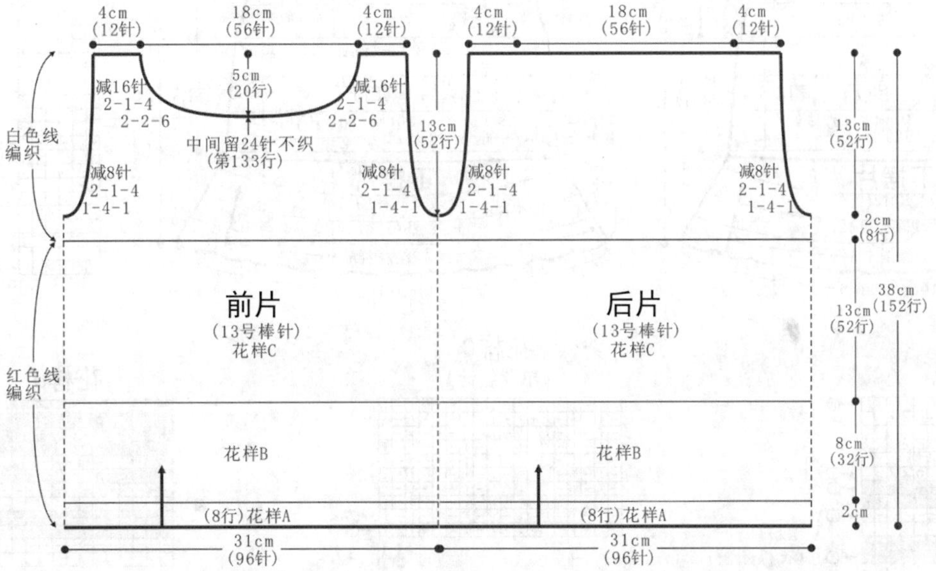

横纹休闲装

【成品规格】衣长43cm，袖长30cm，下摆宽42cm
【工　　具】10号棒针，10号环形针
【材　　料】灰色晴纶线300g，棕色晴纶线100g，扣子3枚
【编织密度】30针×37行=10cm²

前片/后片/衣摆/袖片制作说明：

1.棒针编织法，从下往上编织，分下摆片、前片、后片、袖片编织。

2.下摆片的编织。下摆片分成内层和外层组成，再将两片合并为一片。

1）内层的编织。内层够长，起416针，分成26组花样D进行编织。先用棕色线编织2行搓板针，再用灰色编织2行搓板针，再用棕色线编织2行搓板针，下一行起，全用灰色编织，编织花样B，每10行一层花样，但在每编织10行时，进行一次分散减针，一圈分散减针80针，余下336针，再编织第2个10行时，一圈分散减针80针，余下256针，再编织第3个10行时，一圈分散减针72针，余下184针，无加减针再织10行，完成内层的编织，共52行，184针。不收针。下一步编织外层。

2）外层的花样编织与内层相同。起织的配色不同，参照花样A进行配色，而以上全用棕色线编织。同样每织10行分散减1次针。只减2次针，共织成52行，184针一圈。与内层一针对应一针合并。

3.袖窿以下的编织。合并后共184针，用灰色线起织，先织4行搓板针，再织9行下针，在编织第10行时，将织片对折，取两端减针，前片两边各减1针，后片两边各减1针，然后下一行用棕色线编织2行下针。然后用灰色线织10行下针，同样在第10行的两边各减1针，再用棕色线织2行下针。最后再用灰色线编织10行下针，不减针，再用棕色线织2行下针。完成袖窿以下的编织。

4.前片的编织。起织88针，继续10行灰色线，2行棕色的配色组合。两边同时收针4针，然后每织2行两边各减1针，共减6次，织成12行，再织4行后，进入衣领门襟的编织，中间选6针，与右边的31针作一片编织，这6针编织花样C单罗纹针，同样配色编织，右边的31针全织下针，在编织过程，门襟上要制作2个扣眼。无加减针往上编织26行后，进入右边衣领减针，门襟单罗纹花样的6针与往右算起6针，用防解别针扣住不织。织片向右减针，每织1行减3针，减2次，然后每织2行减2针减1次，最后每织2行减1针减4次，织成12行，然后无加减针再织22行下针后，至肩部余下13针，不收针，用防解别针扣住。而另一半，31针下针，再在右边的门襟的6针后面，同一针脚下挑出6针，这6针编织单罗纹针，然后无加减针织26行的高度，余下的织法与右片相同。至肩部余下13针，用防解别针扣住不织。

5.后片的编织。起织88针，继续10行灰色线，2行棕色的配色组合编织。两边袖窿减针与前片相同。减针后，无加减针再织42行后，进入后衣领减针，中间选取28针收针断线，两边减针，每织2行减1针，共减3次。两边肩部余下13针，与前片的肩部对应缝合。

6.袖片的编织，从袖口起织，单罗纹起针法，用棕色线起44针，编织2行单罗纹，然后改用灰色线编织12行，在织最后1行时，分散加针，加20针，将针数加成64针一圈，然后开始进行10行灰2行棕色的配色编织，并选其中的2针作加针，在这2针上，每织6行加1针，加8次，两侧共加16针，针数加成80针，无加减针再织10行，至袖窿。在加针的2针为中心，向两边减针，各减4针，环织变为片织，每织2行减2针，共减9次，然后每织2行减1针，共减8次针。最后袖肩部余下20针，收针断线。相同的方法去编织另一袖片。然后将袖山边线与衣身的袖窿边对应缝全。

7.领片的编织。挑出前片留出的针，再沿着前衣领边再挑16针，而后沿后衣领边挑40针，再到前衣领挑16针，再挑出留出的针数，一圈共96针，起织用灰色线，织8行单罗纹针，再用棕色线再织2行单罗纹针。在右边衣领侧边内，制作1个扣眼。完成后收针断线。

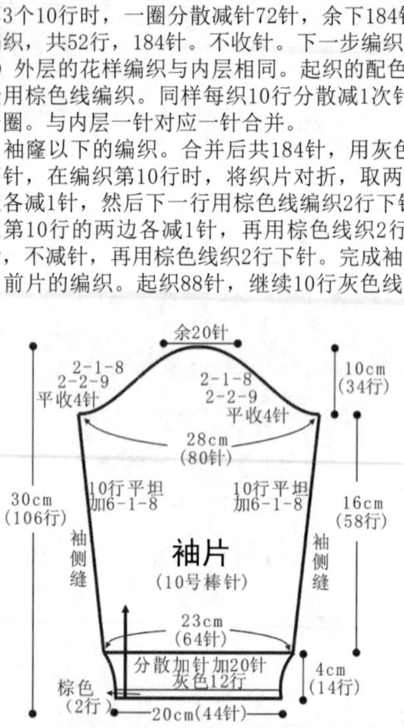

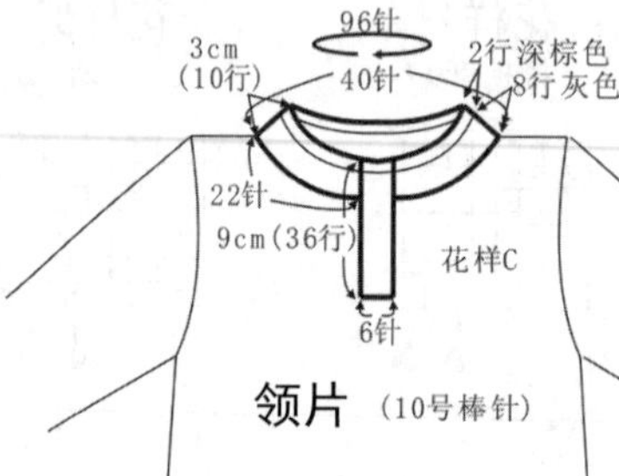

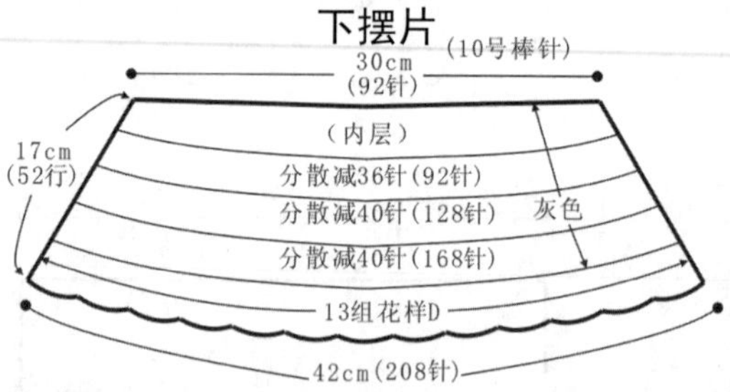

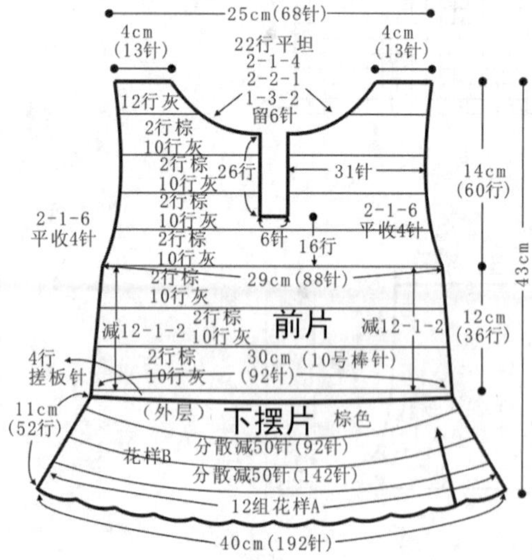

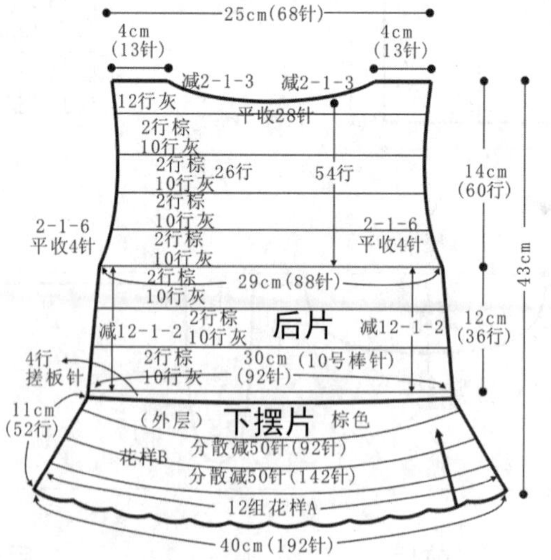

花样B

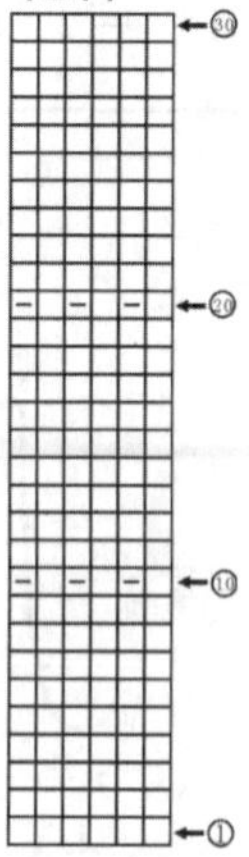

符号说明：

- ⊟ 上针
- □=⊡ 下针
- 2-1-3 行-针-次
- ↑ 编织方向
- ⊠ 左并针
- ⊠ 右并针
- ⊙ 镂空针

花样A

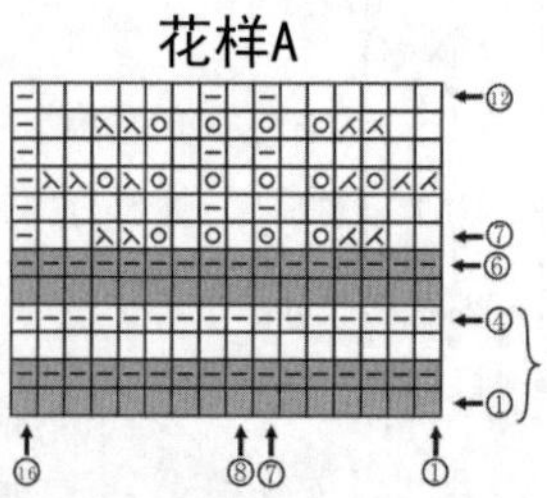

□ 棕色线 ■ 灰色线

花样C
（单罗纹针）

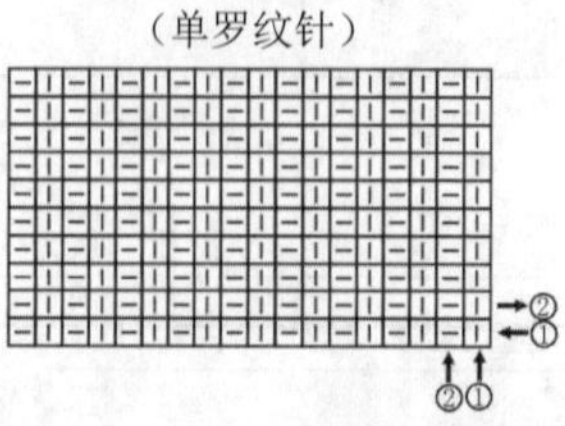

2针一花样

花样D

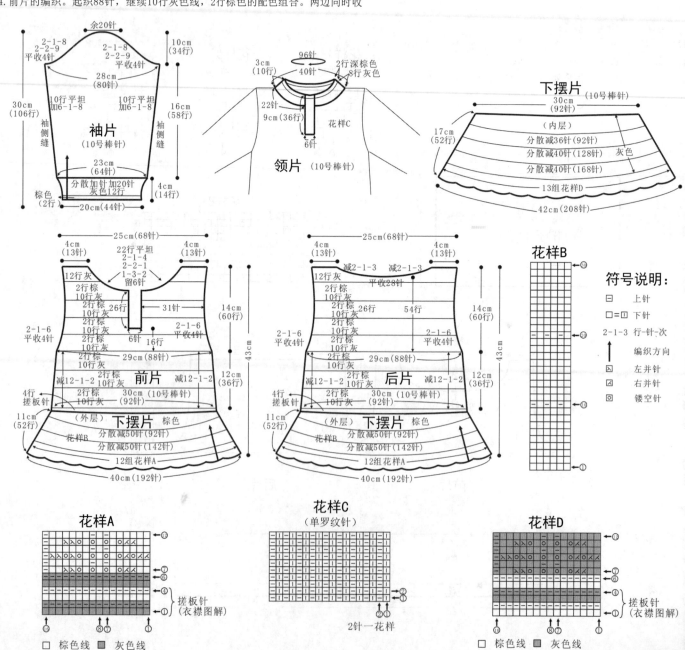

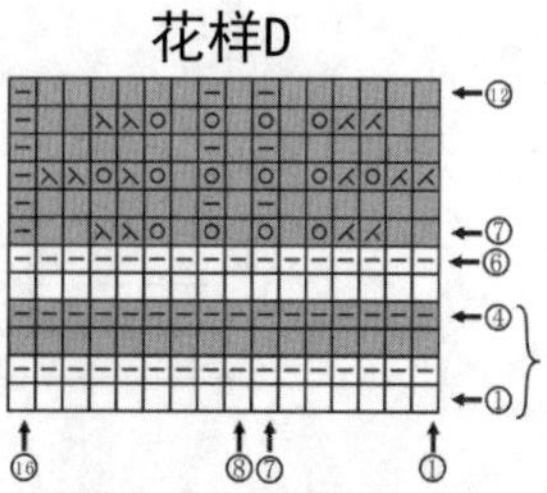

□ 棕色线 ■ 灰色线

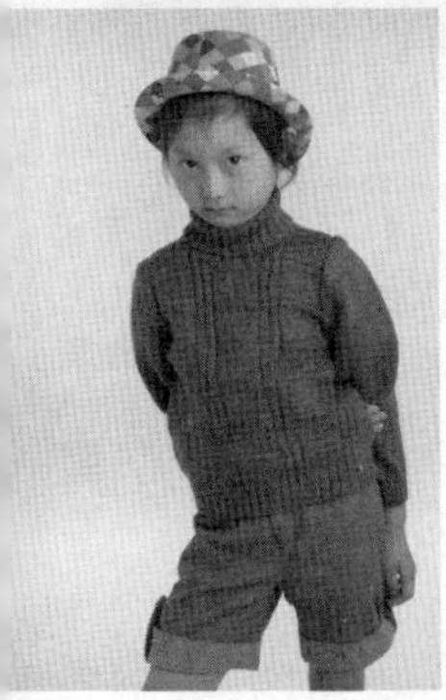

方格纹上装

【成品规格】衣长38cm，衣宽32cm，袖长36cm
【工　　具】12号棒针
【材　　料】红色羊毛线共450g
【编织密度】30针×36行=10cm²

前片/后片制作说明：

1. 棒针编织法。衣服分为前片、后片来编织完成。
2. 先织后片。下针起针法，起96针起织，起织花样A，共织14行后，改织花样C全下针，重复往上编织至80行，两侧同时减针织成袖窿，各减12针，方法为1-4-1，4-2-4，减针后不加减针往上织至第135行，中间留取36针不织，用防解别针扣住，两端相反方向减针编织，各减少2针，方法为2-1-2，最后两肩部余下16针，收针断线。
3. 前片的编织。编织方法与后片相同，织至第121行，中间留取16针不织，用防解别针扣住，两端相反方向减针编织，各减少12针，方法为2-2-4，2-1-4，最后两肩部余下16针，收针断线。
4. 前片与后片的两侧缝对应缝合，两肩部对应缝合。

袖片制作说明：

1. 棒针编织法，编织两片袖片。从袖口起织。
2. 起44针，起织花样A，织14行后，第15行将织片均匀加针至58针，改织花样C，两侧同时加针，加6-1-13，两侧的针数各增加13针，织至94行时，将织片织成84针，接着就编织袖山，袖山减针编织，两侧同时减针，方法为1-4-1，4-2-9，两侧各减少22针，最后织片余下40针，收针断线。
3. 同样的方法再编织另一袖片。
4. 缝合方法：将袖山对应前片与后片的袖窿线，用线缝合，再将两袖侧缝对应缝合。

领片制作说明：

1. 棒针编织法，圈织。
2. 沿着前后衣领边挑针编织，织花样A，共织50行的高度，收针断线。

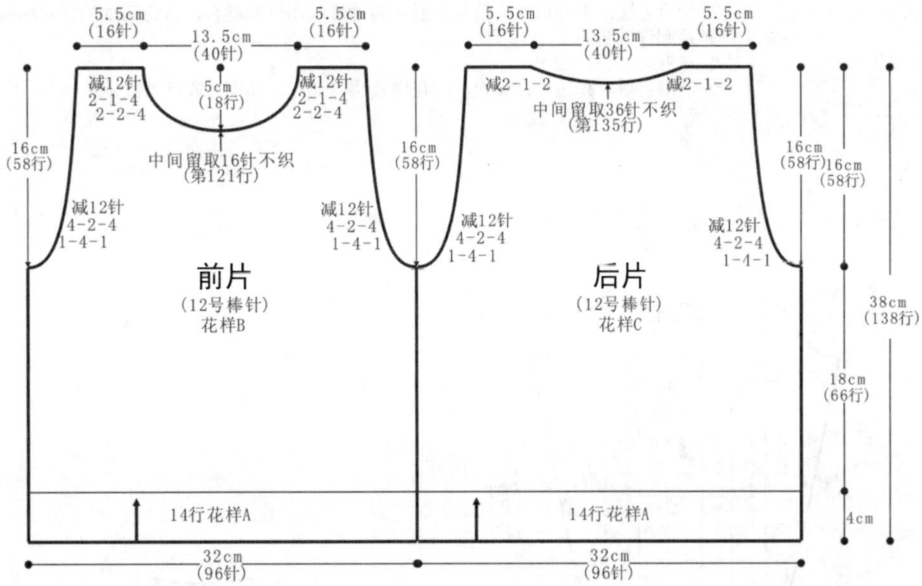

符号说明：

⊟　上针
□=□　下针
2-1-3　行-针-次

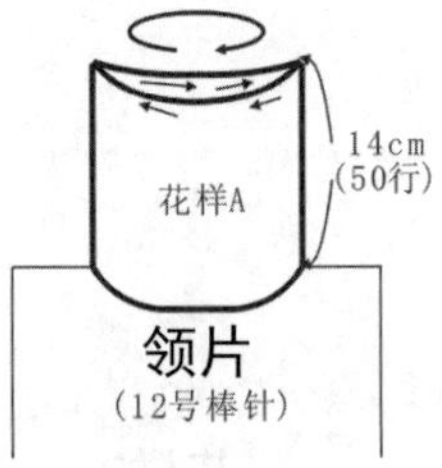

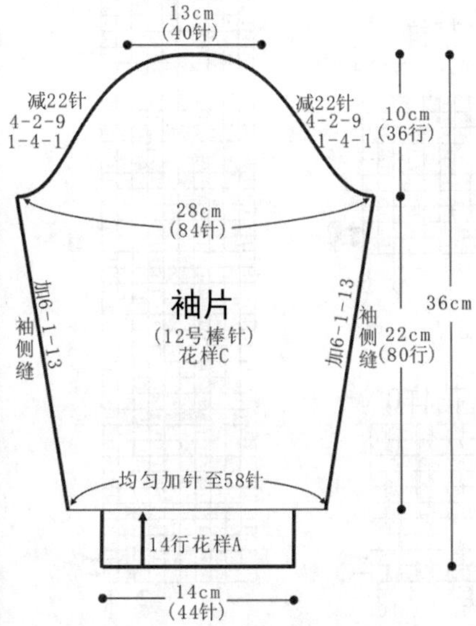

花样A
（双罗纹针）

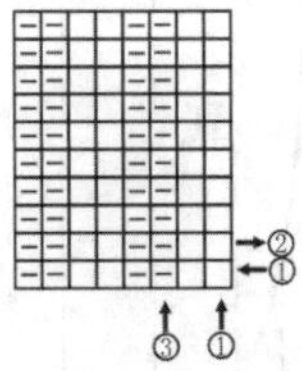

花样C

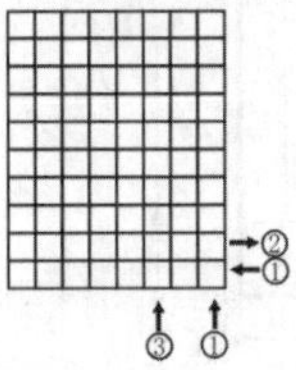

花样B

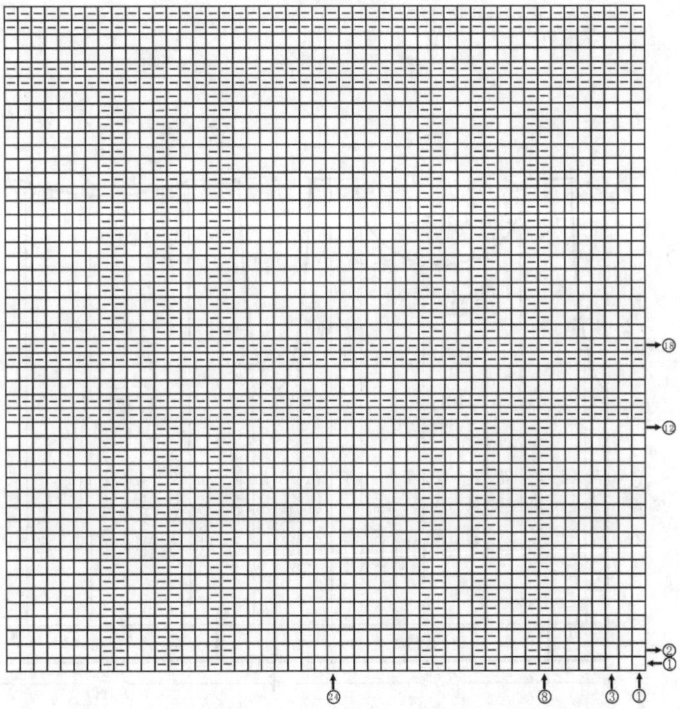

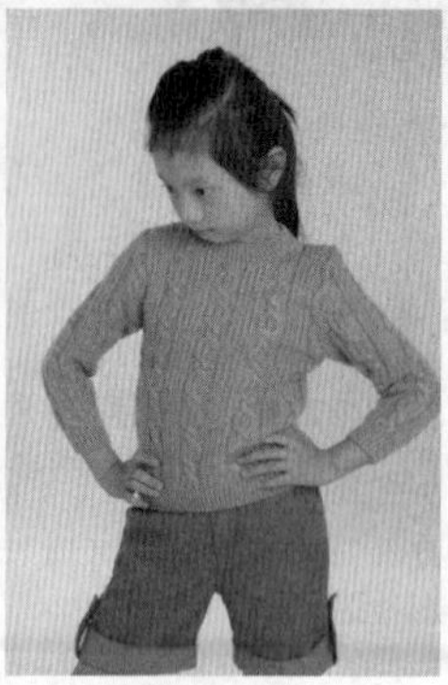

温暖紧身毛衣

【成品规格】衣长39cm，衣宽28cm，袖长32cm
【工　　具】12号棒针
【材　　料】金黄色羊毛线共450g
【编织密度】30针×33行=10cm²

前片/后片制作说明：

1.棒针编织法，衣服分为前片、后片来编织完成。

2.先织后片。下针起针法，起84针起织，起织花样A，共织10行后，改织花样B、花样C组合，组合方法如图示，重复往上编织至72行，两侧同时减针织成袖窿，各减9针，方法为1-3-1，2-1-6，减针后不加减针往上织至第125行，中间留取38针不织，用防解别针扣住，两端相反方向减针编织，各减少2针，方法为2-1-2，最后两肩部余下12针，收针断线。

3.前片的编织。编织方法与后片相同，织至第105行，中间留取18针不织，用防解别针扣住，两端相反方向减针编织，各减少12针，方法为2-2-4，2-1-4，最后两肩部余下12针，收针断线。

4.前片与后片的两侧缝对应缝合，两肩部对应缝合。

袖片制作说明：

1.棒针编织法，编织两片袖片。从袖口起织。

2.起56针，起织花样A，织10行后，改织花样B、花样C组合，两侧同时加针，加8-1-8，两侧的针数各增加8针，织至80行时，将织片织成72针，接着就编织袖山，袖山减针编织，两侧同时减针，方法为1-3-1，2-2-12，两侧各减少27针，最后织片余下18针，收针断线。

3.同样的方法再编织另一袖片。

4.缝合方法：将袖山对应前片与后片的袖窿线，用线缝合，再将两袖侧缝对应缝合。

领片制作说明：

1.棒针编织法，圈织。

2.沿着前后衣领边挑针编织，织花样A，共织8行的高度，收针断线。

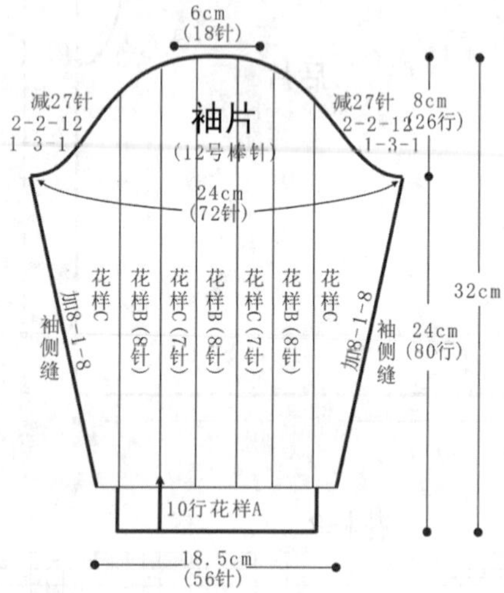

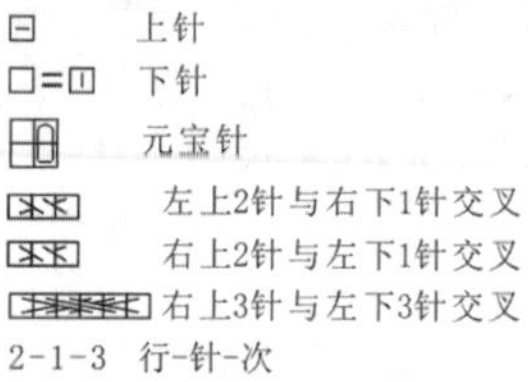

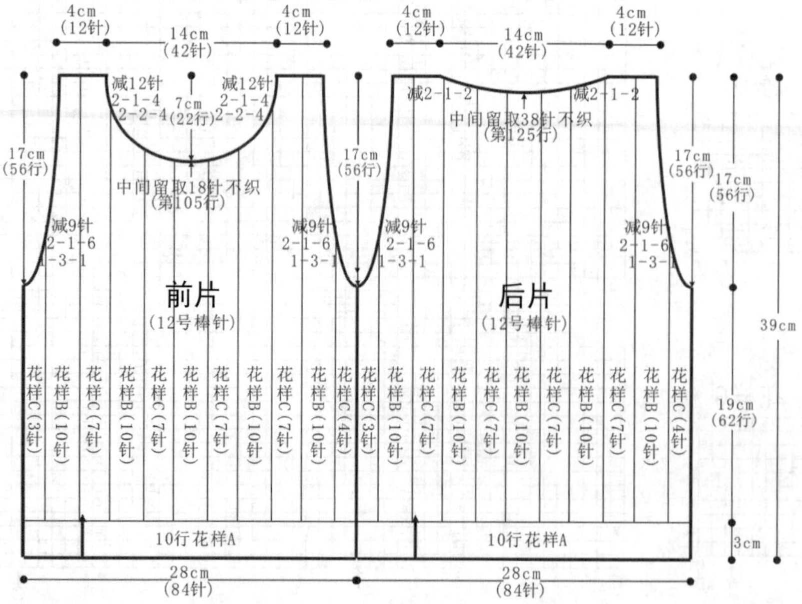

花样A
（单罗纹针）

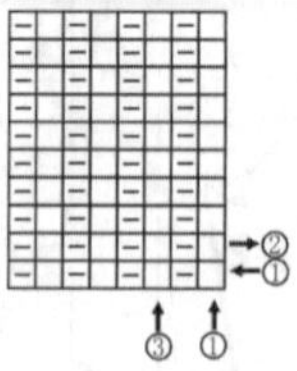

花样B

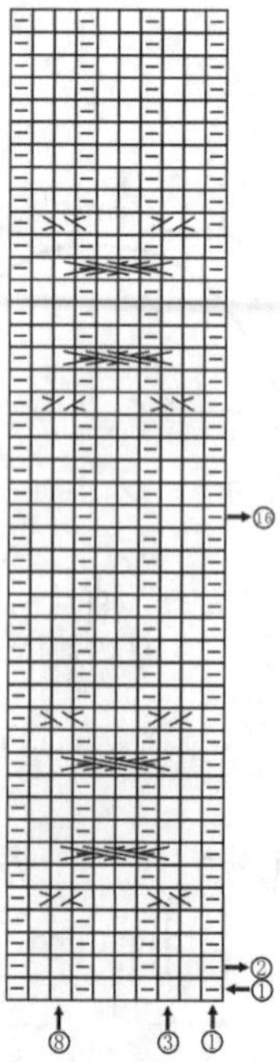

花样C

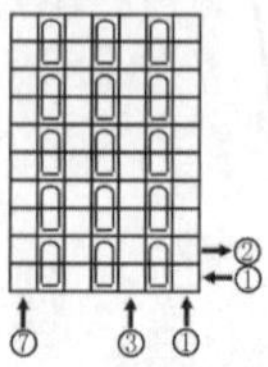

菱形纹大衣

【成品规格】衣长44cm，衣宽46cm，袖长34cm
【工　　具】10号棒针，12号棒针
【材　　料】羊毛线400g
【编织密度】24针×28行=10cm²

制作说明：

衣服由几种花样组合织成。

1. 后片。用12号棒针起107针织单罗纹为边，将针数分成3份，两侧各48针织花样A，中间11针织花样B；织插肩袖收针至59针时留下停织。
2. 前片。织法基本同后片，门襟边为11针单罗纹。
3. 袖。从下往上织，中心织花样A。
4. 领。将身片和袖片缝合，领口的针数连起来织领花样10cm。
5. 绣花。分别绣上小花装饰，完成。

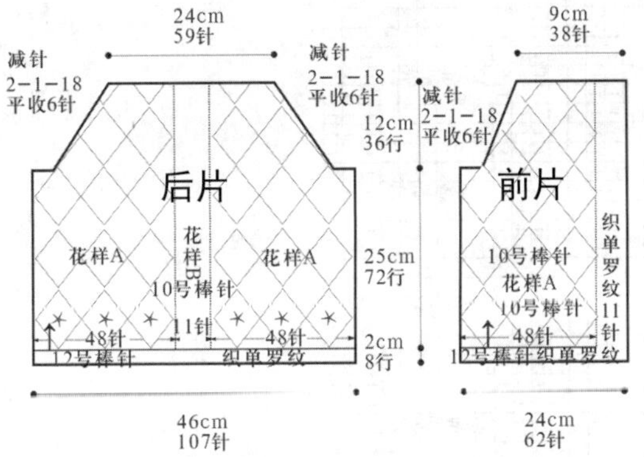

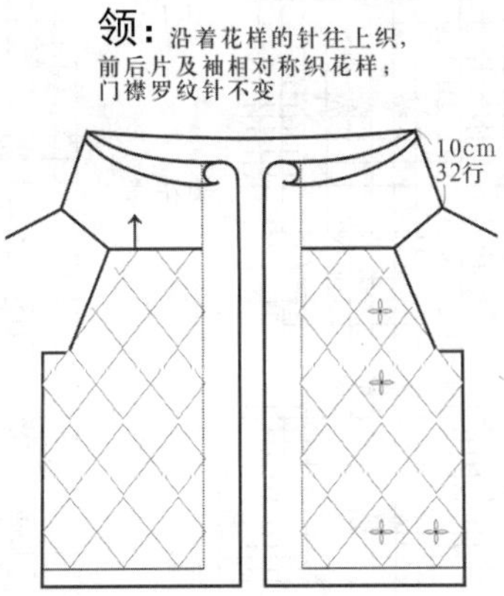

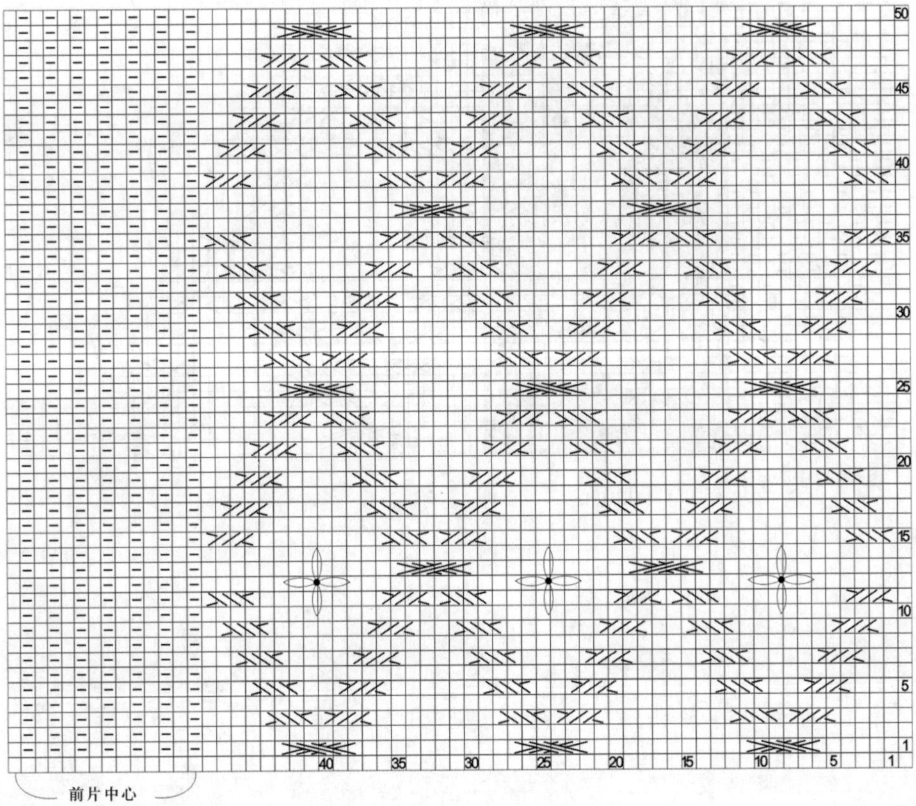

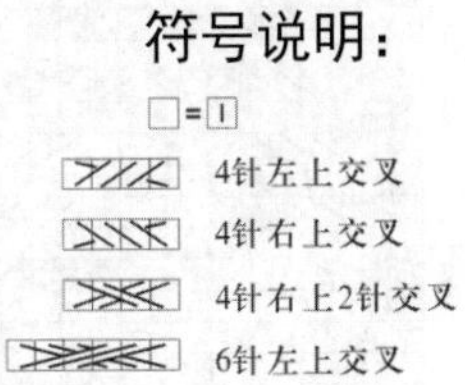

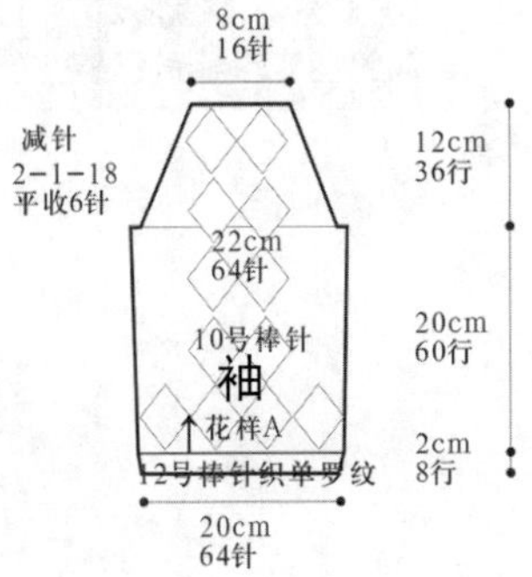

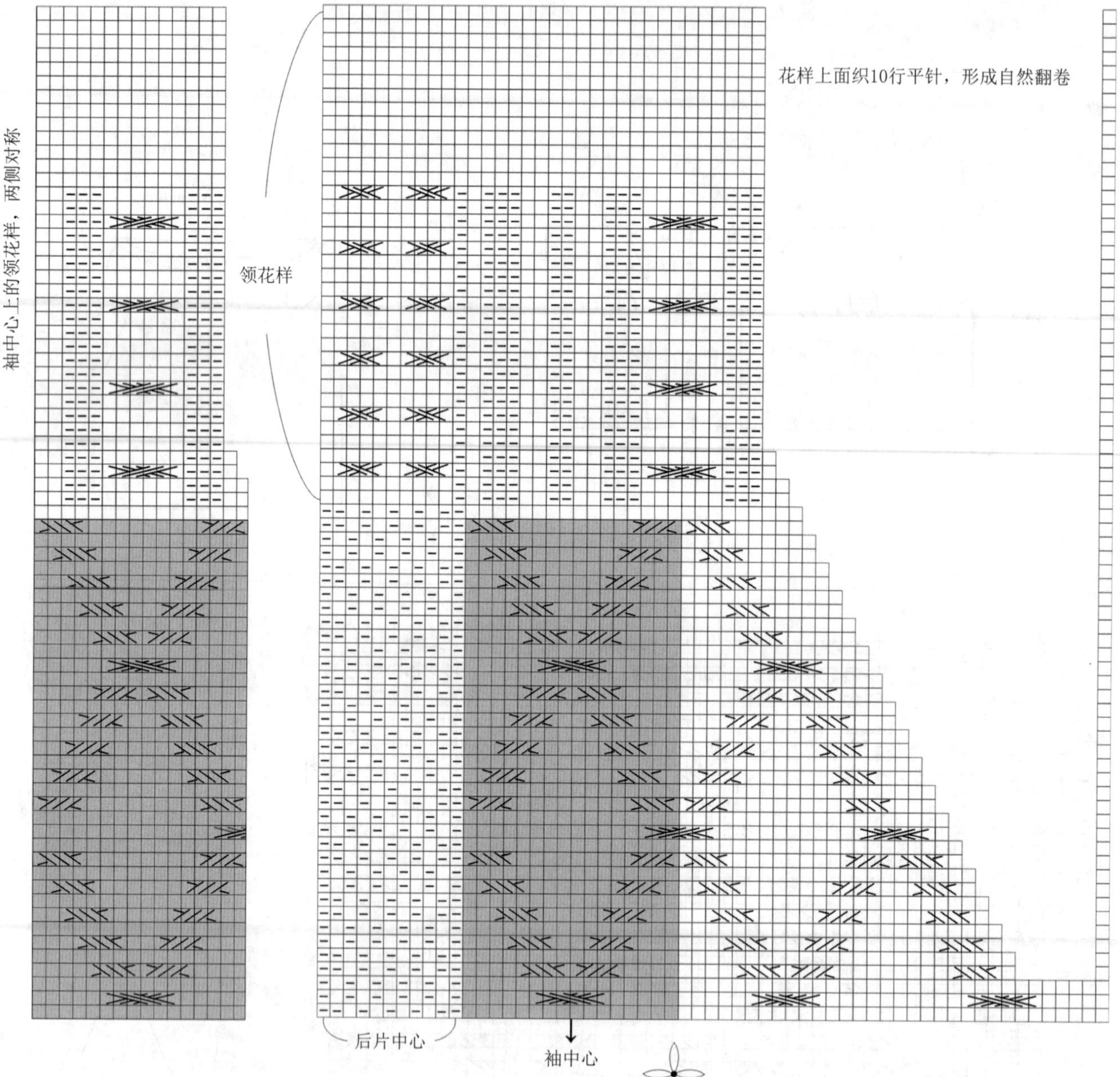
袖中心上的领花样，两侧对称
领花样
花样上面织10行平针，形成自然翻卷
后片中心
袖中心

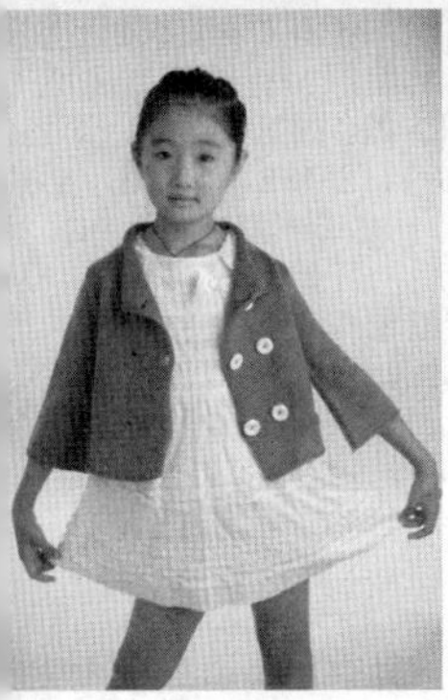

淑女风小外套

【成品规格】衣长39cm，衣宽34cm，袖长30cm
【工　　具】11号棒针
【材　　料】橙红色棉线500g
【编织密度】19针×32行=10cm²

前片/后片制作说明：

1.棒针编织法。衣服分为左前片、右前片及后上片、后下片来编织。

2.起织后片。后片分为后上片及后下片两片单独编织。先织后上片，从下往上织，起60针，编织花样A，起织时两侧需要同时减针织成袖窿，减针方法为1-3-1，4-2-2，两侧针数各减少7针，余下46针继续编织，两侧不再加减针，织至44行，中间留起24针不织，用防解别针扣住，两侧各减针2针，方法为2-1-2，两侧肩部各余下9针，共织48行，收针断线。

3.编织后下片，从上往下织，起织72针，编织花样A，不加减针编织48行，第49行起，两侧同时加针，方法为2-1-5，各加5针，织至58行，第59行起，开始两侧同时收针，方法为2-2-2，2-1-8，左右两侧各减12针，共织78行，最后余下58针，收针断线。

4.将后下片中间制作一个6针的对称折皱，后下片在上，将后上片的下摆边与后下片的第3行用线缝合。

5.编织右前片。起织38针，由下往上编织花样A，织至58行，第59行开始，右侧需要减针织成袖窿，减针方法为1-3-1，4-2-2，右侧针数减少7针，余下31针继续编织，两侧不再加减针，织至90行，第91行起，左侧减针织成衣领，方法为1-11-1，2-2-4，2-1-3，共减22针，织至106行，肩部留下9针，收针断线。

6.相同的方法相反方向编织左前片。注意左前片的衣襟片需要留起6针扣眼，扣眼位置图结构图所示，完成后将前片与后片的两侧缝对应缝合，两肩部对应缝合。

袖片制作说明：

1.棒针编织法，编织两片袖片。从袖口起织。

2.起54针，起织花样A，一边织一边两侧减针，方法为4-1-6，共织24行，将织片减为42针，然后不加减针往上编织至64行，开始编织袖山，袖山减针编织，两侧同时减针，方法为1-3-1，4-2-7，两侧各减少17针，最后织片余下8针，收针断线。

3.同样的方法再编织另一袖片。

4.缝合方法：将袖山对应前片与后片的袖窿线，用线缝合，再将两袖侧缝对应缝合。

领片制作说明：

1.棒针编织法，往返编织。

2.沿着前后衣领边挑针编织，织花样A，共织12行的高度，下针收针法收针断线。

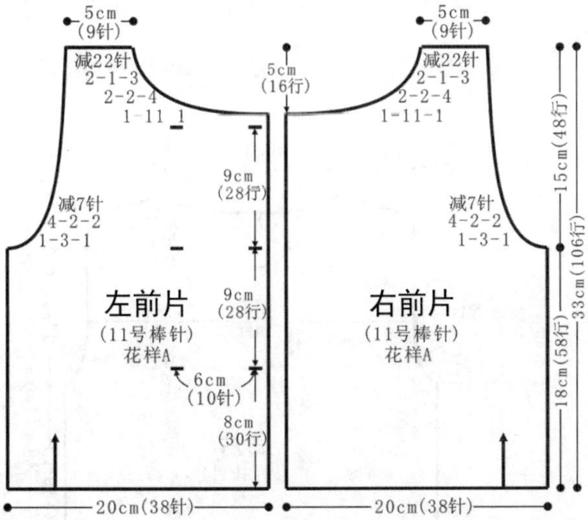

符号说明：

⊟	上针
□=⊡	下针
2-1-3	行-针-次

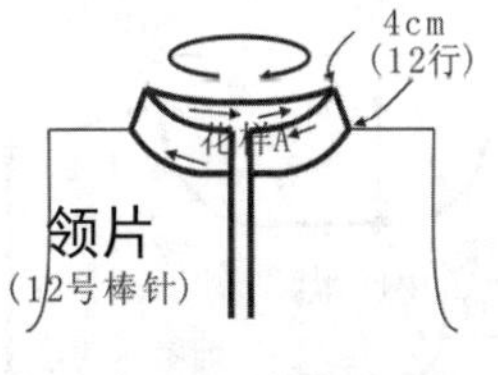

花样A

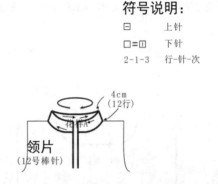

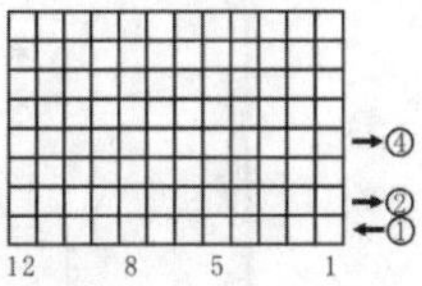

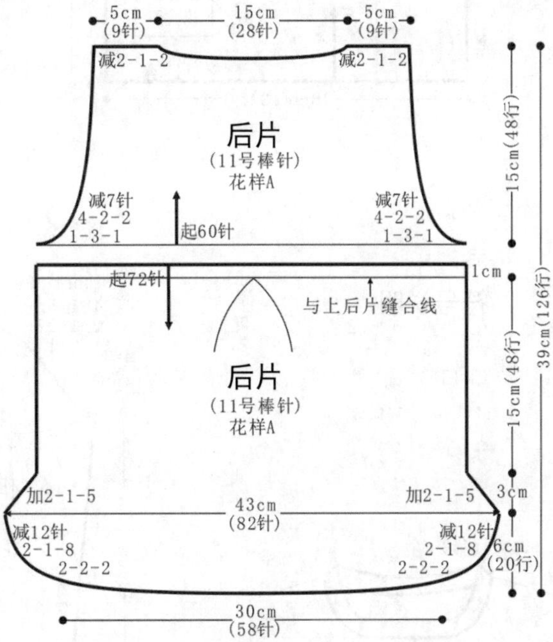

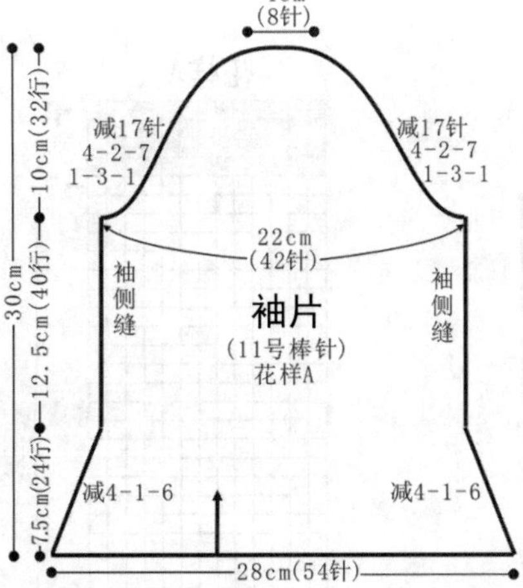

横纹圆领毛衣

【成品规格】衣长48cm，衣宽38cm，袖长41cm
【工　　具】9号棒针
【材　　料】兰色宝宝棉线400g，浅兰色少许
【编织密度】35针×50行=10cm²

前片制作说明：

1.前片为一片编织，从衣摆起织，一直编织至肩部。

2.前片用9号棒针用浅兰色毛线起134针起织，按花样A编织4行搓衣板针（一行下一行上），再换兰色毛线往上编织24行下针，完成一个花样的编织。往上按花样A反复换线编织。编织第2个花样时，编完4行搓衣板针及4行下针（即36行）后，第37行从右数编织第15针，开始按花样B配色花样编织字母图案，此字母花样为31针16行，往上编织16行完成此图案的编织。继续往上编织完5个花样，即140行后，开始两边袖窿分别减针，减针方法顺序为：1-6-1，2-1-2，4-1-2，前片袖窿减少针数为20针，剩下114针，再往上不加减针编织。编织至第7个花样时，编完4行搓衣板针及4行下针（即176行）后，编织下一行（即177行）时从右数至剩47针时，开始按花样C配色花样编织字母花样，此花样为29针9行，往上编织9行完成此图案的编织。继续往上编织至第8个花样时，往上编织8行（即204行）后，开始前衣领减针，从织片中间预留36针不织，可以收针，亦可以留作编织衣领连接，可用防解别针锁住，两侧余下的针数为各39针，衣领侧减针，方法为2-2-3，2-1-3，4-1-2，最后两侧的针数各余下28针，往上不加减针编织至240行，即共8个花样另16行高度后，收针断线。详细编织花样见花样A、花样B及花样C。

后片制作说明：

1.后片与前片编织方法相同，也为一片编织，从衣摆起织，一直编织至肩部。

2.后片用9号棒针用浅兰色毛线起134针起织，按花样A编织4行搓衣板针（一行下一行上），再换兰色毛线往上编织24行下针，完成一个花样的编织。往上按花样A反复换线编织。编织完5个花样，即140行后，开始袖窿减针，减针方法顺序为1-6-1，2-1-2，4-1-2，后片袖窿减少针数为10针，剩下114针，再往上不加减针编织。编织完第8个花样后，再往上编织6行（即230行）后，开始后衣领减针，从织片中间预留48针不织，可以收针，亦可以留作编织衣领连接，可用防解别针锁住，两侧余下的针数为各33针，衣领侧减针，方法为2-2-1，2-1-3，最后两侧的针数余下28针，编织至240行，即共8个花样另16行高度后，收针断线。详细编织花样见花样A。

3.将前、后片两侧缝及两肩对应缝合。

衣领制作说明：

1.衣领是在前后片缝合好后的前提下起编的。

2.沿着衣领边用兰色毛线挑针起织，挑出的针数，要比衣领沿边的针数稍多些，然后按照花样D的配色花样编织，全部为下针，编织6行后，换浅兰色线编织2行，再换回线编织2行，最后又换浅兰色线编织2行后共编织20行，收针断线。

袖片制作说明：

1.两片袖片，分别单独编织。

2.从袖口起织，起66针按花样A编织配色花样，往上重复编织花样A。两侧同时加针编织，加针方法为7-1-19，加至133行，然后不加减针织至145行（往上5个花样另6行），详细编织花样见花样A。

3.袖山的编织。从第一行起要减针编织，两侧同时减针，减针方法如图依次1-6-1，2-1-27，1-1-5，最后余下28针，直接收针后断线。

4.同样的方法再编织另一袖片。

5.将两袖片的袖山与衣身的袖窿线边对应缝合，再缝合袖片的侧缝。

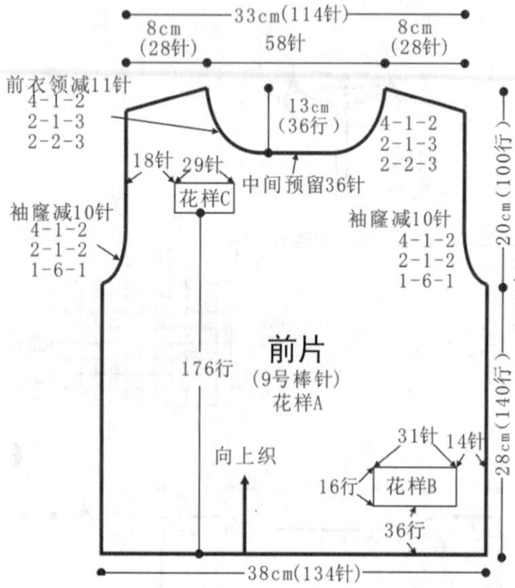

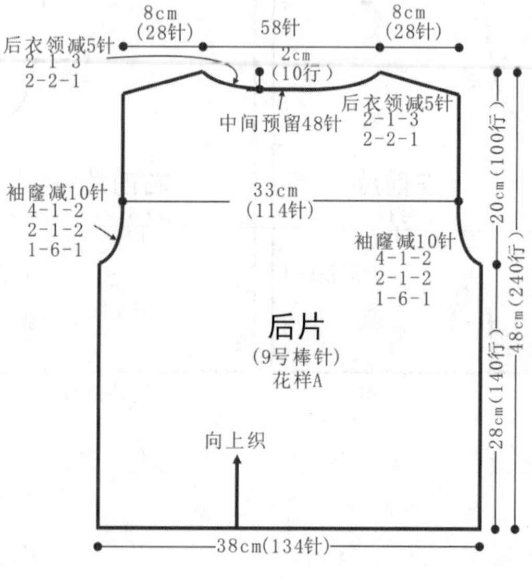

符号说明：

⊟	上针
□=⊡	下针
2-1-3	行-针-次

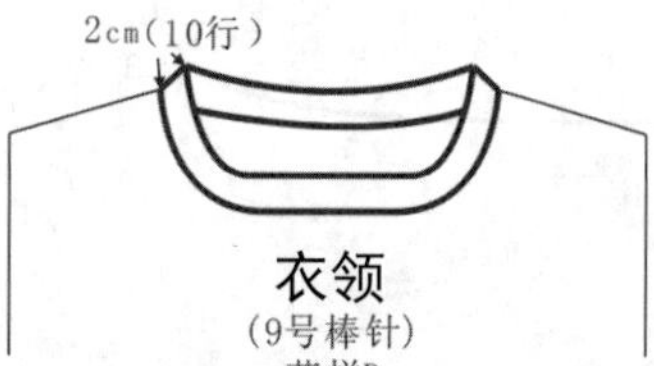

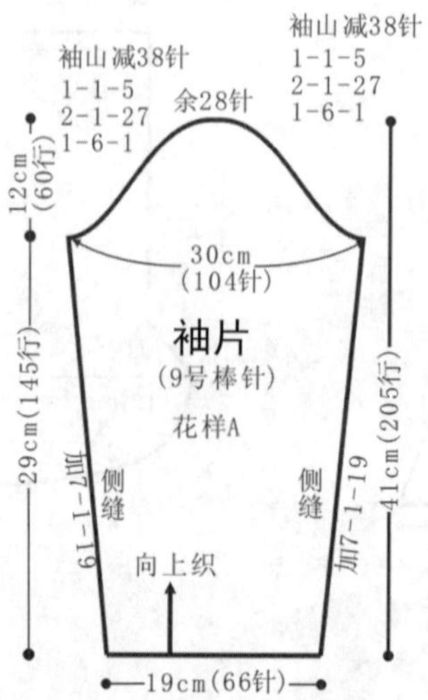

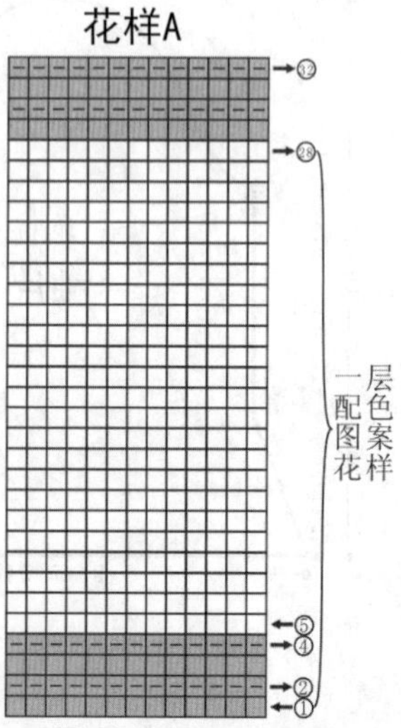

花样B

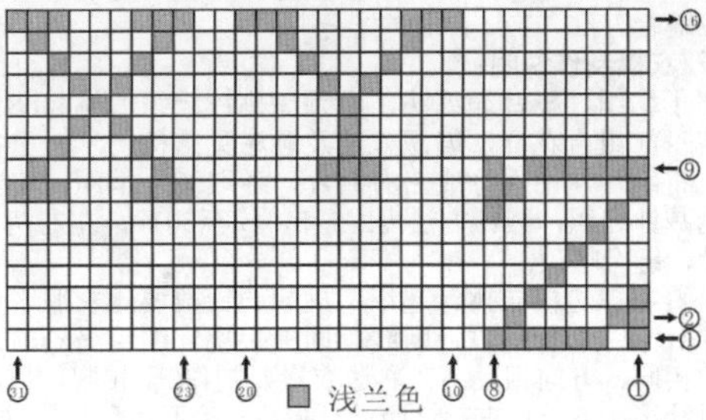

花样C

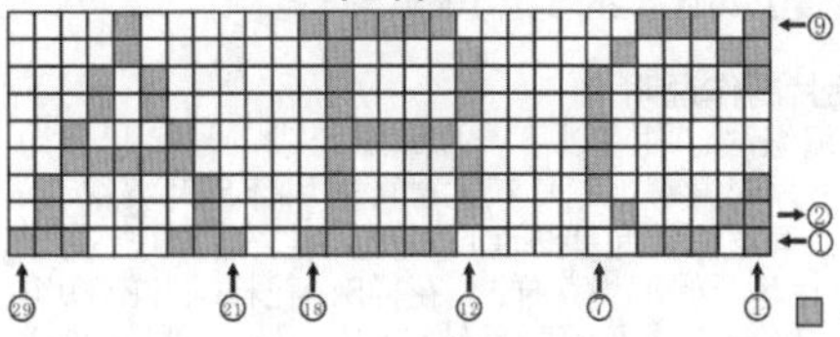

花样D

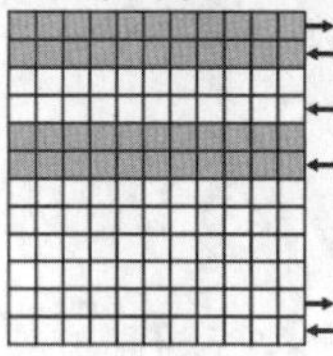

蓝色运动装

【成品规格】衣长41cm，衣宽36cm，袖长31cm
【工　　具】9号棒针
【材　　料】宝蓝色中粗毛线共500g
【编织密度】27针×39行=10cm²

前片制作说明：

1.前片为一片编织，从衣摆起织，往上编织至肩部。

2.用9号棒针起98针起织，先编织6行下针，使衣边自然卷曲，不加减针一直往上编织。按花样A（双罗纹针）编织16行后，往上编织下针，编织60行后，往上按花样B均匀分布编织，4针18行一花样，往上编织3个花样及2行上针时，衣片中间留22针不织，可以收针，亦可以留作编织衣领连接，可用防解别针锁住。衣领侧减针，方法为2-2-4，2-1-2，最后两侧的针数余下28针，不加减针往上编织，共编织4个花样及10行，即162行后，收针断线。详细编织花样见花样A及花样B。

后片制作说明：

1.后片也为一片编织，从衣摆起织，往上编织至肩部。

2.用9号棒针起98针起织，先编织6行下针，使衣边自然卷曲，不加减针一直往上编织。按花样A（双罗纹针）编织16行后，往上编织下针，编织60行后，往上按B花样均匀分布编织，4针18行一花样，往上编织4个花样及6行时，衣片中间留38针不织，可以收针，亦可以留作编织衣领连接，可用防解别针锁住。衣领侧减针，方法为2-1-2，最后两侧的针数余下28针，共162行后，收针断线。详细编织花样见花样A及花样B。

3.将前片的侧缝与后片的侧缝对应缝合，因为这件衣服袖窿不减针，因此侧缝缝合时，需留出袖窿17.5cm，即68行不缝合，再将两肩部对应缝合。

4.沿着衣领边挑针起织衣领，挑出的针数，要比沿边的针数稍多些，按花样A（双罗纹针）编织12行后，再往上编织4行下针，收针断线。

袖片制作说明：

1.两片袖片，分别单独编织。

2.从袖口起织，用9号棒针起44针起织，先编织6行下针，再按花样A（双罗纹针）编织10行，完成袖口的编织。第17行将针数均匀加至80针，往上不加减针编织50行后，按花样B均匀分布花样编织，4针18行一花样，不加减针往上编织2个花样及8行后，收针断线。详细编织花样见花样A及花杆B。

3.同样的方法再编织另一袖片。

4.将两袖片的袖山与衣身的袖窿线边对应缝合，再缝合袖片的侧缝。

花样A
（双罗纹针）

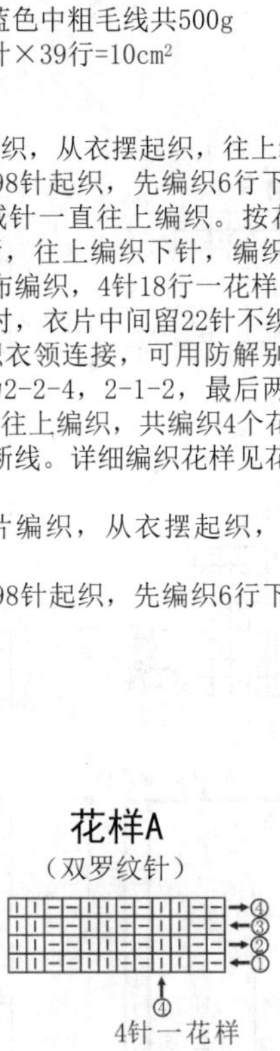

4针一花样

符号说明：

⊟	上针
□=⊡	下针
2-1-3	行-针-次

花样B

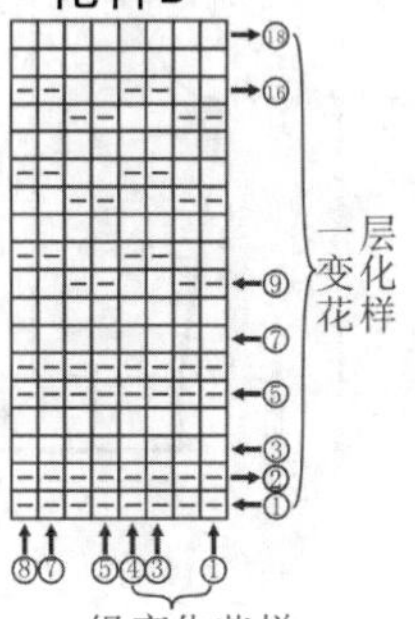

一组变化花样

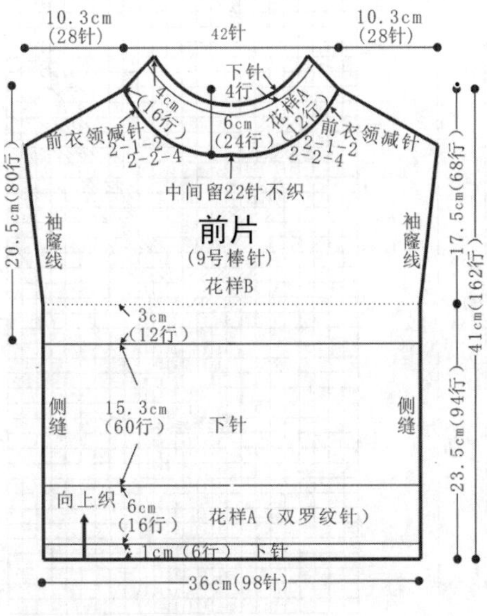

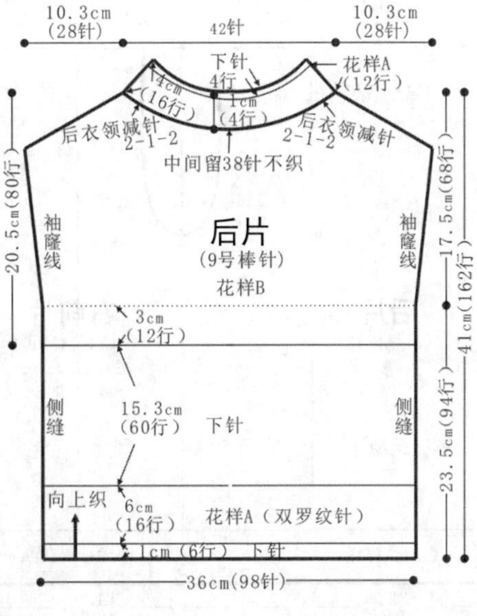

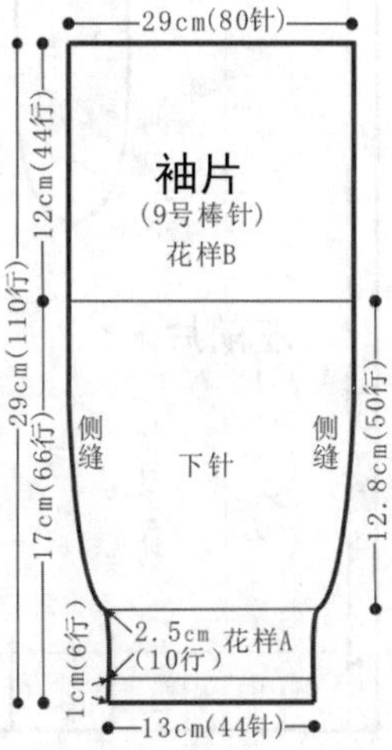

美丽公主衣

【成品规格】衣长40cm，衣宽32cm，袖长25cm
【工　　具】11号棒针，11号环形针
【材　　料】花白色棉线500g，金黄色长绒毛线50g
【编织密度】20针×26.5行=10cm²

前片/后片制作说明：

1.棒针编织法。袖窿以下一片编织而成，袖窿起分为前片、后片来编织。织片较大，可采用环形针编织。

2.起织。双罗纹针起针法起122针起织，先织10行花样A，第11行起开始编织花样A、花样B、花样C、花样D组合编织，组合方式及顺序见结构图所示，分配好花样后，重复往上编织至78行，第79行起，将织片分片，分成左前片、右前片和后片分别编织，左右前片各取29针，后片取64针编织。

3.分配后片的针数到棒针上，用11号针编织，起织时两侧需要同时减针织成袖窿，减针方法为1-3-1，2-1-3，两侧针数各减少6针，余下52针继续编织，两侧不再加减针，织至102行，第103行起，中间留取28针不织，用防解别针扣住，留待编织帽子。两领衣领减针，方法为2-1-2，各减2针，最后两肩部各留下10针，收针断线。

4.编织左前片。起织时右侧需要减针织成袖窿，减针方法为1-3-1，2-1-3，右侧针数减少6针，余下23针继续编织，两侧不再加减针，织至106行，将右侧10针收针，余下的针数用防解别针扣住，留待编织帽子。

5.相同的方法相反方向编织右前片。完成后将前片与后片的两肩部对应缝合。

帽子/衣襟制作说明：

1.帽子编织。棒针编织法，沿领口挑针起织，挑起58针，编织花样B、花样C组合花样，编织方法及顺序见结构所示，重复往上编织4行，将织片从中间分成左右两片，各取29针编织，将织片从中间往两侧减针编织，减针方法为2-1-5，织至50行，左右两片各留24针。收针，缝合帽顶。

2.沿着衣襟边横向挑针起织，挑起的针数要比衣服本身稍多些，织花样A，共织4行后收针断线，同样去挑针编织另一前片的衣襟边。方法相同，方向相反。在右边衣襟要制作3个扣眼，方法是在一行收起两针，在下一行重起这两针，形成一个眼。

袖片制作说明：

1.棒针编织法，编织两片袖片。从袖口起织。

2.起37针，起织花样A，织7行后，改织花样B、花样C组合花样，编织方法如结构图所示，两侧同时加针，加8-1-4，织至45行，开始编织袖山，袖山减针编织，两侧同时减针，方法为1-3-1，2-1-10，两侧各减少13针，最后织片余下19针，收针断线。

3.同样的方法再编织另一袖片。

4.将袖山对应前片与后片的袖窿线，用线缝合，再将两袖侧缝对应缝合。

符号说明:

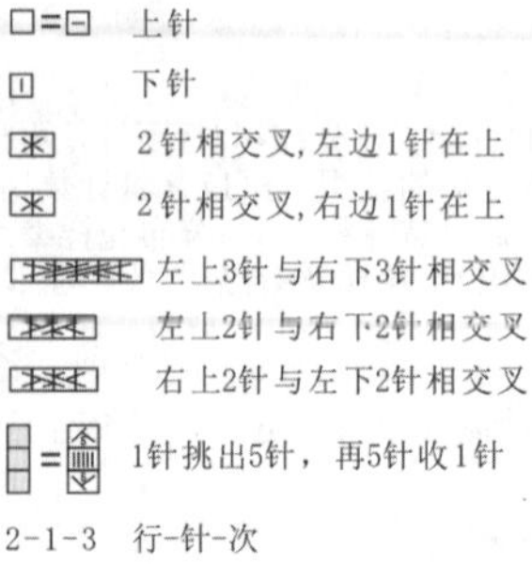

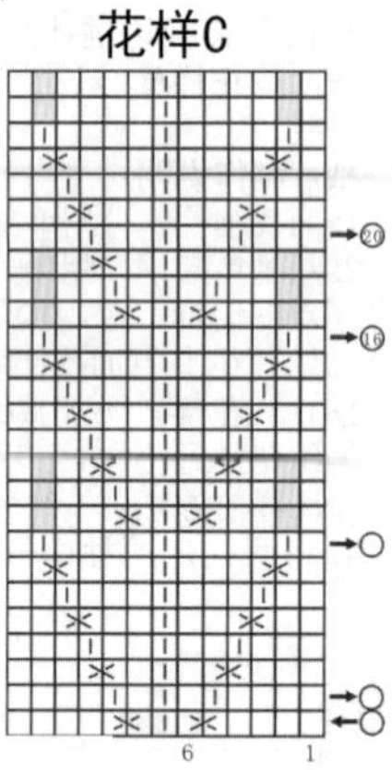

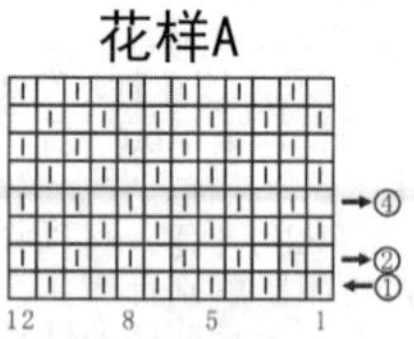

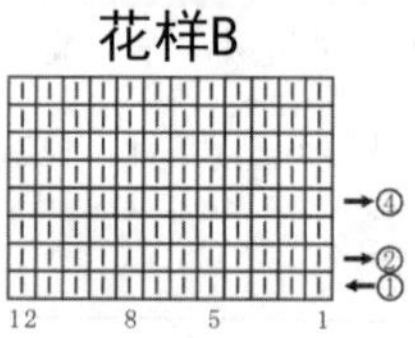

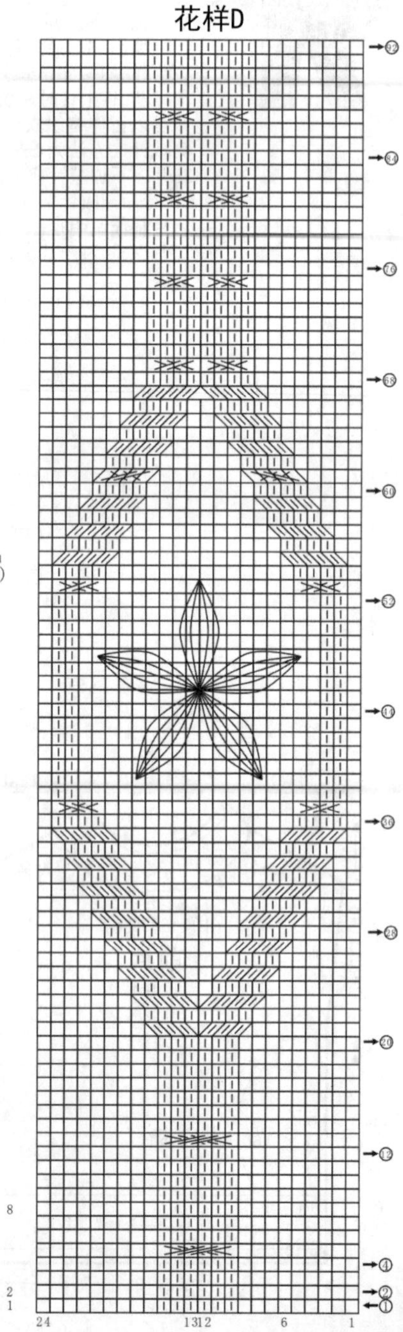

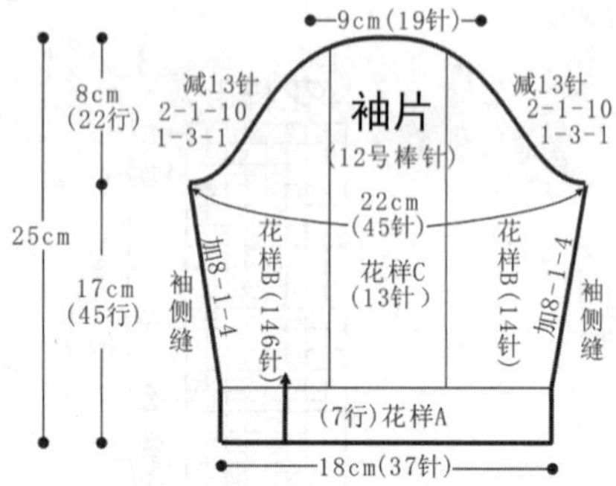

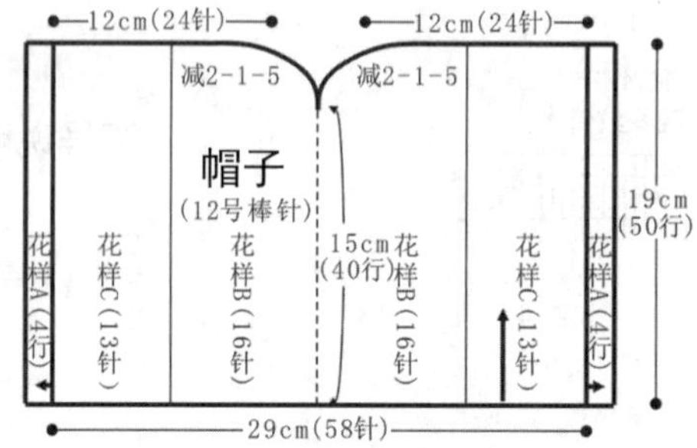

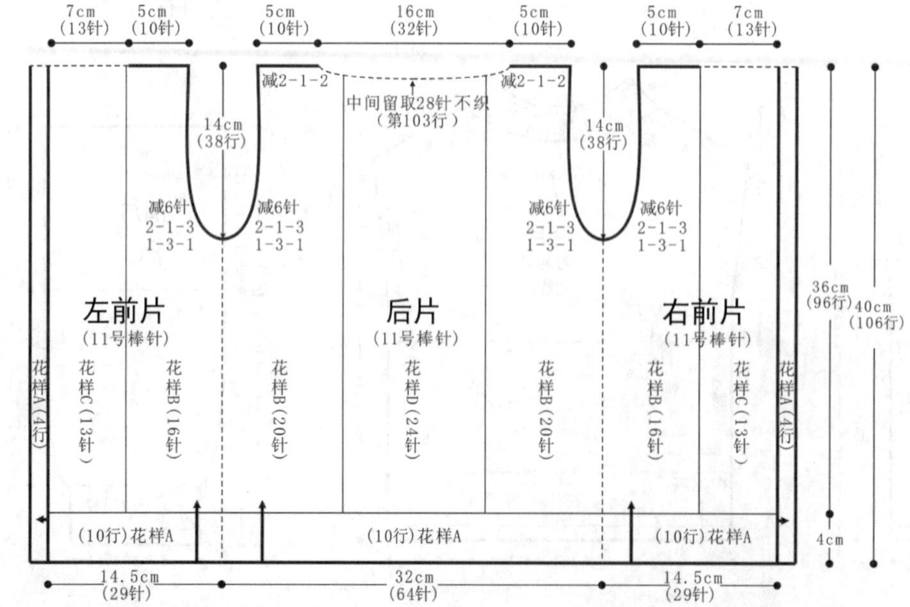

怀旧偏襟毛衣

【成品规格】衣长33cm，衣宽36cm，袖长20cm
【工　　具】6号棒针
【材　　料】红色棒针线250g，花色毛线50g，纽扣5枚
【编织密度】13.3针×20.4行=10cm²

后片制作说明：

1. 后片为一片编织，从下往上，一直编织至肩部。
2. 先用花色毛线6号棒针起48针起织，往上按花样A编织搓衣板针，编织7cm，即16行后，换红色棒针线往上编织下针，编织至20cm，即44行后，开始袖窿减针，减针方法顺序为1-2-1，2-1-2，减完针后，剩40针，不加减往上编织，编织至66行时，从织片的中间留14针不织，可以收针，亦可以留作编织衣领连接，可用防解别针锁住，两侧余下的针数，衣领侧减针，方法为2-2-1，最后两侧的针数余下11针，收针断线。详细编织花样见花样A。

前片制作说明：

1. 前片为两片编织，从下往上，一直编织至肩部。
2. 前片先编织左身片。先用花色毛线6号棒针起36针起织，往上按花样A编织搓衣板针，编织7cm，即16行后，衣襟边6针继续用花色毛线按花样A编织，其余30针换红色棒针线往上编织下针，编织至20cm，即44行后，开始袖窿减针，减针方法顺序为1-2-1，2-1-2，减完针后，剩30针，不加减往上编织，编织至62行时，衣襟边6针不织，可以收针，亦可以留作编织衣领连接，可用防解别针锁住，衣领侧减针，方法为1-9-1，2-2-3，最后两侧的针数余下11针，收针断线。详细编织花样见花样A。
3. 编织右身片。先用花色毛线6号棒针起16针起织，往上按花样A编织搓衣板针，编织7cm，即16行后，衣襟边6针继续用花色毛线按花样A编织，其余10针换红色棒针线往上编织下针，编织至20cm，即44行后，开始袖窿减针，减针方法顺序为1-2-1，2-1-2，减完针后，剩12针，不加减往上编织，一直编织至70行后，收针断线。详细编织花样见花样A。
4. 将两前片的侧缝与后片的侧缝对应缝合，再将两肩部对应缝合。

袖片制作说明：

1. 两片袖片，分别单独编织。
2. 先用花色毛线6号棒针起30针起织，往上按花样A编织搓衣板针，编织7cm，即16行后，换红色棒针线往上编织下针，两侧加针方法顺序为6-1-3，编织18行后，共36针，不加减针编织4行，开始袖山减针。详细编织花样见花样A。
3. 袖山的编织。两侧同时减针，减针方法如图2-2-3，最后余下24针，直接收针后断线。
4. 同样的方法再编织另一袖片。
5. 将两袖片的袖山与衣身的袖窿线边对应缝合，再缝合袖片的侧缝。

衣领及扣眼制作说明：

1. 用花色毛线沿着衣领边挑针起织衣领，挑出的针数，要比沿边的针数稍多些，从左前片挑起，挑完后片时，再往前加24针，起织，往上按花样A编织搓衣板针，编织8行的高度后，收针断线。详细编织花样见花样A。
2. 如图所示，在右前片相应部位缝上5枚纽扣，在左前片与纽扣相对应的衣襟边沿做扣眼，扣眼的制作方法：用红色棒针线先用剪刀剪下5根长度一样的线，长度比扣子的长度长3.5倍，将5根线围成圈，将线圈在左前片与纽扣对应的衣襟边缘插入，两头的线拉出相同的长度，打个结，系紧。

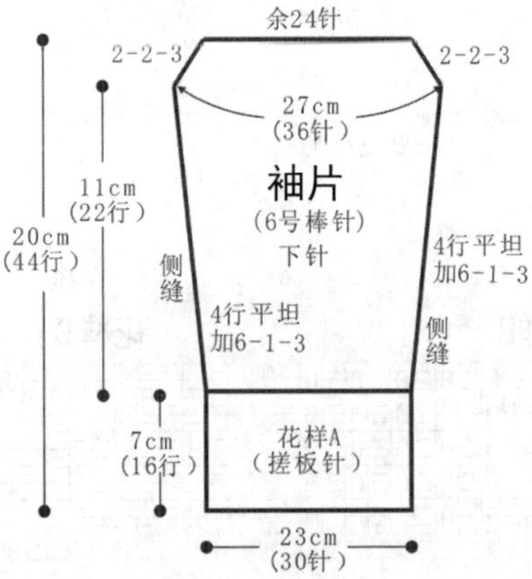

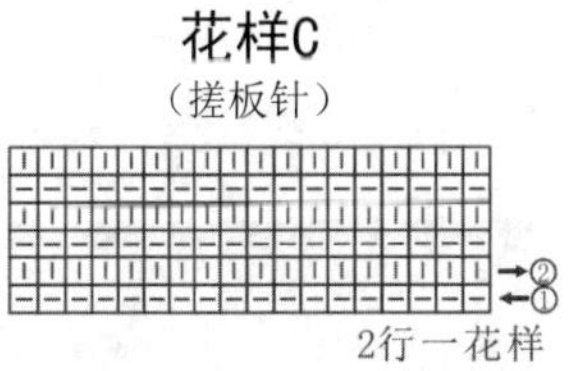

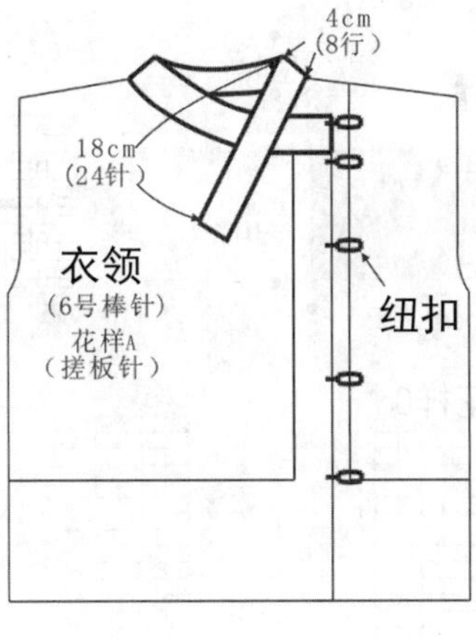

符号说明：

⊟　上针
□=□　下针
2-1-3　行-针-次

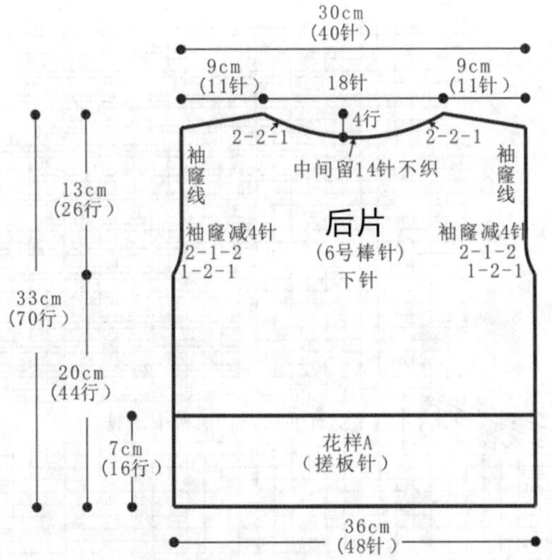

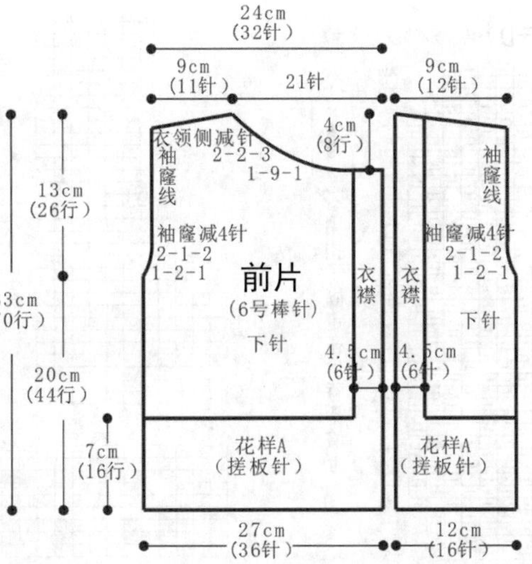

双排扣淑女装

【成品规格】衣长52cm，衣宽34cm，袖长22cm
【工　　具】10号棒针
【材　　料】6股32支白色纯棉线加一股银丝线，扣子6枚
【编织密度】28针×22行=10cm²

前片编织方法：
起针58针，织一组花样A后平针编织到第90行，按图示收针至42针编织68行。左右片方向相反。

后片编织方法：
起针100针织一组花样A后平针编织到第90行，按图收针编织完后片。

袖子编织方法：
从袖山起针26针，按图加至48针后，左右各收4针至40针，编织花样B，6行后完成。

领子编织方法：
从后领挑针编织14行后，加挑前领编织16行后收针，在前领角处每2行收1针成斜角。

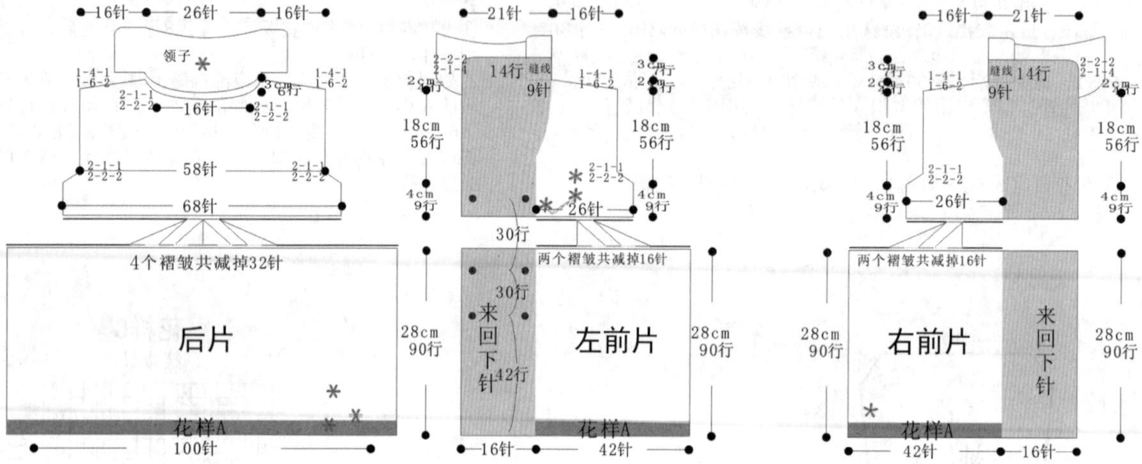

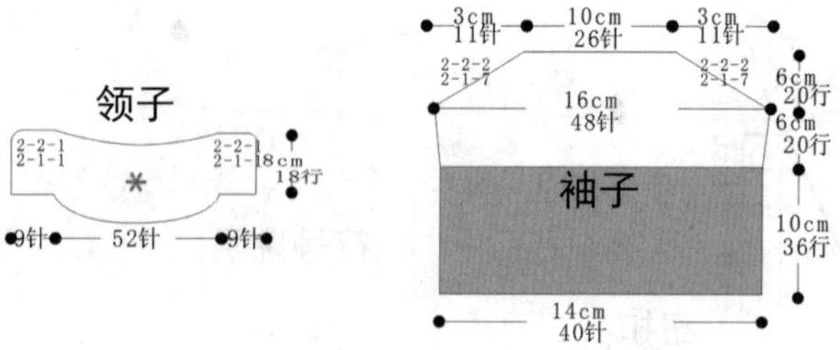

花样B

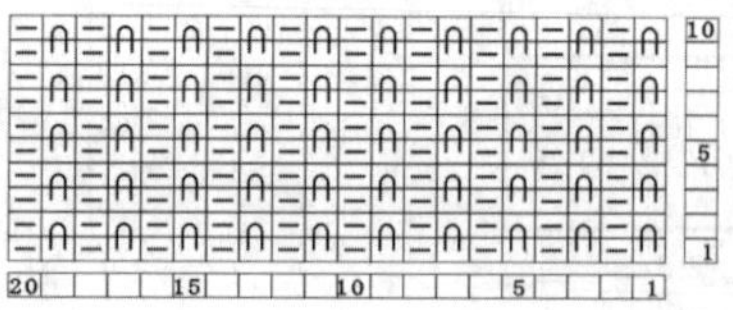

花样D

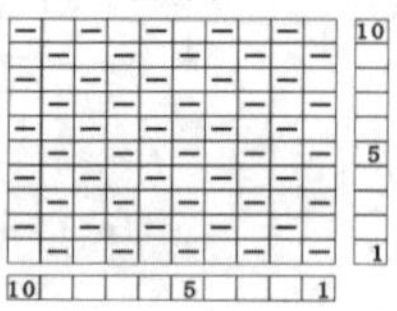

花样A

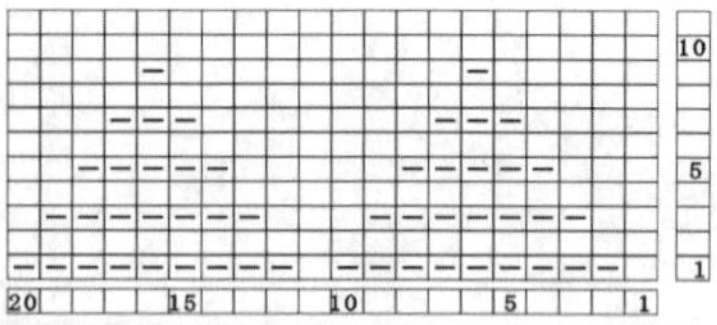

花样C

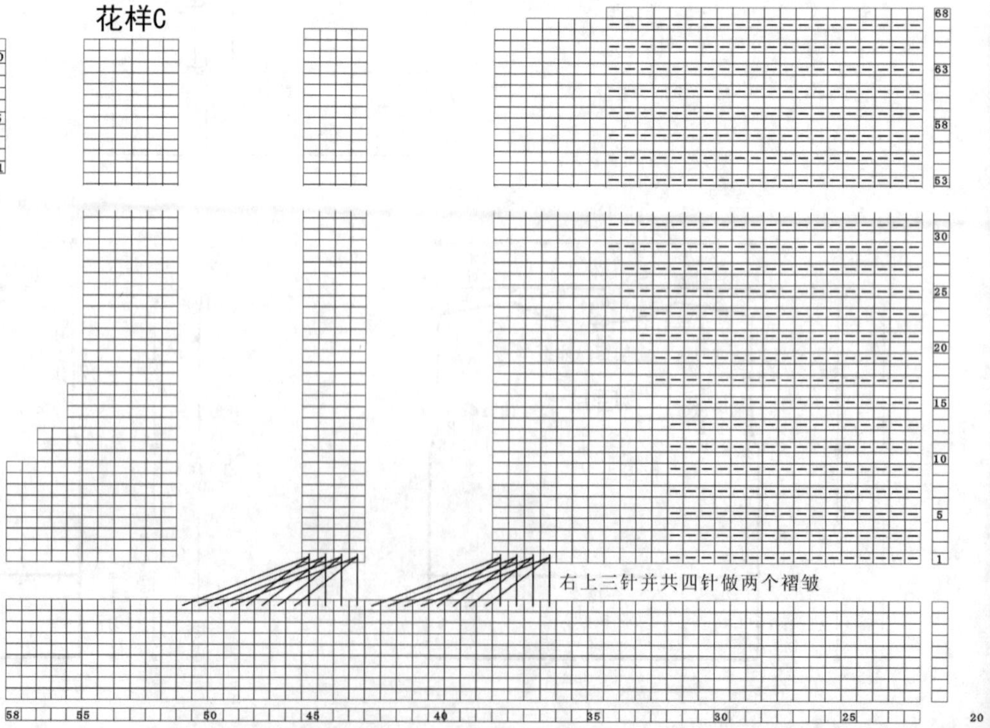

花样D（编织蝴蝶结）

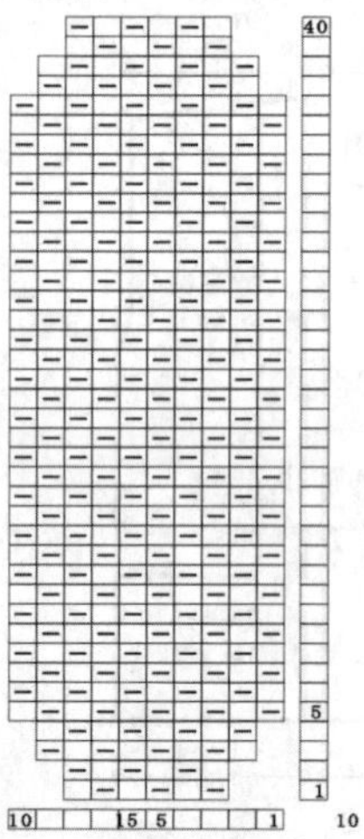

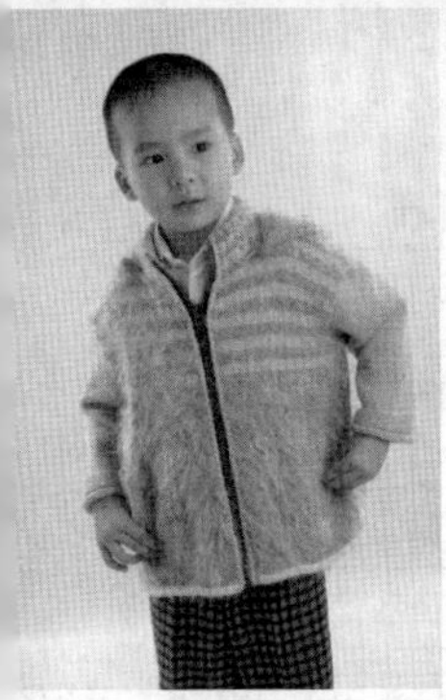

温暖拉链装

【成品规格】衣长39cm，衣宽43.5cm，袖长30cm
【工　　具】8号环形针、8号棒针
【材　　料】灰色兔毛线共400g，银灰色毛线150g，白色毛线少许，黑色拉链一根
【编织密度】20.5针×31行=10cm²

衣身片制作说明：

1.衣身片袖部以下为一片编织，袖部以上分为3片编织，从衣摆起织，往上编织至肩部。

2.衣身片先用白色毛线8号环形针起178针编织8行下针，使边自然卷曲，第9行起往上换灰色兔毛编织，全部编织下针，编织22行后，下一行从右边起织，先按花样B编织，编织至35针时两针交叉编织，编织至左边时按花样A编织花样，如花样A所示，至剩36针时两针交叉编织，左边花样与右边花样对称编织，往上编织25行，完成花样A及花样B的编织，这时左、右两边形成两根斜线，两斜线为口袋边挑针之处。继续往上编织至23.5cm，即76行后，开始袖窿减针。

3.按图示用8号棒针分3片编织，按花样C换色编织，8行一花样，4行银灰色4行灰色兔毛，往上共编织6个花样，即48行。先编织左、右身片，袖窿减针方法顺序为1-3-1，2-2-1，2-1-3，左、右片袖窿减少针数为8针。减针后，不加减针往上编织至114行，开始前衣领减针，减针方法顺序为1-4-1，2-4-2，编织至39cm，即124行，肩余24针，收针断线。后片袖窿减针方法顺序为1-3-1，2-2-1，2-1-3，后片袖窿减少针数为8针。减针后，不加减针往上编织至120行后，从织片中间留22针不织，留作编织衣领连接，可用防解别针锁住，开始衣领侧减针，减针方法顺序为2-1-2，编织至124行，两侧余下24针，收针断线。详细编织花样见花样A、花样B和花样C。

4.沿着衣领边挑针起织衣领，挑出的针数，要比沿边的针数稍多些，往上按花样D（双罗纹针）换色编织，换色方法为：6行银灰色，2行灰色兔毛，4行银灰色，2行灰色兔毛，4行银灰色，2行灰色兔毛，4行银灰色，2行灰色兔毛，6行银灰色，共32行，收针断线。最后将衣领沿中间向内对折，缝合。详细编织花样见花样D。

5.沿着衣襟边及衣领边挑针起织衣襟，挑出的针数，要比沿边的针数稍多些，按花样E编织双罗纹针，编织2行后，收针断线。

6.沿左、右身片花样A、花样B形成的斜线（见花样A、花样B中的虚线部位）用银灰色毛线挑16针起织，往上编织2cm，即6行后，收针断线。口袋边两侧与下面缝合。

7.将黑色拉链两边缝合在衣襟边内侧。

袖片制作说明：

1.两片袖片，分别单独编织。

2.从袖口起织，用银灰色毛线8号棒针起52针起织，编织8行下针，使边自然卷曲，往上按花样F编织10行搓板针，再往上全部编织下针，两侧同时加针编织，加针方法为8-1-6，加至64针，然后不加减针织至76行。

3.开始编织袖山，袖山的编织：从第一行起要减针编织，两侧同时减针，减针方法如图，依次2-2-8，1-1-6，最后余下20针，直接收针后断线。

4.同样的方法再编织另一袖片。

5.将两袖片的袖山与衣身的袖窿线边对应缝合，再缝合袖片的侧缝。

帽子制作说明：

1.帽子是另外起织，为一片编织，全部编织下针，最后顶部缝合。

2.用灰色兔毛8号棒针起72针起织，往上不加减针编织至20cm，即60行后，开始均分为两片编织，往上减针编织，减针部位为两片均分中间地方，减针方法为2-1-5，编织至23cm，即70行后，收针断线。

3.按图示部位用缝针将顶部缝合。

4.最后用线将帽子缝在衣领边。不用全部缝合，只需缝几点部位。

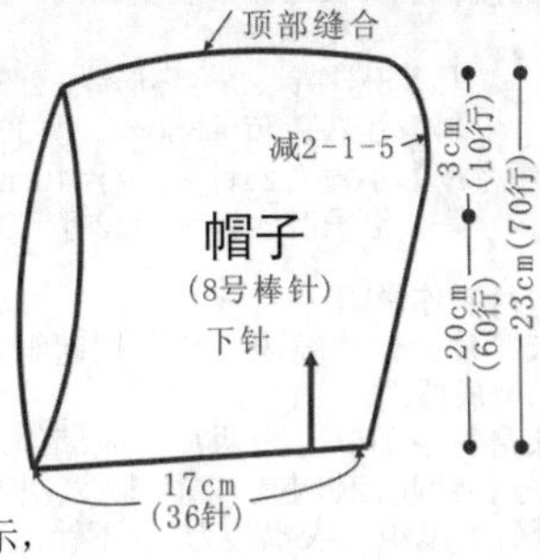

花样E（双罗纹针）（衣襟边花样）

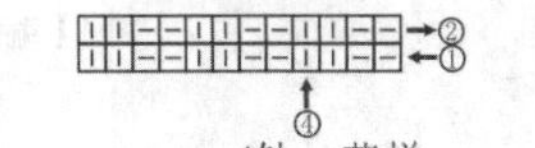

花样F（搓板针）

符号说明：

⊟	上针
□=⊡	下针
左斜交叉符号	左上1针与右下1针交叉
右斜交叉符号	右上1针与左下1针交叉
2-1-3	行-针-次

花样C

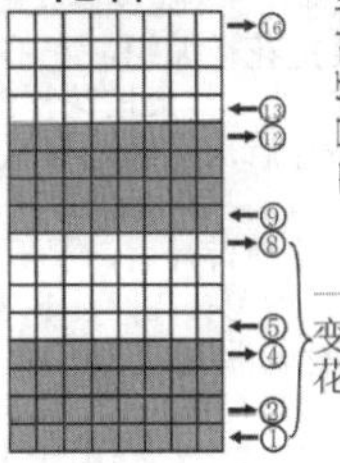

花样D（双罗纹针）（衣领花样）

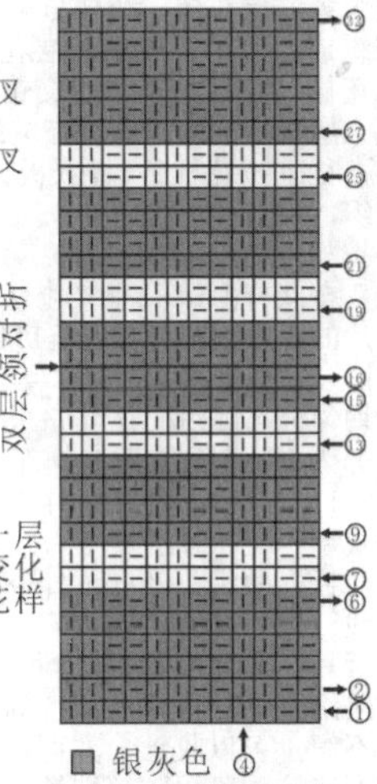

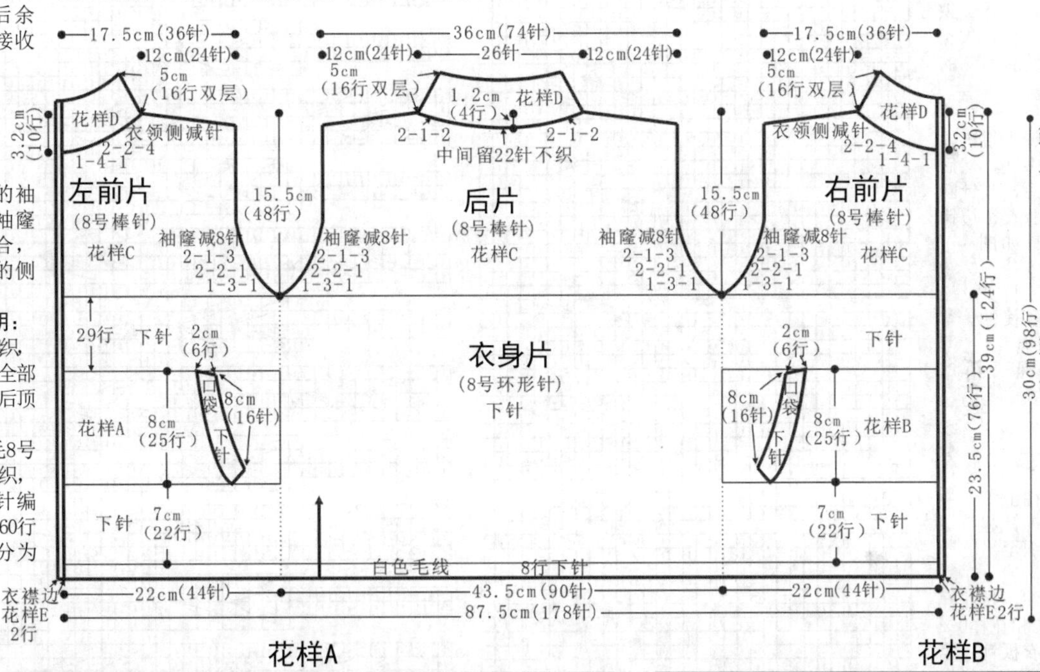

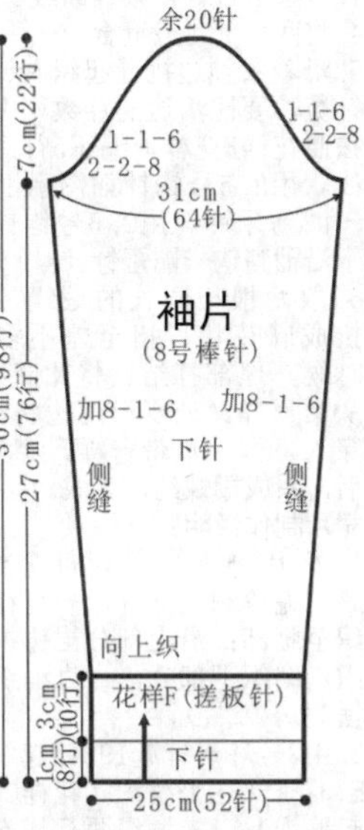

花样A

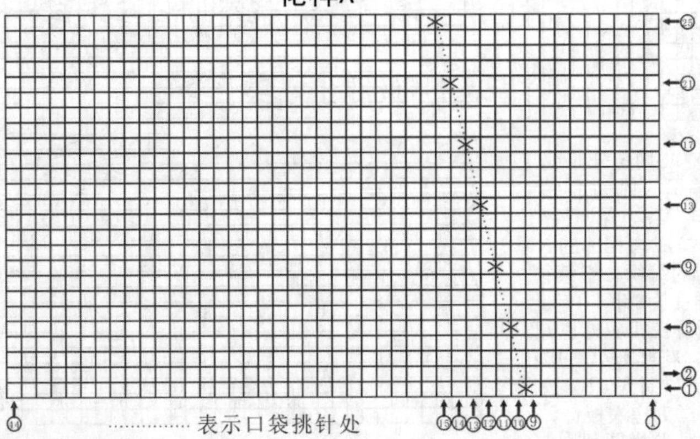

花样B

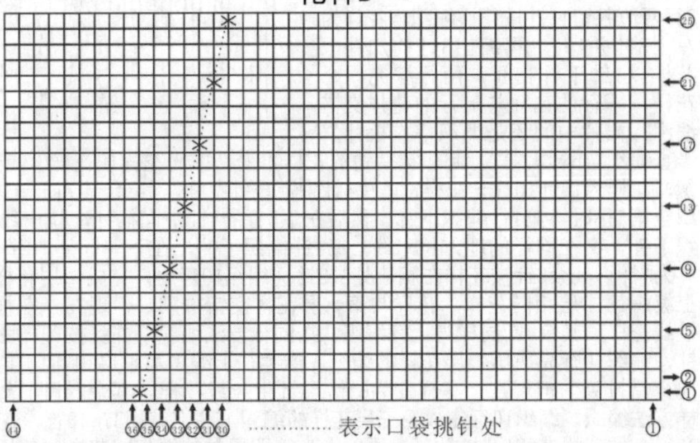

淡雅紫色套裙

【成品规格】衣长28cm，衣宽30cm，裙宽55cm，
裙长26.5cm
【工　　具】8号棒针、8号环形针、2.5号钩针
【材　　料】浅灰色兔毛350g，纽扣3枚
【编织密度】小背心24针×35行=10cm²
裙子22.4针×34.3行=10cm²

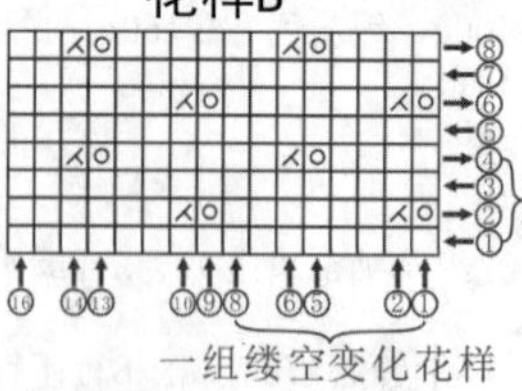

花样B

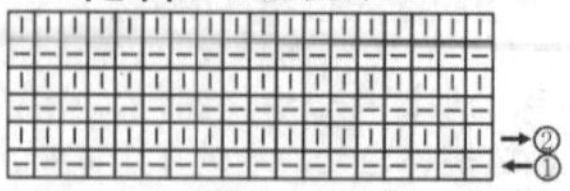

花样C（搓板针）

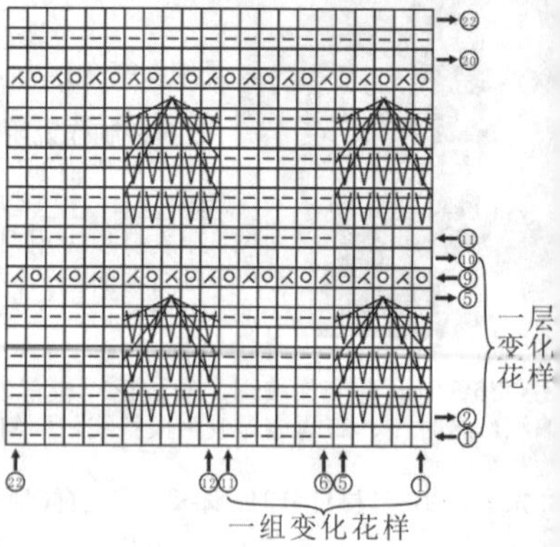

花样H

衣身片制作说明：

1.衣身片为一片编织，从衣摆起织，往上编织至肩部。

2.衣身片下部分分为两片，先编织左片，用8号棒针起72针起织，往上按花样C（搓衣板针）编织，衣襟边为2针下针，往上编织8行，第9行开始按花样A编织，花样为8针20行一花样，其中4针为上拉针花样，其余4针为上针编织，4针上拉针花样编织至第5行时，第1针编织下针，然后在下5行的4针中间插针，拉出线，第2、第3针编织下针，又在同样的地方拉出线，第4针编织下针，在下一行处，2针拉线与相邻的针并为一针，编织10行后，完成第一层花样的编织。往上编织第二层花样，花样与第一层交错编织，见花样A，编织10行后，完成第二层花样的编织。往上编织第三层花样，花样与第二层交错编织，编织10行后，完成第三层花样的编织。现在编织至38行，完成花样A的编织，往上按花样C（搓衣板针）编织7行，完成左片的编织，共45行。

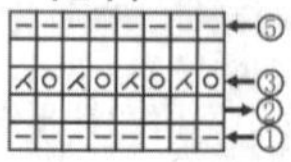
花样E

花样J

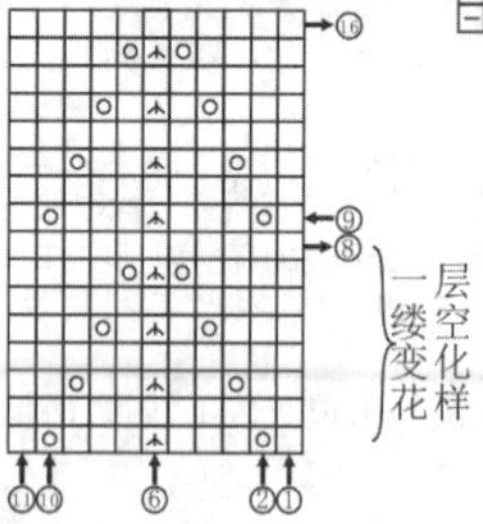

花样D

3.按相同方法编织右片，第46行时将两片串成一片编织。按花样J编织2行缕空花样，再往上继续编织，除后片的正中间11针按花样D缕空花样编织，左右衣襟旁5针按花样C（搓衣板针）编织外，其余按花样B缕空花样均匀分布编织，往上编织5行后，开始袖窿减针，往上分为3片编织，先编织左片，袖窿减针方法顺序为1-2-1，2-2-1，2-1-2，往上编织17行后，又开始前衣领减针，减针方法顺序为1-2-1，2-1-8，4-1-3，肩部剩17针，共编织28cm，即98行，收针断线。按相同方法编织右片。最后编织后片，袖窿减针方法同左右片，一直编织至88行后，从织片的中间留18针不织，可以收针，亦可以留作编织衣领连接，可用防解别针锁住，衣领侧减针，方法为2-1-4，最后两侧的针数余下17针，收针断线。

4.将两肩部对应缝合。

5.沿着衣领边挑针起织衣领，挑出的针数，要比沿边的针数稍多些，然后按照花样E花样，编织5行后，收针断线。用2.5号钩针如图示沿衣领边钩一圈狗牙针。用2.5号钩针如图示沿袖窿钩一圈短针。

6.取两根相同长的毛线，将其扭成麻花状，扭至差不多长的时候，尾部打结。将此麻绳从后片开叉处，沿两边将绳穿入，像系鞋带一样，穿好后，系成蝴蝶结，完成。

裙片制作说明：

1.裙片分上、下两部分编织，先编织上部分，一直往上编织至腰部；沿上部分裙边挑针起织，编织下部分，一直编织至裙摆。

2.用8号环形针起198针起织，按花样F、花样G往上编织（花样C和花样D一起编织）。先编织两行搓衣板针，第3行两边各留13针按花样编织，花样为左上3针并1针，再编出3针的加针，花样以1针下针相间，两行编完一个花样，下行的花样与上行的花样交错编织。裙片中间还是编织搓衣板针，一直编织至6行，第7行起，裙两边的花样不变，中间花样按花样C、花样D均匀分布编织，花样为10针10行一花样，其中4针为上拉针花样，其余6针为上针编织，4针花样编织至第5行时，第1针编织下针，然后在下5行的4针中间插针，拉出线，第2、第3针编织下针，又在同样的地方拉出线，第4针编织下针，在下一行处，2针拉线与相邻的针并为1针；其余6针按花样在相应处减2针，编织10行后，完成一层花样的编织。继续往上编织第二层相同花样，花样与第一层花样交错排列，但现在一花样变为8针，4针上拉线花样，其余4针同样为上针编织，按同样方法编织，并且按花样图解在相应处也减2针，编织10行完成第二层花样的编织。继续往上编织第三层相同花样，花样与第二层花样交错排列，但现在一花样变为6针，4针上拉线花样，其余2针同样为上针编织，按同样方法编织，编织10行完成第三层花样的编织。往上编织37~40行，花样为搓衣板针，第37行，按花样在相应处减8针。再往上为第四层与前面相同花样，花样按花样图解均匀分

花样G（裙子左边上部分花样图解）

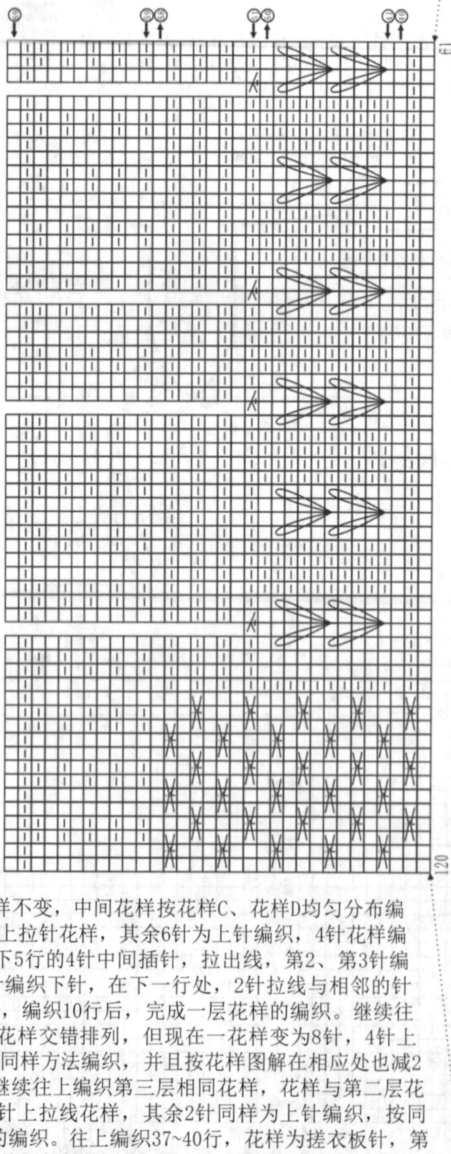

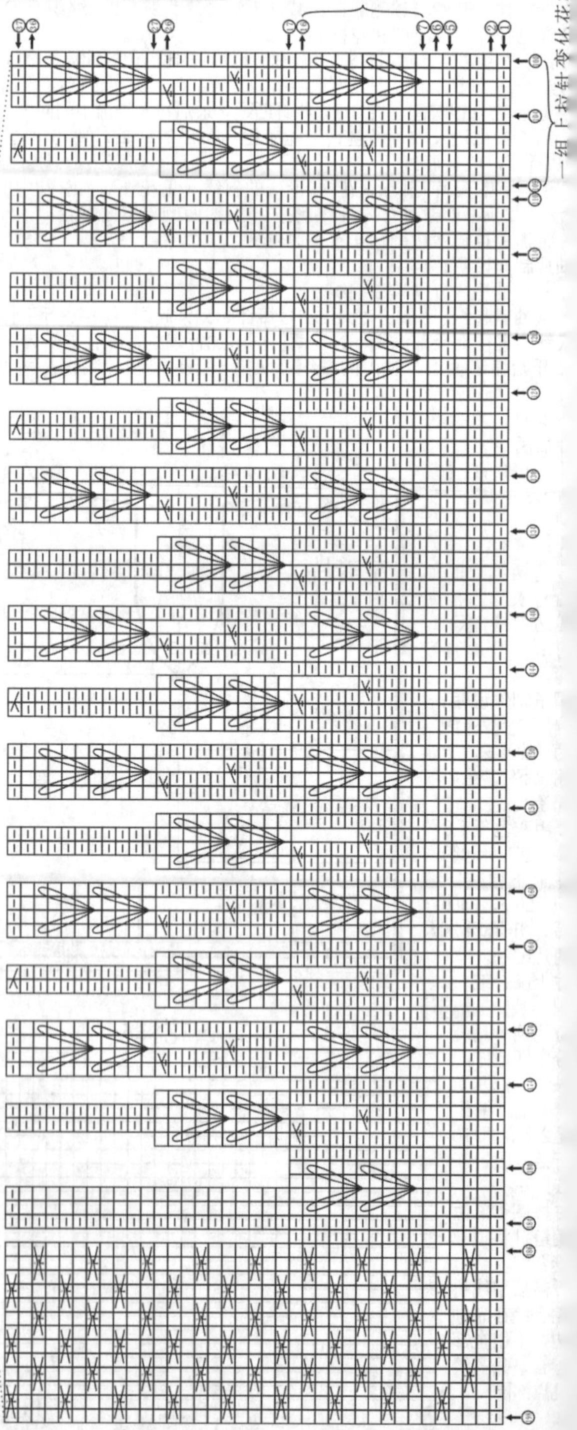

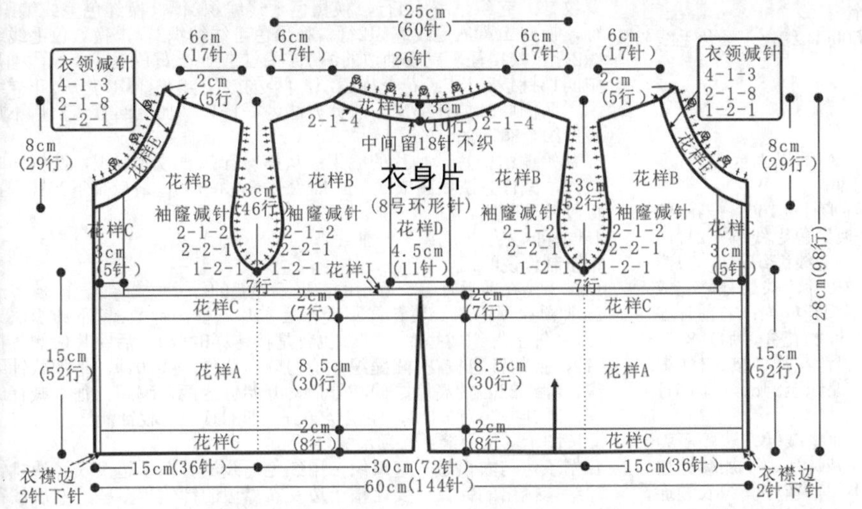

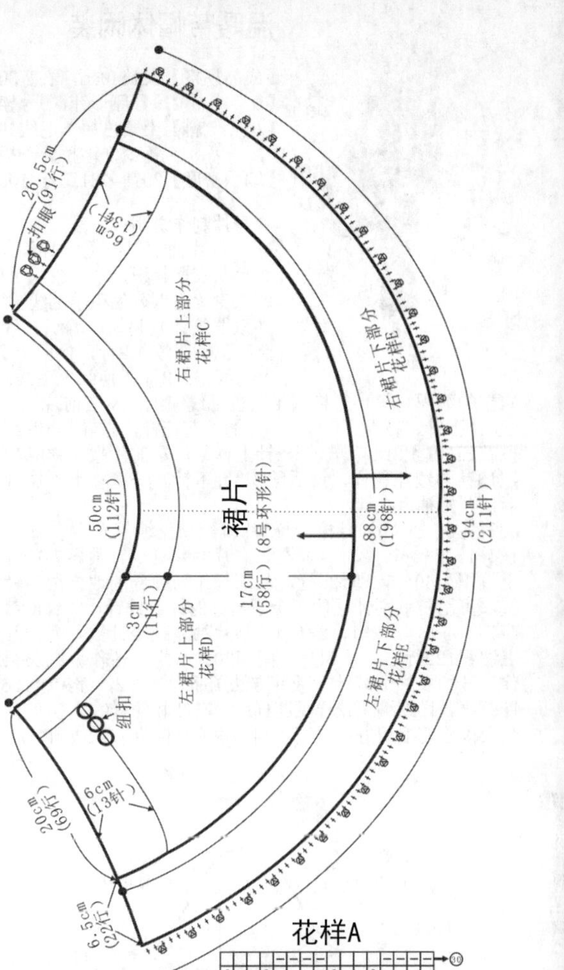

行，同第二层花样，一花样为8针，4针上拉线花样，其余4针为上针编织，不加减针往上编织10行，完成第四层花样的编织。这时已编至50行，往上10行编织搓衣板针，第51行按图解减8针。剩下112针，再往上不加减针编织，花样为4针一花样，其中2针为下针，另2针为搓衣板针，往上编织9行后，再编织两行搓衣板针，共69行，收针断线。详细编织图解见花样F、花样G。

用8号环形针沿上部分裙边挑针起织，挑211针，按花样H编织，花样为11针8行一花样，其中11针中5针为浮针花样，其余6针为搓衣板针，均匀分布18个半花样，裙两边各4针搓衣板针。编织浮针花样，先编织一行下，往上6行每5针2行3次浮针，下一行第3针与浮针一起编织中心针，完成浮针花样的编织。往上2行为镂空花样的编织，这时完成一层花样的编织。往上再编织10行完成第二层花样的编织，最后再编织两行搓衣板针，共22行，收针断线。详细编织图解见花样H。

用2.5号钩针如图示沿裙边钩一圈狗牙针。

如图所示，在左裙片相应处缝上3枚纽扣，并在右裙片在对应处用2.5号钩针钩编3个扣眼。

符号说明：

- 上针
- 下针
- 镂空针
- 左上2针并1针
- 上针左上2针并1针
- 左上3针并1针再编出3针的加针
- 4针的上拉针（5行时）
- 每5针2行3次浮针的中心延伸
- 2-1-3 行-针-次
- 中上3针并1针
- 短针
- 锁针
- 狗牙针

花样F

（裙子右边上部分花样图解）

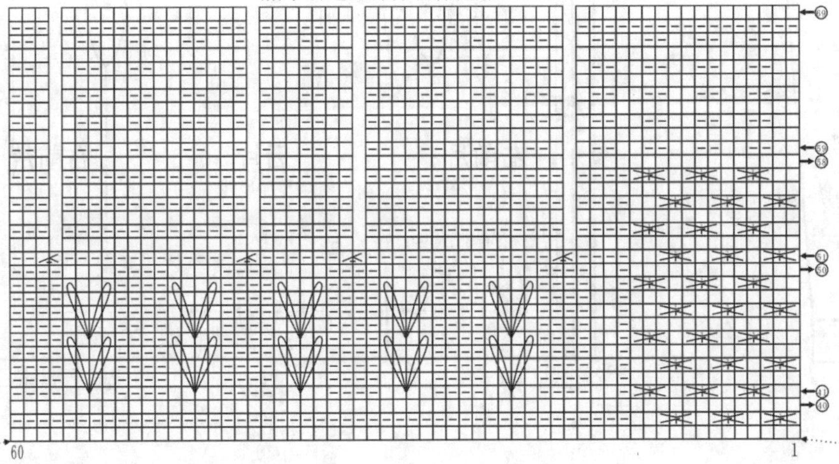

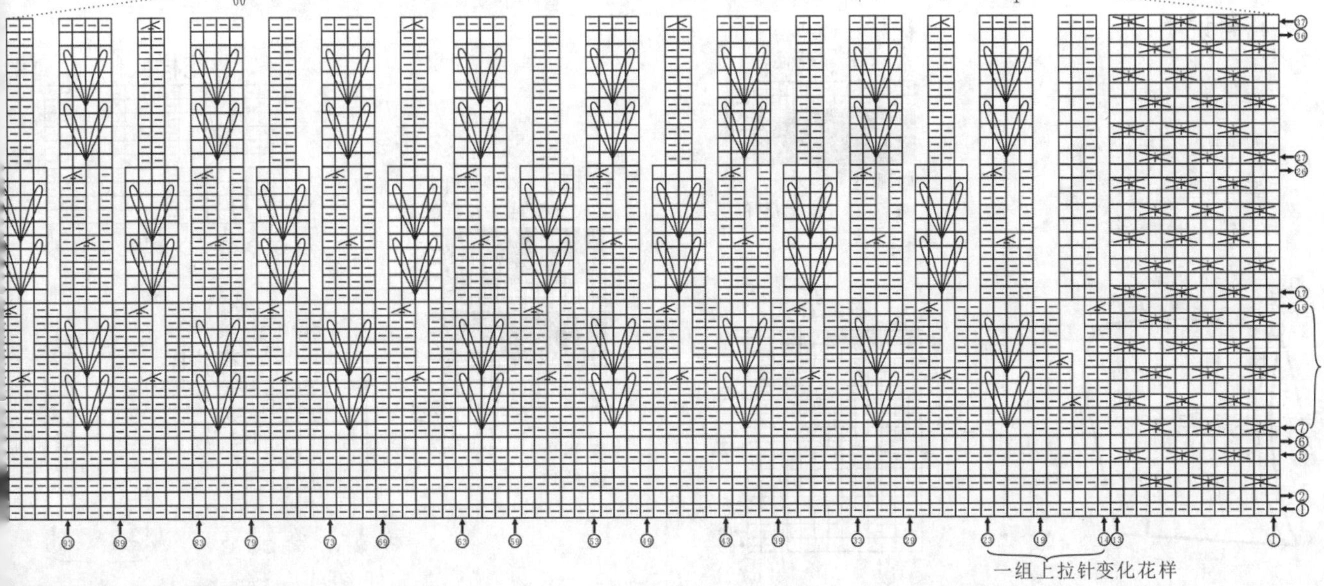

花样A

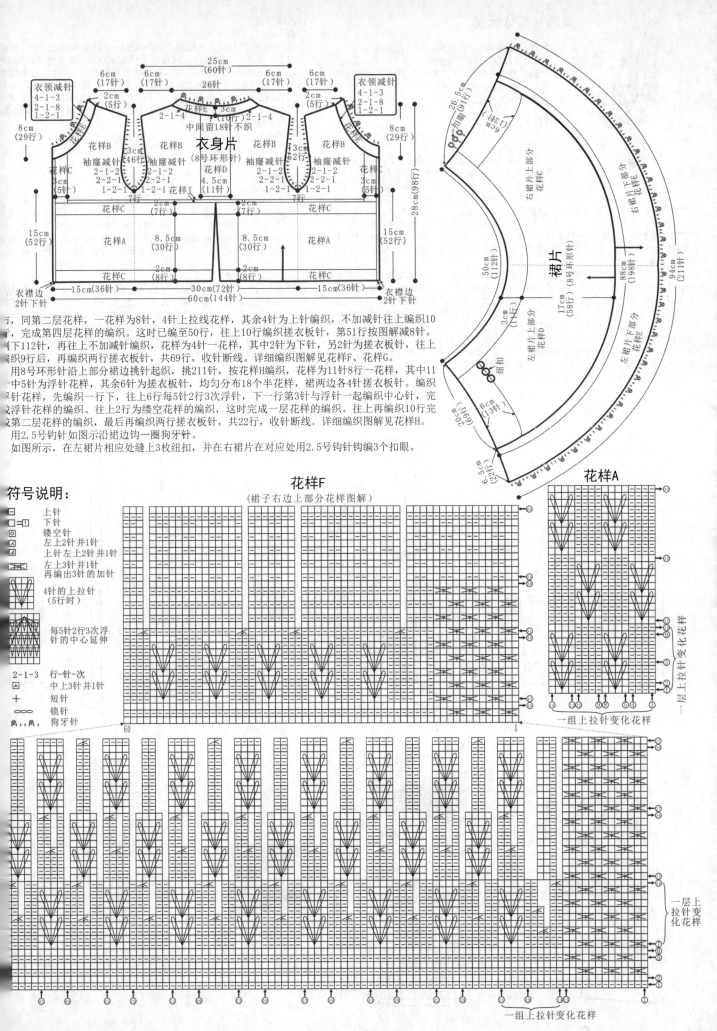

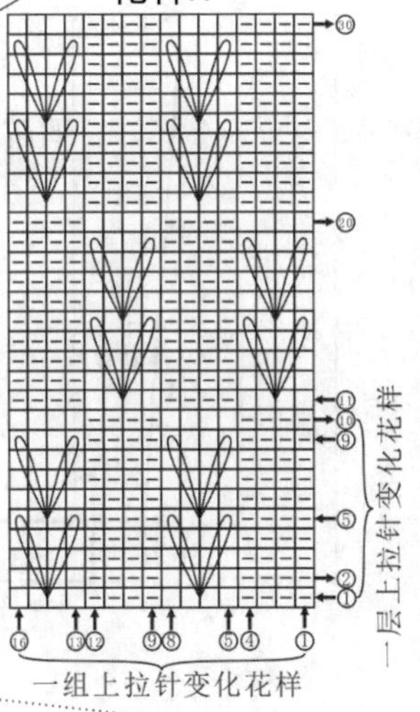

温暖带帽休闲装

【成品规格】衣长40cm，衣宽30cm，袖长35cm
【工　　具】9号环形针、9号棒针
【材　　料】土黄色粗羊毛线共500g，红色、黑色毛线各少许，拉链一根
【编织密度】29针×31.5行=10cm²

衣身片制作说明：

1. 衣身片袖部以下为一片编织，袖部以上分为3片编织，从衣摆起织，往上编织至肩部。
2. 衣身片用土黄色粗羊毛线9号环形针起166针按花样D（双罗纹针）起织，编织4行，换黑色毛线编织2行，换红色毛线编织2行，换回土黄色毛线编织2行，换黑色毛线编织2行，换红色毛线编织2行，共14行，完成衣摆的编织。第15行换回土黄色毛线编织，从右前片起，编织花样为：右前片编织3针下针，按花样C编织13针的绞花花样，按花样B编织24针的花样，后片86针按花样A编织8组花样（少2针上针），左前片按花样B编织24针花样，按花样C编织13针的绞花花样，最后编织3针下针。一直往上不加减针编织至24cm，即76行后，开始袖窿减针。
3. 开始按图示用9号棒针分3片编织，先编织左、右身片，袖窿减针方法顺序为1-4-1，2-2-1，2-1-4，左、右片袖窿减少针数各为10针。减针后，不加减针往上编织至40cm，即126行，从织片作为领部的地方留14针不织，留作编织衣领连接，可用防解别针锁住，余下肩部的针数16针，收针断线。后片袖窿减针方法顺序为1-4-1，2-2-1，2-1-4，后片袖窿减少针数各为10针。减针后，不加减针往上编织122行后，从织片中间留30针不织，留作编织衣领连接，可用防解别针锁住，开始衣领侧减针，减针方法顺序为2-1-2，编织至126行，两侧余下16针，收针断线。详细编织花样见花样A、花样B和花样C。
4. 衣襟边的编织方法见帽子制作说明（因为衣襟边同帽边一起编织）。

袖片制作说明：

1. 两片袖片，分别单独编织。
2. 从袖口起织，用土黄色粗羊毛线9号环形针起36针按花样D（双罗纹针）起织，编织4行，换黑色毛线编织2行，换红色毛线编织2行，换回土黄色毛线编织2行，换黑色毛线编织2行，换红色毛线编织2行，共14行，完成袖边的编织。往上换回土黄色毛线编织，袖片中间13针按花样C绞花花样编织，两边按花样B花样均匀分布花样编织，两侧同时加针编织，加针方法为7-1-12，加至84行，然后不加减针织至88行。
3. 开始编织袖片，袖片的编织：从第一行起要减针编织，两侧同时减针，减针方法如图依次1-4-1，2-1-8，1-1-5，最后余下26针，直接收针后断线。
4. 同样的方法再编织另一袖片。

帽子制作说明：

1. 帽子是在前后片缝合好后的前提下起编的。
2. 前领片预留的针数花样不变，后衣片预留的针数6针下针织法不变，2针上针织成搓衣板针，也就是按花样B编织，后领片两侧各挑6针，挑的针也按花样B编织，均匀分布花样，共70针，不加减针编织，编织22cm的高度，即68行后，开始分为两片编织，往上减针编织，减针方法为2-1-7，编织至26cm，即84行后，收针断线。
3. 按图示部位用缝针将顶部缝合。
4. 帽子边与衣襟边一起编织，用红色毛线沿着帽子边及衣襟边挑针起织，挑出的针数，要比帽子边及衣襟边的针数稍多些，然后按花样E（双罗纹针）起织，编织2行后，换黑色毛线编织2行，最后换土黄色毛线编织2行后，收针断线。详细编织花样见花样E。
5. 最后将拉链缝在左、右衣襟边内侧，注意不是缝在衣襟边上，衣襟边的作用是正好将拉链部位挡住。

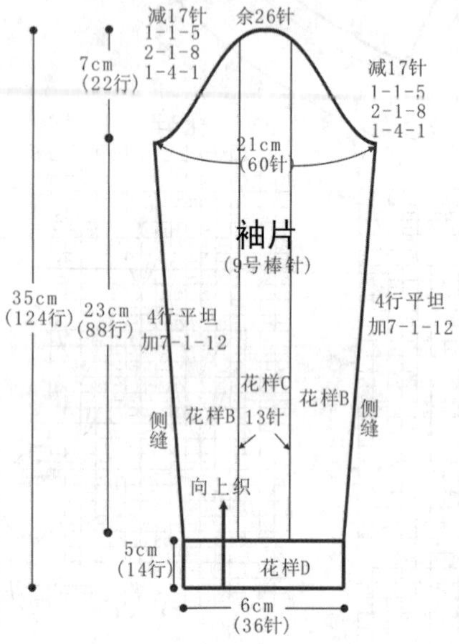

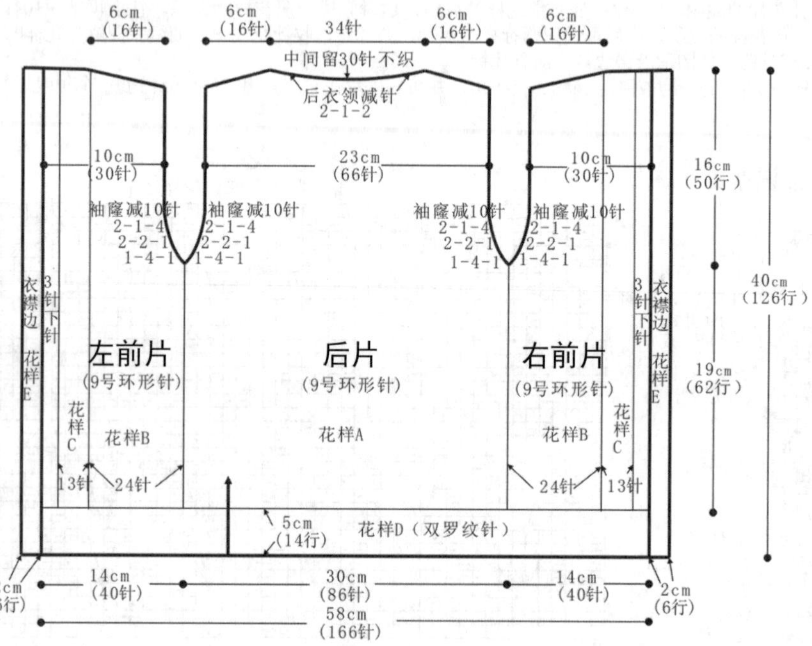

符号说明：

⊟	上针
□=⊡	下针
	右上3针与左下3针交叉
	左上3针与右下3针交叉
2-1-3	行-针-次

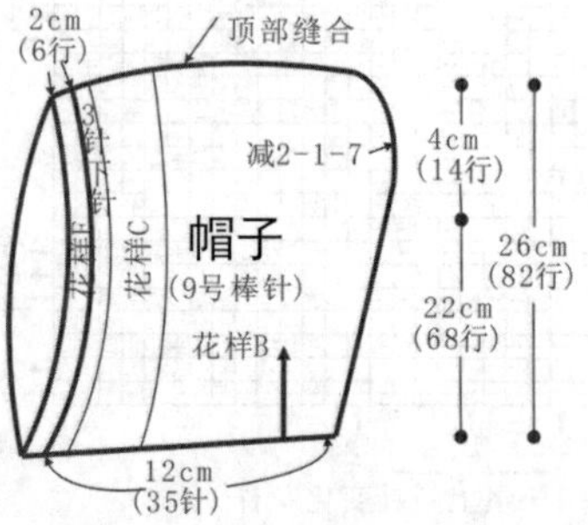

花样E（双罗纹针）
（衣襟边花样）

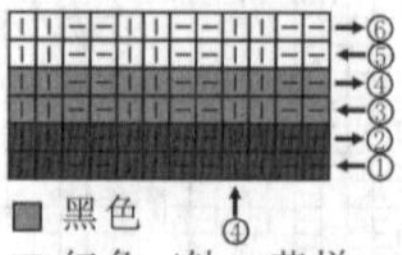

■ 黑色
■ 红色　4针一花样

花样C

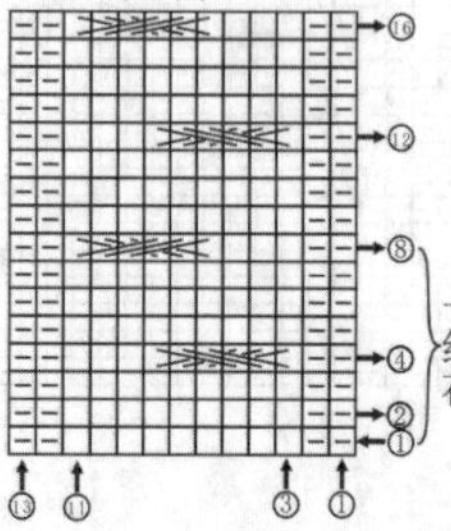

花样D（双罗纹针）
（衣摆入袖边花样）

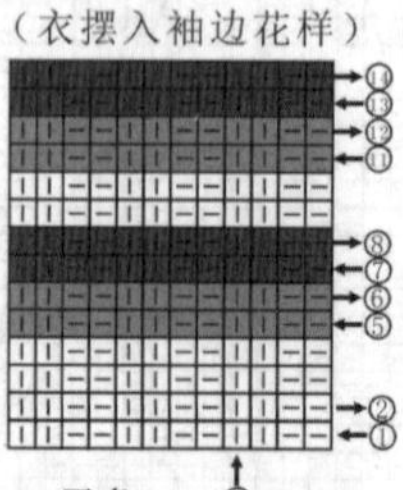

■ 黑色
■ 红色　4针一花样

花样A

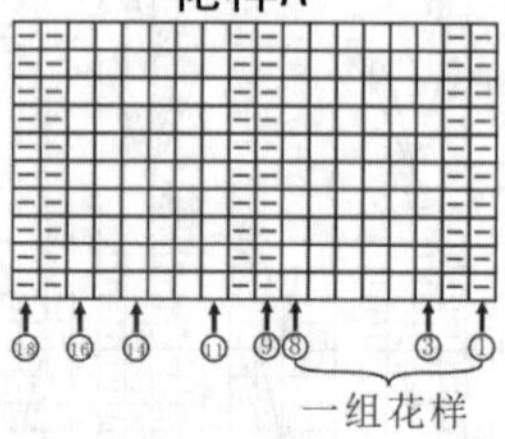

花样B

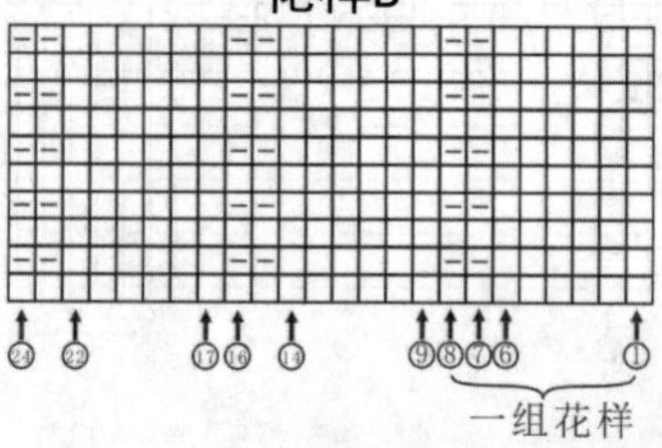

休闲风圆领毛衣

【成品规格】衣长47cm，衣宽38cm，袖长32cm
【工　　具】8号棒针
【材　　料】天蓝色棉线共600g
【编织密度】20.5针×29.8行=10cm²

前片制作说明：

1.前片为一片编织，从衣摆起织，往上编织至肩部。

2.用8号棒针起76针起织，按花样A（单罗纹针）编织14行，第15行将针数均匀加至78针，往上编织下针，不加减针一直往上编织。编织64行后，往上按花样B花样编织，4行一花样，排绞花花样时，将3针排为一个绞花花样，编织3针绞花花样时，将3针加至4针编织，这时针数加至80针。往上编织2个花样，开始袖窿减针，减针方法为1-2-1，再往上编织9个花样及3行下针时，衣片中间留20针不织，可以收针，亦可以留作编织衣领连接，可用防解别针锁住，两侧余下的针数，衣领侧减针，方法为2-1-6，最后两侧的针数余下22针，共编织至140行，花样B花样共编织15个花样及2行下针后，收针断线。详细编织花样见花样A及花样B。

后片制作说明：

1.后片也为一片编织，从衣摆起织，往上编织至肩部。

2.用8号棒针起76针起织，按花样A（单罗纹针）编织14行，第15行将针数均匀加至78针，往上编织下针，不加减针一直往上编织。编织64行后，往上按花样B花样编织，4行一花样，排绞花花样时，将3针排为一个绞花花样，编织3针绞花花样时，将3针加至4针编织，这时针数加至80针。往上编织2个花样，开始袖窿减针，减针方法为1-2-1，再往上编织12个花样及2行下针时，衣片中间留28针不织，可以收针，亦可以留作编织衣领连接，可用防解别针锁住，两侧余下的针数，衣领侧减针，方法为2-1-2，最后两侧的针数余下22针，共编织至140行，花样B花样共编织15个花样及2行下针后，收针断线。详细编织花样见花样A及花样B。

4.将前片的侧缝与后片的侧缝对应缝合，再将两肩部对应缝合。

5.沿着衣领边挑针起织衣领，挑出的针数，要比沿边的针数稍多些，按花样A（单罗纹针）编织4行后，再往上编织8行下针，收针断线。

袖片制作说明：

1.两片袖片，分别单独编织。

2.从袖口起织，用8号棒针起36针起织，按花样A（单罗纹针）编织14行，第15行将针数加至60针，往上编织下针，袖侧加针编织，加针方法10-1-2，编织26行后，往上按花C编织花样，4行一花样，往上编织14个花样，共96行，收针断线。详细编织花样见花样A及花样C。

3.同样的方法再编织另一袖片。

4.将两袖片的袖山与衣身的袖窿线边对应缝合，再缝合袖片的侧缝。

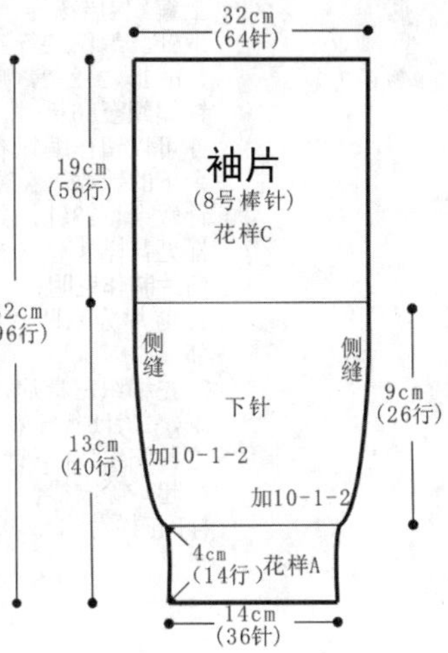

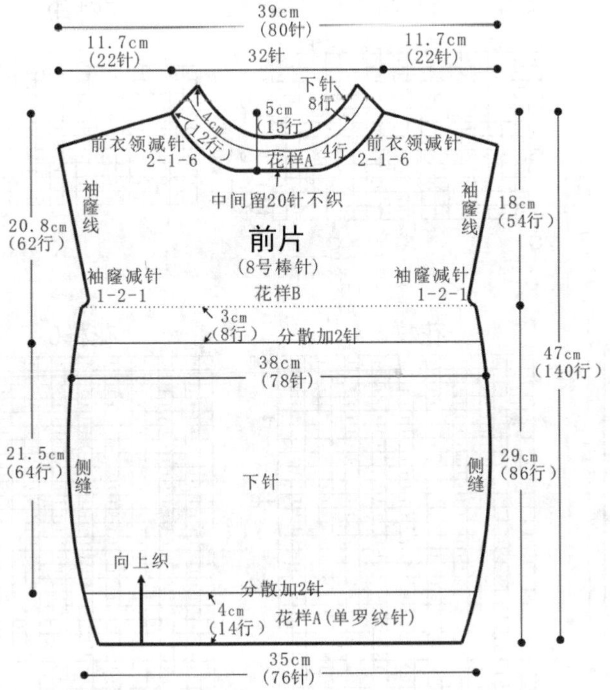

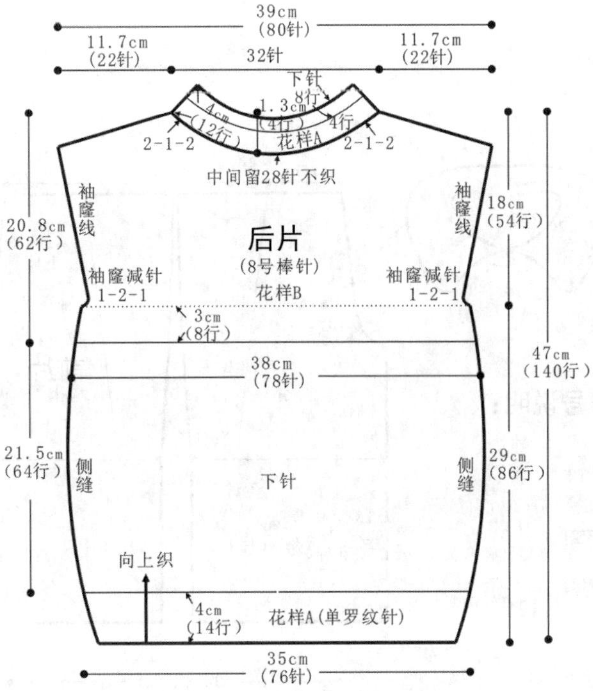

花样A（单罗纹针）

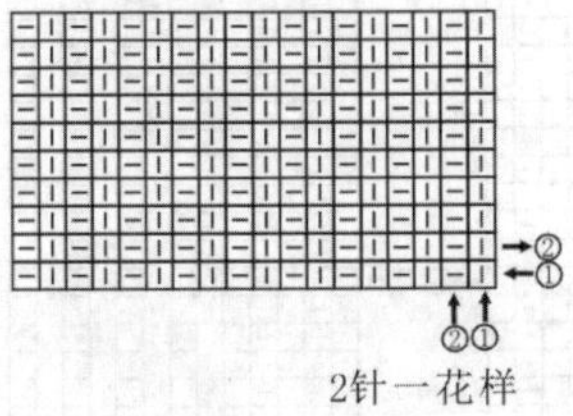

花样C

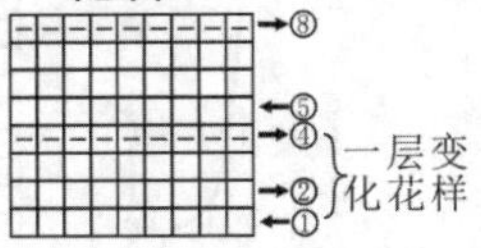

符号说明：

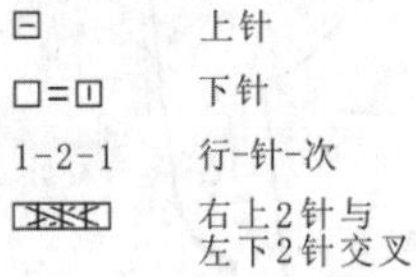

花样B

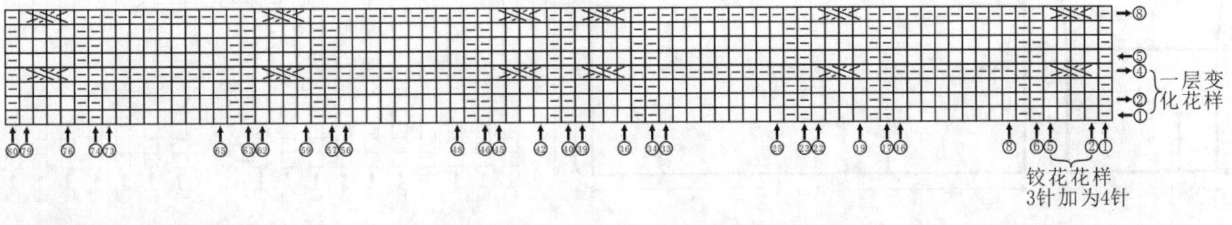

喇叭袖翻领小外套

【成品规格】衣长37cm，衣宽37cm，袖长30cm
【工　　具】7号棒针、8号棒针
【材　　料】天蓝色棉线共400g，牛角扣3枚
【编织密度】19针×24.3行=10cm²

后片制作说明：

1. 后片为一片编织，从衣摆起织，往上编织至肩部。
2. 用7号棒针起72针起织，按花样A编织，10针8行一花样，均匀分布7组花样，侧缝两边各编织1针下针。往上编织4层花样，共32行。第33行起，一直往上编织下针。编织22行后，开始袖窿减针，减针方法顺序为1-6-1，2-2-2，后片减少针数为10针，再往上不加减针编织至86行时，衣片中间留22针不织，可以收针，亦可以留作编织衣领连接，可用防解别针锁住，两侧余下的针数，衣领侧减针，方法为2-1-2，最后两侧的针数余下13针，共编织90行，收针断线。详细编织花样见花样A。

前片制作说明：

1. 前片分为两片编织，从衣摆起织，往上编织至肩部。
2. 先编织左身片，用7号棒针起32针起织，按花样A编织，10针8行一花样，均匀分布3组花样，侧缝及衣襟边各编织1针下针。往上编织4层花样，共32行。第33行起，除衣襟侧10针按花样B编织（右身片花样C与花样B花样对称），其余一直往上编织下针。如花样B所示，花样每6行加1针，加的针编织上针。编织22行后，开始袖窿减针，减针方法顺序为1-5-1，2-2-2，前片减少针数为9针。衣襟侧1针继续按花样B加针编织，其余不加减针编织下针，加完9针再往上编织4行后，即编织至90行，而花样B10针现已加至19针，留作编织衣领连接，可用防解别针锁住，余下的13针收针断线。详细编织花样见花样A及花样B。
3. 按同样方法编织右身片。
4. 将两前片的侧缝与后片的侧缝对应缝合，再将两肩部对应缝合。最后在一侧前片钉上扣子。不钉扣子的一侧，要制作相应数目的扣眼，扣眼的编织方法为，在当行收起数针，在下一行重起这些针数，这些针数两侧正常编织。

袖片制作说明：

1. 两片袖片，分别单独编织。
2. 从袖口起织，用7号棒针起40针起织，按花样A编织，10针8行一组绞花花样，编织4组绞花花样，往上编织3层绞花花样。第25行开始，往上编织下针，袖侧加针编织，加针方法为10-1-2，编织28行后，开始编织袖片，袖片的减针方法为2-1-6，1-1-8，余16针，共72行，收针断线。详细编织花样见花样A。
3. 同样的方法再编织另一袖片。
4. 将两袖片的袖山与衣身的袖窿线边对应缝合，再缝合袖片的侧缝。

衣领制作说明：

1. 一片编织完成。衣领是在前后片缝合好的前提下起编的。
2. 先用7号棒针将左前片留作衣领编织的19针挑起，沿着后衣领边挑针，挑出的针数，要比后衣领沿边的针数稍多些，再将右前片留作衣领编织的19针挑起，起织，按花样D（单罗纹针）编织，编织4行后，换8号棒针编织，编织14行后，收针断线。

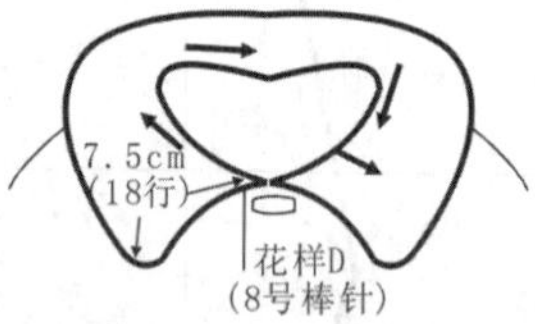

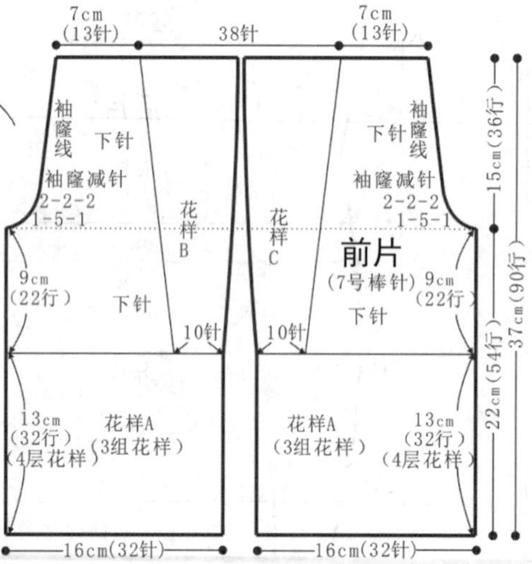

符号说明：

- ⊟ 上针
- □=⊡ 下针
- 1-5-1 行-针-次
- 右上3针与左下1针交叉
- 左上3针与右下1针交叉
- ⊙ 镂空针

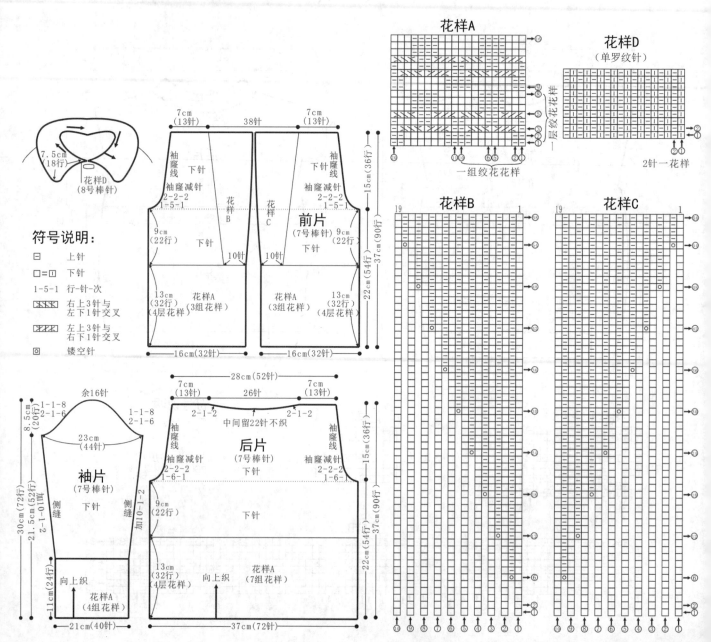

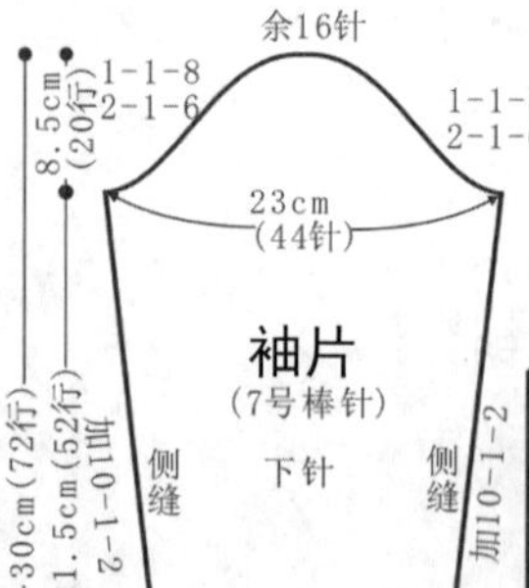

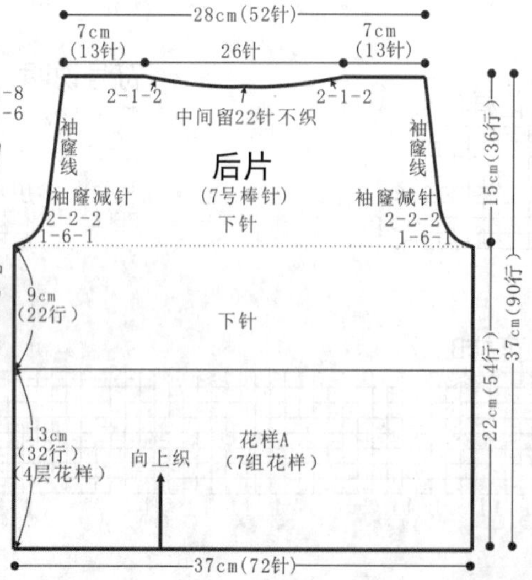

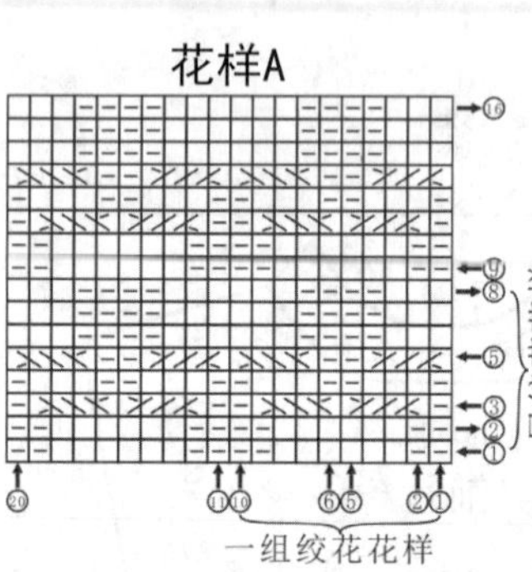

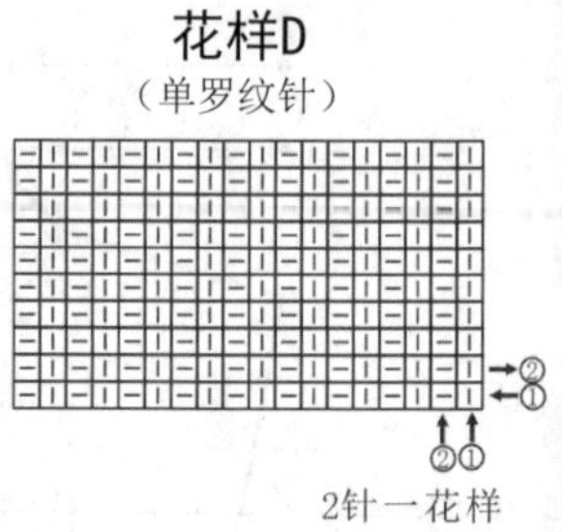

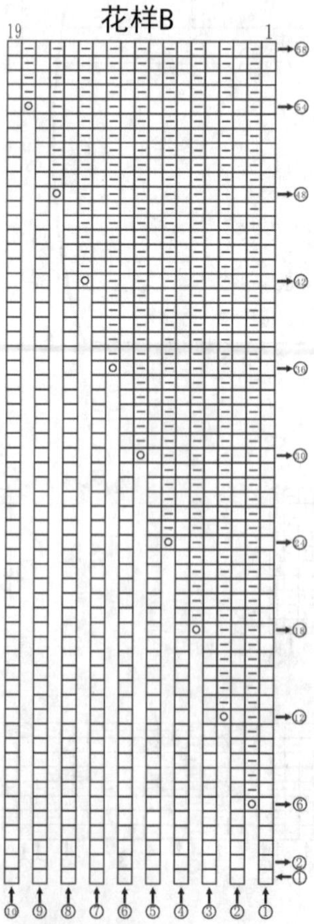

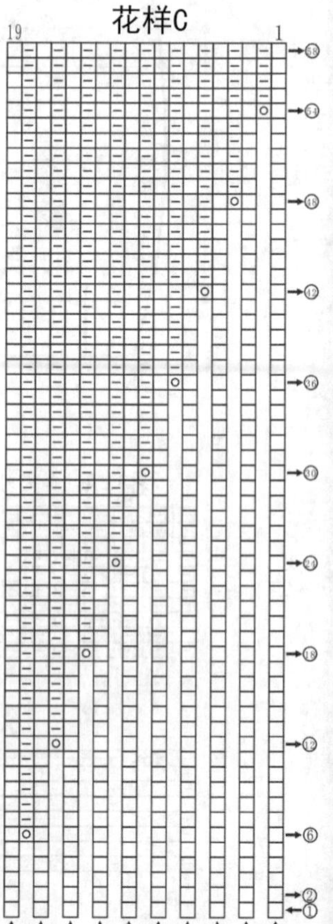

学院派无袖衫

【成品规格】衣长47cm，衣宽36cm
【工　　具】8号棒针
【材　　料】蓝色绵线350g，白色毛线少许，纽扣4枚
【编织密度】22针×32行=10cm²

衣身片制作说明：

1. 衣身片袖部以下为圈织，袖部以上分为3片编织，从衣摆起织，往上编织至领部，另外起织插肩袖，将插肩袖与前后片斜边缝合。
2. 衣身用8号棒针起144针起织，先编织6行下针，使衣边自然卷曲，按花样A（搓衣板针）编织6行后，往上除图示标识花样外，全部编织下针。如图示所示，前片正中间按花样C缕空花样编织，3针4行一花样，编织4层花样，注意后片中间无此花样；前后片两侧按花样B缕空花样编织，见花样B，35针37行，正中间第18针为侧缝中间，两边各17针，前后片花样对称分布，最后一行两侧各减2针，这时全部针数为140针。编织完花样B，第50行起，往上编织22行，开始分两片编织，前片中间5针为衣襟，衣襟按花样A（搓衣板针）编织，其余针按花样D花样换色编织（4行一层花样）。从衣襟处分片。从左片开始编织，编完5针衣襟，编织33针，编织后片70针，编织右片32针，最后在前片5针衣襟内侧挑出5针同样编织衣襟花样。往上花样D编织3层花样后，除衣襟外，其余往上编织下针。编织6行后，前、后片近侧缝边处各5针按花样E编织，编织4行后，开始袖窿减针，这时需分为3片编织，前片继续分为两片。
3. 先编织前片左片，斜肩（按插肩方法编织）减针方法顺序为1-5-1，4-1-4，2-1-14，编织35行后，第36行起按花样E编织，2行一层花样，编织5层花样后，最后编织一行上针，此时剩余15针，留作编织衣领连接，可用防解别针锁住。按相同方法编织右片，剩余14针，留作编织衣领连接，可用防解别针锁住。
4. 最后编织后片，斜肩（按插肩方法编织）减针方法顺序为1-5-1，4-1-4，2-1-14，编织35行后，第36行起按花样E编织，2行一层花样，编织5层花样后，最后编织一行上针，此时剩余24针，留作编织衣领连接，可用防解别针锁住。
5. 另外编织插肩袖，用8号棒针起44针起织，花样按花样F编织，编织花样顺序为5行下针、1行上针、21行下针、4行搓衣板针、2行下针，插肩减针方法顺序为3-1-10，减完针剩余24针，不加减针编织3行后，留作编织衣领连接，可用防解别针锁住。按同样方法编织另一插肩袖。
6. 将两插肩袖与衣身斜肩处对应缝合。
7. 将衣领处的针挑起，按花样G换色编织，编织2行下针，换白色毛线编织2行下针，换回毛线编织4行下针，最后换白色毛线编织2行下针，收针断线。
8. 最后将4枚纽扣缝在图示所处，缝时将左右片衣襟一起缝合，形成一体。

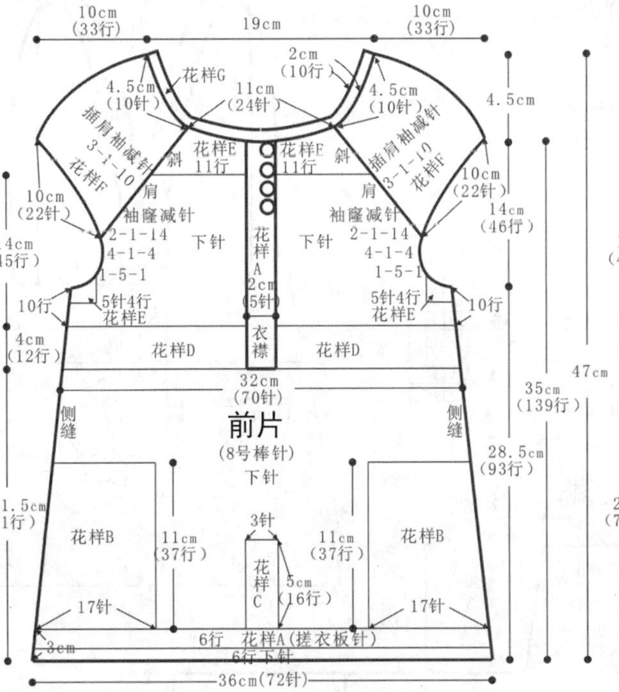

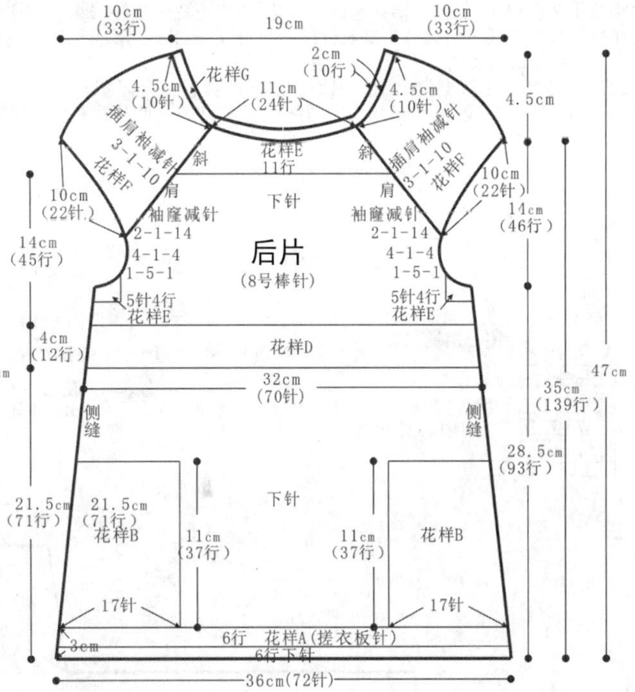

花样F
(插肩袖花样)

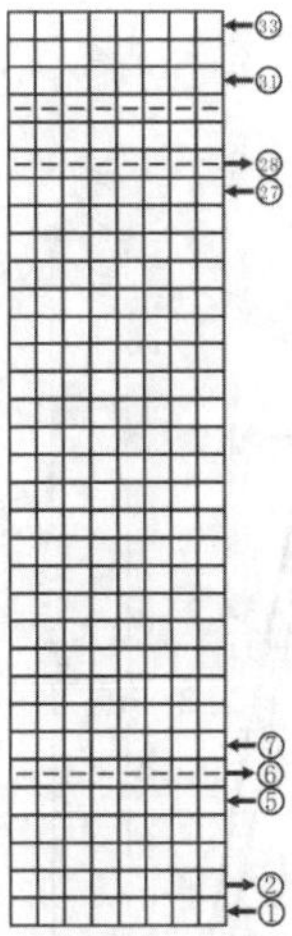

花样C

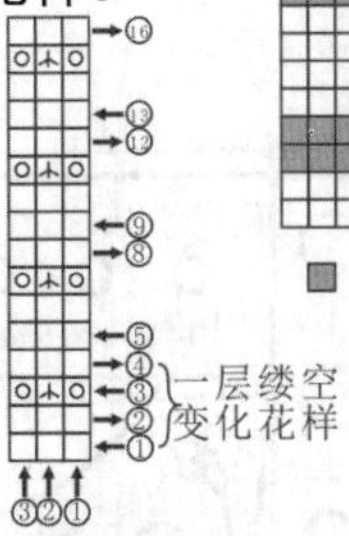

花样G
(衣领花样)

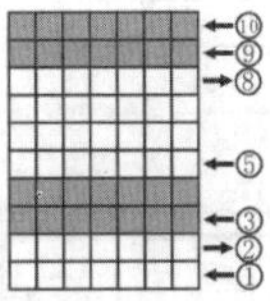

花样B
前后片侧缝中心

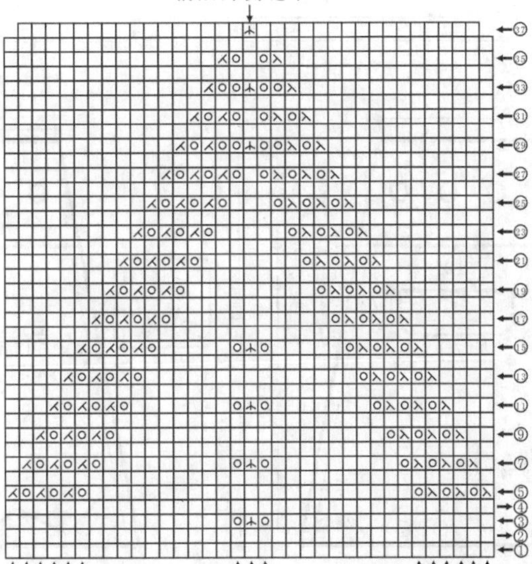

花样A
(搓板针)

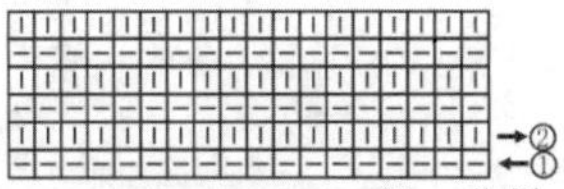

花样D

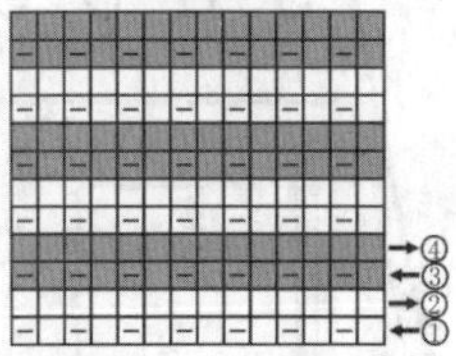

花样E

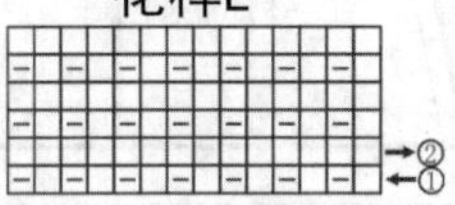

符号说明：

- 上针
- 下针
- 左上2针并1针
- 右上2针并1针
- 镂空针
- 中上3针并1针
- 2-1-3　行-针-次

超个性套裙

【成品规格】裙子宽32cm，长24.5cm，小坎肩宽40cm，高18cm
【工　　具】8号棒针，8号环形针，2.5号钩针
【材　　料】灰色粗羊毛线400g，纽扣16枚，按扣3对
【编织密度】21针×33.5行=10cm²

裙身片制作说明：

1. 裙身片前、后片一起编织。衣身片分两部分编织，从下往上编织18.5cm后，收针断线。上面腰部为横向编织，编织完后缝在裙身片上，左、右两片裙襟另处起织，编织好后缝在相应部位。

2. 裙身片用灰色粗羊毛线8号环形针起134针按花样A、花样B（前、后片正中间各7针）和花样E（前、后片两侧各2针）起织，先为一片编织，编织21行后，如花样A所示，从正中间对折，下一行将两行并为一行编织，使裙摆形成狗牙边，花样B为两根鱼骨与3针上针相间，花样C为一根鱼骨与2针上针相间。往上编织下针，前、后片正中间各7针及两侧各2针继续按花样编织。编织13行后，下一行将前、后片串为圈织。继续往上编织，前、后片两侧及后片花样B两侧减针编织，减针方法顺序为36-1-1，16-1-1，6-1-1，编织至38行时，前片正中间花样B7针及两侧2针，即正中间的11针，收针断线，裙襟另外起织。下一行起又为一片编织。编织至58行时，针数为105针，往上不加减针编织至61行时，编织前片的右边裙襟侧8针时，将假口袋上面8针与之编织上针并为一体，并在前片左边裙襟侧8针也对应编织上针。最后编织一行下针，收针断线，完成裙片下部分的编织。继续将假口袋的另外边用缝衣针缝到裙片上（假口袋的编织方法见花样F，最后剩余8针用防解别针锁住，将其余边用钩针钩一圈逆短针）。详细编织花样见花样A、花样B、花样E及花样F。

3. 裙片腰部用灰色粗羊毛线8号棒针起16针按花样D绞花变化花样编织，花样编织14层花样后，收针断线。将此片用缝衣针缝在裙身片下部分，形成一体，最后在14层花样上针所形成的窝内缝上纽扣。详细编织花样见花样D。

4. 裙襟边用灰色粗羊毛线8号棒针起10针按花样C（搓板针）起织，共编织44行（即13cm）后，收针断线。相同方法编织另一边裙襟边。将两片裙襟边用缝衣针缝在前裙片左、右相应部位。最后在左、右两侧压上按扣。按图示要求，要制作相应数目的扣眼，扣眼的编织方法为，在当行收起数针，在下一行重起这些针数，这些针数两侧正常编织。详细编织花样见花样C。

5. 用缝衣针用灰色粗羊毛线在前片假口袋上绣上花儿花样；在前片左下部绣上波浪花样；在后片图示地方用黑色毛线绣上一大一小两个假口袋花样。

小坎肩制作说明：

1. 小坎肩用灰色粗羊毛线8号棒针起121针按花样G叶子镂空花样起织，花样G为11针一组花样，共排11组花样。编织20行后，从中间留出27针不织，其余针收针断线。27针往上继续编织，按花样H花样编织，并两侧减针，减针方法顺序为12-1-3，编织至36行后，剩余21针，不加减针往上编织6行后，收针断线。注意小球的编织，1针内加出3针，来回编5行后，再收回1针，形成小球。详细编织花样见花样G及花样H。

2. 沿花样G两端挑针起织，挑15针，按花样I花样编织，编织48行后，收针断线。

3. 最后如图所示，将H边与H边对应缝合，最后将K边与两K/2对应缝合。

吊肩带制作说明：

1. 吊肩带从后裙片正中间挑针起织，一直编织至顶部。

2. 用灰色粗羊毛线8号棒针从后裙片中间挑13针按花样J起织，花样J为两6针绞花花样与一针上针相间，往上编织4层花样后，将中间1针上针收针，左右两绞花花样继续往上编织，现分为了两肩带编织。共编织36层花样，即216行（即60cm）后，收针断线。两肩带与前片连接可以扣扣子连接，但需在两肩带相应部位开扣眼，扣眼的编织方法为，在当行收起数针，在下一行重起这些针数，这些针数两侧正常编织。最后在前片内部相应部位缝上扣子。详细编织花样见花样J。

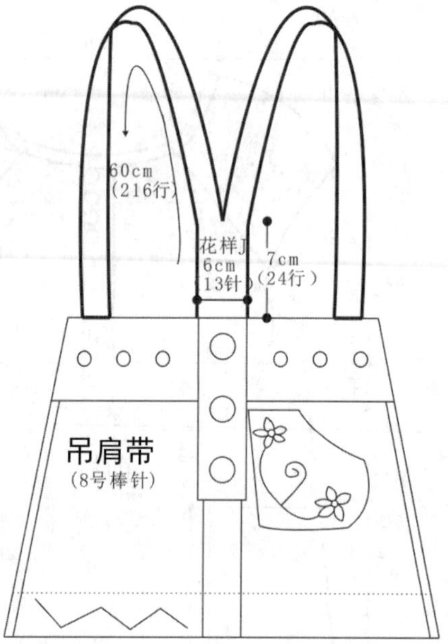

符号说明：

符号	说明
⊟	上针
□=⊡	下针
⊙	镂空针
⊠	左上2针并1针
⊠	中上3针并1针
⊠	右上1针与左下1针交叉
⊠	右上3针与左下1针交叉
⊠	左上3针与右下1针交叉
2-1-3	行-针-次
⊠	右上3针与左下3针交叉

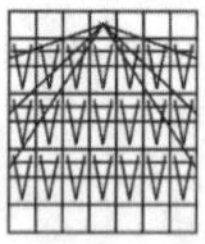

每7针2行3次浮针的中心延伸

小球织法

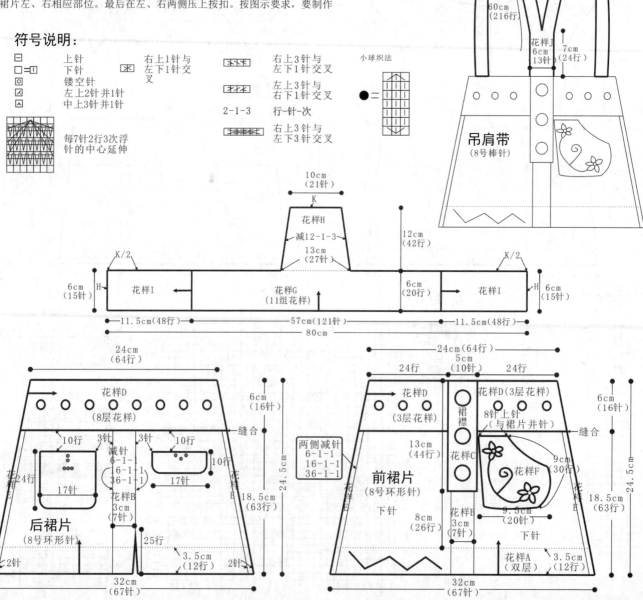

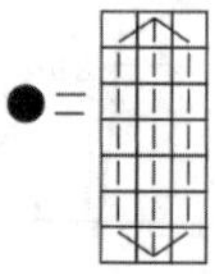

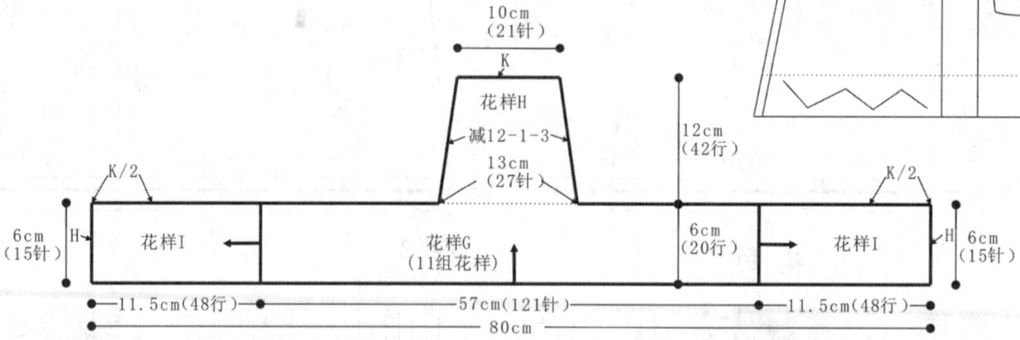

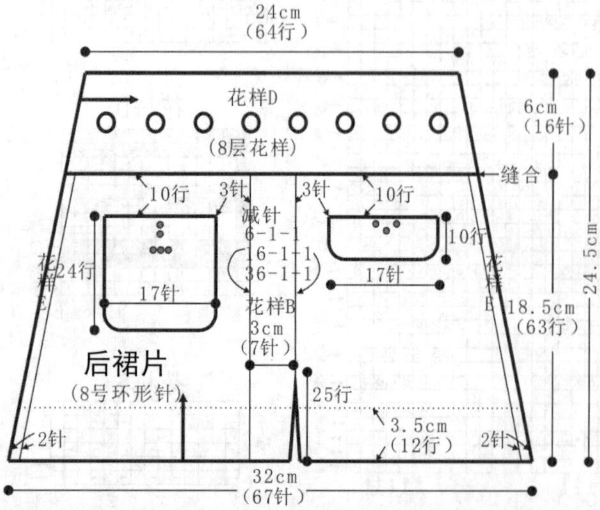

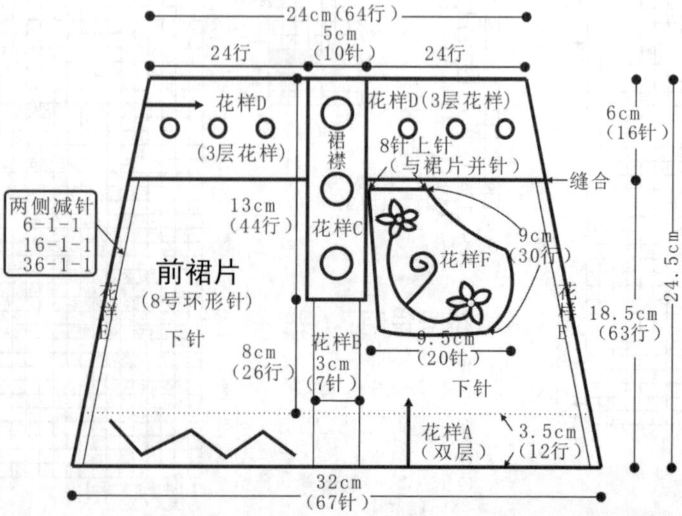

花样A
（裙摆的编织花样）

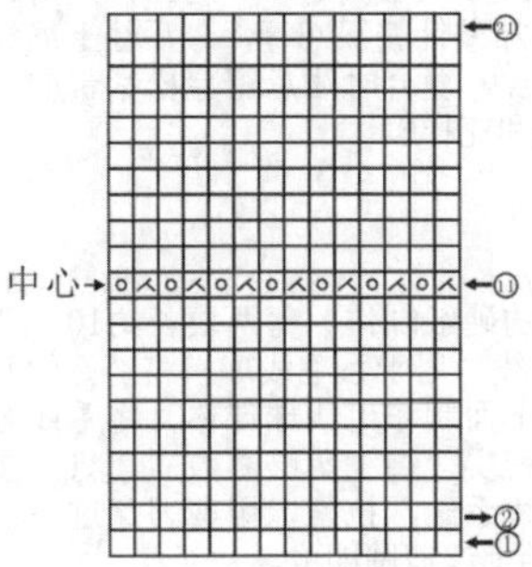

花样G
（小坎肩的叶子编织花样）

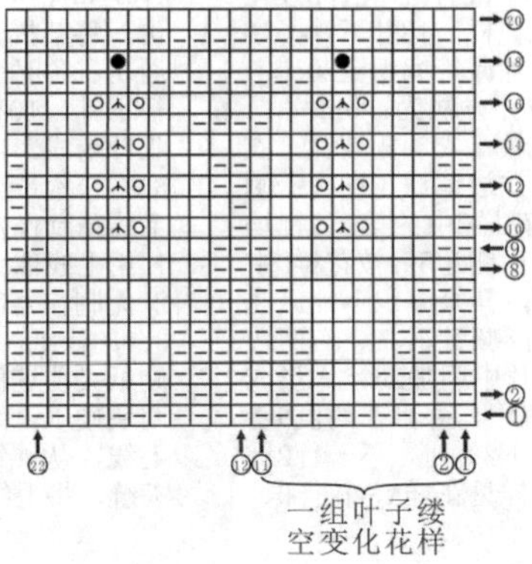

花样C（搓板针）

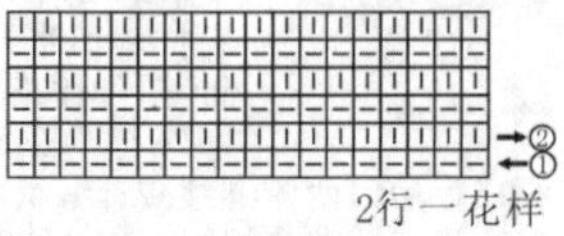

花样F
（假口袋的编织花样）

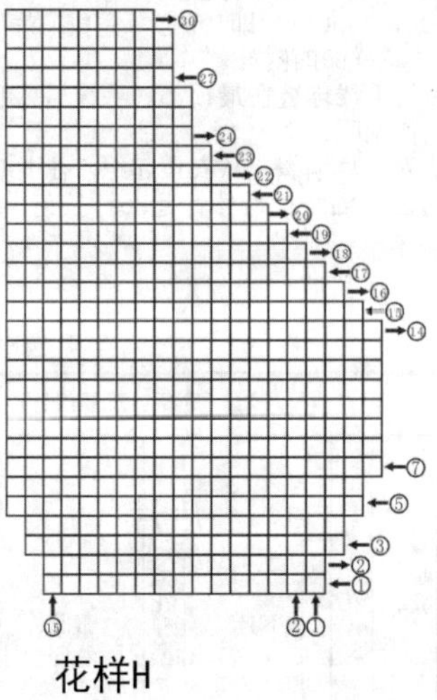

花样D

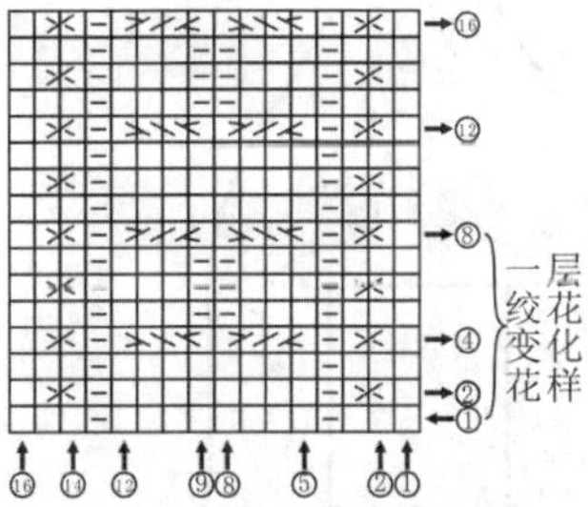

花样B

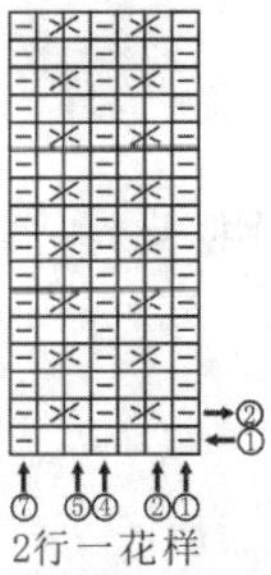

花样E

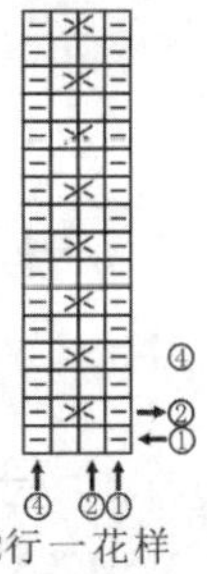

花样J
（裙子背带编织花样）

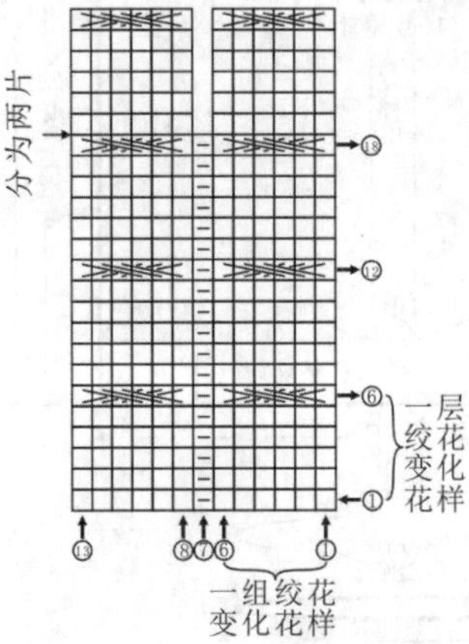

花样I

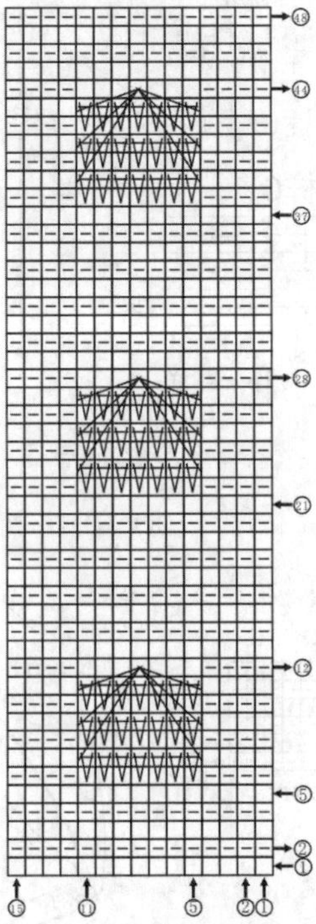

花样H
（小坎肩的背部编织花样）

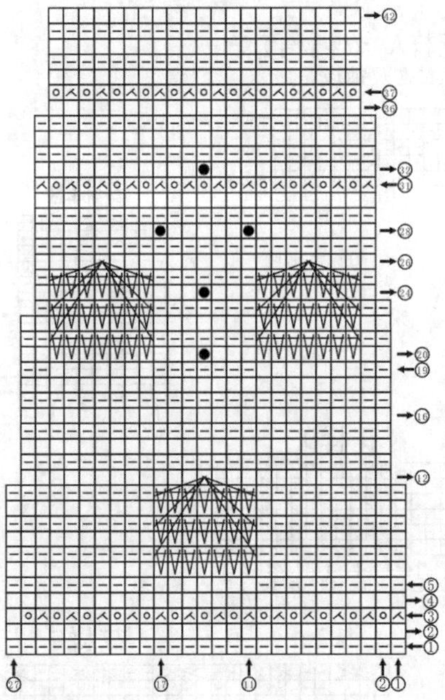

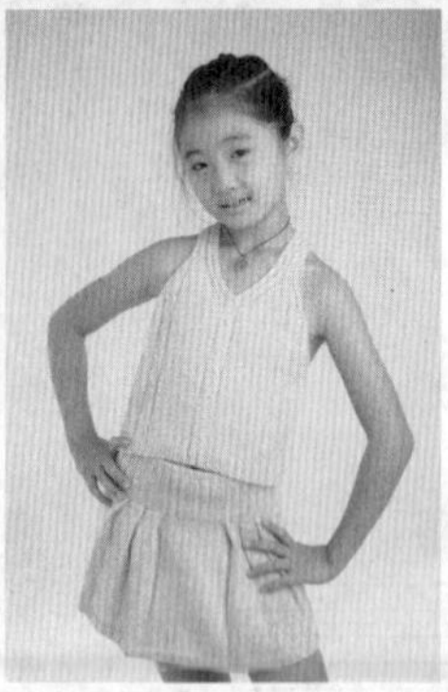

柔美小套裙

【成品规格】背心长50cm，衣宽26cm，裙长29cm
【工　　具】12号棒针
【材　　料】粉色细棉线共350g，松紧带1根
【编织密度】33针×38.4行=10cm²

前片制作说明：

1. 前片为一片编织，从衣摆起织，往上编织顶部。
2. 用粉色细棉线12号棒针起86针按花样A（双罗纹针）起织，编织10行，完成衣摆的编织。往上按图示编织花样，花样分布的顺序为：10针下针，10针花样B绞花花样，18针下针，10针花样B绞花花样，18针下针，10针花样B绞花花样，10针下针。不加减针编织至20cm，即76行，开始两侧减针编织，减针方法为：5-2-3，2-1-10编织15行后，两侧继续减针编织，同时衣片中间分衣领，衣领侧减针，衣片两侧及衣领侧减针方法相同，方法为2-1-10，如图所示，左边编织花样为：侧边5针按花样C中的第12~16针花样编织，衣领侧边的9针按花样C中的第1~9针编织，其余编织下针。右边编织花样正好与左边编织花样相反：侧边5针按花样D中的第1~5针编织，衣领侧边的9针按花样C中的第8~16针编织，其余编织下针。注意减针的地方如图所示箭头所指地方。编织20行，中间下针剩2针，左、右两边花样不变，各不加减针编织8cm，即32行，下一行在左、右片中间加26针，形成一片编织，两侧9针花样不变，中间40针按花样E绞花花样编织，并且在两侧9针内侧减针编织，减针方法为1-1-1，2-2-4，2-1-20，最后剩下2针时，下一行2针并为1针，共50cm，即193行，完成前片的编织。详细编织花样见花样A、花样B、花样C、花样D和花样E。
3. 最后将毛线球缝在最顶部（毛线球见毛线球的制作方法）。

后片制作说明：

1. 后片为一片编织，从衣摆起织，往上编织。
2. 用粉色细棉线12号棒针起86针按花样A（双罗纹针）起织，编织10行，完成衣摆的编织。往上按图示编织花样，花样分布的顺序为：10针下针，10针花样B绞花花样，18针下针，10针花样B绞花花样，18针下针，10针花样B绞花花样，10针下针。不加减针编织40行后，又按花样A（双罗纹针）编织10行，收针断线。详细编织花样见花样A和花样B。
3. 将前片和后片侧缝对应缝合。

裙片制作说明：

1. 裙片为圈织，从裙摆起织，往上编织至腰部。
2. 用粉色细棉线12号环形针起312针，按花样F（搓板针）起织，编织8行，完成裙摆的编织。往上编织下针，不加减针编织20cm，即76行后，下一行开始按花样A（双罗纹针）编织，这时将针变为168针，如图所示，在相应部位将多余的针数（即144针）平均分为12份，将其折叠，形成皱褶，前面6处，后面6处，一处12针，前、后面左右各3处，对称分布。往上不加减针编织26行，最后往上编织10行下针，10行下针对折，向内缝合，缝合时注意留穿松紧带的口，收针断线。详细编织花样见花样A和花样F。
3. 将松紧带穿入后缝合。

毛线球制作方法：

1. 用毛线球制作器制作。
2. 无制作器者，可利用身边废弃的硬纸制作。剪两块长约10cm，宽3cm的硬纸，剪一段长于硬纸的毛线，用于系毛线球，将剪好的两块硬纸夹住这段毛线（见下图）。下面制作毛线球球体，将毛线缠绕两块硬纸，绕得越密，毛线球越密实，缠绕足够圈数后，将夹住的毛线，从硬纸板夹缝将缠绕的毛线系结，拉紧，用剪刀穿过另一端夹缝，将毛线剪断，最后将散开的毛线剪圆即成。

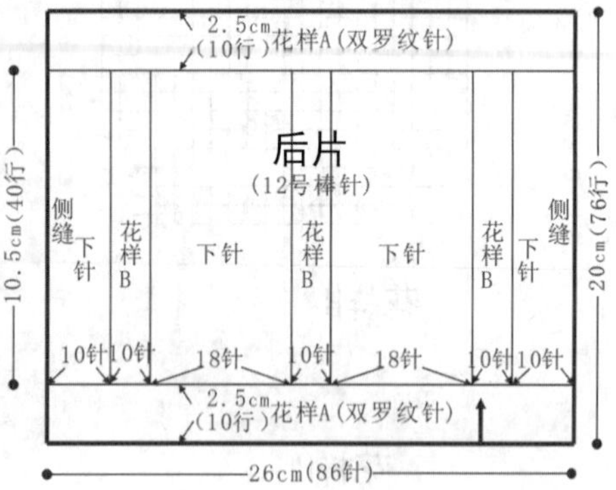

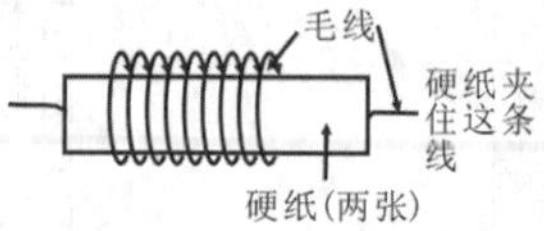

符号说明：

- ⊟ 上针
- □=⊡ 下针
- 左上2针与右下2针交叉
- 右上2针与左下2针交叉
- 2-1-2 行-针-次
- 右上1针与左下1针交叉
- 左上1针与右下1针交叉

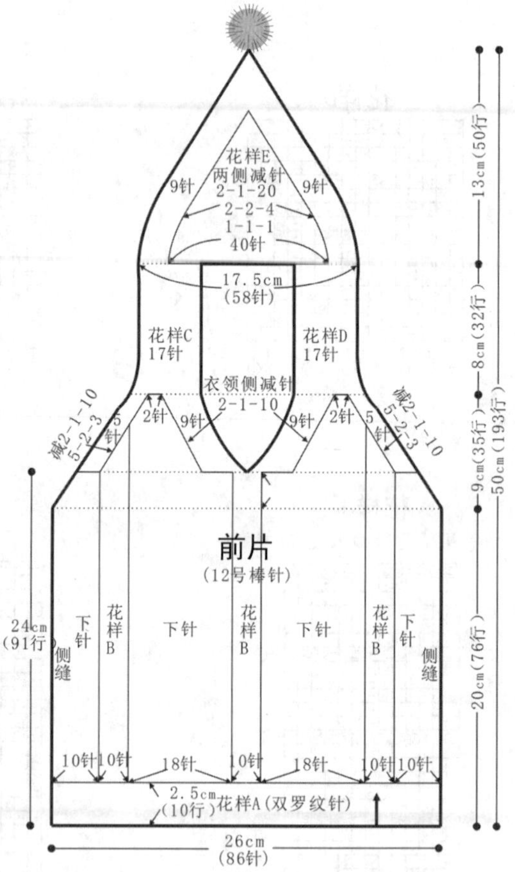

花样A（双罗纹针）
（衣摆及袖边花样）

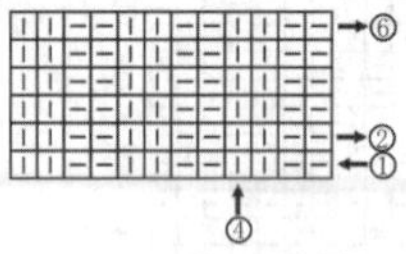

4针一花样

花样B

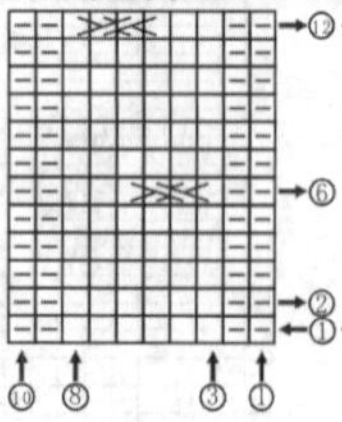

一层绞花花样

花样C

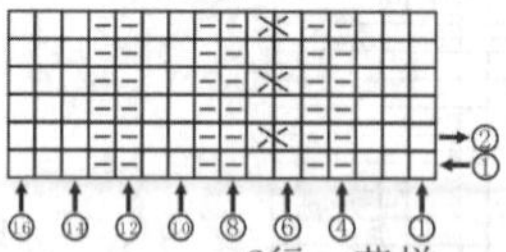

2行一花样

花样D

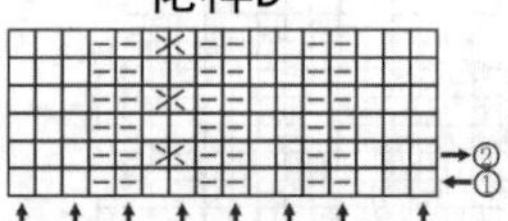

2行一花样

花样F（搓板针）

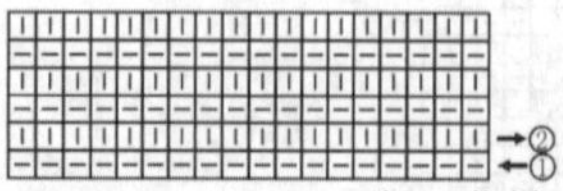

2行一花样

花样E

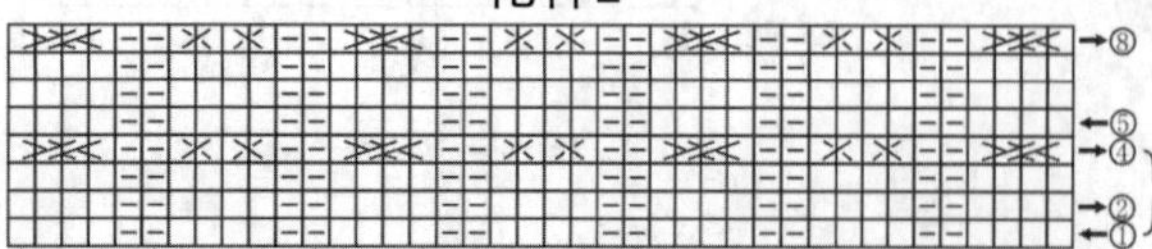

一层绞花花样

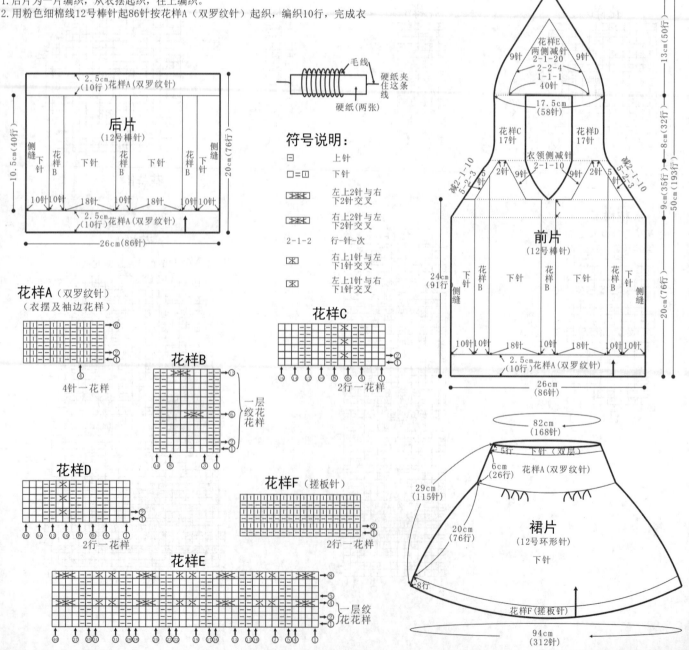

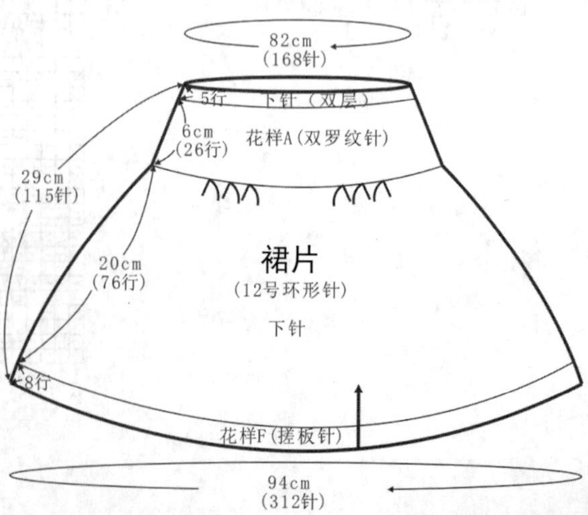

清凉吊带裙

【成品规格】裙长41cm，下摆宽57cm
【工　　具】12号棒针，1.5号钩针
【材　　料】粉色细棉线共200g
【编织密度】25.7针×38.5行=10cm²

前片制作说明：

1.前片为一片编织，从裙摆起织，往上编织至顶部。

2.用粉色细棉线12号棒针起147针起织，按花样A缕空变化花样编织，编织6行，完成裙摆的编织。往上编织4行下针，第11行开始按花样B缕空变化花样编织，14针20行一花样，共10组半花样，147针，往上4层半花样，90行。共编织100行后，第101行将针数均匀缩至67针，往上按花样C（扭针单罗纹针）编织8行。第109行按图示编织花样，花样分布的顺序为：28针下针，中间11针按花样D编织，28针下针。编织20行高度后，正中间11针将最中间1针收针，两边各5针开始分领编织，各按图示花样E和花样F编织，花样E花样和花样F花样正好对应相反，其余全部编织下针，衣领和两侧同时减针编织，左、右减针部位如图示箭头所示地方，两侧边为6针内侧，左、右前衣领为5针内侧。减针方法顺序为3-1-16，最后剩下1针时，右边收针断线，左边用1.5号钩针钩锁针，钩至一定长度后，将钩的绳子穿入右边的剩下的1针内，然后在绳子最后按花样G花样钩一朵花，钩完后收针，留10cm长度的线后，断线，将留出的线弄散。因为有朵花，绳子就不会从右边穿出，裙子穿上时可将挂脖绳长了的部分在脖子后打结。完成前片的编织。详细编织花样见花样A、花样B、花样C、花样D、花样E和花样G。

后片制作说明：

1.后片为一片编织，从裙摆起织，往上编织至腰部。

2.用粉色细棉线12号棒针起147针起织，按花样A缕空变化花样编织，编织6行，完成裙摆的编织。往上编织4行下针，第11行开始按花样B缕空变化花样编织，14针20行一花样，共10组半花样，147针，往上4层半花样，90行。共编织100行后，第101行将针数均匀缩至67针，按花样C（单罗纹针）编织8行后，收针断线。详细编织花样见花样A、花样B、花样C。

3.将前片与后片的侧缝对应缝合。

符号说明：

- 上针
- □=▯ 下针
- 右上2针并1针
- 左上2针并1针
- 镂空针
- 2-1 2 行-针-次
- 短针
- 长针
- 锁针

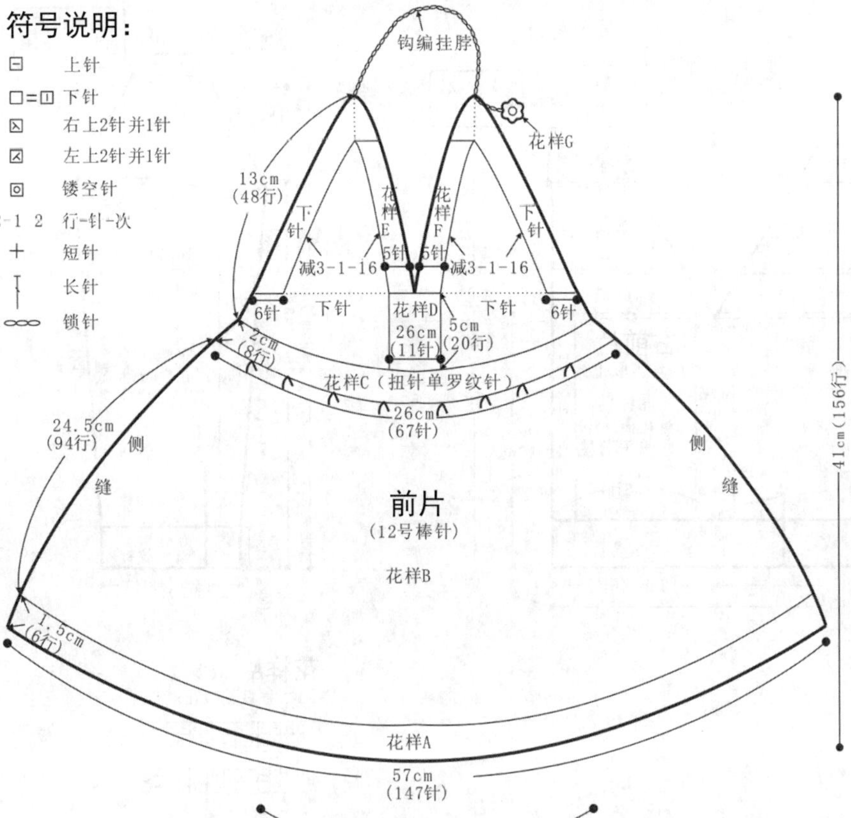

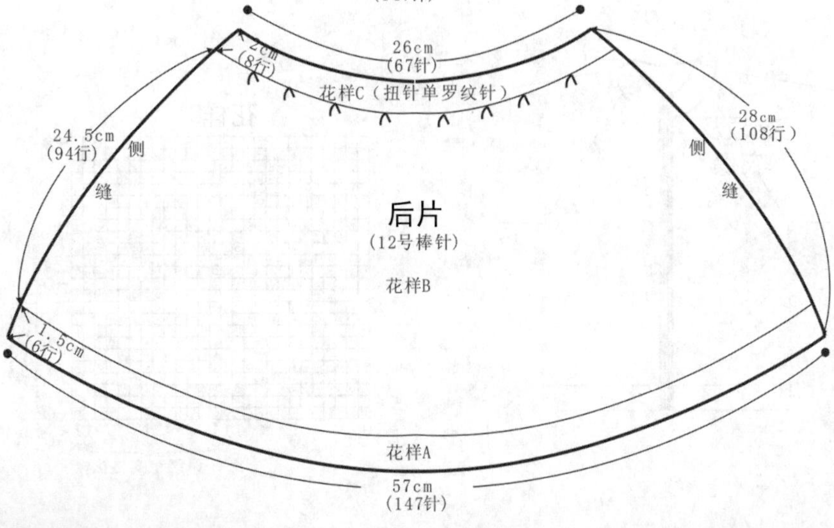

花样A

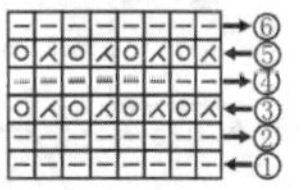

花样F

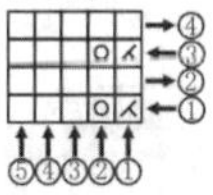

2行一花样

花样E

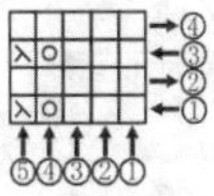

2行一花样

花样D

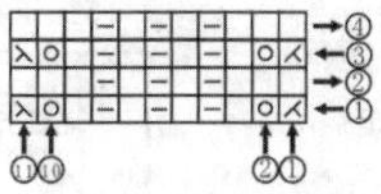

2行一花样

花样G

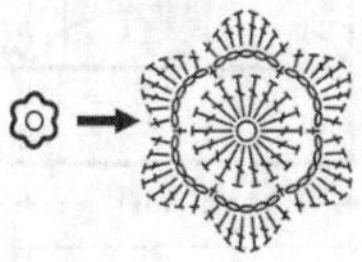

花样C（扭针单罗纹）

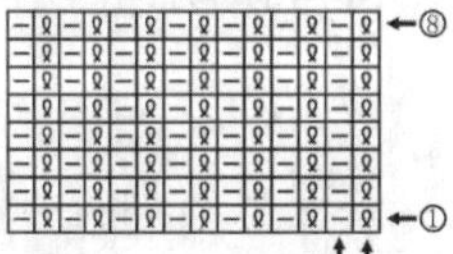

2针一花样

花样B

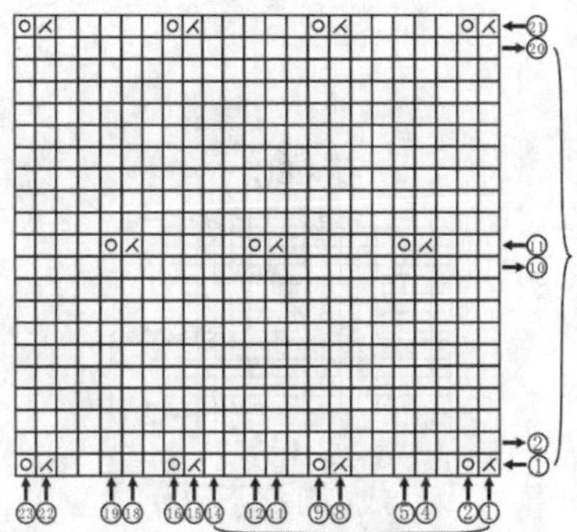

一组缕空变化花样

活力男孩装

【成品规格】衣长40cm，衣宽26cm，插肩袖长40cm
【工　　具】9号环形针，9号棒针
【材　　料】绿色粗羊毛线共500g，拉链1根
【编织密度】22.7针×37行=10cm²

衣身片制作说明：

1. 衣身片袖部以下为一片编织，袖部以上分为3片编织，从衣摆起织，往上编织至肩部。
2. 衣身片用绿色粗羊毛线9号环形针起160针按花样A（双罗纹针）起织，编织12行，完成衣摆的编织。第13行开始按花样B镂空花样分布花样编织，一个花样为13针12行。从右前片开始编织，花样分布顺序为：7针下针，按花样B编织26针（2组镂空花样），5针下针，后片5针下针，按花样B编织65针（5组镂空花样），5针下针，前片5针下针，按花样B编织26针（2组镂空花样），7针下针（注意：为了美观，尽量将镂空花样与衣摆的两针下针对齐，如14针双罗纹针编织一组镂空花样，可2针并1针）。往上编织7层花样，即84行后，开始插肩袖窿减针。详细编织花样见花样A和花样B。
3. 开始按图示用9号棒针分3片编织，先编织左、右身片，编织花样顺序为：2行上针，15行下针，2行上针，按花样C编织21行绞花花样，2行上针，最后10行下针（10行前衣领减针）。插肩袖窿减针方法顺序为1-1-2、2-1-1、3-1-1，2-1-1和3-1-1重复10次，共52行，左、右片各剩16针，前衣领减针方法顺序为1-7-1，2-2-4，剩下1针留作编织衣领连接，可用防解别针锁住。后片编织方法和插肩袖窿减针方法同前片相同，后片剩31针，留作编织衣领连接，可用防解别针锁住。
4. 衣襟边的编织方法见衣领制作说明（因为衣襟边同衣领一起编织）。

袖片制作说明：

1. 两片袖片，分别单独编织。
2. 从袖口起织，用9号棒针起48针按花样A（双罗纹针）起织，编织12行，完成袖口的编织。往上袖片中间按花样B镂空变化花样编织3组花样，一个花样为13针12行，共39针，两侧其余针数编织下针，往上编织7组花样，即84行，并且两侧同时加针编织，加针方法为12-1-6，加至60针，不加减针编织12行，开始插肩袖减针。
3. 开始编织插肩袖山，袖山的编织方法顺序为：2行上针，15行下针，2行上针，按花样C编织21行绞花花样，2行上针，最后10行下针。两侧同时减针，减针方法如图顺序为3-1-17，1-1-1，最后余下24针，留作编织衣领连接，可用防解别针锁住。
4. 同样的方法再编织另一袖片。
5. 将两袖片的插肩袖山与衣身的插肩袖窿线边对应缝合，再缝合袖片的侧缝

衣领及衣襟制作说明：

1. 衣领是在袖片插肩袖山与衣身片的插肩袖窿线缝合好后的前提下起编的。衣襟是在衣领编织好的前提下起编的。
2. 沿左、右前片挖领的部位挑针，挑出的针数要比左右前片领部的针数稍多些，挑出的针与袖片及后片领部预留的针一起起织。按花样A（双罗纹针）编织16行高度后，收针断线。
3. 沿衣襟线及衣领挑针起织，挑出的针数，要比衣襟边及衣领的针数稍多些，挑完一圈后，下一行按1针上1针下的方法收针，断线。按相同方法编织另一边衣襟。
4. 最后将拉链缝在左、右衣襟边内侧。

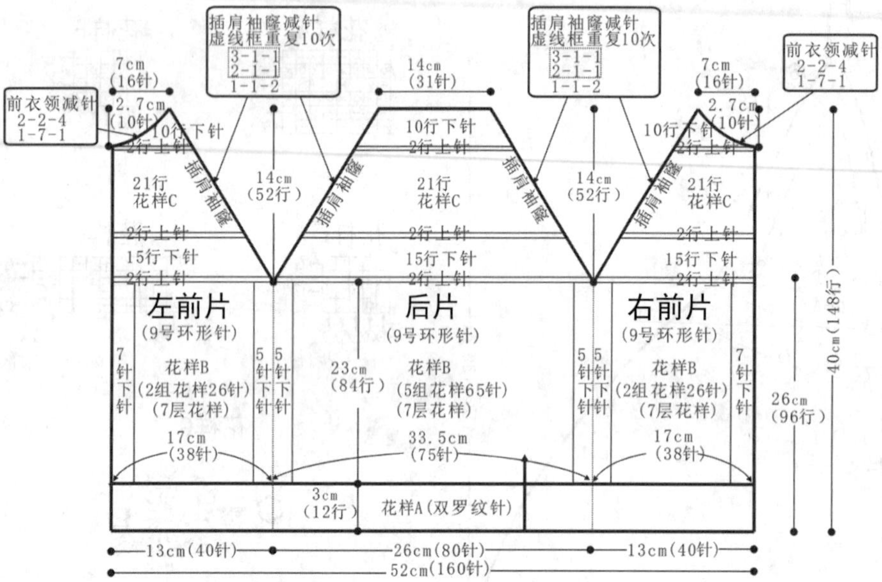

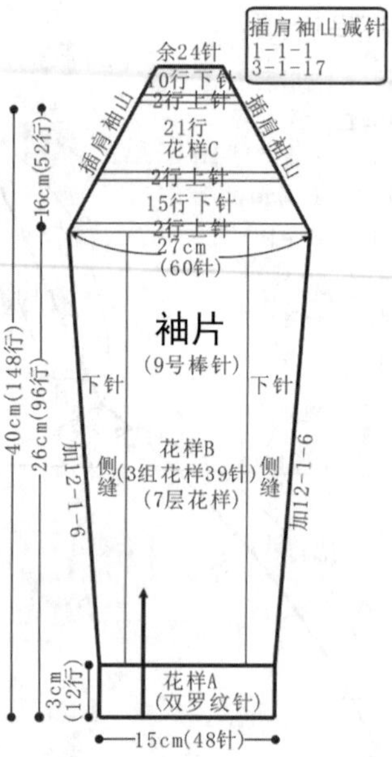

符号说明：

- ⊟　上针
- □=⊡　下针
- 左上2针与右下2针交叉
- ◎　镂空针
- 中上3针并1针
- 2-1-2　行-针-次

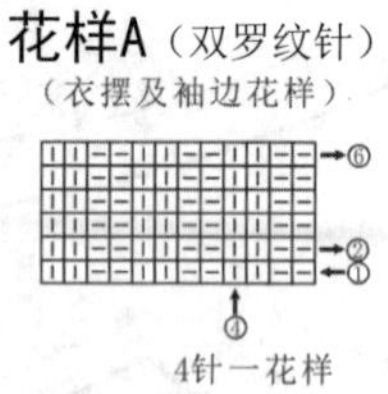

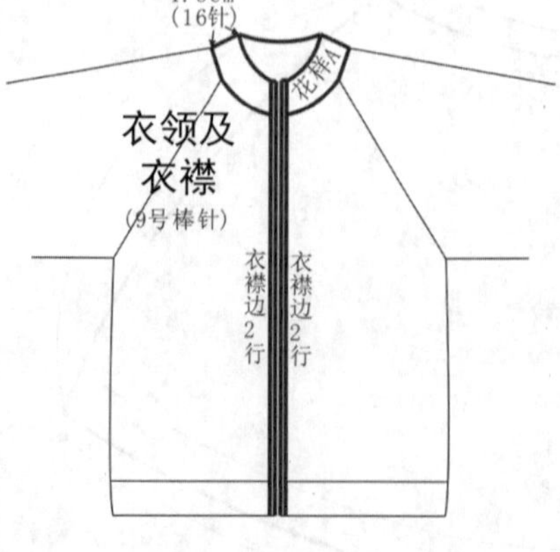

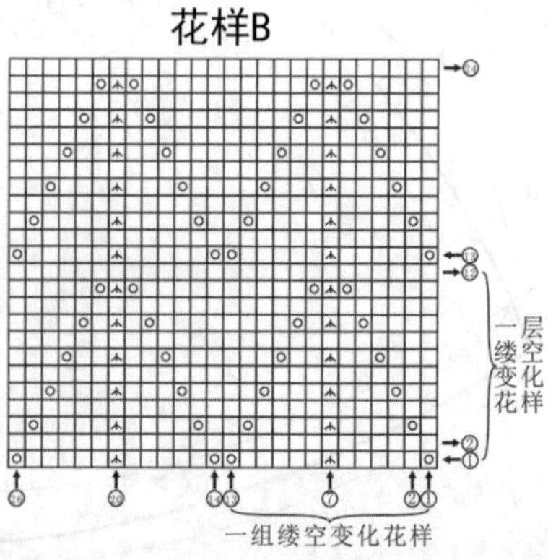

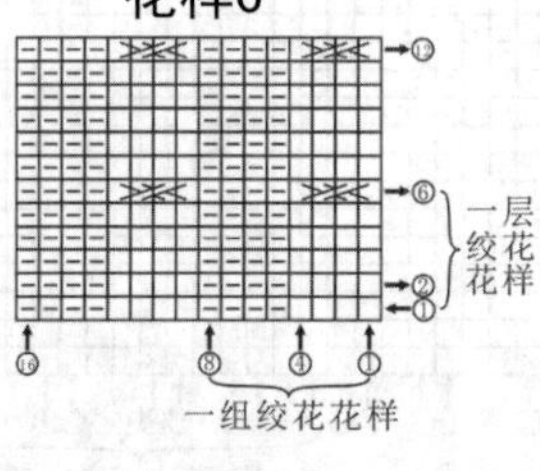

可爱小猫毛衣

【成品规格】衣长41cm，衣宽34cm，袖长40.5cm
【工　　具】11号环形针，11号棒针
【材　　料】绿色中粗羊毛线共400g，白色毛线100g，拉链1根
【编织密度】31针×41.5行=10cm²

衣身片制作说明：

1.衣身片袖部以下为一片编织，袖部以上分为3片编织，从衣摆起织，往上编织至肩部，除衣摆及袖口为双罗纹针，其余全部为下针。

2.衣身片用绿色中粗羊毛线11号环形针起206针按花样A（双罗纹针）起织，编织20行，完成衣摆的编织。第21行开始按花样配色图案编织，左、右前片按花样B配色图案编织，后片按花样C配色图案编织。花样B和花样C都以白色为底，编织方法为：1~5行以绿色相间，8针一组配色花样；6~9行无图案；10~30行为小猫配色花样；31~35无图案；36~42行的配色花样同1~5行的花样，只是与其正好对称。花样B和花样C共42行。往上换回绿色毛线编织42行后，开始插肩袖窿减针。详细编织花样见花样A、花样B和花样C。

.开始按图示用11号棒针分3片编织，先编织左、右身片，插肩袖窿减针方法顺序为2-1-33，共66行，左、右片各剩17针，留作编织衣领连接，可用防解别针锁住。后片插肩袖窿减针方法顺序为2-1-33，共66行，后片剩40针，留作编织衣领连接，可用防解别针锁住。

4.衣襟边的编织方法见帽子制作说明（因为衣襟边同帽边一起编织）。

袖片制作说明：

1.两片袖片，分别单独编织。

2.从袖口起织，用11号棒针起48针按花样A（双罗纹针）起织，编织20行，往上编织下针，两侧同时加针编织，加针方法为3-1-22，加至66行，不加减针编织16行，开始插肩袖减针。

3.开始编织插肩袖山，袖山的编织：两侧同时减针，减针方法如图2-1-33，最后余下26针，留作编织衣领连接，可用防解别针锁住。

4.同样的方法再编织另一袖片。

5.将两袖片的插肩袖山与衣身的插肩袖窿线边对应缝合，再缝合袖片的侧缝。

帽子制作说明：

1.帽子是在袖片插肩袖山与衣身片的插肩袖窿线缝合好后的前提下起编的。

2.将前片、袖片及后片领部预留的针全部挑起编织帽子，按花样D花样换色编织，花样为2行绿2行白，一直不加减针往上编织至50行，往上12行减针，减针方法为2-1-6，共编织23cm，即94行，收针断线。

3.按图示部位用缝针将顶部缝合。

4.帽子边与衣襟边一起编织，用白色毛线沿着帽子边及衣襟边挑针起织，挑出的针数，要比帽子边及衣襟边的针数稍多些，挑完一圈后，第2行换绿色毛线按1针上1针下收针，断线。详细编织花样见花样D。

符号说明：

⊟　上针
□=⊡　下针
2-1-3　行-针-次

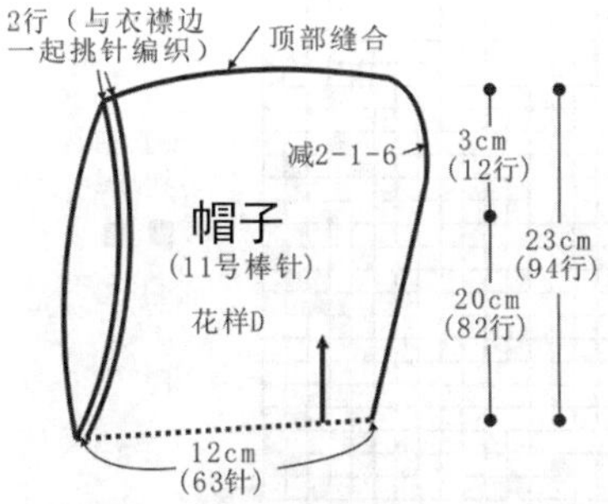

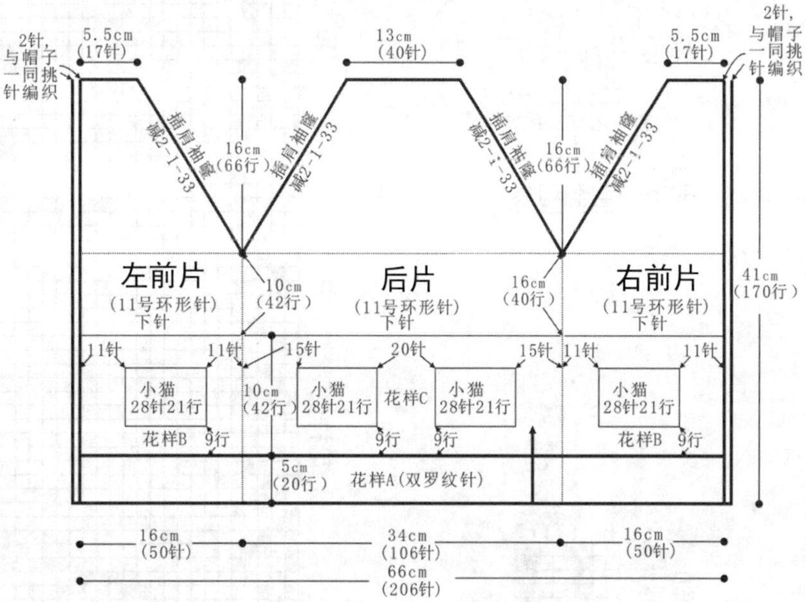

花样B

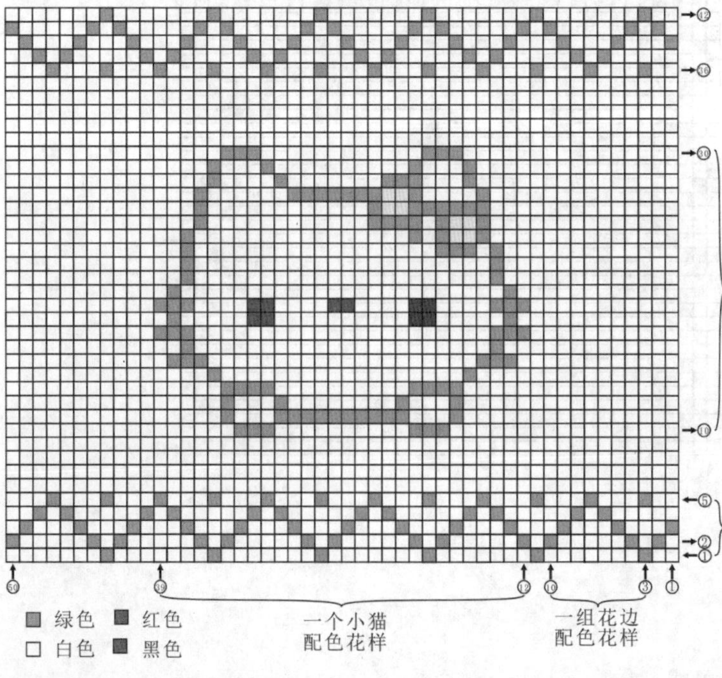

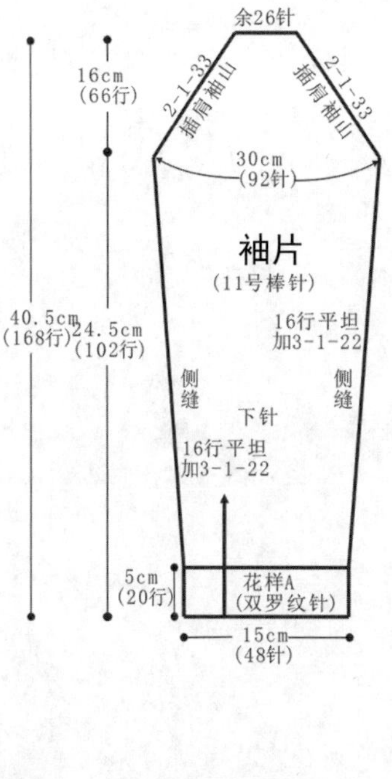

花样D
（帽子配色花样）
一层配色花样
绿色
白色
花样A（双罗纹针）
（衣摆及袖边花样）
4针一花样
花样C
小猫配色花样
一层花边配色花样
一个小猫配色花样
一组花边配色花样
绿色
红色
白色
黑色

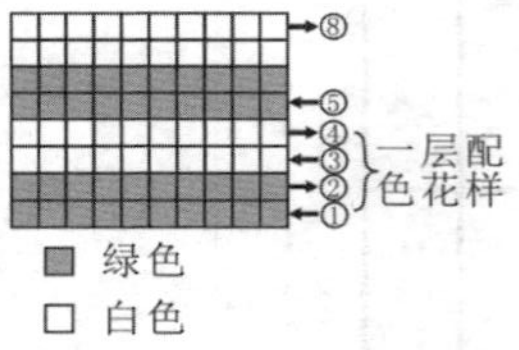

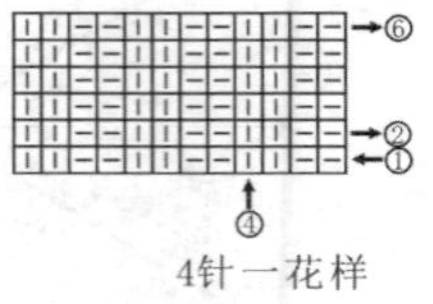

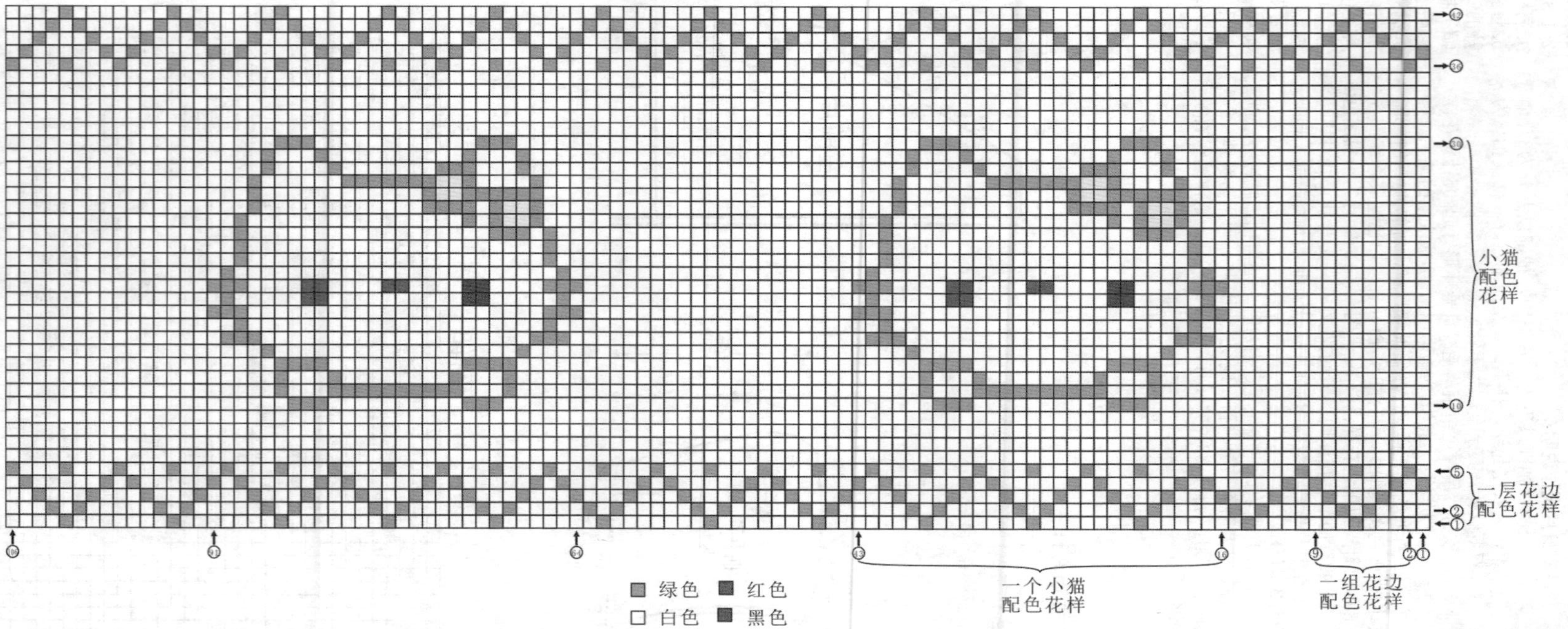

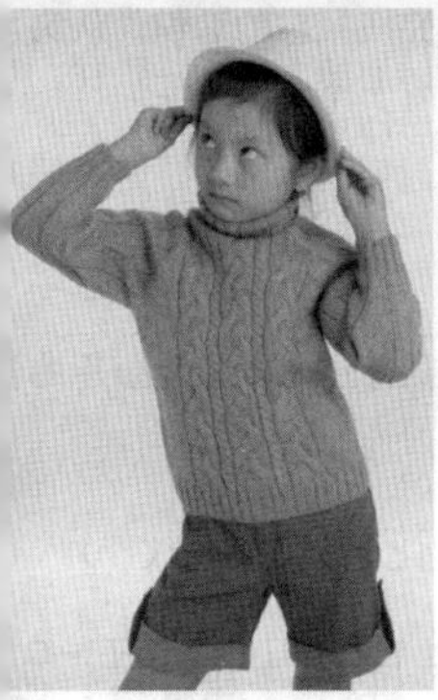

修身高领毛衣

【成品规格】衣长40cm，衣宽29cm，插肩袖长44cm
【工　　具】12号棒针
【材　　料】黄色羊毛线500g
【编织密度】25针×28行=10cm²

前片/后片制作说明：

1. 棒针编织法，衣服分为前片、后片分别编织完成。
2. 先织后片。起73针起织，起织花样A，共织12行，第13行起改织花样B，每6针1组花样，共12组花样B，重复花样往上编织，织至68行，两侧开始同时减针织成插肩，减针方法为1-4-1，2-1-22，两侧各减26针，共织114行，余下21针，用防解别针扣住，暂时不织。
3. 前片的编织起73针起织，起织花样A，共织12行，第13行起开始分配花样，由花样C和花样D组成，先织16针花样C，中间织41针花样D，最后织16针花样C，重复花样往上编织，织至68行，两侧开始同时减针织成插肩，减针方法为1-4-1，2-1-22，两侧各减26针，编织至107行，中间留起5针不织，两侧同时减针织成前领，减针方法为2-2-4，两侧各减8针。共织114行，完成后将前后片的两侧缝对应缝合。

袖片制作说明：

1. 棒针编织法，一片编织完成。
2. 起48针起织，起织花样A，织12行，第13行起改织花样B，每6针1组花样，共8组花样，重复花样往上编织，一边织一边两侧加针，方法为10-1-6，共加12针，织至80行，从第81行起，两侧需要同时减针织成插肩，减针方法为1-4-1，2-1-22，两侧针数各减少26针，织至126行，余下8针，用防解别针扣住，留待编织衣领。
3. 同样的方法再编织另一袖片。
4. 将袖片的插肩缝对应前后片的插肩缝，用线缝合，再将两袖侧缝对应缝合。

领片制作说明：

1. 棒针编织法，圈织。
2. 沿着前后衣领边挑针编织，织花样A，共织36行的高度，收针断线。

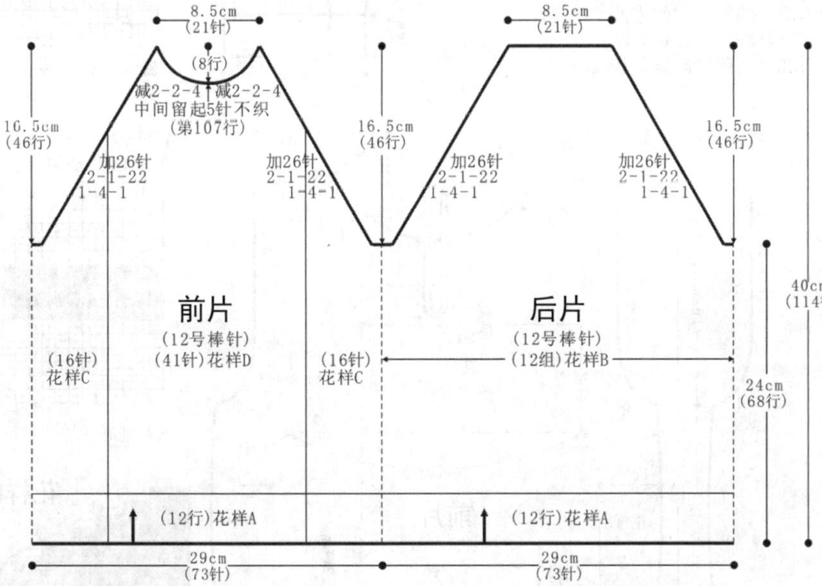

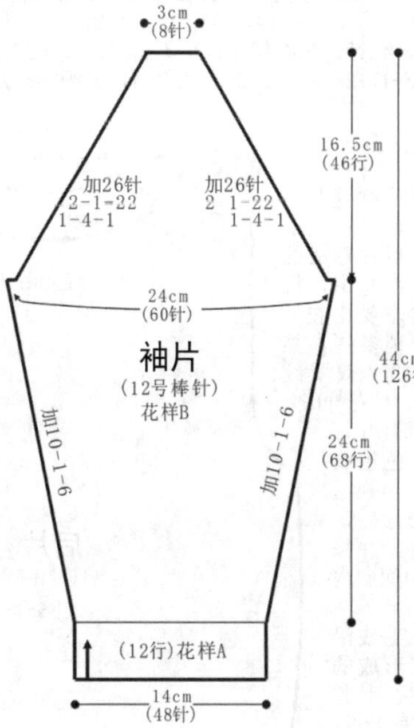

领片
(12号棒针)

花样A

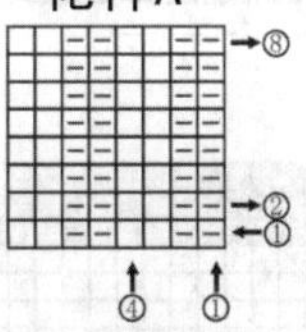

花样C

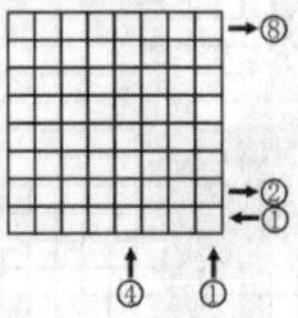

花样B

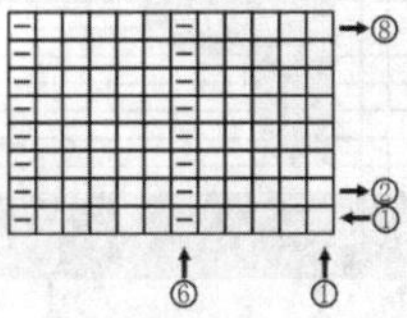

花样D

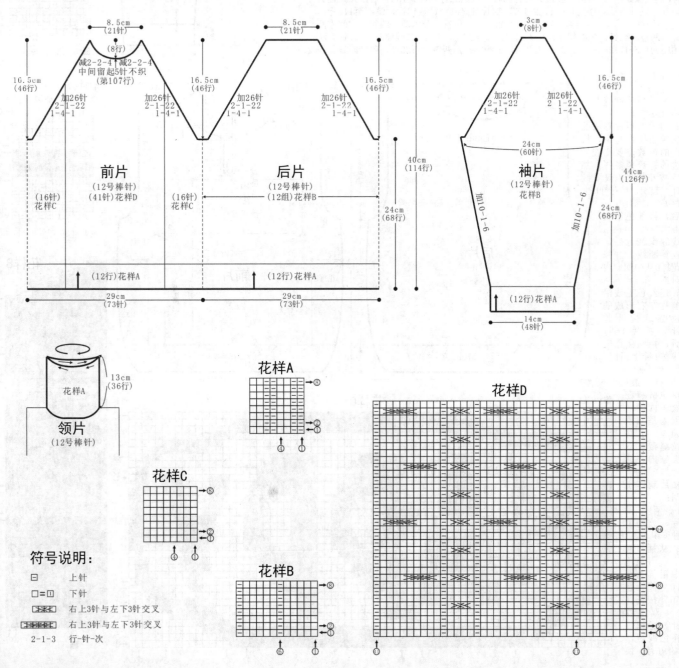

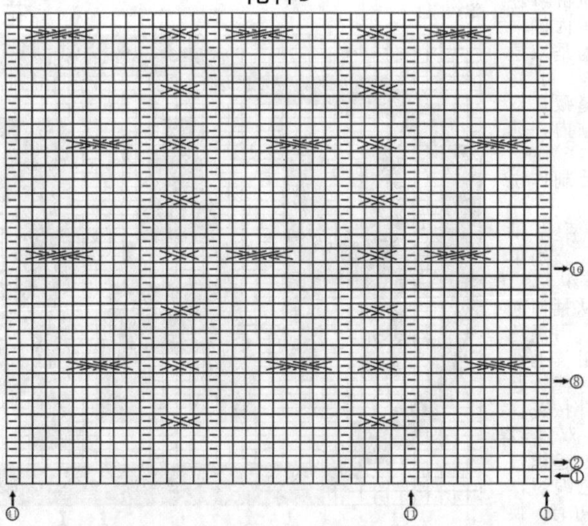

符号说明：

⊟	上针
□=⊡	下针
(符号)	右上3针与左下3针交叉
(符号)	右上3针与左下3针交叉
2-1-3	行-针-次

文雅男孩装

【成品规格】衣长42cm，衣宽34cm，袖长35.5cm
【工　　具】10号棒针
【材　　料】黑色中粗羊毛线共400g，红色、灰色毛线各少许，拉链1根
【编织密度】33针×40行=10cm²

后片制作说明：

1.后片为一片编织，从衣摆起织，往上编织至肩部。除衣摆，全部编织下针。

2.用黑色中粗羊毛线10号棒针起112针按花样A（双罗纹针）起织，按花样图解换色编织，编织6行换红色毛线编织4行，再换回毛线编织6行，完成衣摆的编织。第17行起编织下针，一直往上编织至26cm，即103行，第104行开始袖窿减针，减针方法顺序为1-6-1，2-1-7，后片袖窿减少针数13针，往上不加针编织至161行，第162行从衣片中间留40针不织，留作编织衣领连接，可以收针，也可用防解别针锁住，开始衣领侧减针，减针方法顺序为2-2-1，2-1-1，编织6行，两侧余下20针，收针断线。详细编织花样见花样A。

前片制作说明：

1.前片也为一片编织，从衣摆起织，往上编织至肩部。除所标示花样外，其余全部编织下针。

2.用黑色中粗羊毛线10号棒针起112针按花样A（双罗纹针）起织，按花样图解换色编织，编织6行换红色毛线编织4行，再换回毛线编织6行，完成衣摆的编织。第17行起编织下针。如图所示，侧缝两边15针按花样B换色编织。花样B花样为：红色16行，灰色4行，红色16行，灰色4行，红色8行，后面5行按图解递减换红色编织。编织52行高度，完成花样B的编织。往上编织至65行后，下一行开始按花样C换色编织字母图样，花样C为72针34行，编织22行，即共103行后，开始袖窿减针，减针方法顺序为1-6-1，2-1-7，前片袖窿减少针数13针，编织至115行，完成花样C的编织，往上编织2行后，开始留拉缝位置，分为两片编织，中间收两针，两边各42针。先编织左片，不加减针编织26行，开始衣领侧减针，减针方法顺序为1-5-1，2-3-1，2-2-5，2-1-4，编织24行，两侧余下20针，收针断线。按相同方法编织右片。详细编织花样见花样A、花样B及花样C。

3.将前后片侧缝及肩部对应缝合。

4.沿着前后片形成的衣领边挑针起织，挑出的针数，要比衣领边的针数稍多些，然后按花样D（双罗纹针）起织，按花样D换色编织，编织6行后，换红色毛线编织4行，再换毛线编织22行后，收针断线，并按花样D从中间向内对折，缝合。

5.用红色毛线沿前片左右形成的拉链缝挑针起针，挑完一行后，换回黑色毛线按1针上1针下收针，断线，共2行。最后将拉链缝在衣领内侧，因为是双层领，可将拉缝藏在双层领内，缝合。

袖片制作说明：

1.两片袖片，分别单独编织。

2.从袖口起织，用黑色中粗羊毛线10号棒针起60针按花样A（双罗纹针）起织，换色编织，编织6行，换红色毛线编织4行，再换回毛线编织6行，完成袖口的编织。从第1行开始全部编织下针。两侧同时加针编织，加针方法为5-1-16，加至92行，不加减针编织8行，即第104行后，开始编织袖山。

3.开始编织袖山。袖山的编织：从第一行起要减针编织，两侧同时减针，减针方法如图依次1-6-1，2-1-10，2-2-8，最后余下28针，直接收针后断线。

4.同样的方法再编织另一袖片。

5.将两袖片的袖山与衣身的袖窿线边对应缝合，再缝合袖片的侧缝。

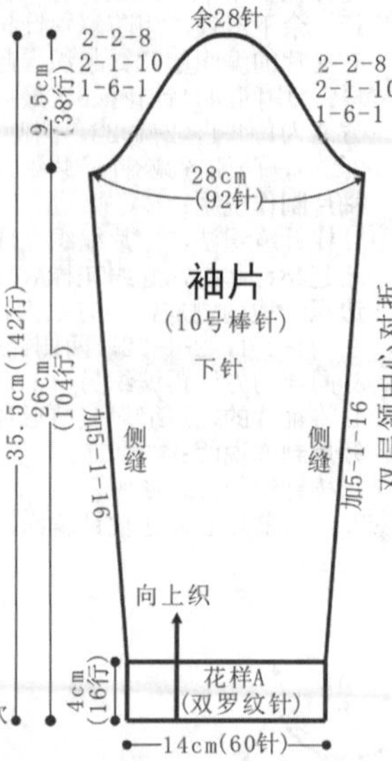

符号说明：

⊟	上针
□=□	下针
2-1-3	行-针-次

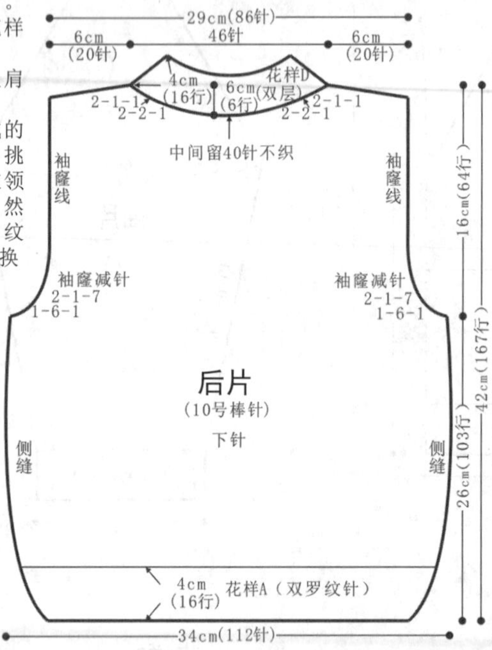

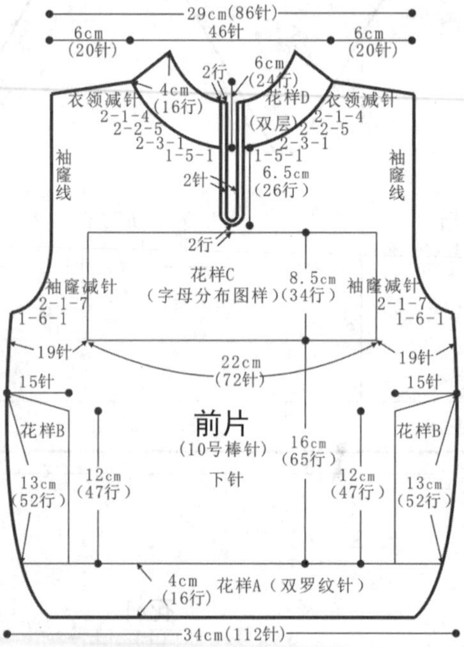

花样D（双罗纹针）（衣领花样）

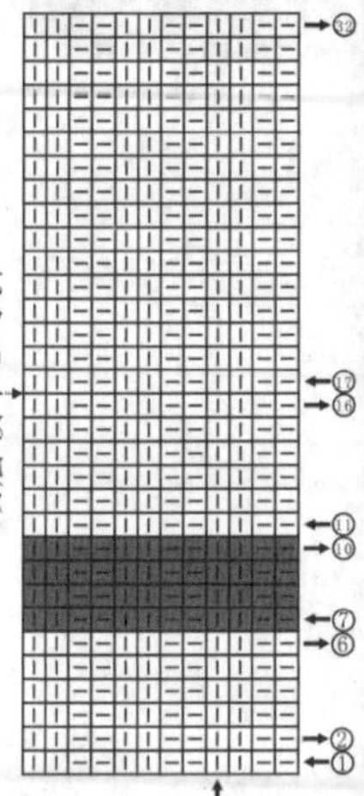

花样A（双罗纹针）（衣摆及袖边花样）

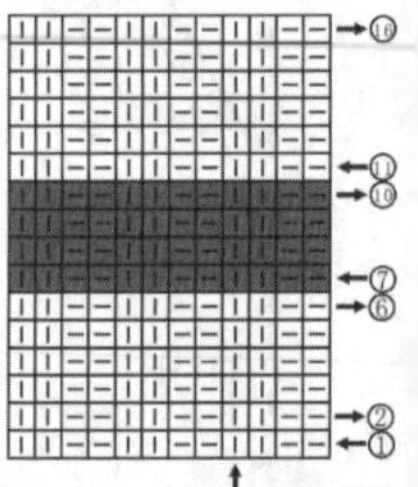

花样B

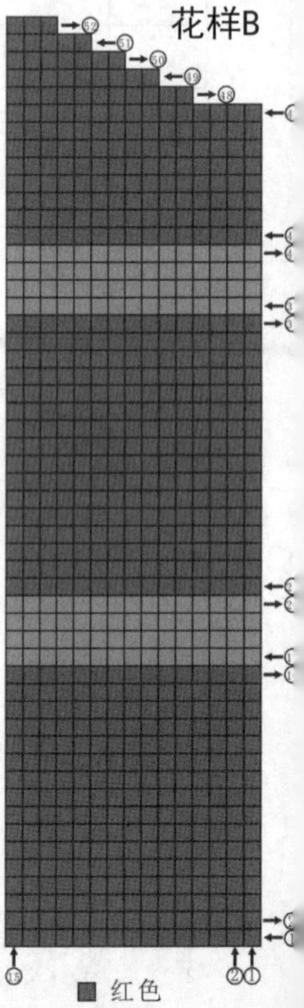

花样C

时尚运动装

【成品规格】衣长40cm，衣宽33cm，袖长39cm

【工　　具】12号棒针，十字绣针

【材　　料】绒线共400g，灰色100g，黑色300g，拉锁1根

【编织密度】26针×40行=10cm²

前片制作说明

1. 前片为一片编织，棒针编织法，黑色、灰色线搭配编织。

2. 起织。单罗纹起针法，黑色线起织，用12号棒针起86针，编织单罗纹3.5cm高度14行，第15行开始编织下针，不加针不减针编织至20.5cm，第83行换灰色线编织6行，第89行换黑色线编织，编织至23cm时，袖窿下部分完成。

3. 第93行开始减插肩，方法是在织片两边减针，顺序为平收4针，然后2-1-2，4-1-1重复8次，再2-1-2。

4. 织片至27cm时在中间开前襟，方法是第109行开始将织片分成左右前片两部分编织，中间不加减针，两边的插肩织法继续，第149行时减前领窝，方法是平收6针，然后2-3-1，2-2-1，2-1-2，最后肩部余下1针，收针断线。

5. 前片织好后按绣花图样用红色线十字绣方法绣字。

6. 前片与后片的两肩部及侧缝对应缝合。

后片制作说明：

1. 后片为一片编织，棒针编织法，黑色、灰色线搭配编织。

2. 起织。单罗纹起针法，黑色线起织，用12号棒针起86针，编织单罗纹3.5cm高度14行，第15行开始编织下针，不加针不减针编织至20.5cm，第83行换灰色线编织6行，第89行换黑色线编织，编织至23cm时，袖窿下部分完成。

3. 第93行开始减插肩，方法是在织片两边减针，顺序为平收4针，然后2-1-2，4-1-1重复8次，再2-1-2编织至40cm，160行，余下针数26针，收针断线。

4. 前片与后片的两肩部及侧缝对应缝合。

袖片制作说明：

1. 棒针编织法，编织两片袖片。从袖口起织。

2. 用黑色线，单罗纹起针法，起48针，编织14行单罗纹针，第15行起改织下针，并配色编织，配色顺序为黑色线6行，灰色线6行交替往上编织。在织片的两侧同时加针，顺序是22-1-1，6-1-7，4-1-7，两侧的针数各增加15针。

3. 编织至92行时，针数为78针，接着换灰色线编织袖山，袖山用减针编织，两侧同时减针，方法为平收4针，然后2-1-30，两侧各减少30针，最后织片余下10针，收针断线。

4. 同样的方法再编织另一袖片。

5. 缝合方法：将袖山对应的前片与后片插肩缝合，再将两袖侧缝对应缝合。

衣领制作说明：

1. 前后片缝合好后挑针编织衣领。

2. 按领圈挑针示意图沿着领窝边挑针，共挑出96针，门襟处开口，来回编织单罗纹针法2.5cm，10行，收针断线。

3. 沿前门襟开口及衣领缝合拉锁。

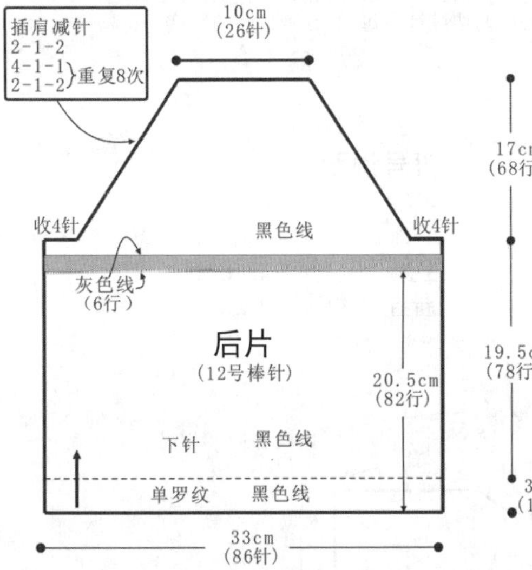

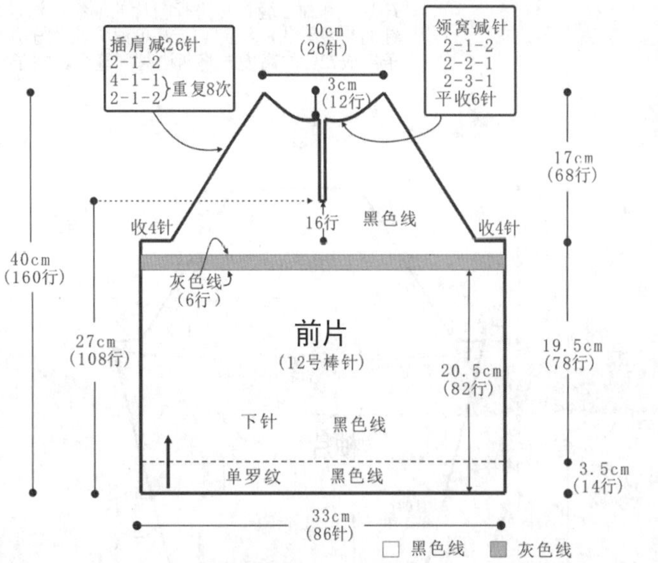

符号说明：

⊟　上针

□=▯　下针

2-1-3　行-针-次

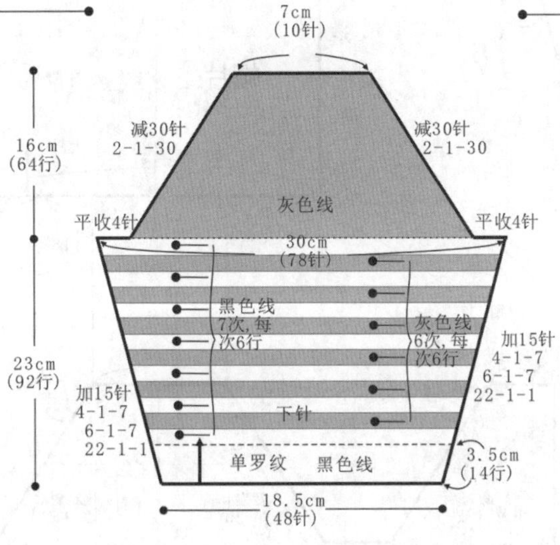

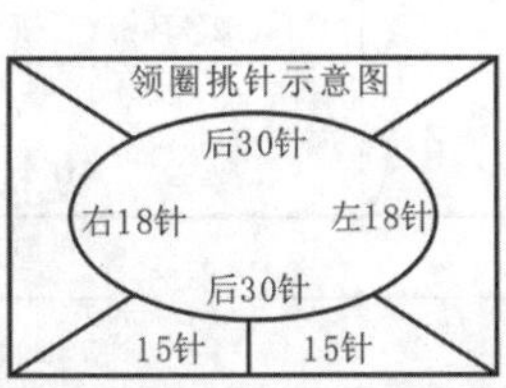

前片绣花图样

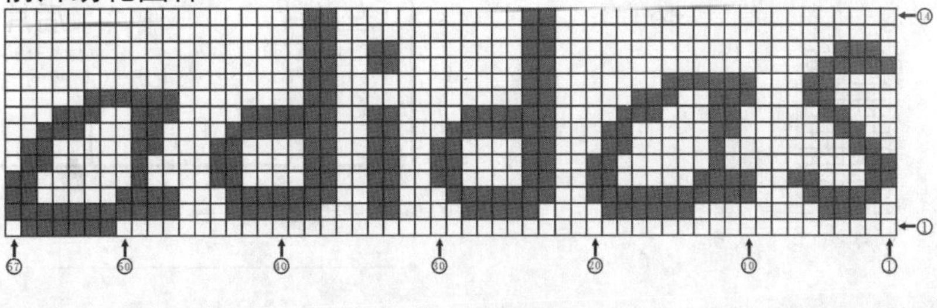

插肩款带帽毛衣

【成品规格】衣长33cm，衣宽34cm，袖长33cm
【工　　具】12号棒针，12号环形针
【材　　料】毛线600g
【编织密度】26针×36行=10cm²

袖片制作说明：

1. 袖片分两片编织，从袖口起织。至插肩领口。
2. 用12号棒针起织，单罗纹起针法，起50针。编织上针，不加减针织15行，第16行开始两侧同时加针，加针方法为每6行加1针，共加10次。针数加至70针。袖片编织花样为24行上针，24行下针，交替变换编织。
3. 编织至19.5cm，72行高度时，开始袖山编织。两端各平收针4针，然后进入减针编织，减针方法4-1-2，2-1-20，两边各减掉22针，余下18针，收针断线。
4. 以相同的方法，再编织另一只袖片。

前片/后片/帽片制作说明：

1. 棒针编织法，袖窿以下一片编织而成，袖窿以上分成左前片、右前片、后片编织，然后连接编织帽子。
2. 起针，单罗纹起针法，起184针，来回编织，用12号环形针编织。前后片编织花样为24行上针、24行下针，交替变换，左右前片的门襟处8针编织花样C为门襟边，在右前片的门襟边上从第5行开始每间隔32行开一个纽扣眼，共开4个扣眼。
3. 袖窿以下不加减针编织20cm，72行。
4. 袖窿以上分成左前片、后片、右前片编织，左前片和右前片各48针，后片88针，先编织后片，两边平收4针，两边均留出8针编织花样，左边8针编织花样A，右边8针编织花样B，两边花样的内侧同时减针，方法顺序为4-1-2，2-1-20，两边各减22针，剩余针数为36针，织至33cm，120行时收针断线。
5. 编织右前片。腋下平收4针，袖窿处8针编织花样A，减针在花样A的内侧进行，方法顺序为4-1-1、4-2-1交替重复减针6次，减18针，剩余针数为18针，织至33cm，120行时收针断线。对称编织左前片。
6. 缝合。将袖片的袖山边与衣身的斜插肩边对应缝合。再缝合袖片的侧缝。
7. 身片和袖片缝合后进行帽片的编织。沿前后片、袖片的领窝边对应挑出108针，来回编织24行上针，24行下针的交替针法，织到46行高度时，将帽子从中间分成两半，从中心向两边减针，每织2行减1针，减4次，将帽子织成72行的高度，将两边对称缝合。帽子完成。

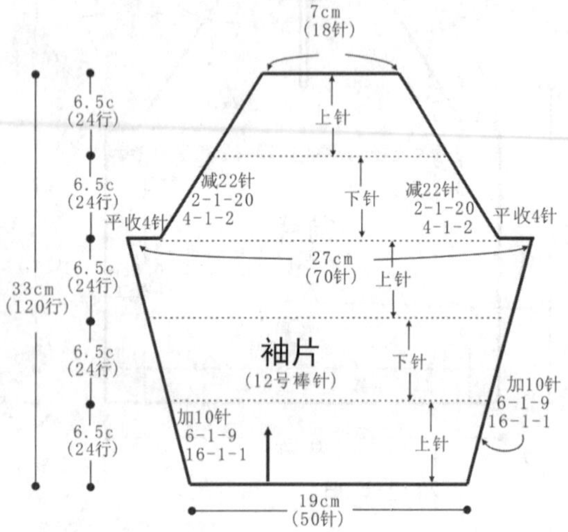

符号说明：

- ⊟ 上针
- □=⊡ 下针
- 2针相交叉，右2针在上
- 2针相交叉，左2针在上
- 2-1-3 行-针-次

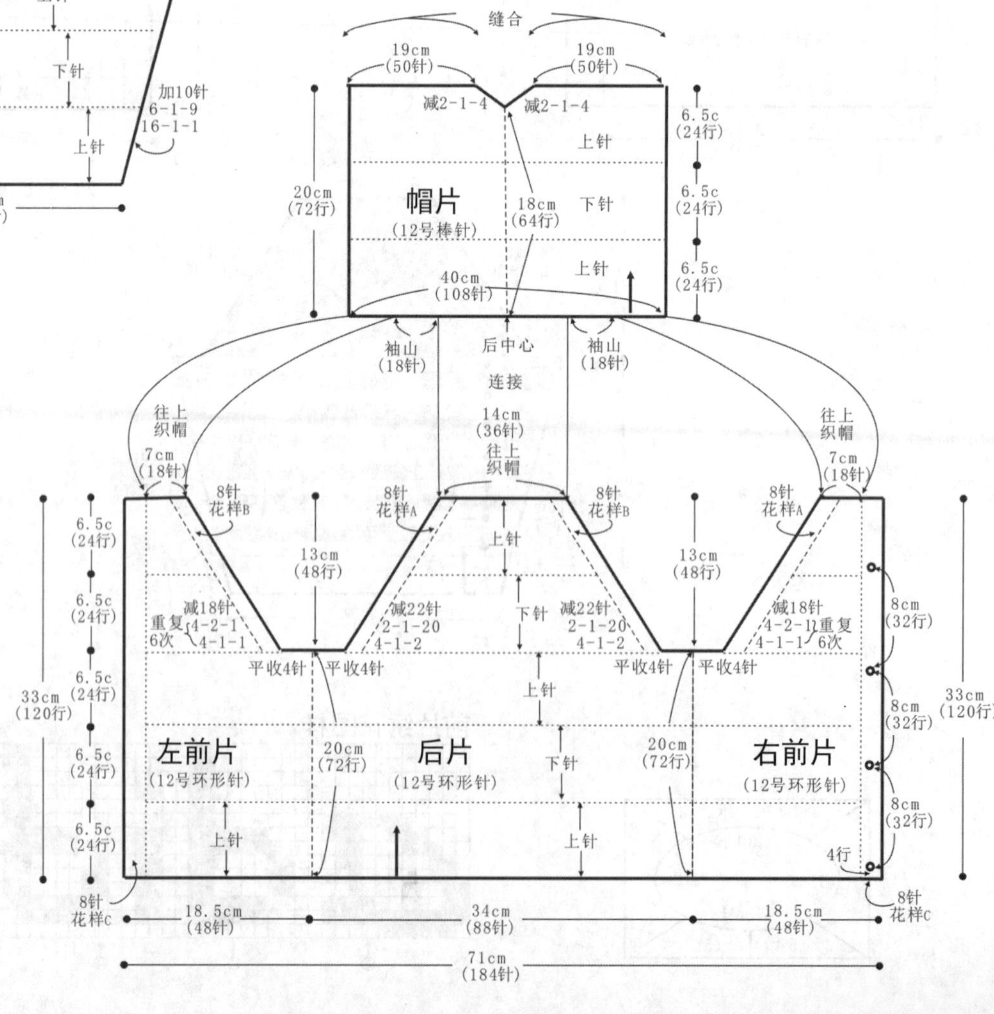

花样A

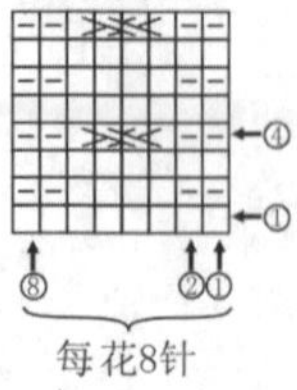

每花8针

花样B

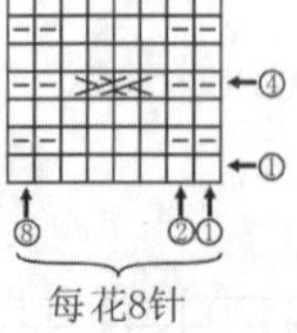

每花8针

花样C

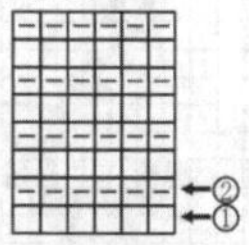

明艳女孩装

【成品规格】裙长25cm，裙腰26cm
【工　　具】12号棒针，12号环形针，1.75mm钩针
【材　　料】红色绒线500g
【编织密度】28针×42行=10cm²

披肩制作说明：

1.棒针编织法，一片编织完成。起织，下针起针法起2针，起针后往返都编织下针，花样织法按花样A，在织片两边同时进行加针，方法为2-1-15，编织至30行时针数加至32针，随后进行减针，方法为4-1-3，编织10.5cm，45行的高度时针数为26针，第46行进行缩针，方法是散减10针，剩余16针，继续编织单罗纹18行至14.5cm，64行。

2.第65行、第66行扩针编织，方法为每1针放2针，第66行多加放2针，总针数放成66针，第67行分配针数编织花样，织片右边的14针编织花样D，中间12针编织花样C，剩余40针编织花样B，按照此花样分布编织58cm，240行。

3.第305行、第306行进行缩针编织，方法是2针并1针，针数减为16针，编织单罗纹18行，针数留在针上。另拿线从16针单罗纹的起织处对应挑出16针，此16针也编织单罗纹18行，与前面的16针单罗纹等长对齐，上下2针并1针，将针数并为16针。

4.第325行将16针均匀加针至26针，对称编织花样A，收针断线。

裙片制作说明：

1.棒针编织法，前后裙一起编织。用12号环形针编织，从裙腰起织，下针起针法，起136针，首尾对接环织，不加针不减针编织单罗纹24行。

2.第25行改织下针，将136针分成8个17针的单元，按裙片编织图解编织，每个单元裙片的起织是17针，取右边的1针作为筋，在筋的左右两边加针，方法是4-1-15，加至60行时单元针数为47针，总针数为376，继续不加减针编织4行平针，总行数88行，25cm收针断线。

3.另用线沿裙摆边钩织花样E一圈完成收针断线。

4.编织腰带绳装饰。

花样A

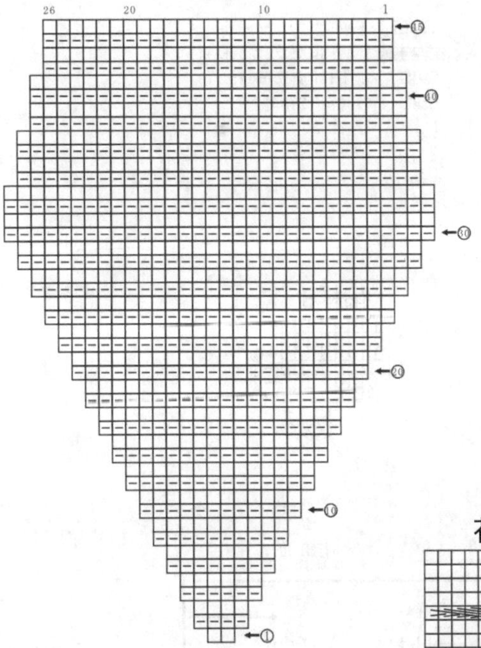

花样D

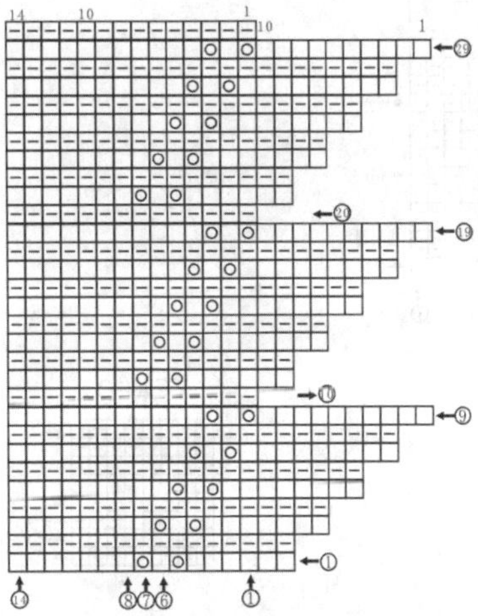

符号说明：

⊟ 上针
□=⊡ 下针
⊡ 镂空针
右上4针交叉
左上4针交叉
＋ 短针
长针

花样E

1/8裙片编织图解

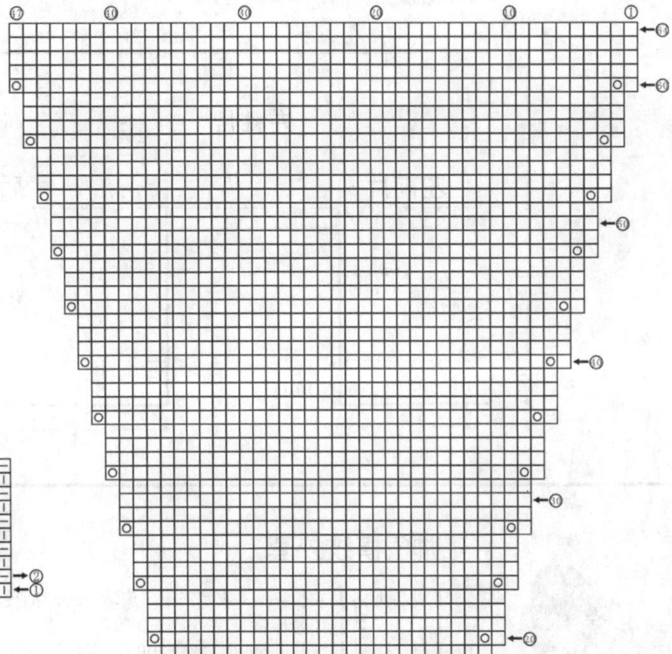

花样C

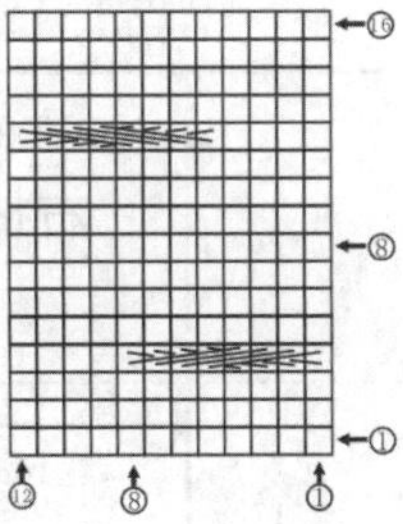

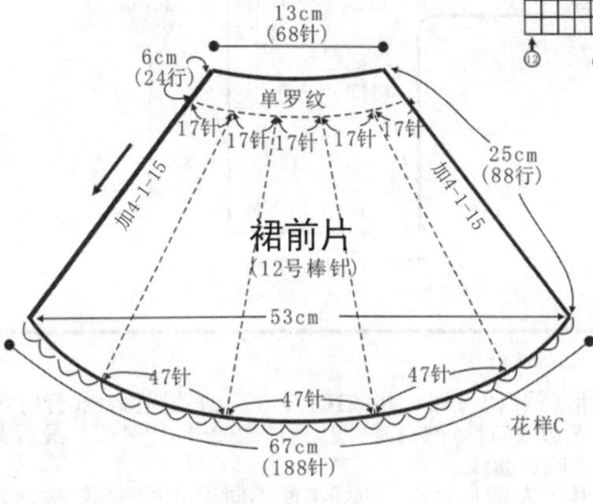

花样B

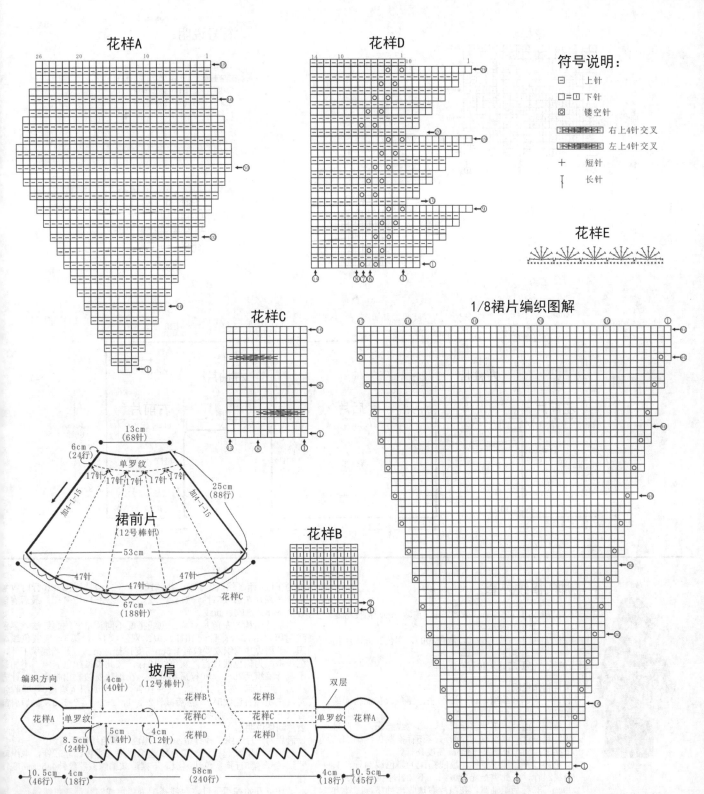

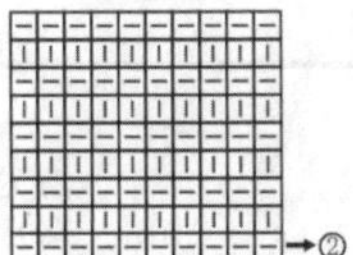

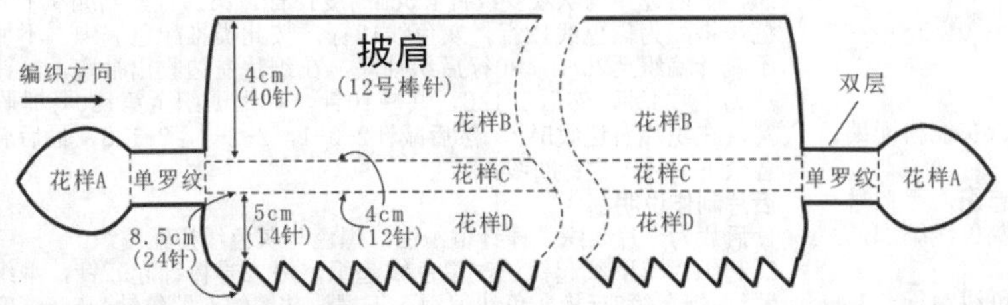

柔美女孩装

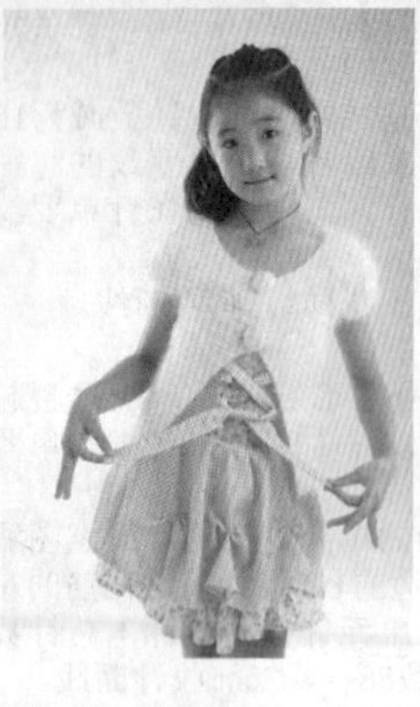

【成品规格】衣长30cm，衣宽23cm
【工　　具】12号棒针，12号环形针
【材　　料】宝宝绒线300g
【编织密度】22针×32行=10cm²

制作说明：

1. 棒针编织法，前后衣片及袖片一起编织。从右前片门襟处起织，单罗纹针起针法，起66针，来回编织，编织双罗纹12行。
2. 第13行按花样分针数，顺序为：花样A20针，花样B36针，花样C10针，按花样分布不加减针编织10cm，32行，右前片完成。将花样B、花样C的46针留在针上。其余继续编织。
3. 第45行开始编织右袖片，花样A的20针编织后继续平针起6针，此6针编织花样C，作为袖口边，来回编织袖片18cm（58行），在返回编织右袖片的最后一行时，将袖口边的6针平针收针，其余花样A的20针继续编织。
4. 第103行开始编织后片，在编织完花样A的20针后接着编织右前片侧缝留的46针，花样分布同右前片，不加减针编织23cm（72行），后片完成。将花样B、花样C的46针留在针上。其余继续编织。
5. 第175行开始编织左袖片，花样A的20针编织后继续起6针，此6针编织花样C作为袖口边，来回编织袖片18cm（58行），在返回编织左袖片的最后一行时，将袖口边的6针平针收针，其余花样A的20针继续编织。
6. 第233行开始编织左前片，在编织完花样A的20针后接着编织后片侧缝留的46针，花样分布同后片，不加减针编织10cm（32行），第265行全部66针换成双罗纹针法编织，双罗纹共编织12行，收针断线。
7. 沿织片上部形成的领边均匀挑针，每5行挑出2针，共挑出110针，编织一行上针，一行下针，共12行，收针断线。

花样A

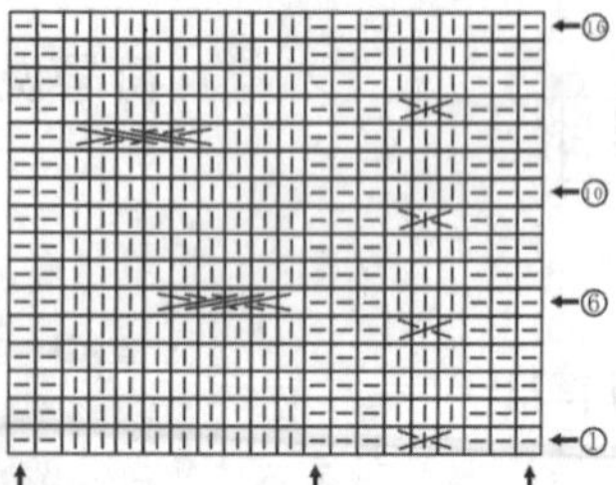

符号说明：

⊟　上针
□=⊡　下针
3针相交叉，左3针在上
左上1针交叉间1针
右拉针（2针时）
2-1-3　行-针-次

花样C

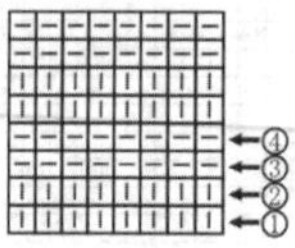

花样B

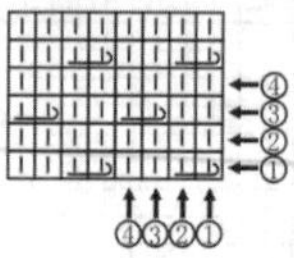

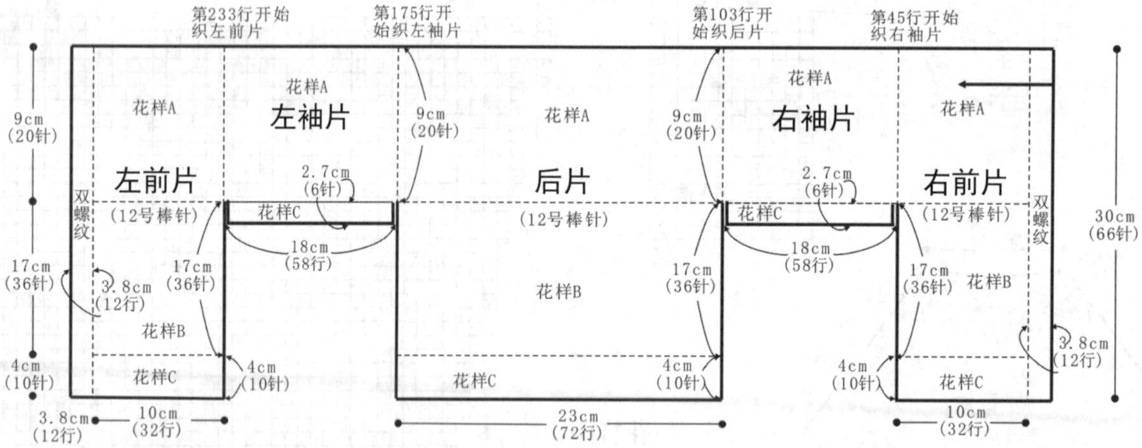

帅气横纹外套

【成品规格】衣长37cm，衣宽35cm，肩宽28cm，袖长28cm
【工　　具】12号棒针
【材　　料】绒线共600g，灰色300g，黑色300g，纽扣4枚
【编织密度】27针×40行=10cm²

前片制作说明：

1. 前片为两片编织，棒针编织法，黑色、灰线搭配编织。
2. 编织左前片。单罗纹起针法，黑色线起织，用12号棒针起46针，编织双罗纹4行，第5行换灰色线编织，下摆边共编织双罗纹针4.5cm高度18行。
3. 第19行开始编织下针，色线搭配为黑色线24行，灰色线24行，按此类推配色编织。不加针不减针编织至20cm，80行后织袖窿，在织片右边收出袖窿，减针方法为平收4针，然后2-1-6，共减10针，往上编织至第120行时收领窝，在织片左边收5针，然后减针2-3-1，2-2-1，2-1-8，最后肩部各余下18针，收针断线。
4. 右前片结构与左前片对称，色线搭配不同。单罗纹起针法，黑色线起织，用12号棒针起46针，编织双罗纹4行，第5行换灰色线编织，下摆边共编织双罗纹针4.5cm高度18行。第19行开始编织下针，色线搭配为黑色线12行，灰色线12行，按此类推配色编织。不加针不减针编织至20cm，80行后织袖窿，在织片左边收出袖窿，减针方法为平收4针，然后2-1-6，共减10针，往上编织至第120行时收领窝，在织片右边收5针，然后减针2-3-1，2-2-1，2-1-8，最后肩部各余下18针，收针断线。

后片制作说明：

1. 后片为一片编织，棒针编织法，黑色与灰色线搭配编织。
2. 起织。单罗纹起针法，黑色线起织，用12号棒针起92针，编织双罗纹4行，第5行换灰色线编织，下摆边共编织双罗纹针4.5cm高度1
行。
3. 第19行开始编织下针，色线搭配为黑色线24行，灰色线24行，按类推配色编织。不加针不减针编织至20cm，80行后织袖窿，两侧需要同时减针织成袖窿，减针方法为平收4，然后2-1-6，两侧针数各减10针，余下72针继续编织，两侧不再加减针织至第142行时收领窝，中间选取24针针，两端相反方向减针编织，各减少6针，方法为2-3-1，2-2-1，2-1-1，最后两肩部各余下18针，收针断线。

前片与后片的两肩部及侧缝对应缝合。

袖片制作说明：

棒针编织法，编织两片袖片。从袖口起织。

编织左袖片，用黑色线，单罗纹起针法，起44针，编织4行双罗纹针，第5行换灰色线继续编织双罗纹14行，袖口边为4.5cm，共18行。第19行起换织下针，并开始配色编织，色线搭配为黑色线24行，灰色线24行，按此类推配色编织。袖片的两侧同时加针，加4-1-15，两侧的针数各增加15针。织片织到74针，共80行。接着编织袖山，袖山减针编织，两侧同时减针，方法为平收4针，然后2-2-7，4-2-4，两侧各减少26针，最后织片余下22针，收针断线

右袖片与左袖片结构相同，用黑色线，单罗纹起针法，起44针，编织4行双罗纹针，第5行换灰色线继续编织双罗纹14行，袖口边为4.5cm，共18行。第19行起换织下针，并开始配色编织，色线搭配为黑色线12行，灰色线12行，按此类推配色编织。袖片的两侧同时加针，加4-1-15，两侧的针数各增加15针。织片织到74针，共80行。接着编织袖山，袖山减针编织，两侧同时减针，方法为平收4针，然后2-2-7，4-2-4，两侧各减少26针，最后织片余下22针，收针断线。

将袖山对应前片与后片的袖窿线，用线缝合，再将两袖侧缝对应缝合。

门襟、衣领、口袋制作说明：

编织门襟。前后片缝合后，进行门襟边的编织，棒针编织法，往返编织。全部使用灰色线编织。使用12号环形针编织，分别沿着左右前片门襟边挑针。每边挑96针，编织双罗纹针法，在左前片门襟编织到第5行时，按图示等间隔28针开纽扣孔，共开4个，门襟边共编织10行，单罗纹收针。

编织衣领。门襟完成后编织衣领，用灰色线沿领窝挑针，共挑108针，编织双罗纹针法，编织第33行时换黑色线编织4行，第37行换灰色线编织4行。衣领共编织10cm的高度40行，然后单罗纹收针断线。

编织口袋。用灰色线下针起20针，编织下针26行，第27行开始编织上针4行，单罗纹收针。另用黑色线沿口袋织片的左右及底边挑80针，全上针编织6行，上针收针断线。同样方法编织另一口袋，口袋完成后缝合在左右前片上。

符号说明：

⊟ 上针

□=▯ 下针

2-1-3 行-针-次

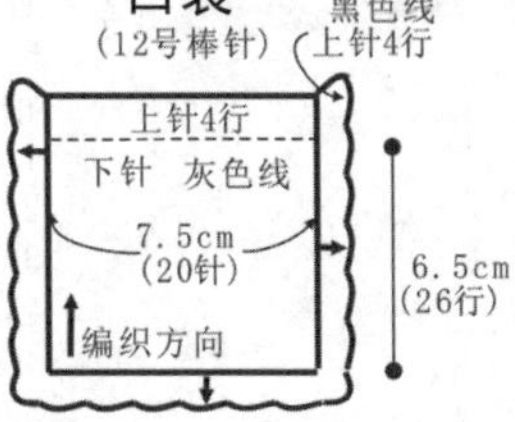

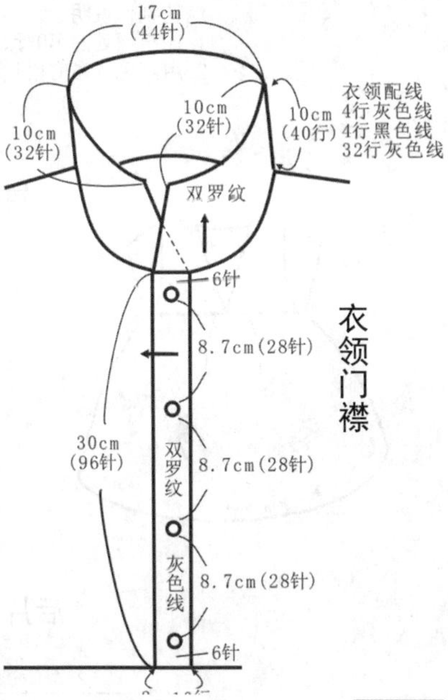

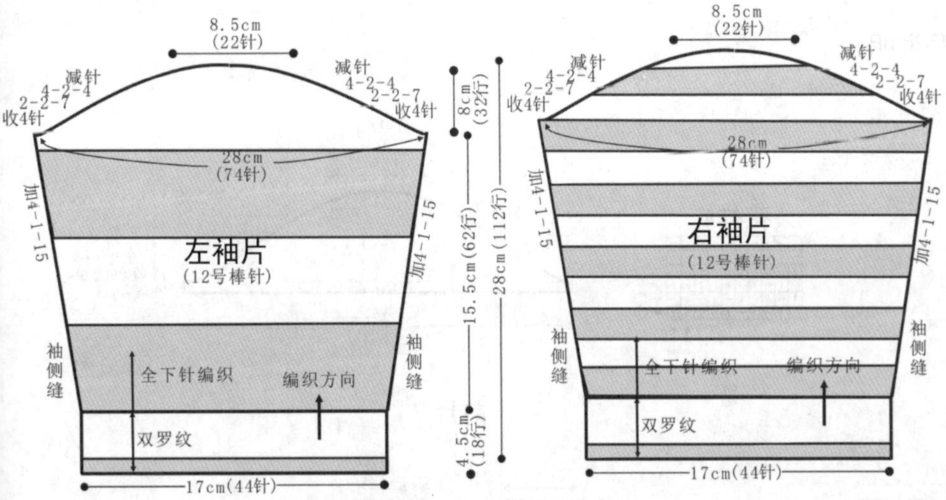

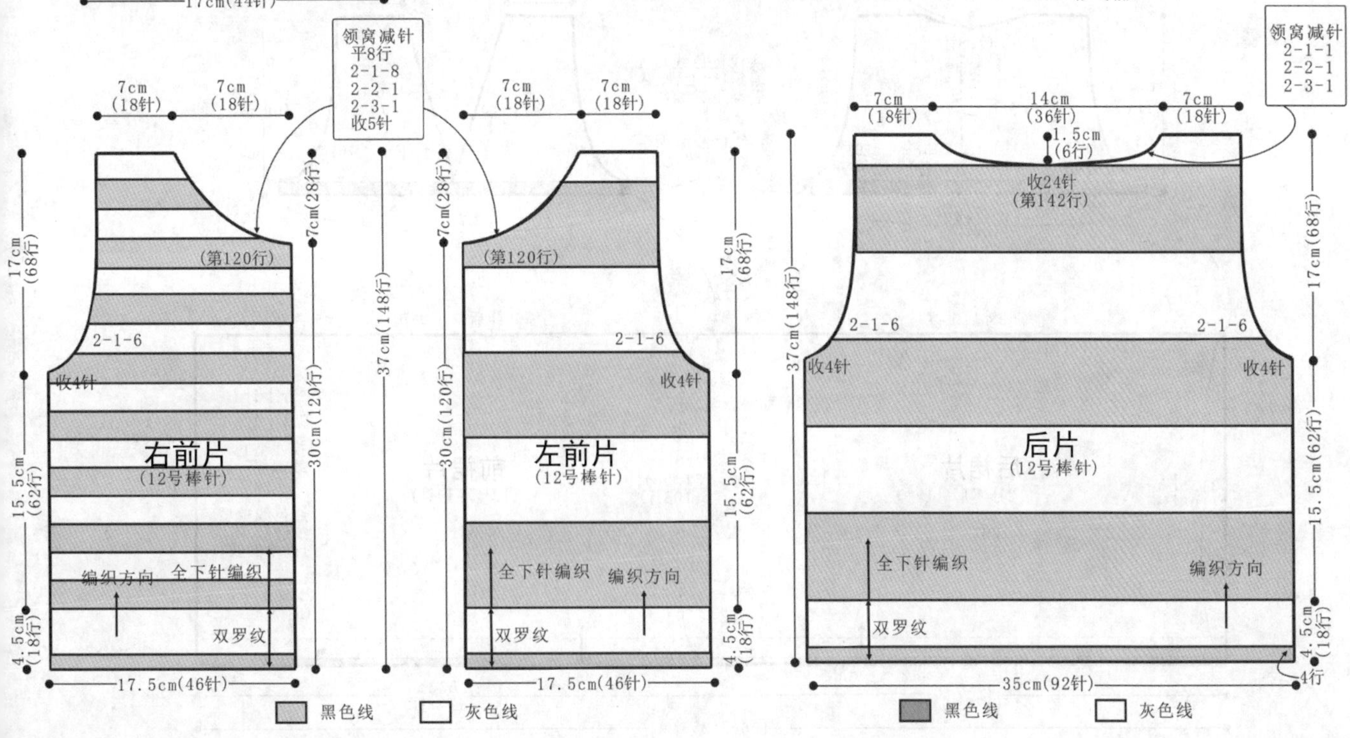

清新娃娃装

【成品规格】衣宽27cm，裙围106cm，裙长46cm
【工　　具】12号棒针，12号环形针
【材　　料】浅蓝色绒线300g，红色50g
【编织密度】24针×34行=10cm²

前后裙片身片制作说明：

1. 棒针编织法，前后裙片一起编织。起织，用红色线单罗纹起针法起256针，首尾连接环形编织，编织1行单罗纹，第2行起换浅蓝色线编织，第2、第3行编织上针，第4行起编织4行下针，第8行编织1行上针，第9行开始全下针编织，不加减针编织到31.5cm裙片部分完成。第108行进行缩针，将256针均匀并针到132针后编织身片部分。
2. 缩针后的第109行换红色线编织单罗纹针2行，然后换浅蓝色线编织1行上针，第112行开始分前后片编织。
3. 编织后片。分出一半针数66针，在织片两边同时收减袖窿，方法顺序为2-1-6，两侧针数各减少6针，编织花样为全下针编织10行，第122行开始在后片的中部取6针编织花样A，其余仍编织下针。第151行再织片中部收后领窝，方法是中间平收18针，然后两边减针2-2-3。织至158行，两边肩部剩余针数各12针。收针断线。
4. 编织前片。将剩余的66针平分编织左右前片，取一半针数33针，在织片袖窿边减针，方法顺序为2-1-6，减少针数为6针，在前片衣领处减针，方法顺序为2-1-15，减少针数为15针，肩部剩余针数为12针，编织至158行后收针断线，左右前片对称编织。
5. 对准前后片肩部缝合，在袖窿处缝合袖片。

袖片制作说明：

1. 棒针编织法，编织两片袖片。从袖口起织。
2. 编织左袖片。用浅蓝色线单罗纹起针法，起52针，编织1行单罗纹针，第2、第3行编织下针，第4行编织上针。
3. 第5行开始全部编织下针，同时开始编织袖山，袖山为减针编织，两侧同时减针，方法为2-2-2，2-1-12，两侧各减少16针，最后织片余下20针，收针断线。
4. 右袖片与左袖片编织结构相同。
5. 缝合方法：将袖山对应前片与后片的袖窿线缝合。

绣花制作说明：

1. 在裙摆处的第9行、第10行用红色线每间隔2针，绣一2针宽、2针高的十字绣花，绣裙摆一周。
2. 用红色线在前裙片的左部绣2个五叶花。

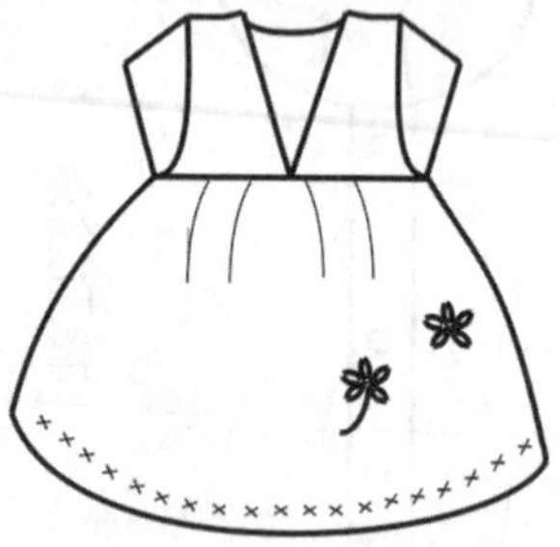

符号说明：

⊟　上针
□=⊡　下针
2-1-3　行-针-次

花样A

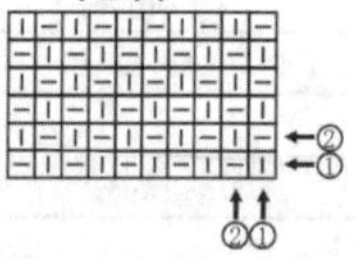

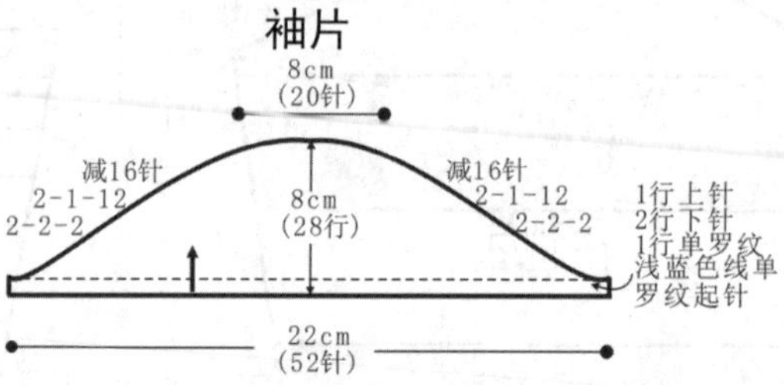

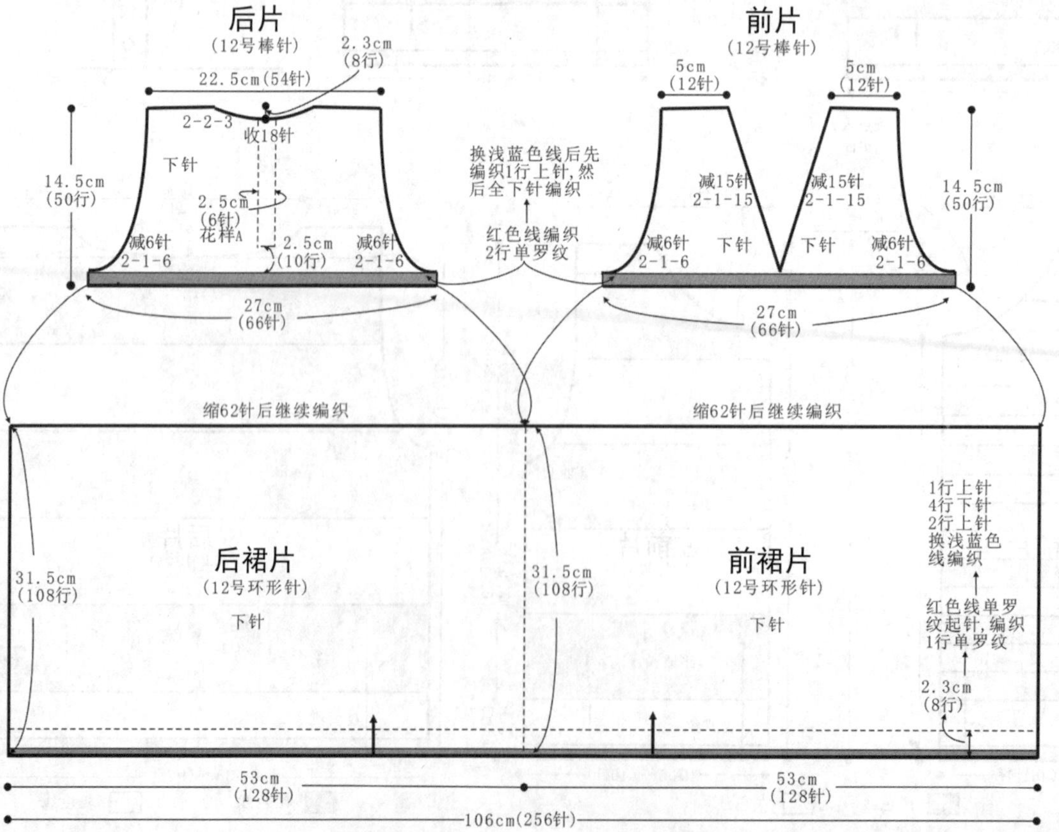

优雅小披肩

【成品规格】衣长40cm，衣宽20cm
【工　　具】12号棒针
【材　　料】紫花色羊毛线300g
【编织密度】22针×38行=10cm²

披肩制作说明：

1. 棒针编织法，横向编织完成。
2. 起织。下针起针法，起14针起织，起织花样A，共织32行，与起针缝合成双层披肩扣，然后沿边挑针起，挑起88针，编织花样A和花样B组合，组合方式如结构图所示，不加减针编织152行，第153行将织片均匀减针为14针，编织花样A，织16行后，第169行将织片均匀加针为27针，继续编织16行，第185行起，将织片以中间一针为中心，两侧同时减针，方法为2-1-13，共织26行，最后余下1针，收针断线。
3. 在双层披肩扣的另一侧挑针起织，挑起27针，编织16行，第17行起，将织片以中间一针为中心，两侧同时减针，方法为2-1-13，共织26行，最后余下1针，收针断线。

符号说明：

⊟ 上针
□=⊡ 下针
左上3针与右下3针交叉
2-1-3 行-针-次

花样A

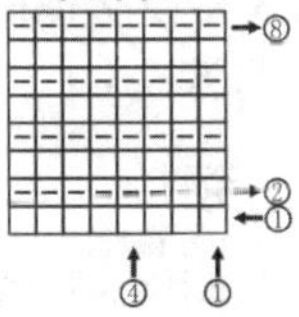

花样B

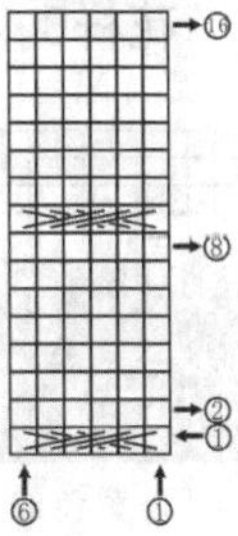

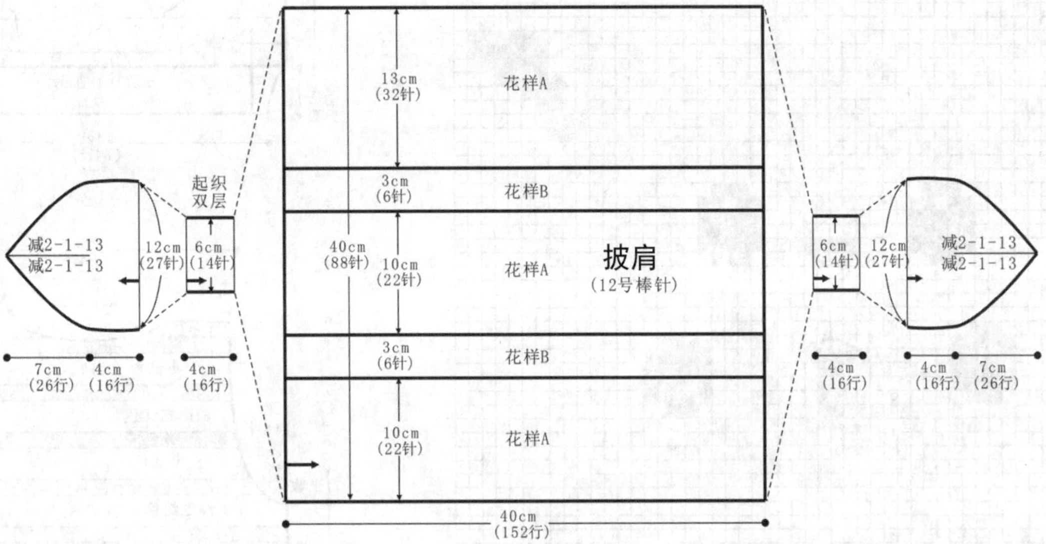

皮卡丘小背心

【成品规格】衣长42cm，袖长2.7cm，下摆宽23cm
【工　　具】10号棒针
【材　　料】枣红色晴纶线200g，黄色晴纶线100g，灰色，粉色，黑色线少许
【编织密度】23针×30行=10cm²

前片/后片/衣摆/袖片制作说明：

1.棒针编织法，分成两片单独编织，从衣摆起织。

2.前片的编织。

1）起针，单罗纹起针法，起74针，来回编织。

2）衣摆的编织。用枣红色线，编织花样B扭针单罗纹花样，无加减织16行。

3）袖窿以下的编织。织成衣摆后的第17行，分散加针，加6针，将针数加成80针，衣身全织下针，枣红色线织了2行下针后，在第3行织了24针后，加入黄色线编织图案，图案图解见花样A，依照图解加入各种色编织，将袖窿以下织成64行的高度，加上衣摆共80行。

4）袖窿以上的编织。袖窿以上全用枣红色线编织，两边同时收针，各收6针，然后再减针，方法为2-2-2，4-1-3，两边各减少13针，前衣领在袖窿减针织成6行后，将织片从中间分成两半进行编织，减针方法相反，先平收2针，再每织2行减1针，共减6次，再每织4行减1针，共减5次，将衣领的针数减少13针，最后一边剩下14针，无加减再织16行后，收针断线，另一边织法相同。

3.后片的编织。

1）起针。单罗纹起针法，起74针，来回编织。

2）衣摆的编织。用枣红色线，编织花样B扭针单罗纹花样。无加减编织16行的高度。

3）袖窿以下的编织。在第17行，分散加针，加6针，将针数加成80针，衣身全织下针，由枣红色线与黄色线交替编织下针形成，先用枣红色线编织8行下针，再用黄色线织4行下针，然后重复两个颜色编织，织至袖窿共64行。

4）袖窿以上的编织。袖窿两边减针与前片相同。仍照两色交替编织。当织成120行时，在下一行的中间选取22针收针，两边减针，每织2行减1针，减2次，再平织4行，两肩部余下14针，不收针，与前片肩部对应缝合。

4.领片的编织。前衣领两边各挑40针，后片挑32针，用枣红色线，起织花样B，在前衣领V尖点，中间两针作并针，每织2行，分别左并针，右并针1次，共并4次，枣红色线织6行，再改用黄色线织2行后收针断线。

5.袖口的编织。袖口全用黄色线编织，各挑88针编织，织花样B扭针单罗纹针，共织8行后收针断线。

符号说明：

- ⊟ 上针
- □=⊡ 下针
- 2-1-3 行-针-次
- ↑ 编织方向
- ⍰ 扭针

花样B
（衣摆衣领袖口图解）

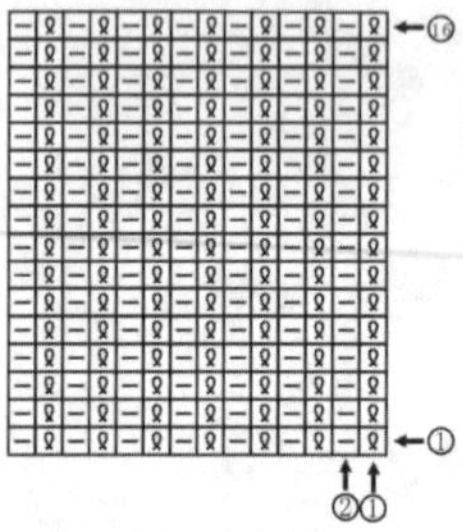

花样C
（后片配色）

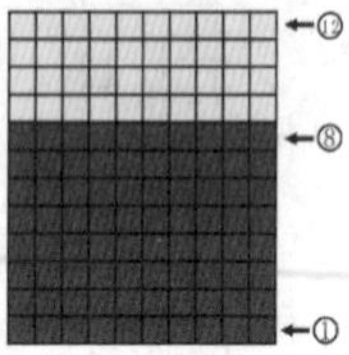

□ 黄色线
■ 枣红色线

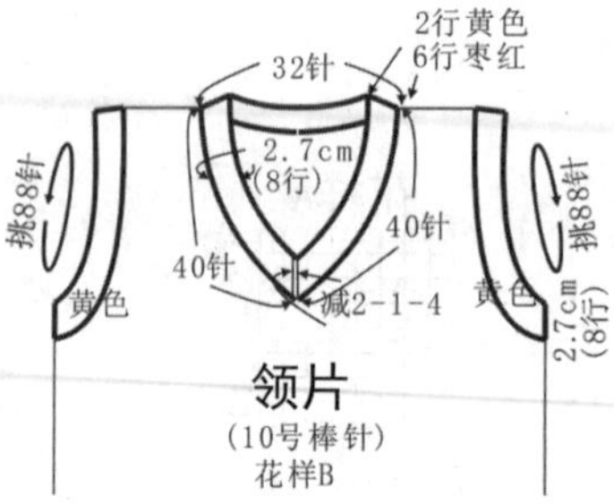

领片
（10号棒针）
花样B

花样A
（配色图案）

□ 黄色线 ■ 粉色线 ■ 黑色线 ■ 深灰色线

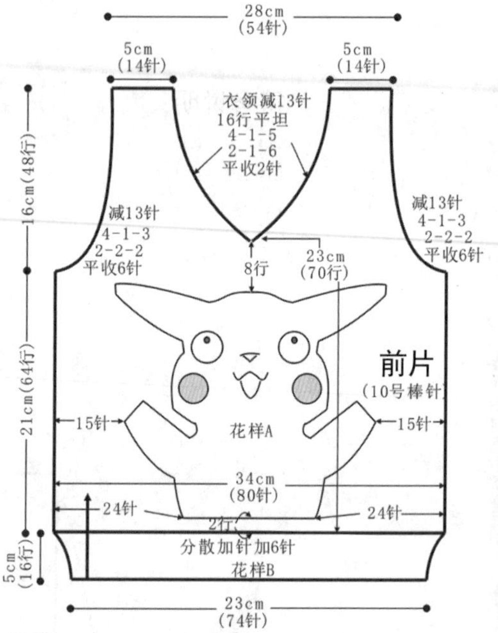

前片
（10号棒针）

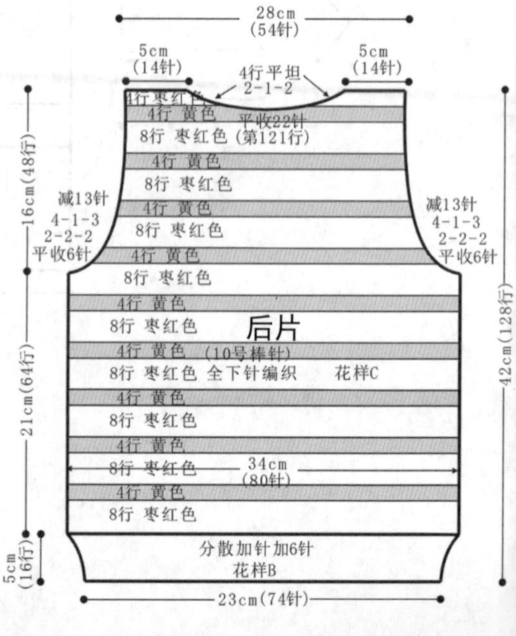

后片
（10号棒针）

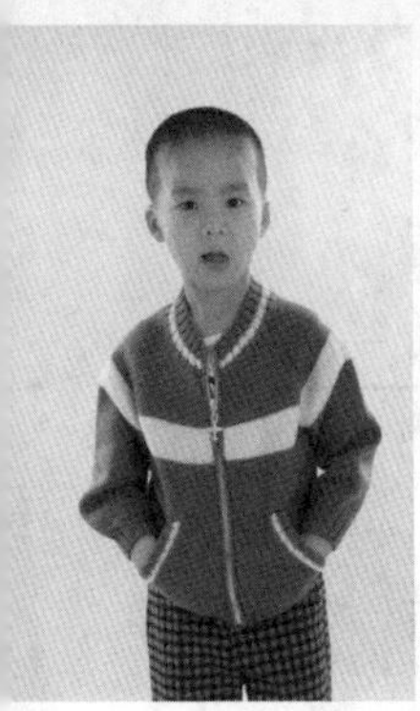

运动型男孩装

【成品规格】衣长40cm，胸围66cm，袖长40cm
【工　　具】12号棒针
【材　　料】毛线650g，拉链1条
【编织密度】27针×40行=10cm²

后片制作说明：

1. 后片分为一片编织，用灰色线起92针，编织16行双罗纹。
2. 第17行开始全下针编织，不加减针编织至24cm，96行后，开始插肩减针，方法是腋下平收5针，斜肩处留2针边针做筋，从筋内侧减针，顺序为4-1-5，2-1-21，减少针数为26针。第97行开始搭配色线编织，2行绿色线，2行灰色线，14行白色线，2行灰色线，2行绿色线，然后灰色线编织至肩部。剩余针数为30针收针断线。

前片制作说明：

1. 前片分为两片编织，左前片和右前片各一片。
2. 前片用灰色线起46针，编织16行双罗纹，从17行开始全下针编织，不加减针编织至24cm，96行后，开始插肩减针，方法是腋下平收5针，斜肩处留2针边针做筋，从筋内侧减针，顺序为2-1-25，减少针数为25针。第97行开始搭配色线编织，2行绿色线，2行灰色线，14行白色线，2行灰色线，2行绿色线，然后灰色线编织至肩部。
3. 第138行开始减领窝，方法顺序平8针，2-3-1，2-2-1，2-1-1，146行完成，收针断线。
4. 同样的方法对称编织另一前片，完成后，将两前片的侧缝与后片的侧缝对应缝合。

袖片制作说明：

1. 两片袖片，分别单独编织。
2. 用灰色线从袖口起织，起48针编织16行双罗纹，不加减针织13行后，两侧同时加针编织，加针方法为6-1-7，4-1-7，织至96行，76针。
3. 第97行开始袖山的编织，两侧各收5针，然后减针，袖前片减针顺序为4-1-1，2-1-25。袖后片减针顺序为4-1-5，2-1-21。
4. 第97行开始搭配色线编织，2行绿色线，2行灰色线，14行白色线，2行灰色线，2行绿色线，然后灰色线编织。
5. 第153行开始袖山中部减针，1-6-1，2-2-3，编织160行。收针断线。
6. 同样的方法对称编织另一袖片。
7. 将两袖片的袖山与衣身的袖窿线边对应缝合，再缝合袖片的侧缝。注意配色线处对齐。

口袋片制作说明：

1. 两片口袋片，分别单独编织。
2. 用灰色线从口袋底部起织，起46针，编织下针，不加减针织24行后，一侧开时收针，方法为平收12针，2-2-4，2-1-12，织至58行，针数为14针。
3. 织口袋边，从口袋收针处挑42针，用色线配织双罗纹16行，色线搭配为3行白色线，3行灰色线，3行绿色线，单罗纹收针断线。
4. 同样的方法对称编织另一口袋片。
5. 将两口袋片与前片对应缝合。

衣领制作说明：

1. 衣领是在前后片缝合好后编织。
2. 按领圈挑针示意图挑针起织，共挑出94针，用色线配织双罗纹16行，色线搭配为4行绿色线，4行白色线，2行绿色线，4行灰色线，2行绿色线，单罗纹收针断线。
3. 在门襟处缝合拉链。

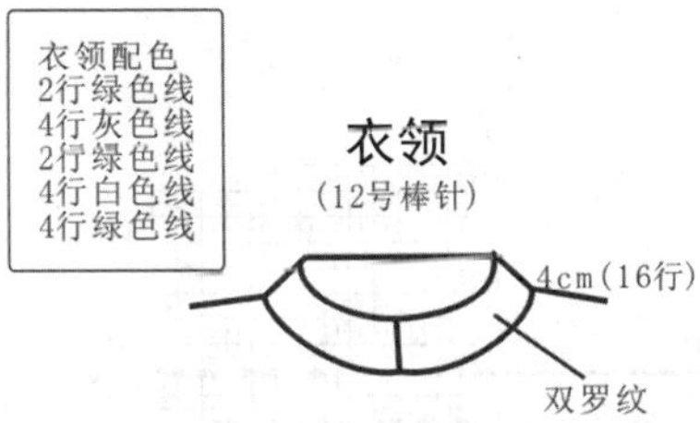

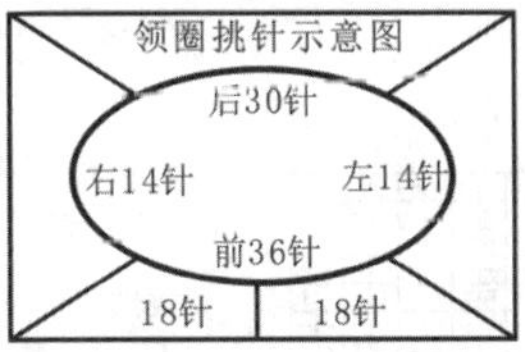

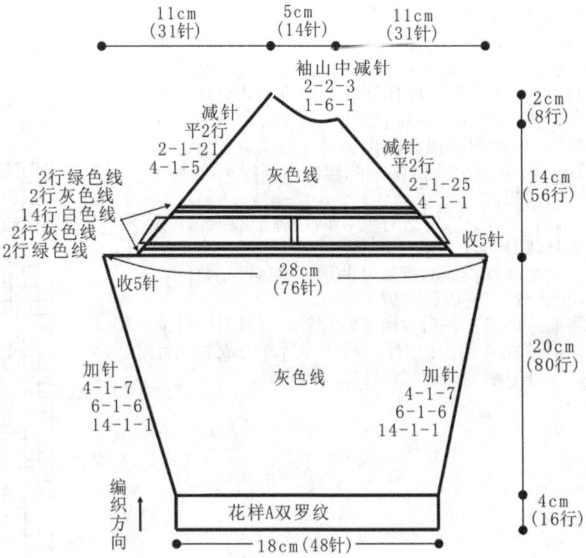

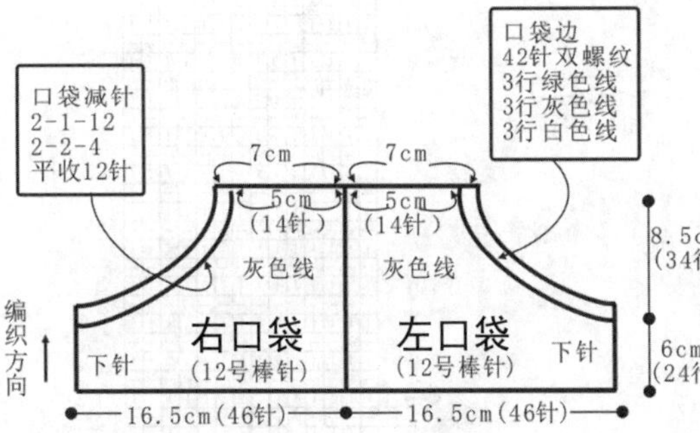

花样A
(双罗纹针)

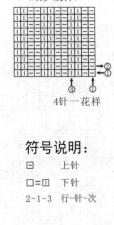

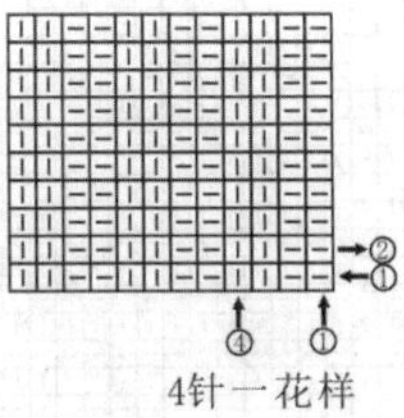

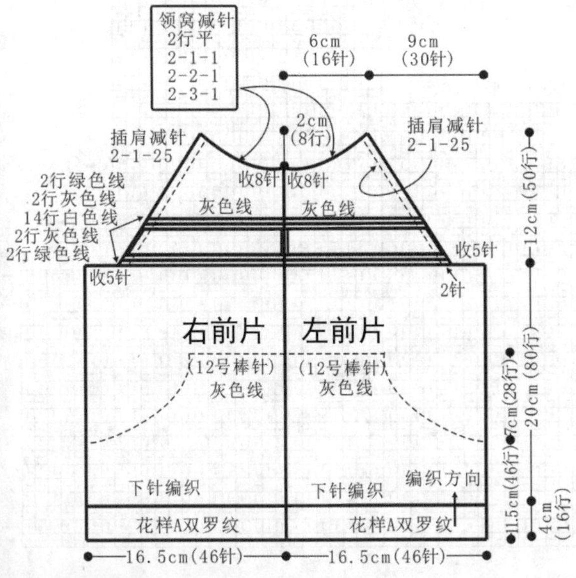

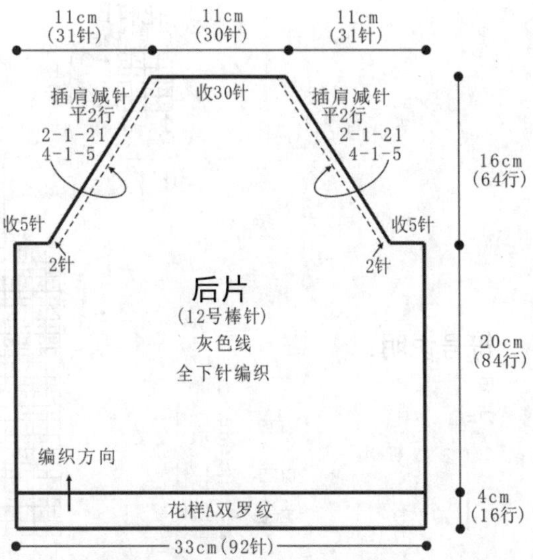

符号说明：

⊟	上针
□=⊡	下针
2-1-3	行-针-次

甜美背心裙

【成品规格】裙长59cm，腰宽31cm，肩宽25cm
【工　　具】10号棒针，10号环形针
【材　　料】粉红色奶棉绒线500g，丝带少许
【编织密度】21针×32行=10cm²

前片/后片/衣摆/袖片制作说明：

1. 棒针编织法，袖窿以下环织，袖窿以上片织。
2. 下摆片的编织。
1）起针。单起针法，起188针，首尾连接，环织。
2）花样分配。裙子只在前下摆片有两个棒绞花样，其余花样全织花样B，前下摆片先织22针花A，再织14针棒绞花样，再织22针花A，再织14针棒绞花样，这样，余下的针数全分配编织花A。
3）起织下摆片。照花样A图解，无加减针编织花样，织116行的高度。完成下摆片的编织。
3. 袖窿以下前后片的编织。
1）前片起织。如结构图所示，将前下摆片的棒绞花样，以打皱褶的形成，将14针棒绞花样并针隐藏掉，只留下两边的花A继续编织，针数一共66针。花样起织搓板针。无加减针织20行的搓板针，图解见花样C。
2）后片起织。后片只在中间选取28针一次性并针隐藏掉，同样是打皱褶的形式并针。针数同样为66针，起织搓板针，无加减针织20行的搓板针，图解见花样C。
4. 袖窿以上的编织。
1）前片的编织。在第21行起，两边各平收3针，再每织2行减1针，减4次，织成袖窿减针边，然后再织4行时，从中间选取10针收针，将织片分成两半编织，内侧减针织成前衣领边，方法为2-1-7，各减7针，织片剩下14针，无加减针再织32行后，不收针，用防解别针扣住，同样的方法织另一半针数。同样扣住。
2）后片的编织。第21行起，两边各平收3针，然后袖窿减针方法与前片相同，各减4针后，余下52针，无加减针再织34行后，两边各留14针不收针，中间的24针直接收针收掉。
3. 将前片的肩部与后片留下的14针，一针对一针缝合。前片加长钩织的8行，是作为后片的衣领减针行。在打皱褶处系上丝带结。衣服完成。

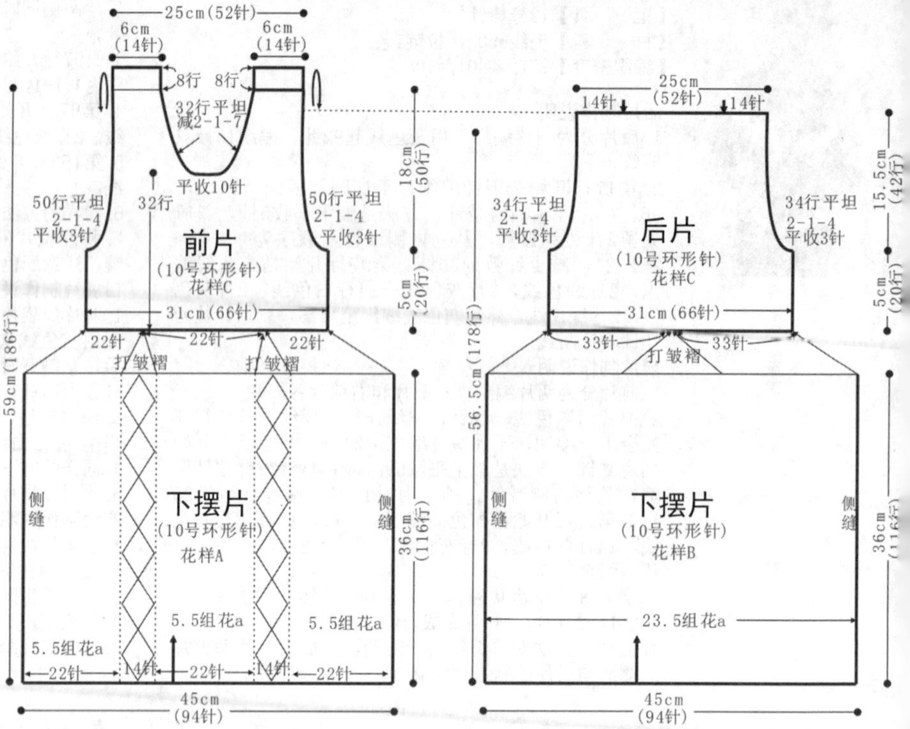

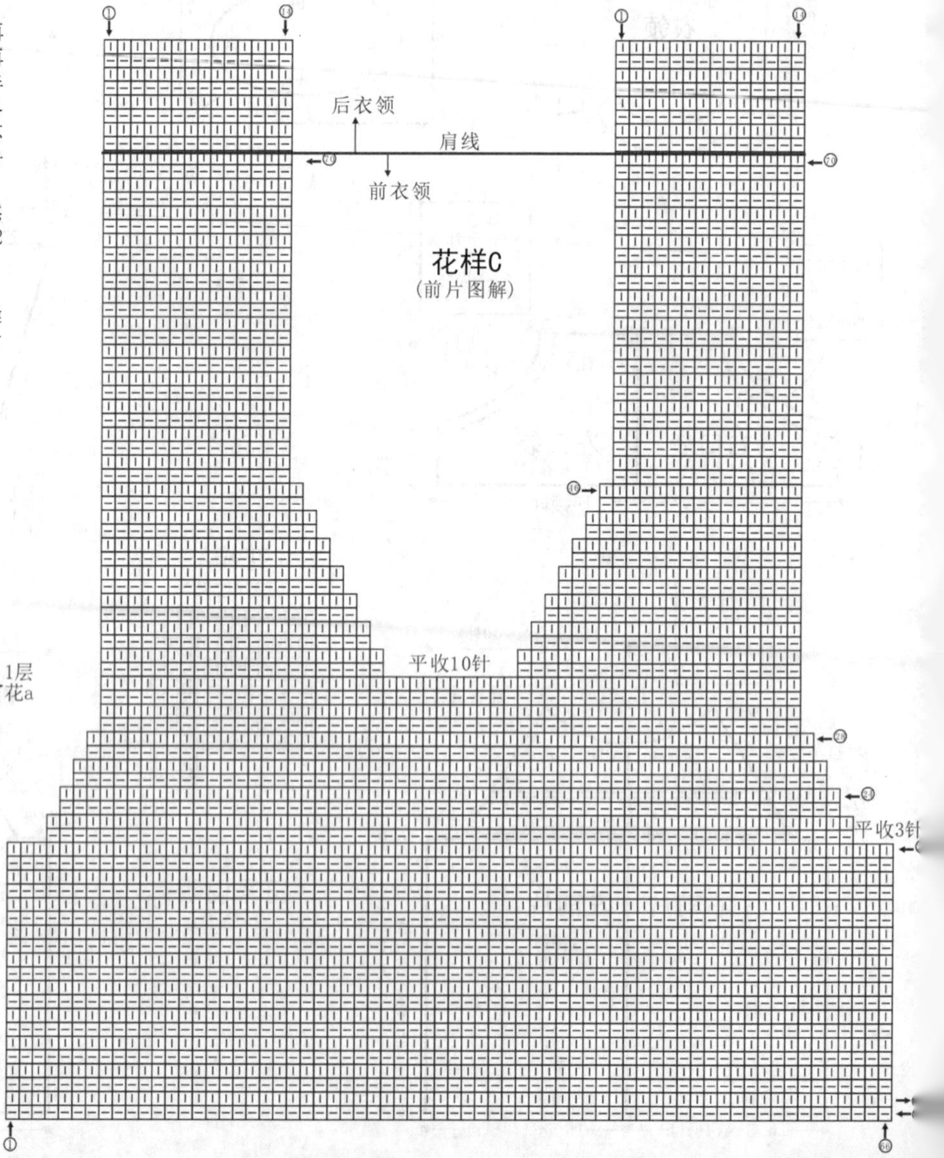

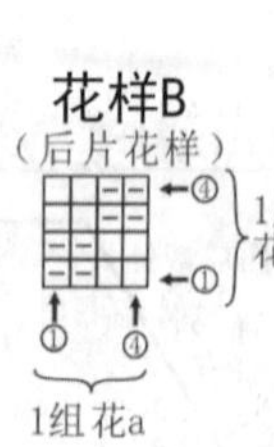

符号说明：

⊟	上针		左并针
□=⊡	下针		右上2针与左下1针交叉
2-1-3	行-针-次		左上2针与右下1针交叉
↑	编织方向		右上2针与左下2针交叉

花样A

（前片下摆图解）

收缩为1针　　收缩为1针

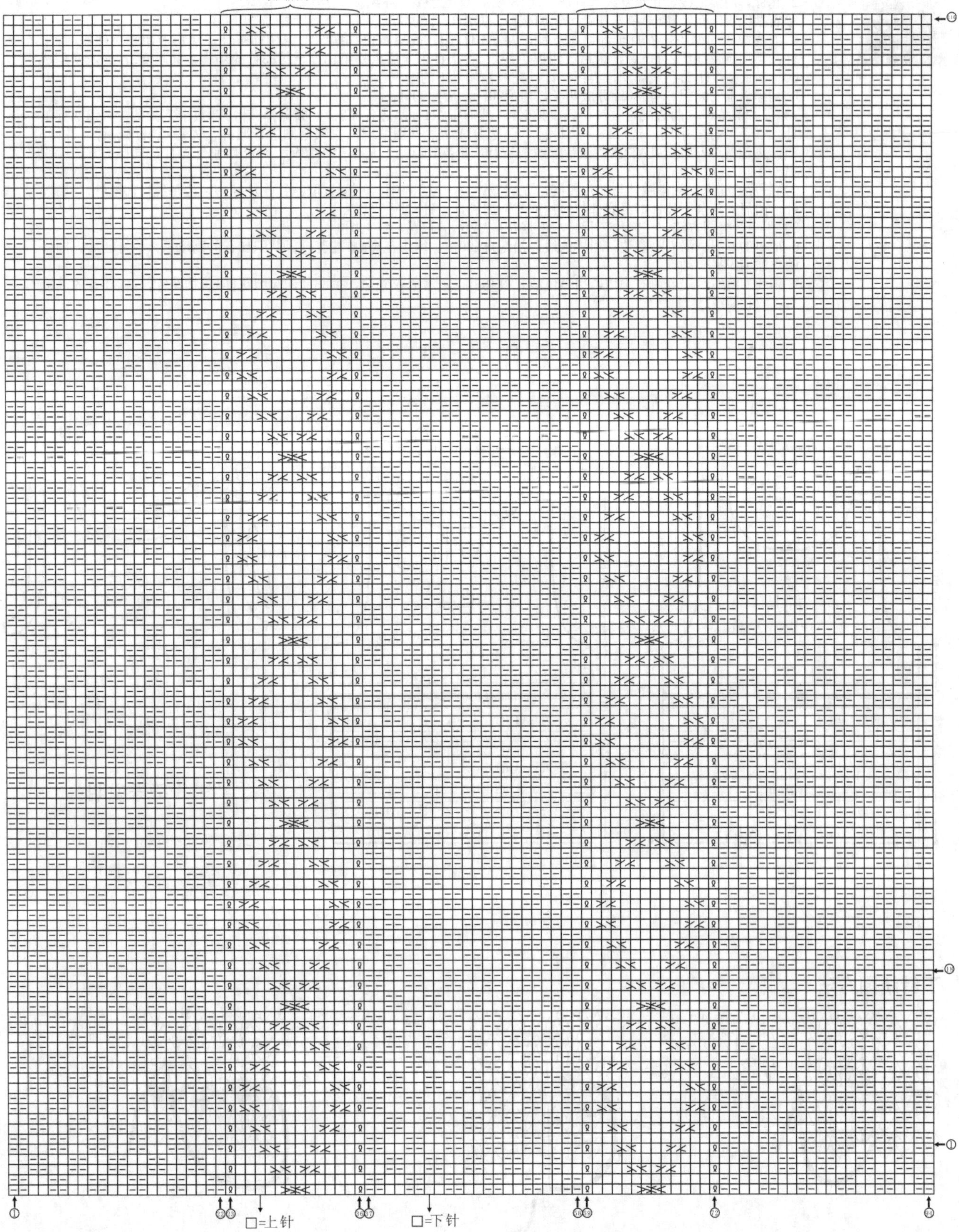

□=上针　□=下针

帅气小背心

【成品规格】衣长40cm，衣宽32cm，袖长1.9cm
【工　　具】10号棒针
【材　　料】黄色晴纶线150g，黑色晴纶线100g
【编织密度】28针×43行=10cm²

前片/后片/衣摆/袖片制作说明：

1.棒针编织法。从下往上织，两色搭配，先编织衣服，再在前片绣上图案。袖窿以下环织，袖窿以上分成前片、后片编织。
2.起针。用黑色线，用单罗纹起针法，起180针，首尾连接，环织。
3.衣摆编织。起织花样A单桂花针，无加减针，共织12行的高度。
4.衣身配色的编织。衣身全部编织下针，从第13行起，改用黄色线编织，织10行下针，然后改用黑色线织4行下针，再用黄色线织2行下针，最后改用黑色线织4行下针。此后重复第13行至第33行的步骤，共重复3次，衣身织成60行，而后全用黄色线编织，再织18行，完成袖窿以下的编织。
5.袖窿以上的编织。将180针分成两半，前片90针，后片90针。
1）前片的编织。两边同时收针，各收掉6针，然后每织4行两边各减2针，共减掉8针，针数余下62针，再织26行下针，在下一行的中间，选取18针收针掉，两边分成两片分别编织，衣领这侧进行减针，先每织1行减1针，共减6次，再织2行减1针，共减3次，减针行织成12行，再织10行后，肩部余下13针，用防解别针扣住。同样的方法编织另一半。
2）后片的编织。袖窿减针与前片相同，完成减针后，再织60行，中间选取24针收针掉，两边每织1行减1针，共减6针，两肩部各余下13针，将肩部与前片的对应肩部，一针对应一针缝合。
3）用下针缝图方法，在前片73行起，根据花样A所示的位置，绣上图案。
6.袖口的编织。沿着袖窿边，用黑色线，沿边挑120针，编织花样A单桂花针，共织10行的高度后，收针断线。同样的方法编织另一袖口。
7.领片的编织。沿着前衣领边，用黑色线，挑46针，沿着后衣领边，挑36针，起织花样A单桂花针，共织8行的高度后，收针断线。

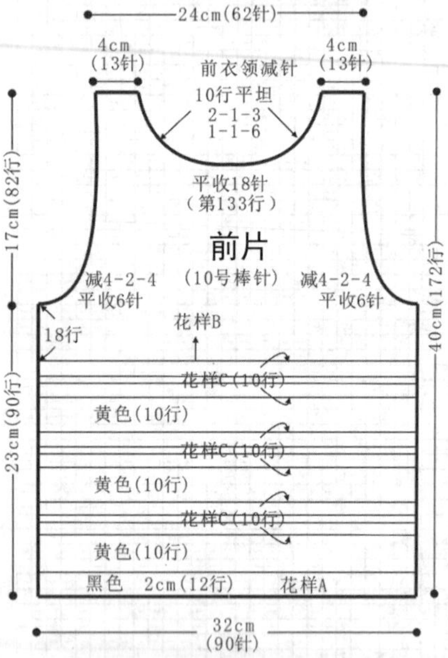

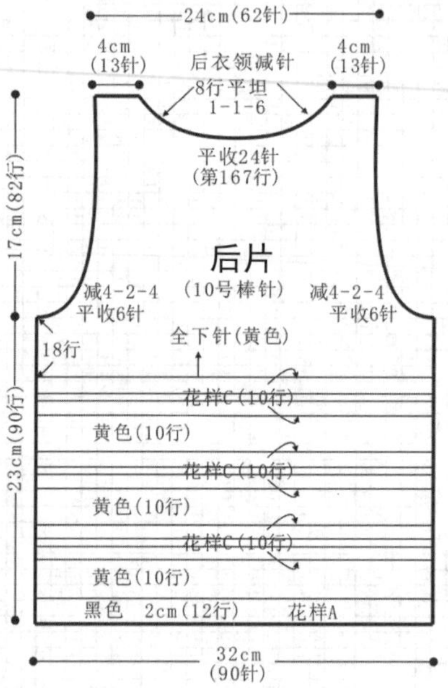

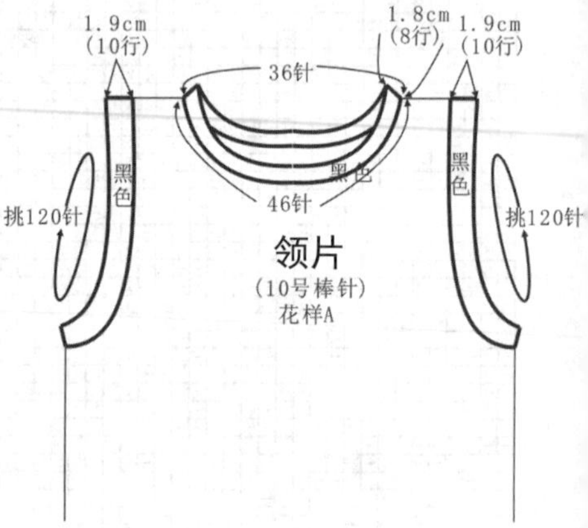

符号说明：

⊟ 上针
□=⊡ 下针
2-1-3 行-针-次
↑ 编织方向

下针绣图方法

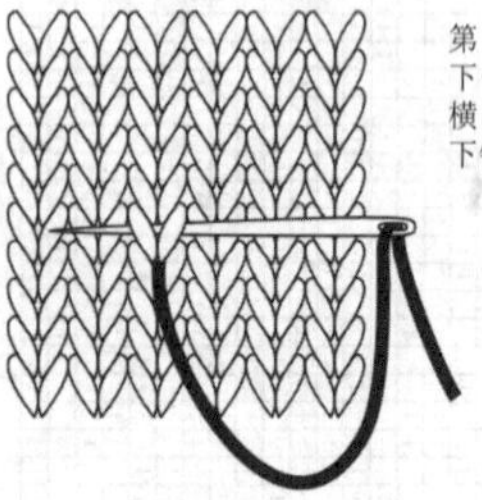
第1步：用缝针从1针下针后中间穿出，再横向穿过上一行的1针下针后，拉出。

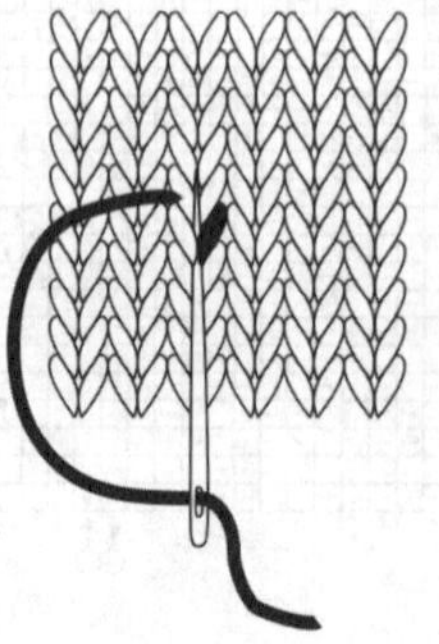
第2步：拉出第1步的线后，再将针穿入下2行的中间，再从中间一行（即需要绣的当行）中间穿出，拉出。

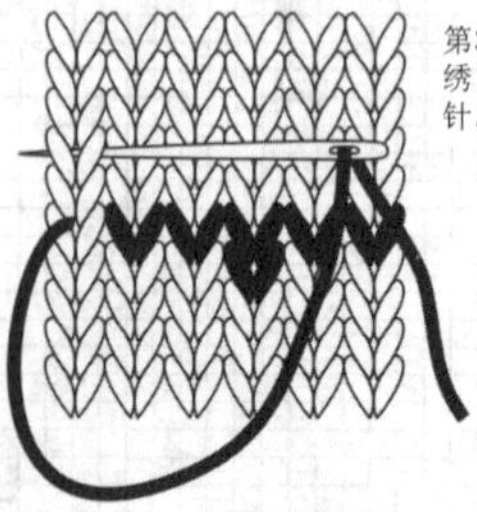
第3步：同样的方法去绣同一行或隔行的下针。

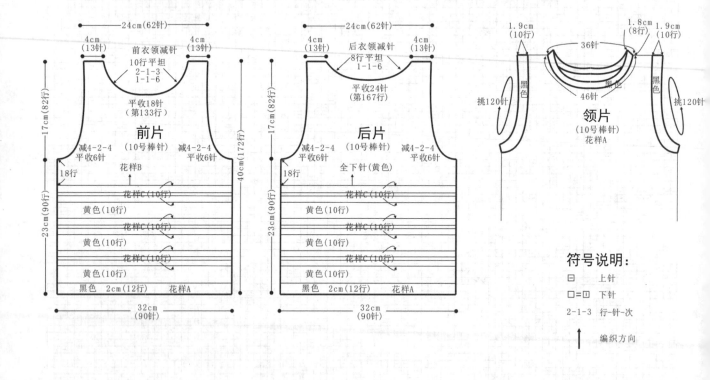

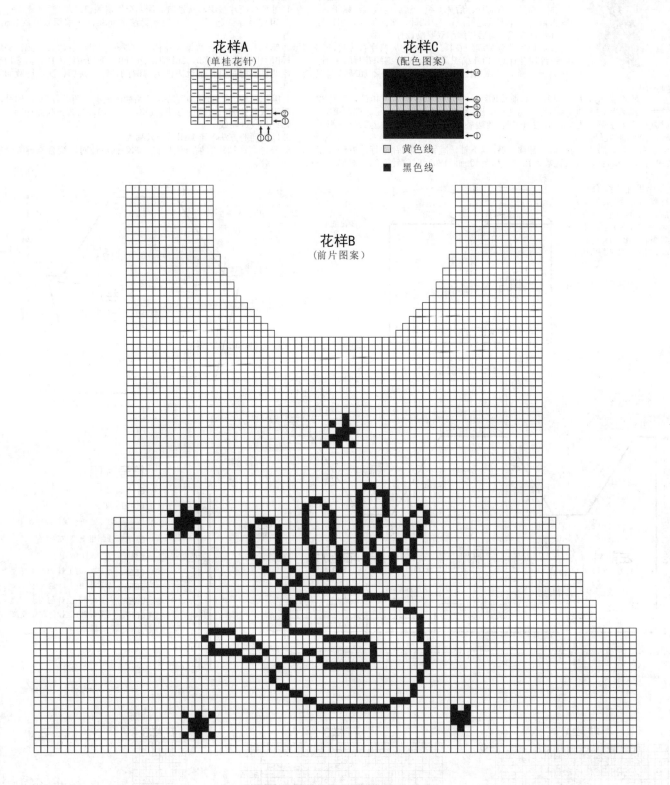

花样A
（单桂花针）

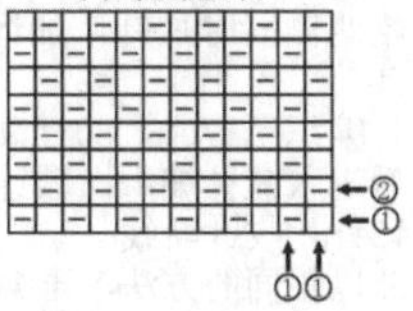

花样C
（配色图案）

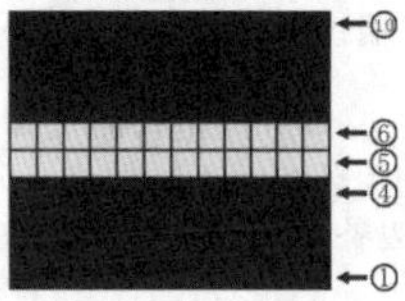

■ 黄色线
■ 黑色线

花样B
（前片图案）

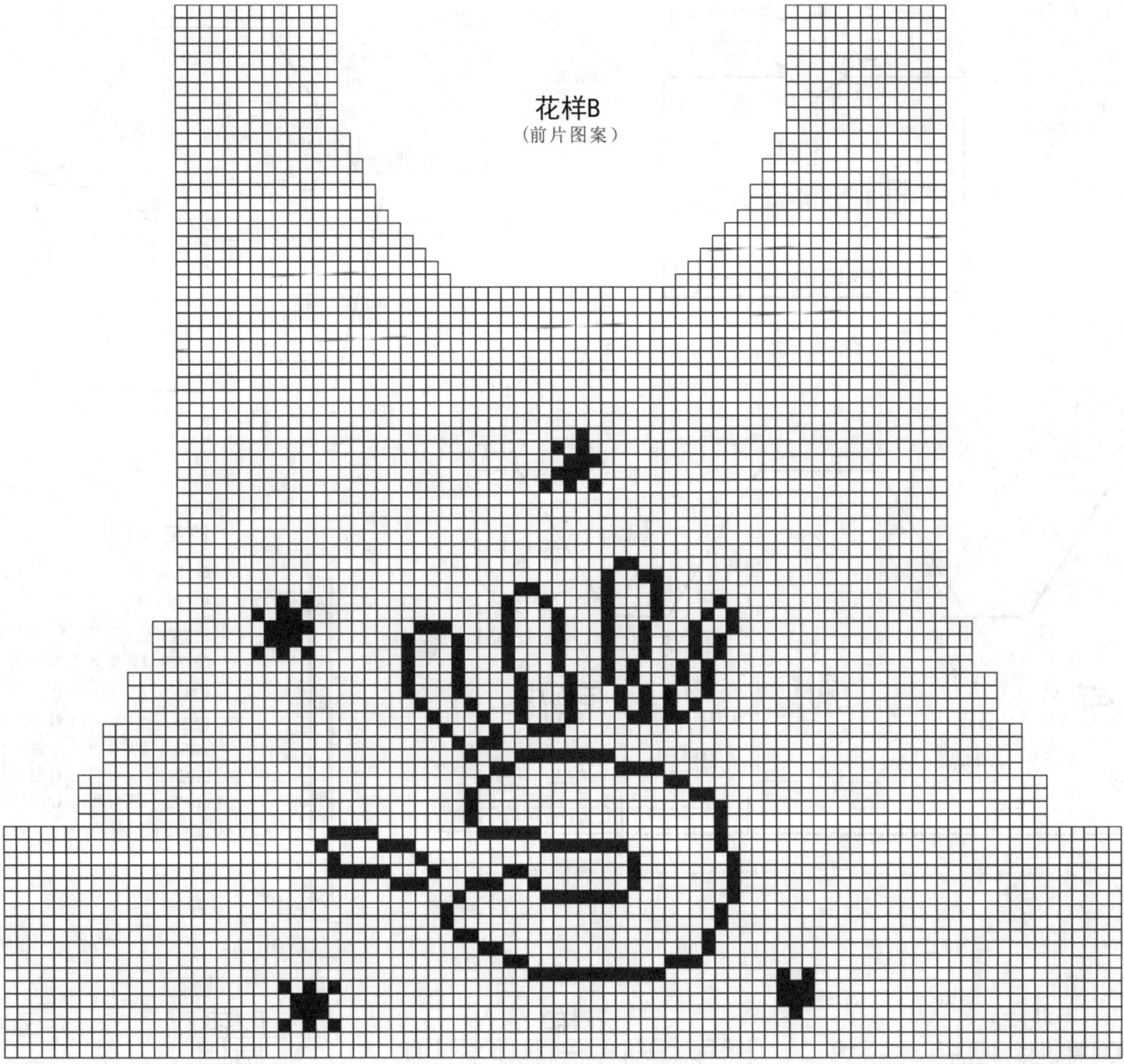

大气温暖外套

【成品规格】衣长40cm，衣宽35cm，袖长42cm
【工　　具】12号棒针，12号环形针
【材　　料】绒线600g，纽扣4枚
【编织密度】20针×30行=10cm²

前片/后片/帽片制作说明：

1.棒针编织法。袖窿以下一片编织而成，袖窿以上分成左前片、右前片、后片编织，然后连接编织帽子。

2.起针。单罗纹起针法，起162针，来回编织，用12号环形针编织。前后片编织双罗纹12行。

3.第13行分针数编织花样，方法是从织片右边起，26针编织花样A，40针编织花样B，30针编织花样C，40针编织花样B，26针编织花样A，袖窿以下不加减针编织23cm，70行。

4.袖窿以上分成左前片、后片、右前片编织，左前片和右前片各40针，后片82针，先编织后片，两边平收4针，两边均留出2针编织下针做筋，两边都在第3针同时减针，方法顺序为4-1-3，2-1-18，两边各减21针，剩余针数为32针，织至40cm，120行时收针断线。

5.编织右前片。腋下平收4针，袖窿处2针编下针，减针在第3针进行，方法顺序为2-1-24，减24针，剩余针数为12针，织至40cm，120行时收针断线。对称编织左前片。

6.身片和袖片缝合后进行帽片的编织。沿前后片、袖片的领窝边对应挑出80针，来回编织花样B，织到62行高度时，将帽子从中间分成两半，从中心向两边减针，每织2行减1针，减4次，将帽子织成70行的高度，将两边对称缝合。

门襟制作说明：

编织门襟。前门襟边与帽檐边一起编织，在前后片与袖片缝合后进行编织，棒针编织法，往返编织。使用12号环形针编织，分别沿着左右前片门襟边及帽檐挑针。每边挑144针，左右门襟及帽檐共挑出288针，编织双罗纹针法，在右前片门襟编织到第5行时，按图示每间隔22针开钮扣孔，共开4个，门襟边共编织8行，单罗纹收针。

袖片制作说明：

1.袖片分两片编织，从袖口起织。至插肩领口。

2.用12号棒针起织，单罗纹起针法，起38针。编织双罗纹4cm，12行。

3.第13行开始分针数编织花样，方法是从织片右边起，26针编织花样B，10针编织花样D，26针编织花样B，不加减针织13行，第14行开始两侧同时加针，加针方法为每6行加1针，共加10次。针数加至58针。

4.编织至27cm，80行高度时，开始袖山编织。两端各平收针4针，然后进入减针编织，减针方法4-1-3，2-1-16，两边各减掉19针，余下12针，收针断线。

5.以相同的方法，再编织另一只袖片。

6.缝合。将袖片的袖山边与衣身的斜插肩边对应缝合。再缝合袖片的侧缝。

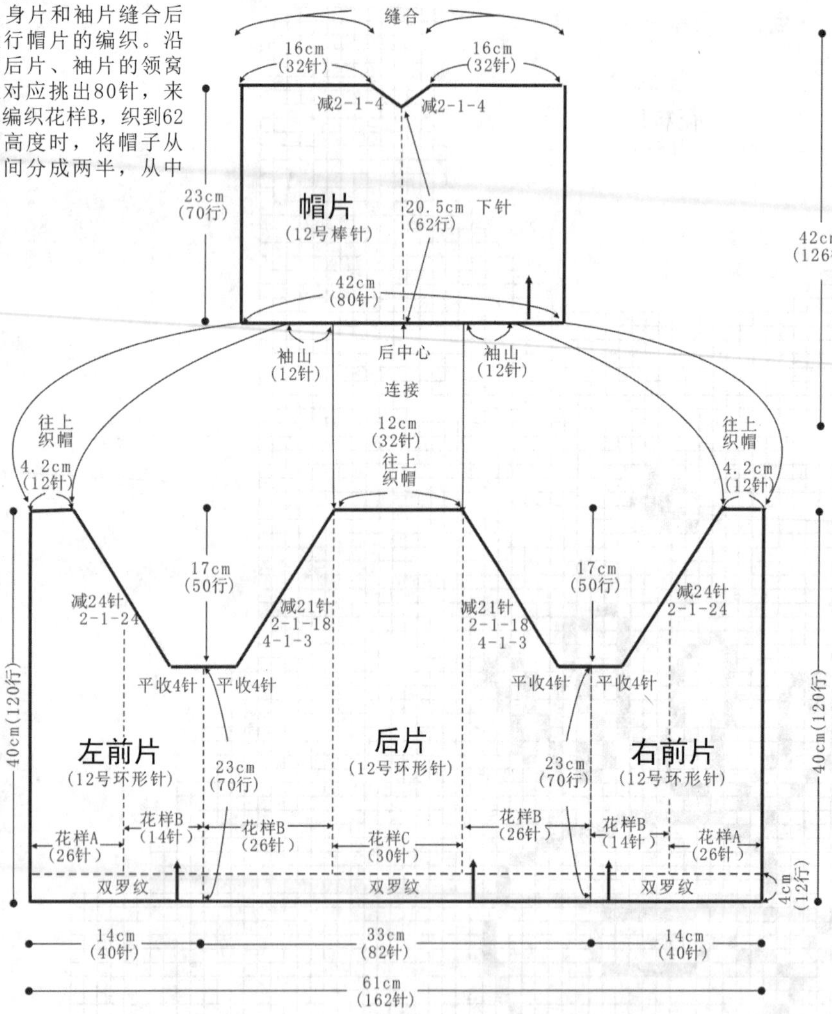

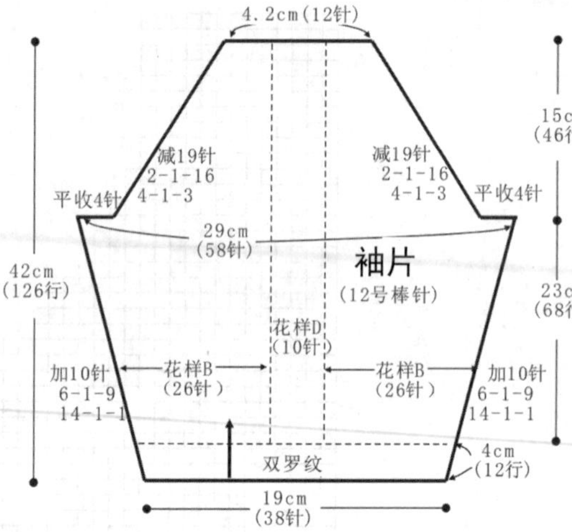

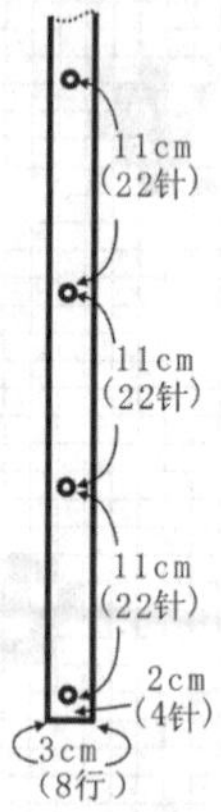

符号说明：

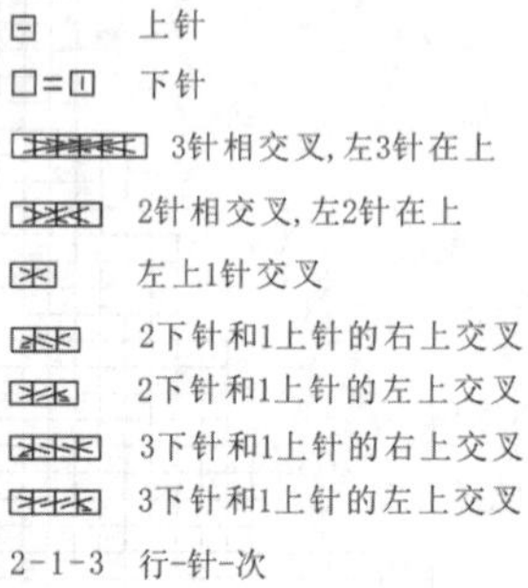

花样A

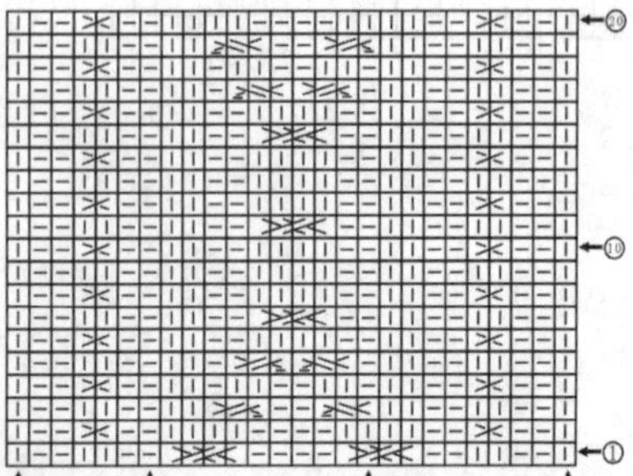

花样C

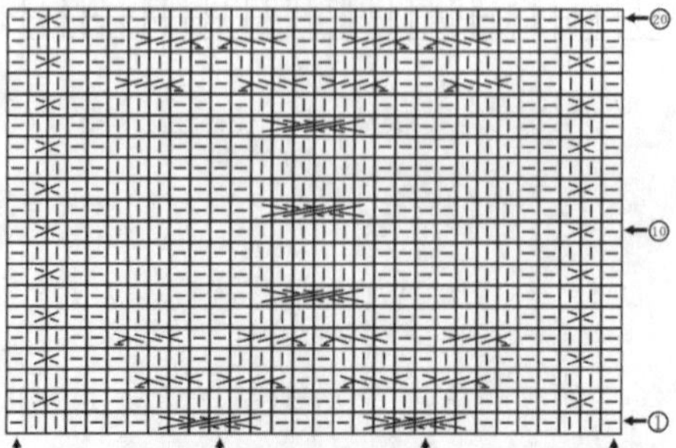

花样B

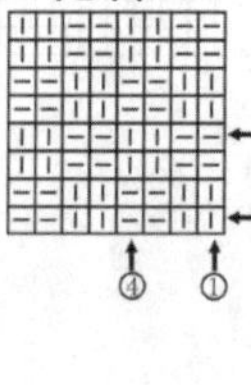

花样D

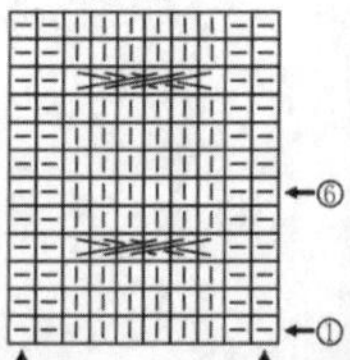

可爱小马甲

【成品规格】衣长35cm，衣宽32cm，袖长2.5cm
【工　　具】10号棒针，10号环形针
【材　　料】黄色羊毛线250g，黑色线50g
【编织密度】29针×37行=10cm²

前片/后片/领片/袖片制作说明：

1.棒针编织法，两色搭配编织，衣身用黄色线，衣领和衣襟衣摆边用黑色线，袖口用黑色线。袖窿以下一片编织而成，袖窿以上分成左前片、右前片、后片单独编织。

2.袖窿以下的编织。用10号环形针编织。

1）起针。单起针法，起156针，来回编织。

2）起织。正面全织下针，返回时全织上针，第1行起织，两边各加1针，此后每织1行，两边各加1针，共加11行，两边各加成11针。织片的总针数为178针，无加减针往上编织63行的高度，两边开始减针织前衣领边，每织2行减1针减1次，再无加减织2行，织片共织成78行，完成袖窿以下的编织。

3.袖窿以上的编织。用10号棒针编织。

1）分配针数。左前片和右前片各42针（袖窿以下编织时，前衣领已减掉1针），后片92针。

2）以左前片为例。将43针挑到棒针上，右边进行袖窿减针，平收5针后，每织2行减1针，共减10次，右侧减少针数15针。而左侧前衣领，继续进行衣领减针，每织2行减1针，减1次，再无加减织2行，重复这个步骤6次（袖窿以下编织时，已进行了一次减针），最后再织2行减1针后，无加减针织12行后，完成左前片的编织，不收针，用防解别针扣住。同样的方法去编织右前片。

3）后片的编织。后片的袖窿减针与左前片相同，两边各平收5针，再织2行减1针，共减10次，针数余下62针，无加减再28行后，在下一行的中间选取32针收针，两边各减针2针，后片织成52行的高度，肩部余下13针，与前片的13针，一针对应一针缝合。

4.领片和衣襟、衣摆的编织。前衣领两边各挑56针，后片挑40针，两衣襟挑88针，下摆边挑织44针，用黑色线，编织花样C双罗纹针，共织10行的高度后，收针断线。

5.袖口的编织。袖口全用黑色线编织，各挑112针编织，织花样C双罗纹针，共织10行后收针断线。

6.根据下针绣图方法，将花样A图案绣上右前片，而左前片绣上花样B图案，衣身后片的米老鼠图案，是用亮片黏上制作而成，这种图案有固定的制板，可在手工市场上购到。

花样C
（双罗纹针）

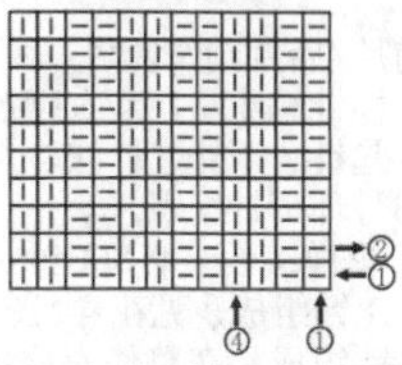

4针一花样

花样B
（左前片绣花图案）

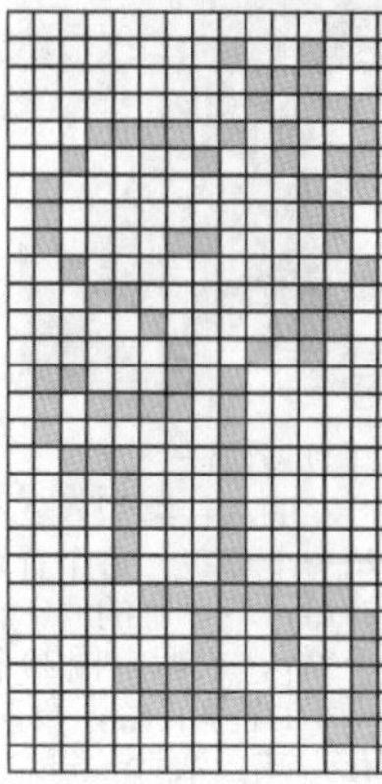

符号说明：

⊟　上针
□=⊡　下针
2-1-3　行-针-次
↑　编织方向

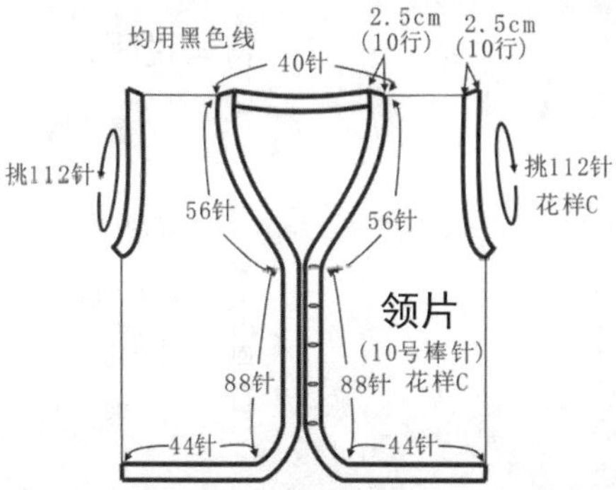

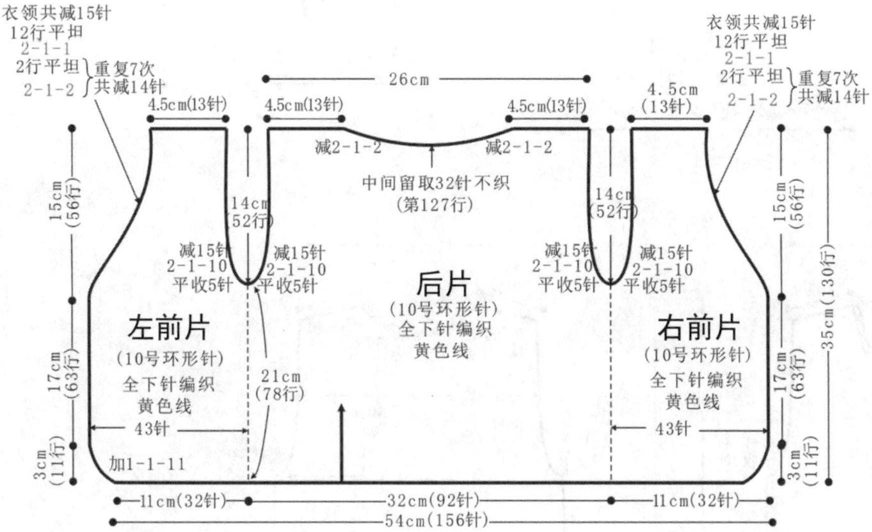

花样A
（右前片绣花图案）

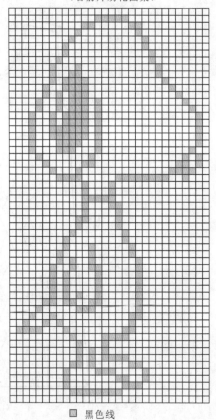

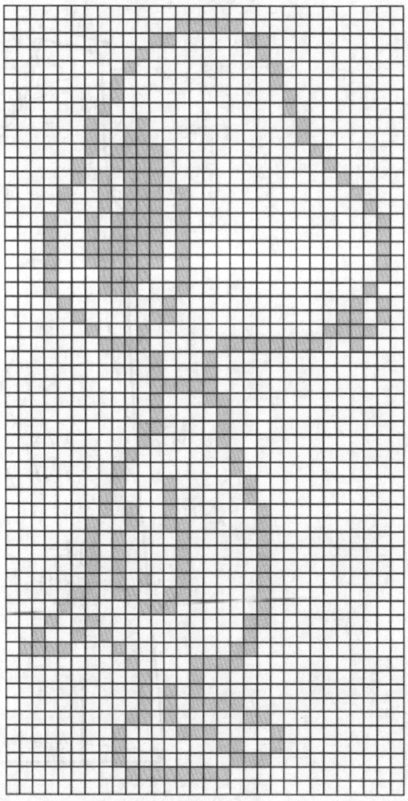

■ 黑色线

下针绣图方法

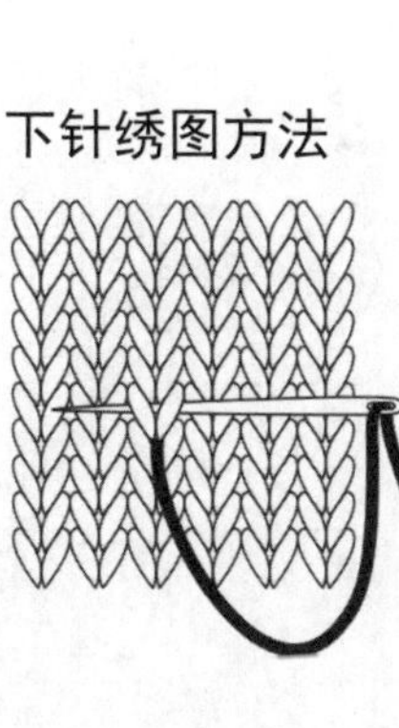

第1步：用缝针从1针下针后中间穿出，再横向穿过上一行的1针下针后，拉出。

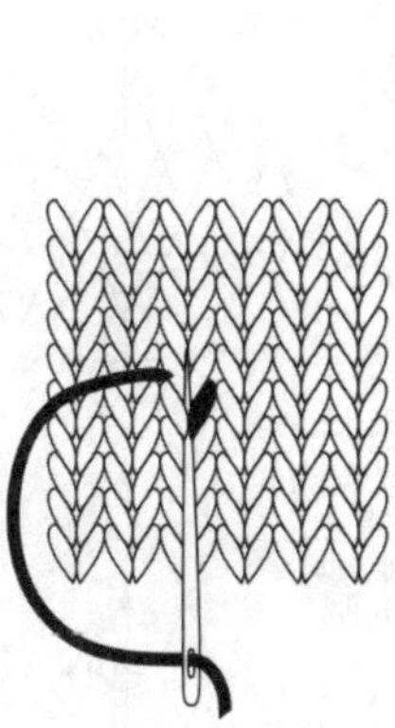

第2步：拉出第1步的线后，再将针穿入下2行的中间，再从中间一行（即需要绣的当行）中间穿出，拉出。

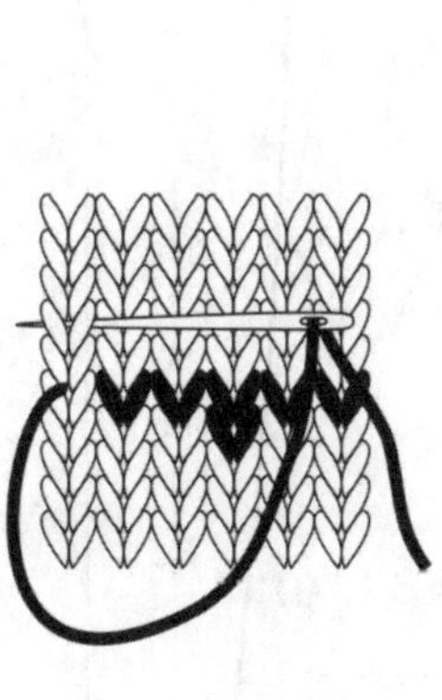

第3步：同样的方法去绣同一行或隔行的下针。

树叶花连衣裙

【成品规格】衣长56cm，袖16cm，下摆宽50cm
【工　　具】13号棒针，13号环形针，1.3mm钩针
【材　　料】三七线500g，红色
【编织密度】36针×40行=10cm²

前片/后片制作说明：

1.棒针编织法，从衣摆起织，花形为树叶花。

2.起针。下针起针法，起360针，首尾连接，环织，用13号环形针编织。

3.花样编织。将360针，分配成20个树叶花，每个花由18针组成，见花样A图解，花样主要由下针、空针和并针织成。在整件衣服编织过程中，树叶花的个数不变，而每个花的针数在减针后有改变。最后一个树叶花的针数为14针。

4.树叶花的减针编织。一个菱形花形为一个整花，即32行一个整花，如结构图所示，第一个整花，每个行数为32行，在编织第32行时，在并针的所在列，即第31行并针后，下一行的同一位置（此行没有空针加针）继续并针，这样，一个整花就减少2针，衣服一圈20个花，一共减少了40针，织片针数减为320针，同样方法，再织1个整花后，再减一次针，每个花减2针，针数减为280针，接着再织一个整花，减一次针，每个花减2针，针数减为240针，再织一个整花，再减一次针，每个花减2针，针数减为200针，此后，花形不再减针，照每个花14针的针数继续编织，但整花的排列有变化，参照结构图所示，将树叶花的整体织成三角形。从121行起，腋下减针，每织10行两边各减1针，共减4次，然后再无加减织10行，至袖窿完成。后片的树叶排列与前片相同，当整花织成7个的高度时，再织18行的下针高度，开始分袖窿，将织片分成前片、后片编织。

5.袖窿以上的编织。衣服编织至170行的高度时，开始分前后片，每片的针数为140针，先编织后片，将前片的针数用防解别针扣住，后片两边平收8针，然后两边同时减针，减2-1-4，针数各减少12针，后片余下68针继续编织，再编织42行的高度时，从织片中间选取20针收针，两边相反方向减针，减2-1-6，再织2行，减针行织成14行，肩部余下18针，收针断线。

6.前片的编织。前片的袖窿减针与前片相同，而衣领的减针开始织14行下针后，开始分成两边各自减针编织。减针方法为，先每2行减1针减2次，再织2行无加减，如此减法重复8次，行数织成48行，针数减少16针，此时，衣领的一边减少16针，然后无加减针编织2行后，与后肩部对应缝合。另一边织法相同。缝合后，用钩针沿着前后衣领边钩织花样B花边。

袖片制作说明：

1.棒针编织法。用13号棒针编织。从袖口起织，袖山减针。

2.起针。下针起针法，起85针，首尾连接。

3.袖口的编织。起针后，将84针分成7个树叶花，再加织1针下针，树叶花无减针，始终是12针一个整花。

4.袖身的编织。编织一个整花的高度时，无加减针，依照花样C图解编织。

5.袖山的编织。将完成的袖身对折，分成两半针数，选一侧的最边两针，作袖山减针所在列，环织改为片织，两端各平收针8针，然后进入减针编织，减针方法2-1-24，袖山两边各减掉32针，余下21针，收针断线。以相同的方法，再编织另一只袖片。

6.缝合。将袖片的袖山边与衣身的袖窿边对应缝合。

符号说明：

⊟ 上针

□=⊡ 下针

2-1-3 行-针-次

↑ 编织方向

⊚ 镂空针

⊼ 中上3针并1针

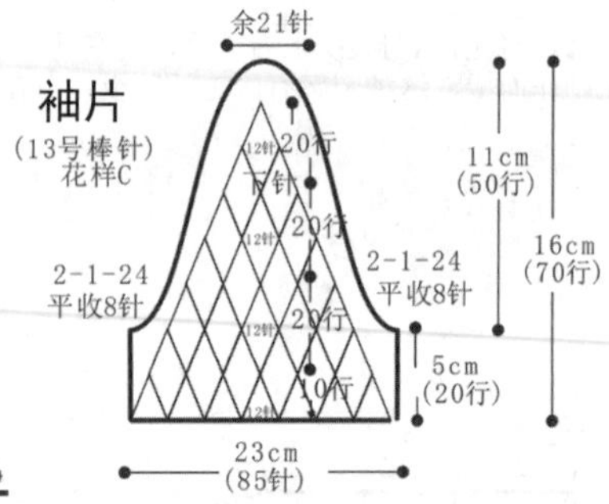

花样B
(衣领花边图解)

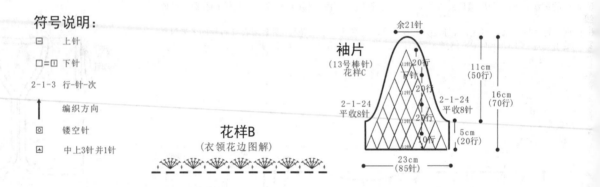

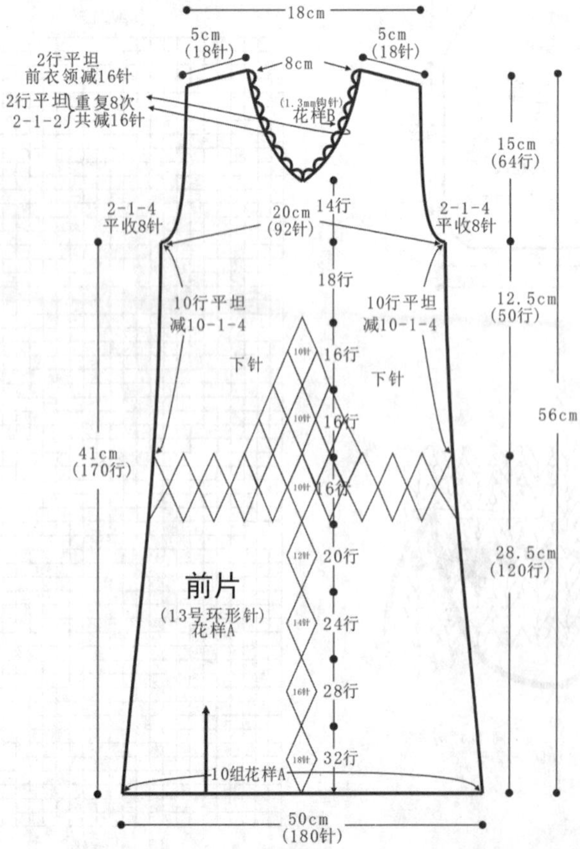

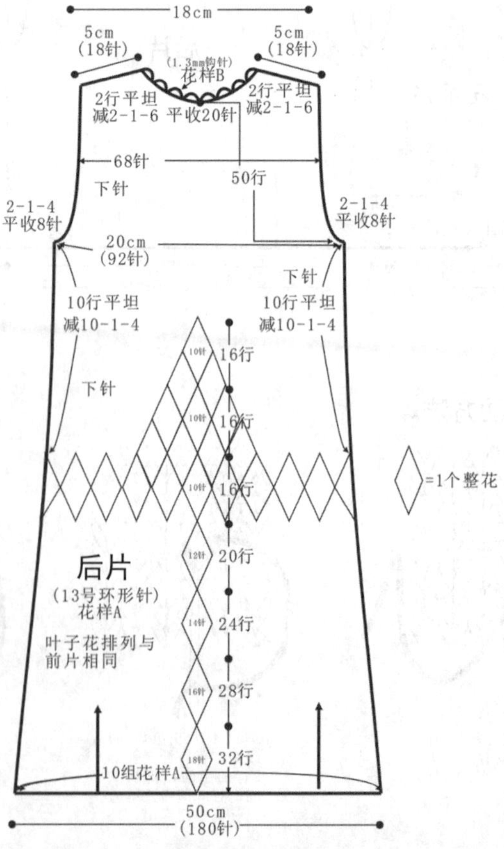

花样A

(裙身叶子减针图解)

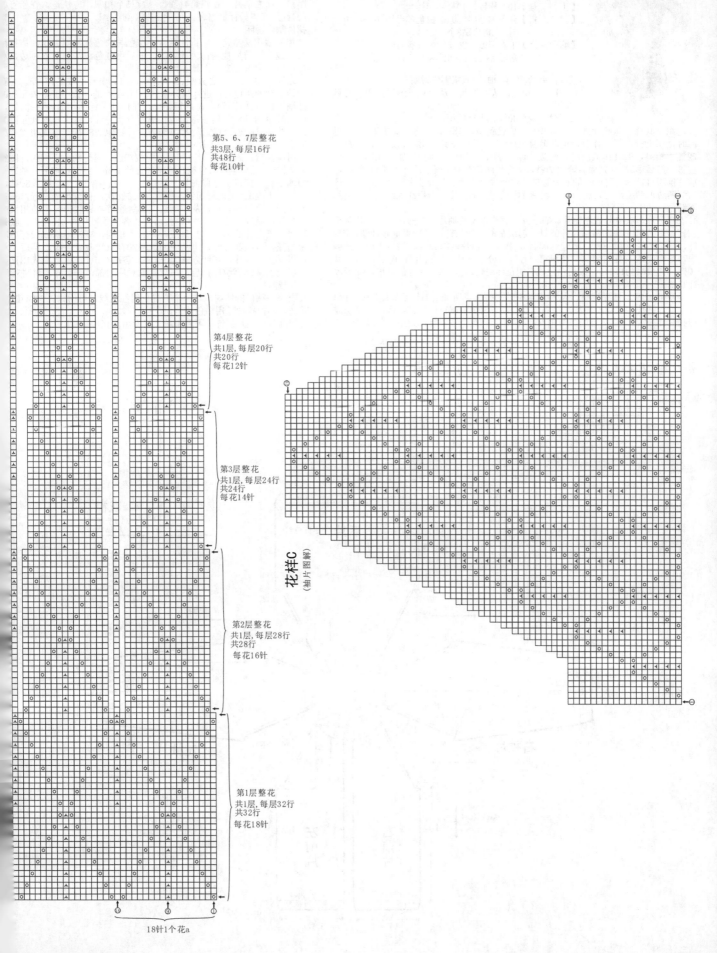

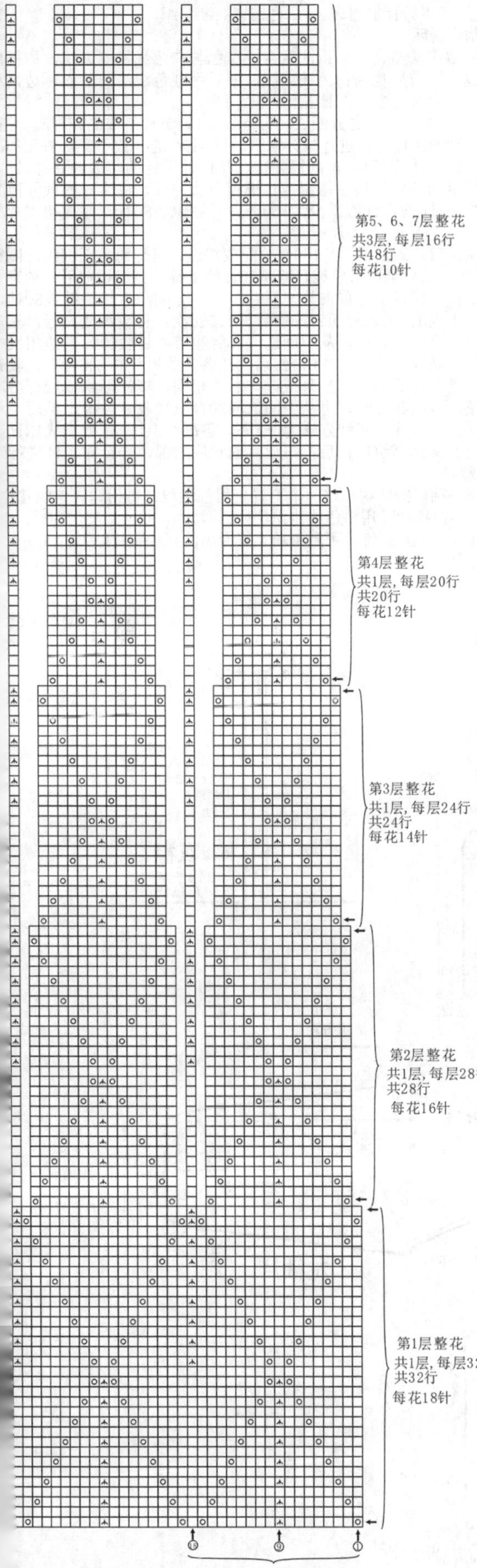

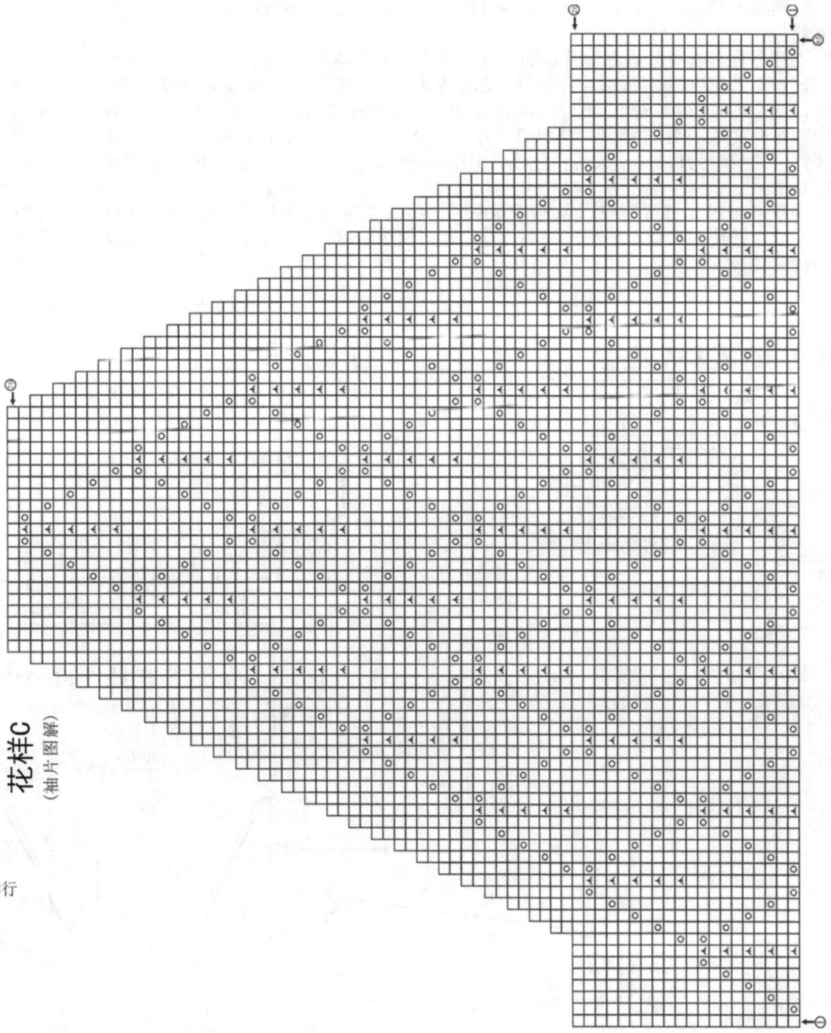

花样C

(袖片图解)

烫花双色套裙

【成品规格】上衣长38cm，衣宽38cm，袖长40cm，下摆宽34cm，裙子全长64cm，衣宽29cm，裙摆宽72cm，肩宽23cm

【工　　具】10号棒针，10号环形针

【材　　料】红色羊毛线250g，白色羊毛线200g，扣子5枚，亮片贴3个

【编织密度】上衣密度：26.5针×36行=10cm²
裙子密度：27.5针×35.8行=10cm²

前片/后片/衣摆/袖片/衣襟制作说明：

1.棒针编织法，从衣领起，从上往下编织，用10号针编织。

2.起针，起130针。来回编织。

3.起织领胸片。从起针处，在第20针的位置起织，织90针，再向前挑织1针，返回时全织上针，织91针后，再向前挑织1针，选第2、3针与第21、22针，第71、72针，第91、92针作插肩缝，两边加针，每织2行加1针，每4次加针在同一针的位置，然后第5次回到插肩缝边加针，而织片两边在编织时，均向前挑1针编织，前片挑织11针后，将所有的衣领边的针数全挑至棒针上，继续来回编织，只在插肩缝两边加针编织。共加24针，领胸片织成50行的高度。全用红色线编织，全织下针。

4.衣身分片。衣身分成左前片、右前片、后片以及两袖片。左前片和右前片各选42针，后片选98针，两袖片各68针。起织左前片的42针，然后用单起针法，起4针，接后后片编织98针，再起针起4针，接上右前片编织42针。然后无加减针编织74行，完成衣身的编织，在织第74行时，分散减针，两前片各减4针，后片减10针，针数减为176针，改用白色线编织花样A搓板针，共织10行的高度，在后收针断线。

5.袖片的编织。袖片68针，从右织至左时，将衣身所加的4针全挑织出来，挑4针，袖片针数为72针，环织，每织12行，腋下两边各减1针，共减7次，袖身织成134行高度，在最后一行时，分散减针减4针，针数余下54针，改用白色线编织花样A搓板针，无加减针织10行的高度后，收针断线。同样的方法编织另一袖片。

6.衣领和衣襟的编织。先编织衣领边，用白色线，沿着前后衣领边挑针编织花样A搓板针，共织10行高度，再沿着衣襟边，挑84针，编织花样A搓板针，仍用白色线编织。左前片编织10行的高度后，收针断线，而右前片，在织第4行时，编织5个扣眼，方法是，在当行收起4针，在下一行重起这4针，再连接继续编织。

裙片制作说明：

1.棒针编织法与钩针编织法结合。红色与白色线搭配编织，裙摆用红色线，裙前后片用白色线编织，最后用红色线沿前后衣领边，和袖口边，钩织花边。从下往上编织。

2.起针。200针，将之分配成19针下针，1针上针组成的花样A。并在19针下针的两边同行进行减针编织。1针上针的针数不变，先无加减针编织14行的花样A，再进行并针，在19针下针的两边各并掉1针，针数减少为17针，然后每织12行进行一次并针，每次一圈就并掉40针，共并针6次，针数减少为160针，行数织成86行。完成裙摆片的编织。

3.裙前、后片的编织。将160针分配成20组，进行配色图编织，图解见花样B，然后全用白色线，编织70行的下针，完成裙前后片袖窿下的编织。袖窿以上分成前片与后片编织，先编织后片，针数80针，两边各平收6针，再每织2行减1针，共减6次，行数织成12行，然后无加减针再织30行后，从中间选取20针直接收针收掉，两边相反方向减针，减针方法为1-1-6，然后两边各无加减针再织6行后，收针断线。裙前片的编织，袖窿减针与后片相同，减针行织成12行后，无加减针再织20行时，再从中间选取20针直接收针收掉，然后两边各相反方向减针，减针方法为2-1-6，各减少6针，行数织成12行，然后无加减针再织10行后，与后片的对应肩部，一针对一针进行缝合。裙身完成。

4.衣领与袖口的钩织。这两个位置全用红色线，再用钩针钩织花样B花边，而裙摆边，用白色线钩织花样C花边。

5.裙前片的亮片装饰，可到市场上买专用的亮片贴片贴上。

花样A（搓板针）

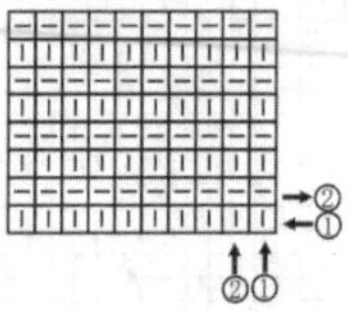

2针一花样

符号说明：

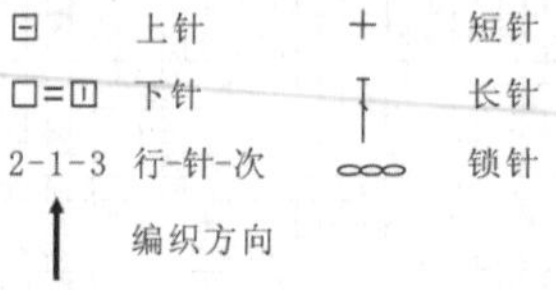

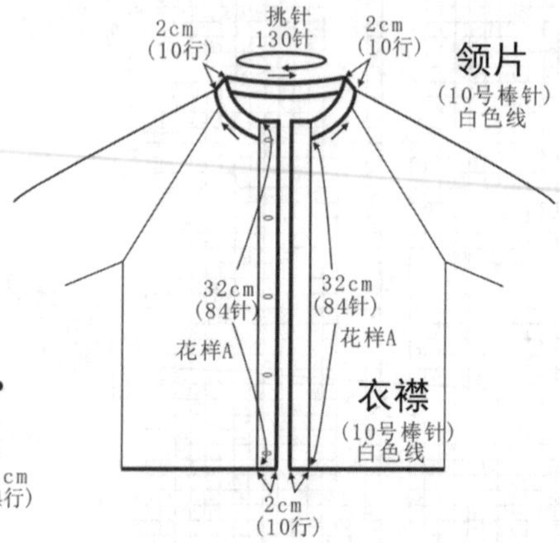

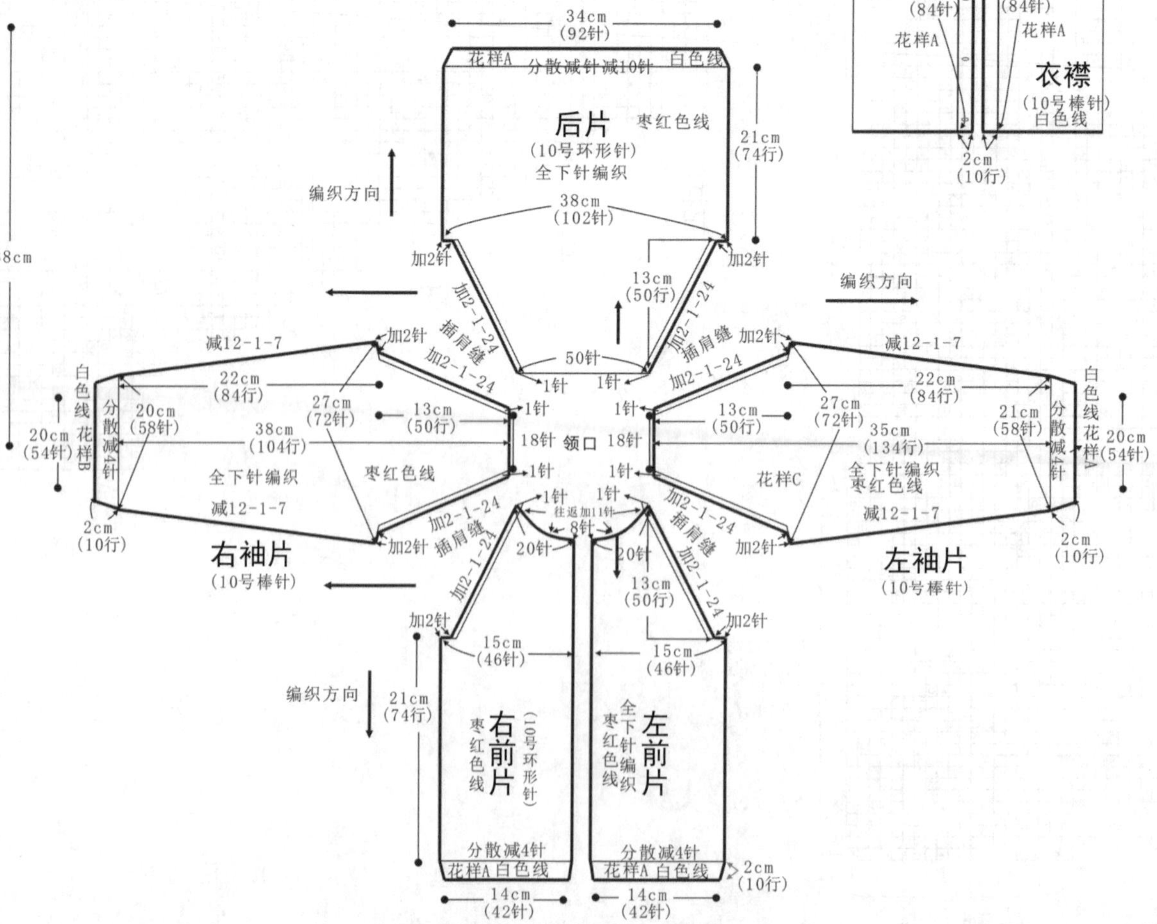

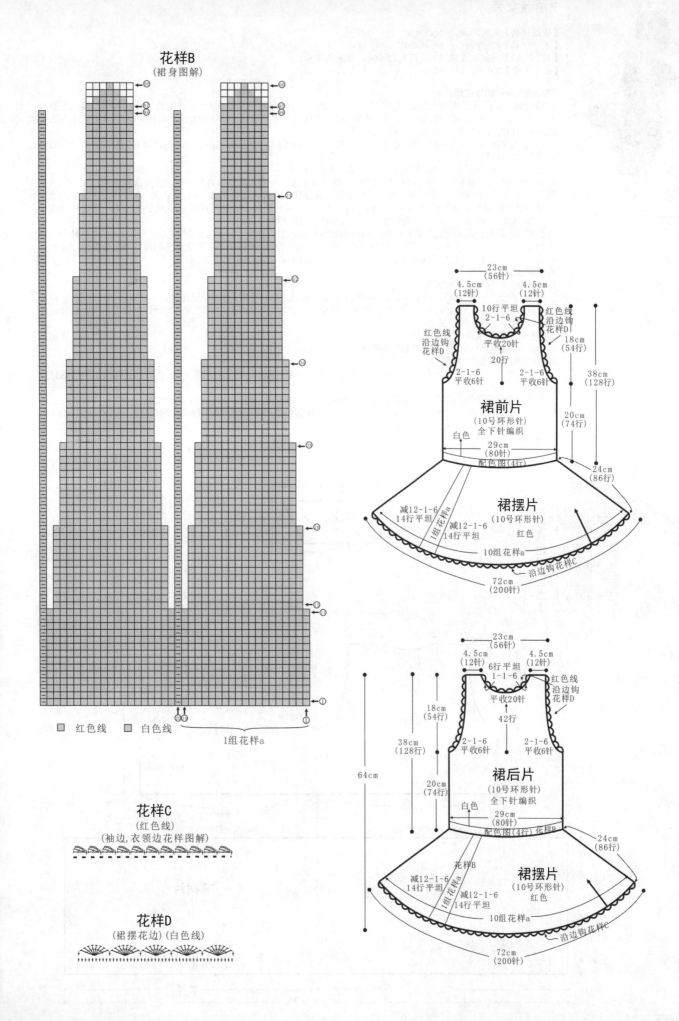

花样B
(裙身图解)
红色线
白色线
1组花样a
花样C
(红色线)
(袖边,衣领边花样图解)
花样D
(裙摆花边)(白色线)
23cm
(56针)
4.5cm
(12针)
10行平坦
2-1-6
红色线
沿边钩
花样D
平收20针
20行
18cm
(54行)
38cm
(128行)
平收6针
裙前片
(10号环形针)
全下针编织
白色
20cm
(74行)
29cm
(80针)
配色图(4行)
24cm
(86行)
裙摆片
(10号环形针)
红色
减12-1-6
14行平坦
1组花样a
10组花样a
沿边钩花样C
72cm
(200针)
6行平坦
1-1-6
42行
2-1-6
64cm
裙后片
花样B

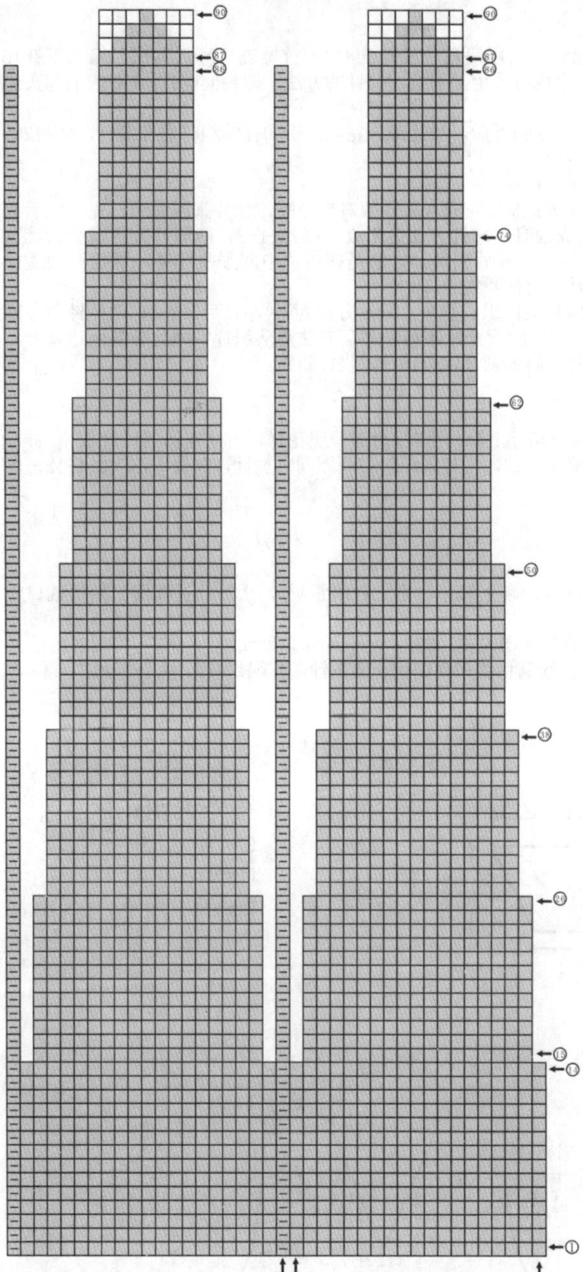

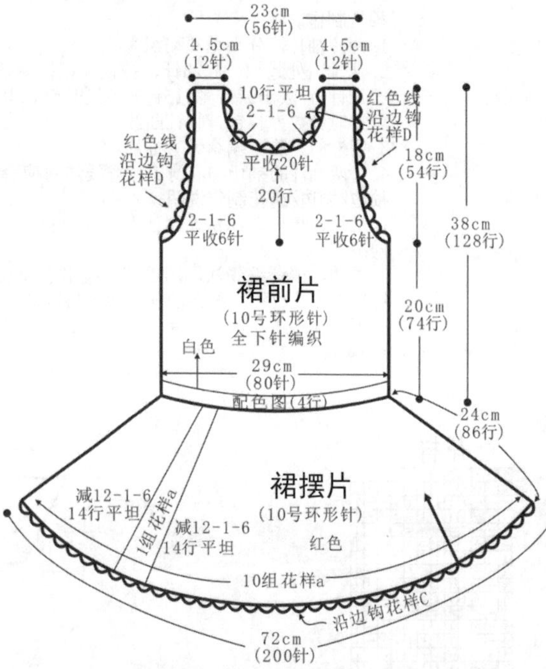

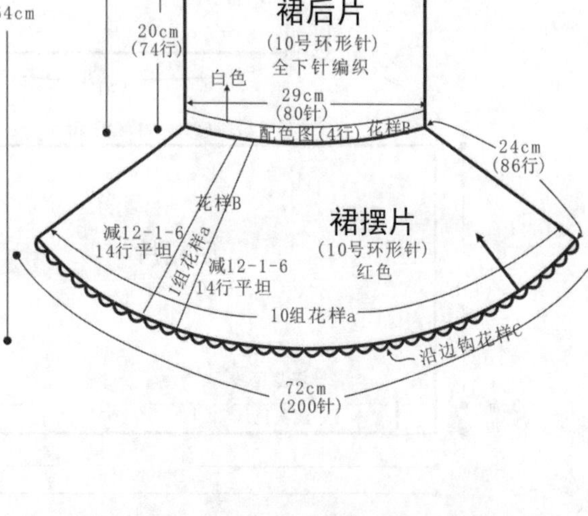

V领淑女装

【成品规格】衣宽26cm，裙长44cm
【工　　具】12号棒针，12号环形针
【材　　料】宝宝绒线共350g，深蓝色300g，浅灰色50g
【编织密度】30针×40行=10cm²

前后裙片身片制作说明：

1. 棒针编织法，前后裙片一起编织。起织，下针起针法，用浅灰色线起288针，首尾连接环形编织，编织下针15行，第16行编织时先将织片对折8行向内翻成双边，合成时采用上下2针并1针的方法，即每间隔1针在对应的起头边处挑出1针和上面的1针并为1针。这样正面就为8行。
2. 第9行换深蓝色线编织下针，不加减针编织下针20cm，80行后，裙片部分完成。第80行编织时进行缩针，即将288针均匀并针成168针。
3. 第89行开始编织裙腰，裙腰编织花样A，共编织4cm，16行。
4. 第105行开始编织下针，不加减针编织10行，袖窿以下部分完成。将针数对半分配，分片来回编织，先编织后片部分，后片用84针编织，织片两侧需要同时减针织成袖窿，减针方法为平收4针后2-1-8，两侧针数各减少12针，余下60针继续编织，两侧不再加减针，织至第170行开始减后领窝，方法是在织片中间平收16针，然后两边减针2-2-3，编织至44cm，176行后每边肩部剩余针数16针，收针断线。
5. 编织前片部分，前片用84针编织，织片两侧需要同时减针织成袖窿，减针方法为平收4针后2-1-8，两侧针数各减少12针，余下60针继续编织，两侧不再加减针，织至第122行开始减前领窝，方法是从织片中间对分向两边减针，减针方法是1-1-1，4-1-13，编织至44cm，176行后每边肩部剩余针数16针，收针断线。

袖片制作说明：

1. 两片袖片，分别单独编织。
2. 从袖山处起织，起23针，按袖片花样图解编织，编织6行上针，第7行增加编织花样，方法是第9针1针放出7针，第12针1针放出9针，第15针1针放出7针，其余针数编织上针，袖片编织时在两侧同时加针，加针方法为2-1-12，加至25时针数为47针，收针断线。
3. 同样的方法再编织另一袖片。
4. 将两袖片的袖山与衣身的袖窿线边对应缝合。

袖边/领边/绣花制作说明：

1. 袖边，棒针编织法，用浅灰色线沿袖窿及袖边挑86针。环形编织，全上针编织4行，上针收针断线。两边袖口相同编织。
2. 领边，棒针编织法，用深蓝色线沿着前后片形成的领窝均匀挑140针，环形编织单罗纹6行，第7行将后领窝的30针用单罗纹收针，剩余的前领边每1针放3针，第8行换浅灰色线来回编织正面下针，共编织4行，收针断线。
3. 用浅灰色线在前后裙片上按十字绣图案绣制花样。

花样A

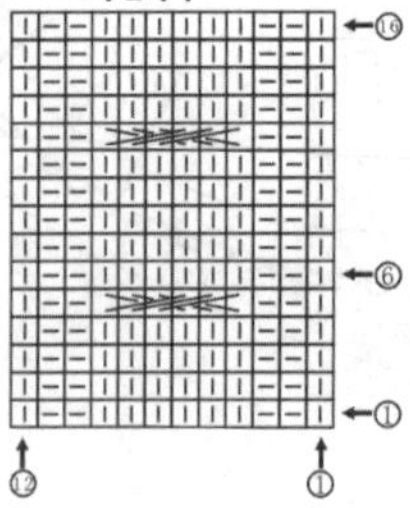

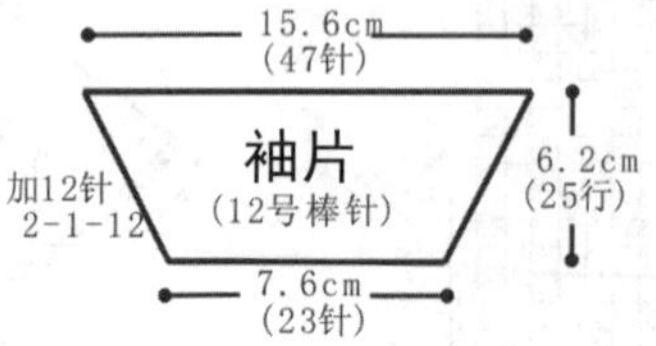

符号说明：

⊟	上针
□=⊡	下针
(符号)	3针相交叉,左3针在上
2-1-3	行-针-次

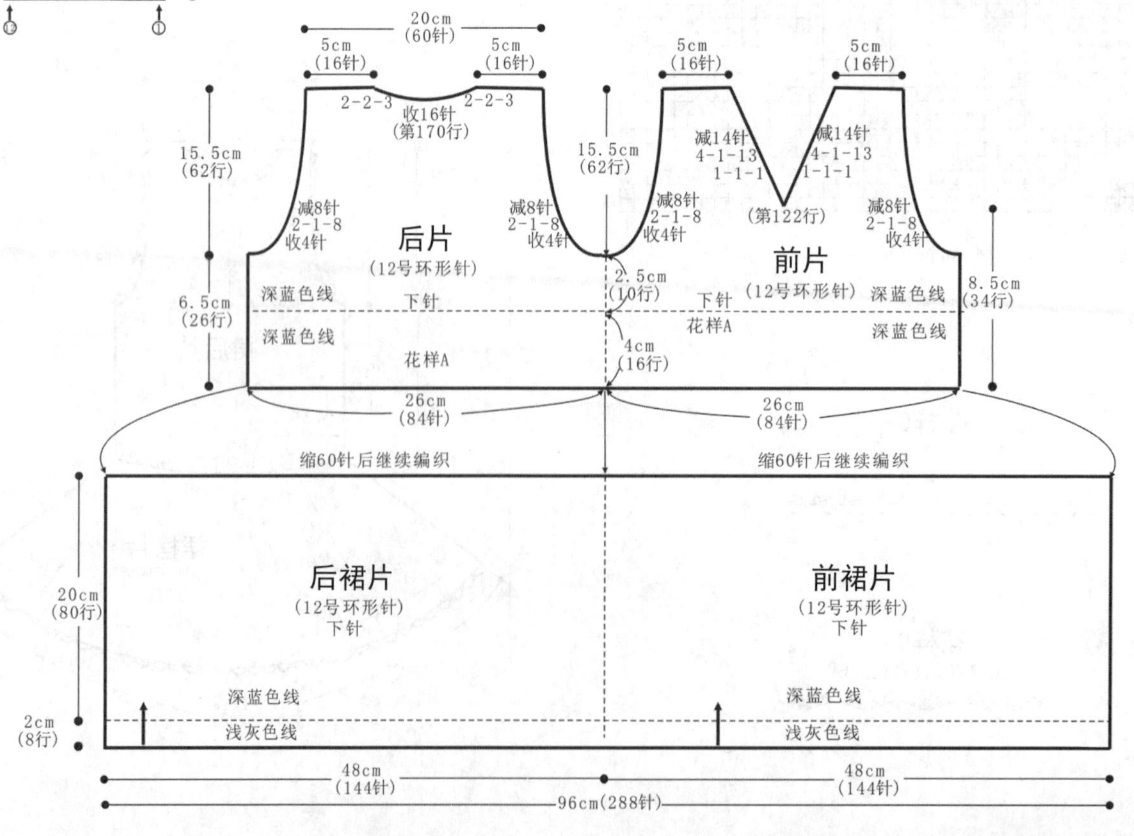

袖片编织图解

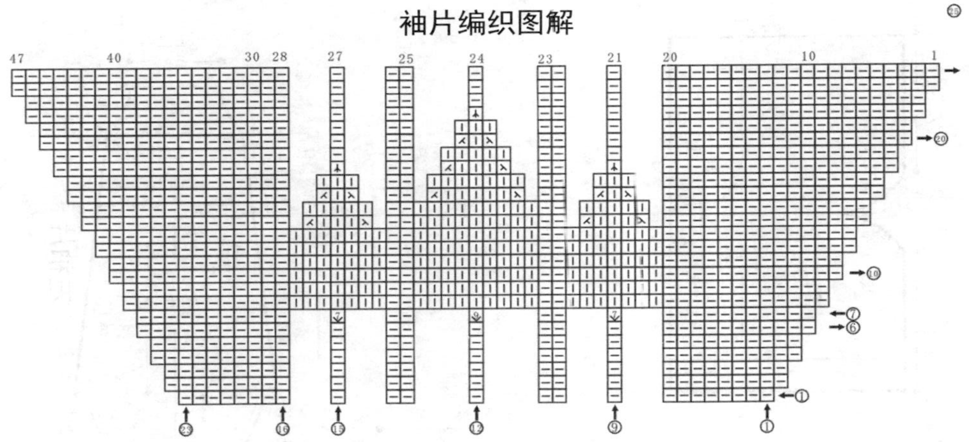

十字绣图案

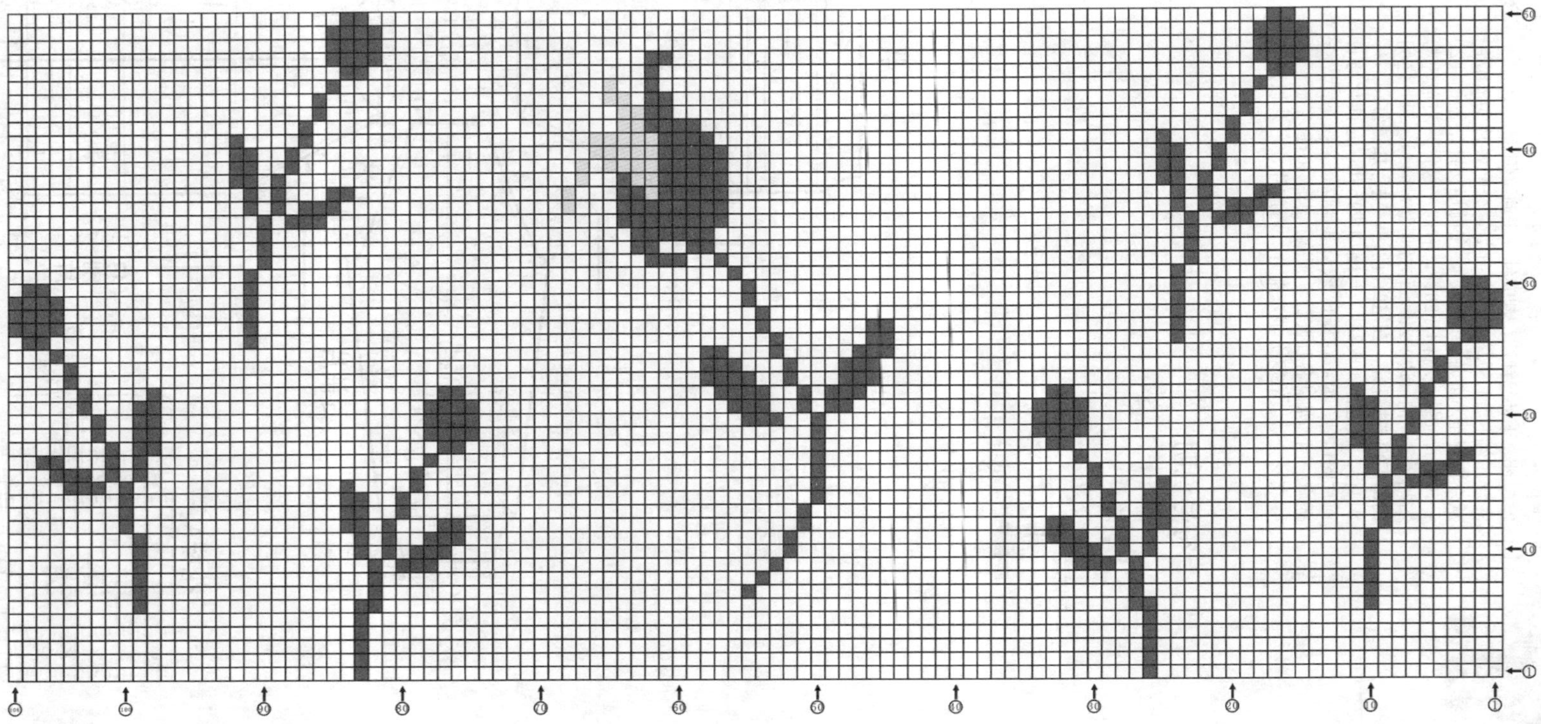

阳光男孩装

【成品规格】衣长46cm，胸宽36cm，肩宽18cm，袖长42cm，下摆宽26cm

【工　　具】10号棒针，10号环形针，1.50mm钩针

【材　　料】灰色兔毛线350g，红色兔毛线100g

【编织密度】20针×24行=10cm²

前片/后片/衣摆/袖片/衣襟制作说明：

1.棒针编织法。从衣领起，从上往下编织，用10号针编织。

2.起针。下针起针法，起98针。来回编织。

3.起织领胸片。从衣领的起针处，分配各片的针数，从左前片至右前片。依次是，左前片14针，左袖片20针，后片30针，右袖片20针，右前片14针，右前片与右袖片之间的最边的2针，作插肩缝，同理，每片之间的2针都作插肩缝，在这2针两边，进行加针编织。每织4行，两边各加成2针，一圈加成16针。左前片与右前片的14针，编织花样A。衣身其他位置全织下针。在插肩缝两边加针各加20针，领胸片织成40行。

4.衣身分片。衣身分成左前片、右前片、后片以及两袖片。左前片和右前片各选34针，后片选70针，两袖片各54针。起织左前片的34针，然后用单起针法，起8针，接后后片编织70针，再起针起8针，接上右前片编织34针。然后无加减针编织30行，进行配色编织，先用红色线织4行下针，再用灰色线编织4行下针，然后重复1次，再用红色线织4行下针，最后用灰色线织2行下针。花A全程编织11.5层的高度，完成衣身的编织，最后继续用灰色线编织衣摆，花样编织花样B双罗纹针，共织18行的高度，收针断线。

5.袖片的编织。袖片54针，从右织至左时，将衣身所加的8针全挑织出来，袖片针数为62针，环织，无加减针织8行的高度后，再每织4行，腋下两边各减1针，共减12次，针袖身织成96行高度，但在用灰色线织成32行后，开始进入配色编织，先用红色线织4行下针，再用灰色线织4行下针，重复3次，共织成24行配色，在最后一行时，分散减针减6针，针数余下32针，分成8组双罗纹针编织，无加减针织14行的高度后，收针断线。同样的方法编织另一袖片。

6.帽片的编织。沿着衣领边，挑针起织，针数为98针，为衣领起针的针数，衣襟边的5针花B照织，其他针数全织下针，无加减针织44行后，选中间的2针作减针，两边每织2行减1针，共减5次，帽顶的针数余下88针，分成两半，对折缝合。

7.最后沿着帽沿和衣襟边、衣摆边，用红色线钩织一行逆短针。在袖口也用红色线钩织一圈逆短针。

符号说明：

⊟ 上针

□=⊡ 下针

2-1-3 行-针-次

↑ 编织方向

右上3针与左下3针交叉

穿左针交叉

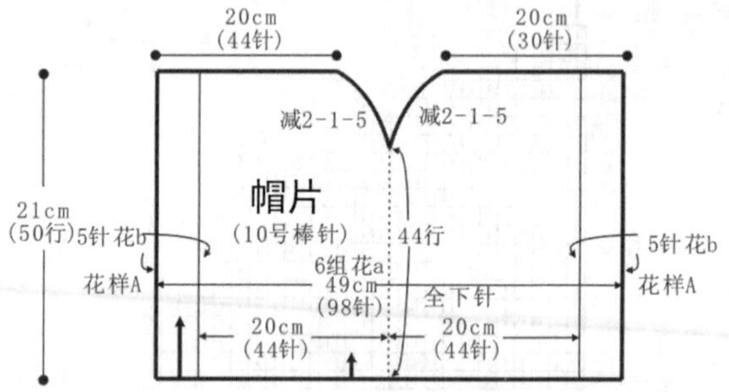

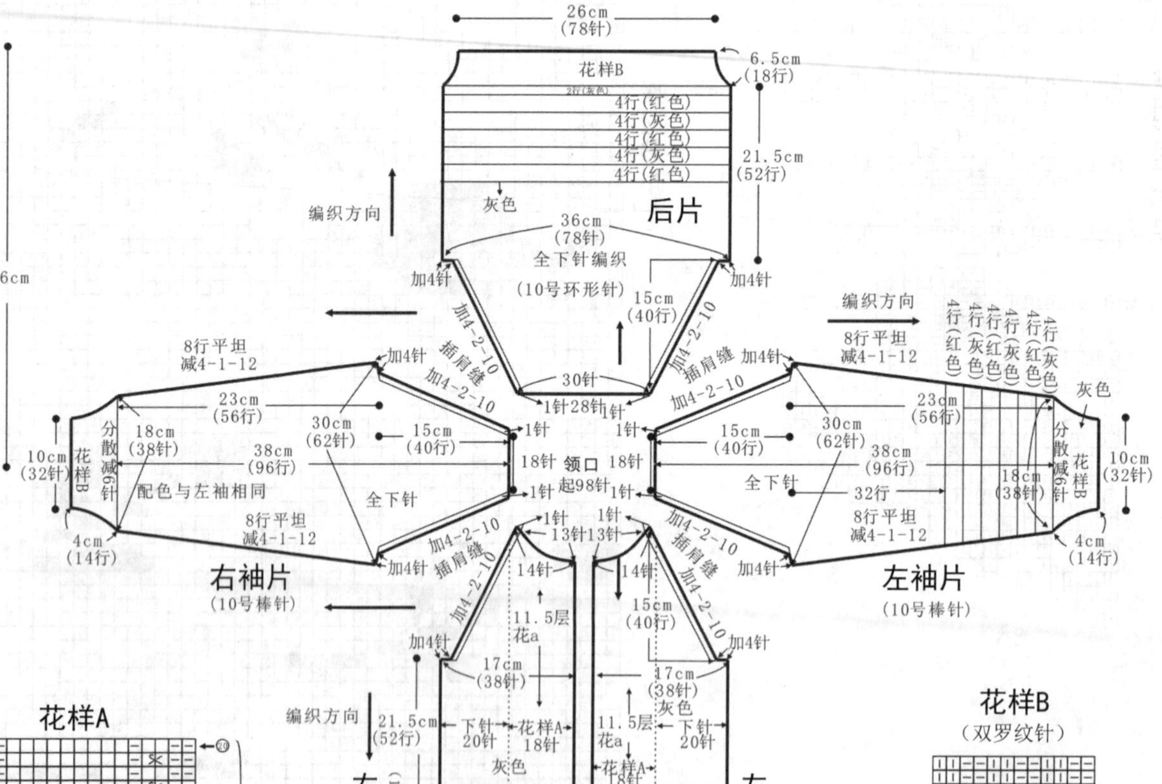

花样A

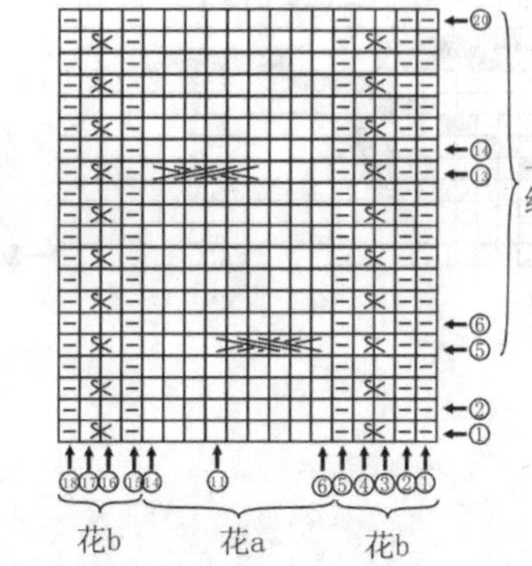

花样B

（双罗纹针）

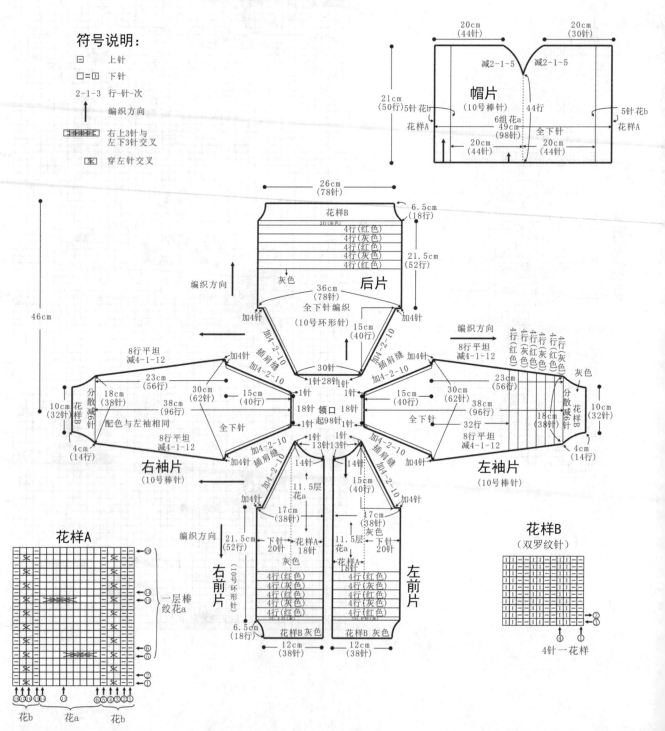

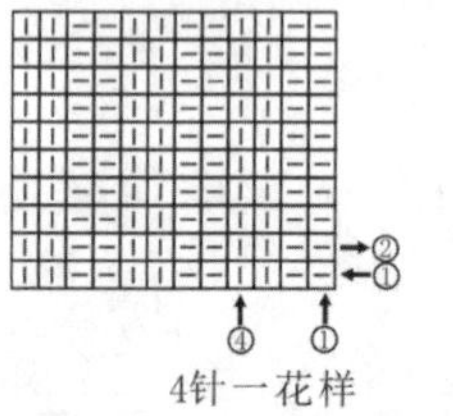

4针一花样

扭花纹连衣裙

【成品规格】裙全长53cm，袖长16cm，下摆宽50cm
【工　　具】10号棒针
【材　　料】粉红色羊毛线300g，绿色线20g，紫色少许
【编织密度】下摆片密度：24针×28行=10cm²
　　　　　　花样B密度：40针×28行=10cm²

前片/后片/下摆片制作说明：

1. 棒针编织法，袖窿以下环织，袖窿以上分成前片、后片编织。从下往上织。
2. 下摆片的编织。
1）起针，单起针法，起242针，首尾连接，环织。
2）先编织花样A，起织4行上针，再分配成22组花a，起织镂空花样，共8行，再织1行下针后，根据花样A所示的配色线，进行配色编织，共7行。
）完成花样A编织后，改用粉色线，全织下针，共织81行的高度。
）在织81行时，一圈共收掉2针，针数为240针，分配成20组花B进行编织，图解花样B，棒绞花样为8行进行一次交叉，当编织3.5层花b，即28行时，完成袖窿以下的编织。
. 分片编织。
）分针数，前片与后片各120针，两边各以一组花b的中心为袖窿中心减针起织。
）先编织后片。两边同时减针7针，然后每织2行减1针，共减12次，织成24行，然后无加减针再织28行后，选中间34针收针掉，两边各留24针，用防解别针扣住。

3）再编织前片。两边袖窿减针与后片相同，各减掉19针，减针行织成24行，下一行时，在中间选取18针收针掉，两边分成两片编织，衣领这边减针编织，每织2行减1针，共减8次，袖窿这边无加减针，再织20行后，完成前片的领肩片编织，但仍要继续编织8行花样，折回后片，与后片两肩部的24针，一针对一针缝合，形成后衣领减针弧度。同样的方法编织另一半领肩片。同样与后片的肩部缝合好。
4. 领片的编织。前衣领挑72针，后片挑44针，用粉红色线，起织花样C，共29组，无加减针，编织8行后，收针断线。最后制作两个小球，用带子穿过腰间，两端系上两毛线球。

袖片制作说明：

1. 棒针编织法，短袖。从袖口起织。袖山收圆肩。
2. 起针。下针起针法，用10号棒针起织，起72针，首尾连接。
3. 袖口的编织。起针后，共72针，将之分成18组花样C双罗纹针编织，无加减针，编织14行的高度后，以一处作腋下减针处，以2针上针为中心，相反方向，向两边各收针7针，环织变成片织，并将两边算出5针，将中间的48针，分配成4组花B编织，而袖山两边进行减针，每织2行减1针，共减20针，减针行织成40行，余下18针，收针断线。同样的方法编织另一袖片。
4. 缝合。将袖片的袖山边与衣身的袖窿边对应缝合。

毛线球制作方法：

1. 用毛线球制作器制作。
2. 无制作器者，可利用身边废弃的硬纸制作。剪两块长约10cm，宽3cm的硬纸，剪一段长于硬纸的毛线，用于系毛线球，将剪好的两块硬纸夹住这段毛线（见下图）。下面制作毛线球球体，用毛线缠绕两块硬纸，绕得越密，毛线球越密实，缠绕足够圈数后，将夹住的毛线，从硬纸板夹缝将缠绕的毛线系结，拉紧，用剪刀穿过另一端夹缝，将毛线剪断，最后将散开的毛线剪圆即成。

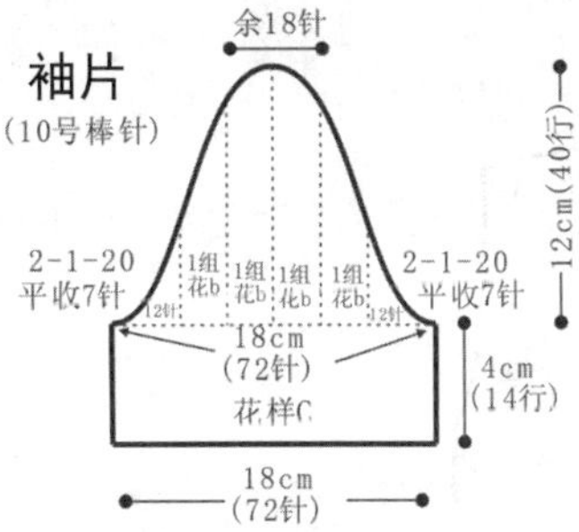

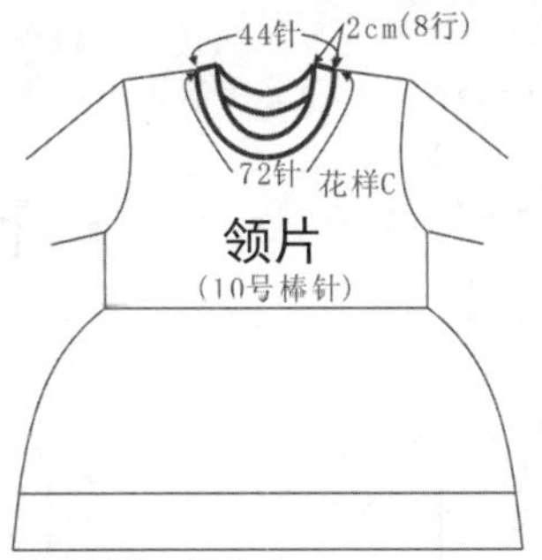

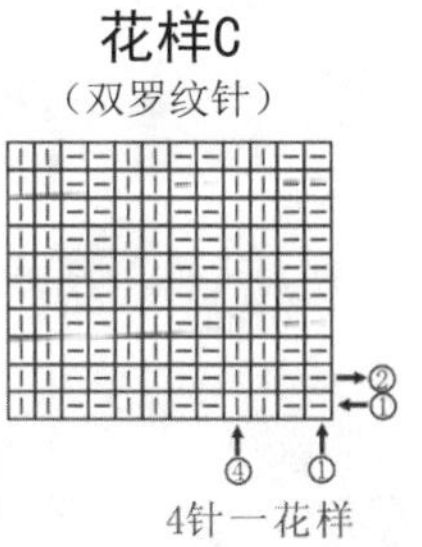

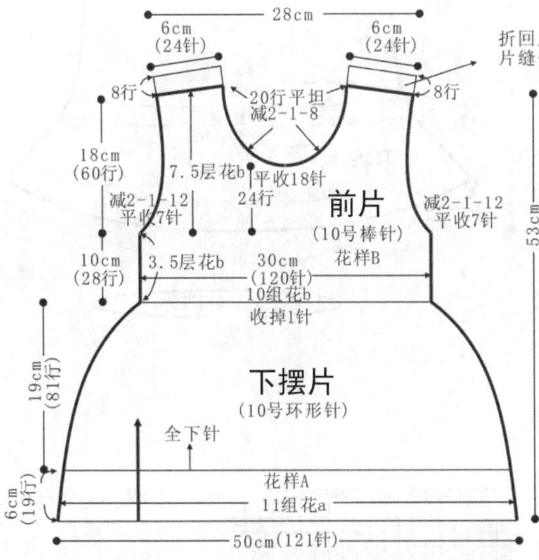

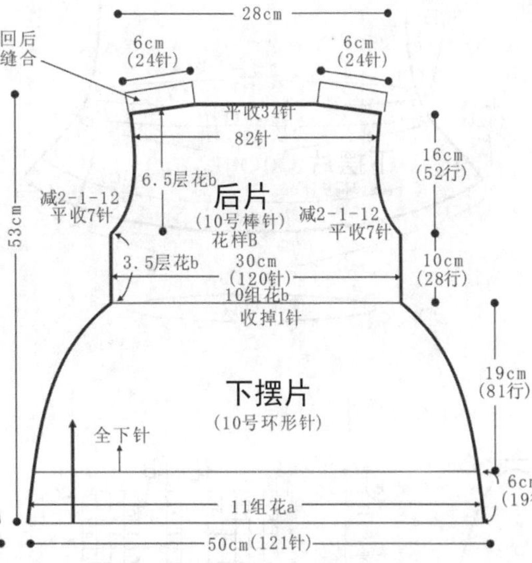

毛线球制作：

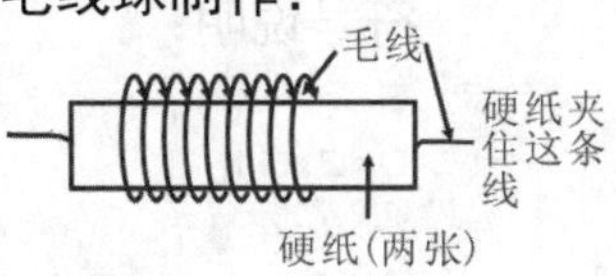

符号说明：

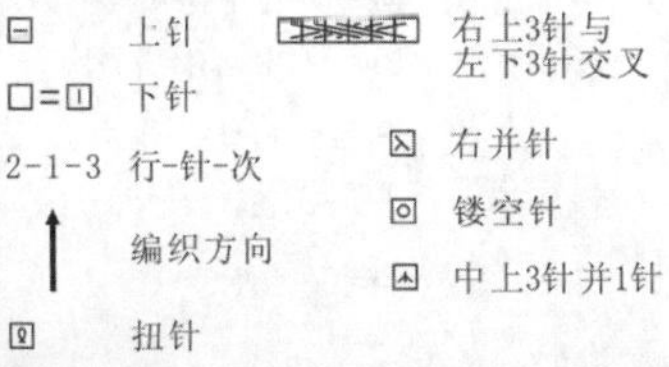

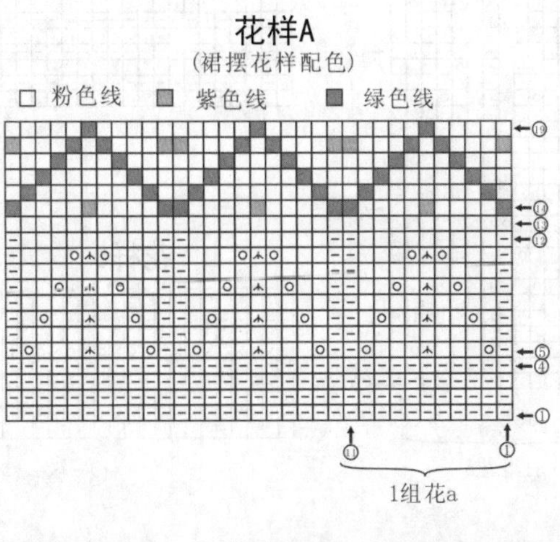

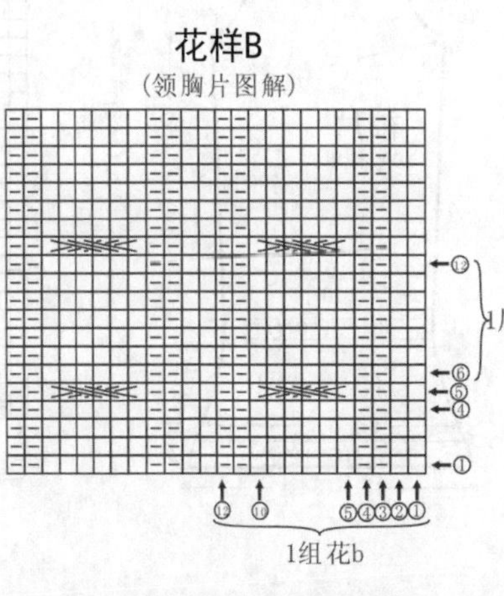

烫花长袖毛衣

【成品规格】衣长53cm，袖长46cm，下摆56cm
【工　　具】10号棒针，10号环形针
【材　　料】红色三七毛线350g，粉色丝带2m
【编织密度】24针×34行=10cm²

前片/后片/下摆片制作说明：

1. 棒针编织法与钩针编织法结合。衣身用棒针编织，衣领花边用钩针钩织。从衣摆起织。袖窿以下环织，袖窿以上分成前片与后片编织。
2. 起针。下针起针法，起280针，首尾连接，环织。
3. 下摆片的编织。起针后，先编织6行搓板针，即一行下针与一行上针交替编织，然后织1行下针，再织1行狗牙针，最后织4行搓板针，共织成12行的花样A衣摆边。然后将280针分配成20组花A，每组由14针组成，依照花样B的减针方法，每组花减掉4针，织30行花样B后，针数余下200针，在下一行编织花样C的搓板针时，一行内，分散减针，减掉24针，针数余下176针，织4行搓板针，再织2行棒针狗牙针，最后织4行搓板针后，完成下摆片的编织。
4. 袖窿以下的编织。下摆片完成后，针数余下176针，以后全织下针，无加减针，再织76行的高度后，完成袖窿以下的编织。
5. 袖窿以上的编织。将176针分成两半，每一半针数为88针。

1）后片的编织。先编织后片，两边各一次性减针减掉4针，然后每织2行，两边各减1针，共减6针，针数余下68针，无减针织32行后，在下一行，从中间选取30针收针收掉，两边相反向减针，每织2行减1针，共减3次，行数织成6行，最后两肩部余16针，用防解别针扣住。

2）前片的编织。前片两袖窿的减针与后片相同，减针行织成12行后，再织18行的高度后，在下一行的中间选取24针收针掉，两边反方向减针，每织2行减1针，共减6针，然后无加减针再织8行后，肩部余下16针，与后片的肩部，一针对应一针地缝合，完成衣身的编织。

6. 衣领花边的编织，用钩针，沿着前后衣领边，挑针钩织花样D花边。

袖片制作说明：

1. 棒针编织法，长袖。从袖口起织。袖山收圆肩。
2. 起针。下针起针法，用10号棒针起织，起84针，首尾连接，环织。
3. 袖口的编织。起针后，编织花样A搓板针4行，再织2行棒针狗牙针，然后再织4行搓板针。将84针分配成6组花a编织，减针图解参照花样B，织成30行，针数减少为60针，再织花样C10行，完成袖口的编织。
4. 袖身的编织。从完成的袖口起，全织下针，以一处的2针为腋下中心针，每织8行，在这2针的两边各加1针，共加7次，织成56行，再织8行后，完成袖身的编织。
5. 袖山的编织。以加针的2针为中心，向两边减针，各减掉4针，余下的针数来回编织，每织2行时，两边各减掉1针，共减17次，两边各减掉17针，织34行后，袖山余下32针，收针断线。同样的方法编织另一袖片。
6. 缝合。将袖片的袖山边与衣身的袖窿边对应缝合。

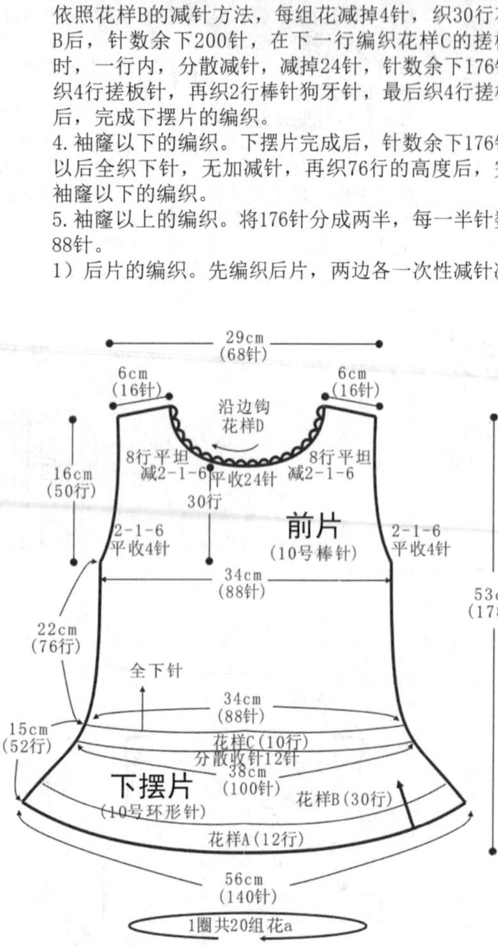

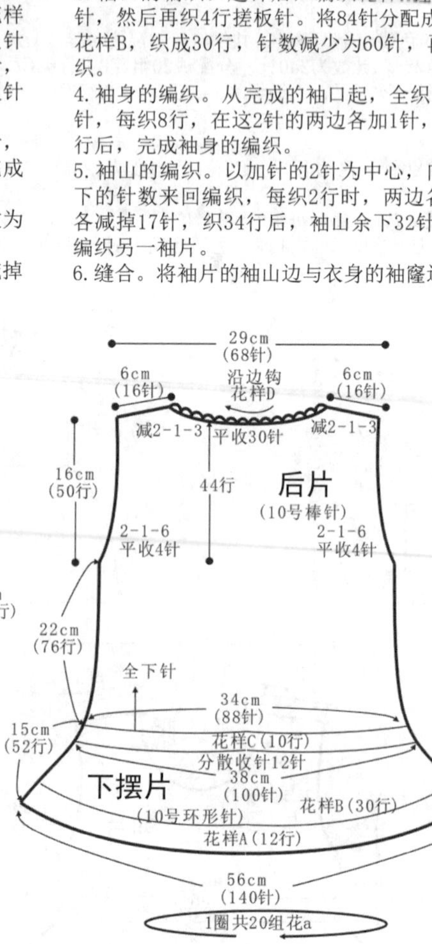

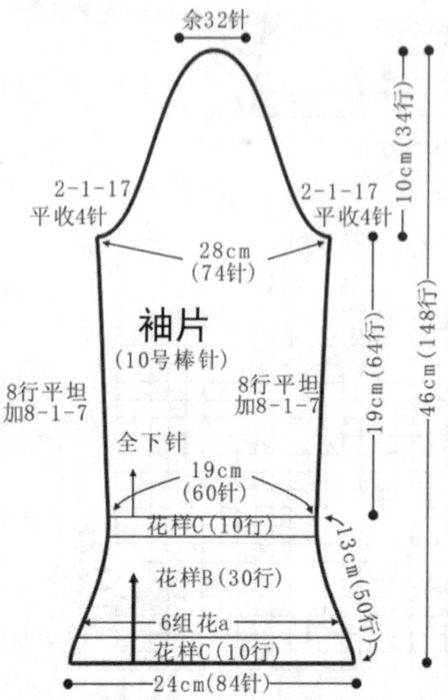

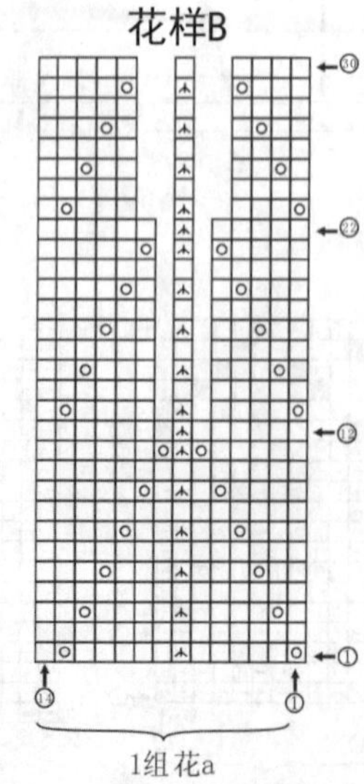

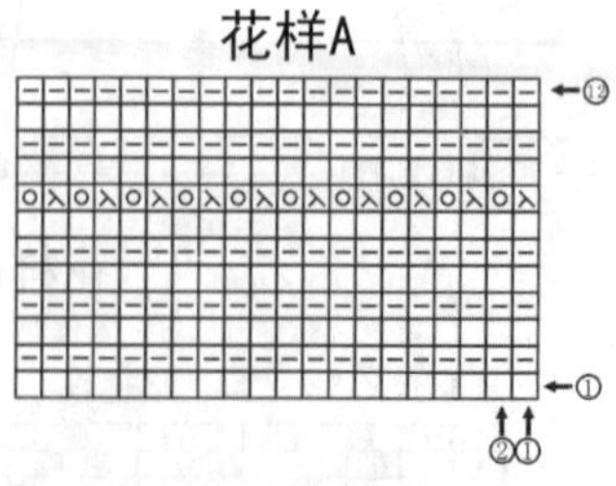

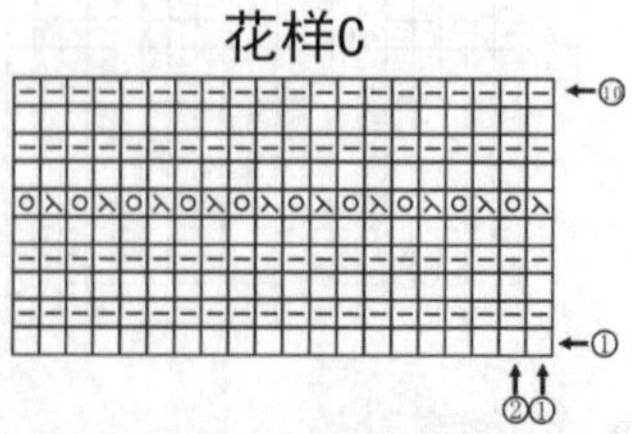

花样D
(衣领花边图解)

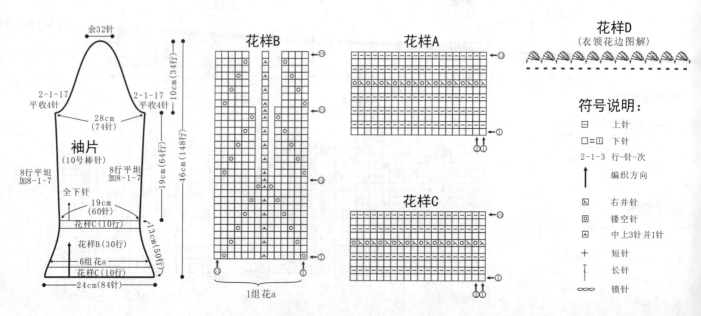

符号说明：

- ⊟ 上针
- □=⊡ 下针
- 2-1-3 行-针-次
- ↑ 编织方向
- 右并针
- 镂空针
- 中上3针并1针
- ＋ 短针
- 长针
- 锁针

树叶花小坎肩

【成品规格】衣长43cm，胸宽41cm，肩宽40cm，下摆宽32cm
【工　　具】10号棒针
【材　　料】黄色奶棉绒线250g，黄色扣子4枚
【编织密度】19针×25行=10cm²

前片/后片/衣摆/袖片制作说明：

1. 棒针编织法，一片来回编织。从衣摆起织至帽顶。
2. 起针，下针起针法，起132针，先织1行下针，返回时，同样织下针，至正面即为上针花样，织成2行搓板针。
3. 花样分配编织。织成2行搓板针后，分配花样，取132针的两边的6针，始终编织花样A搓板针。将中间余下的120针，分成12组花a编织，每组由10针组成，花样图解见花样B。分配花样后，无加减针，将花a编织成4层整花的高度，共64行，然后再织2行下针，再改织4行搓板针（花样A）。
4. 袖窿以上的编织。完成下摆的编织后，起织33针继续编织，第34~39针收针掉，继续织54针，再收6针，余下的33针继续编织，返回时，起织33针，此时需要起袖片的针数，共26针，用单起针法起26针，再接上后片的54针继续编织，同样，用单起针法起26针，再接上前片的33针，完成袖窿以上的起针编织，针数共192针。分配花样，两边的6针继续编织搓板针，而中间分配成18组花样A，无加减针织1个整花的高度，共16行，再织4行搓板针，在下一行时，分散并针，左前片与右前片各并针12针，后片并针36针，将180针减成132针，编织花样C单罗纹针，无加减针织12行的高度。衣身编织完成。
5. 帽片的编织。帽片是在衣身完成的基础上开始编织，起织第一行时，衣襟的搓板针针数不变，中间的单罗纹针，将上针并掉，即2针并1针，将单罗纹针120针减为60针，帽子的起织针数为72针，将中间的60针分配成6组花a编织，织成60行时，将帽子从中间分成两半，在中间向两边减针，每织2针并1针，共并针6次，各减少6针，帽顶的针数减少为60针，从中间对折，将帽顶缝合。
6. 衣襟扣眼的编织。如结构图所示，起织28行的搓板针后，开始制作第一个扣眼，方法为，在当行收起3针，在下一行重起这3针，连接左端继续编织。此后每隔26行的距离，制作一个扣眼，共制作4个。

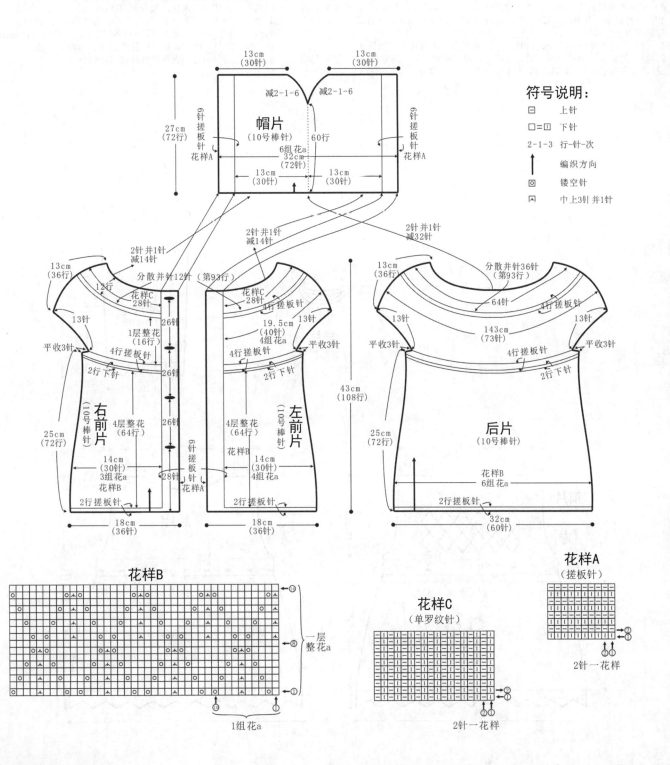

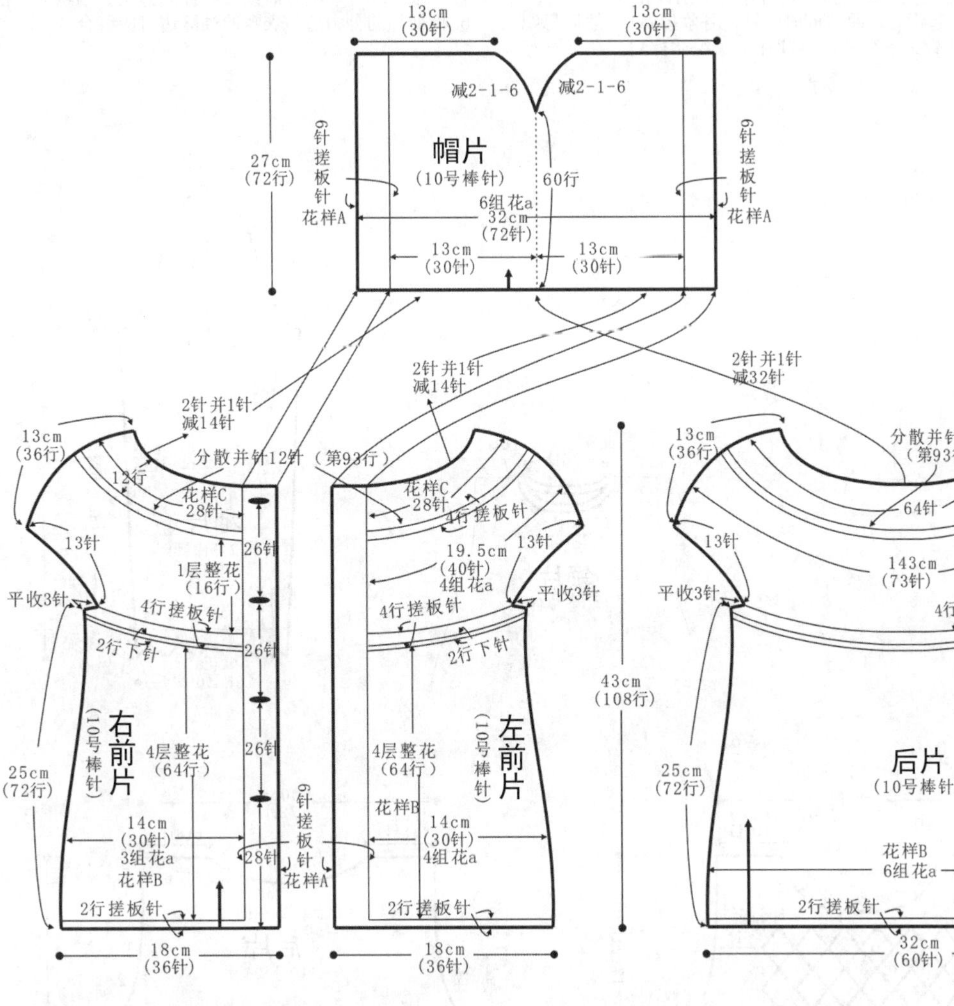

符号说明：

⊟	上针
□=⊡	下针
2-1-3	行-针-次
↑	编织方向
⊡	镂空针
人	中上3针并1针

花样B

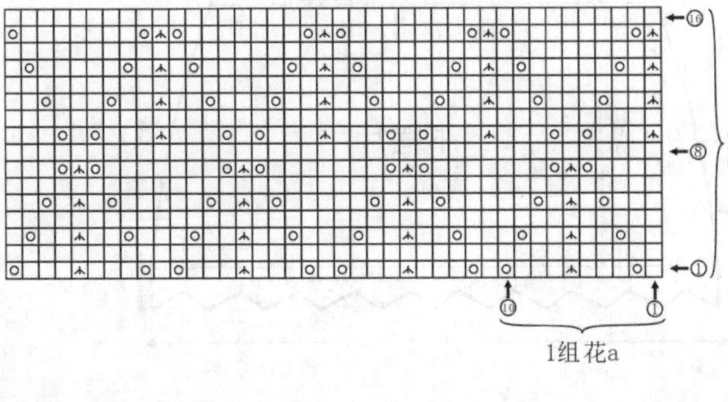

花样C
（单罗纹针）

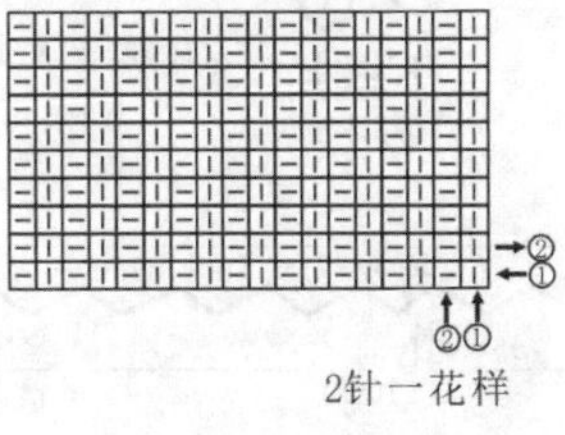

花样A
（搓板针）

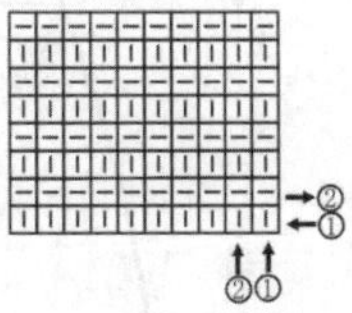

裙摆式女孩毛衣

【成品规格】衣长43cm，袖长32cm，下摆宽47cm
【工　　具】10号棒针，10号环形针，1.50mm钩针
【材　　料】黄色晴纶线350g，彩色珠子51颗
【编织密度】24针×34行=10cm²

前片/后片/下摆片/制作说明：

1.棒针编织法。从下往上织，袖窿以下环织，袖窿以上分成前片与后片编织。

2.起针。下针起240针，首尾连接，环织。

3.袖窿以下的编织。

1）花样A的编织。将240针分配成20组花a编织，每组由12针组成，依照花样A图解编织10行，然后将反面作正面编织，即只需将编织方向调转即可。

2）花样B的编织。将花样A调转方向编织后，往上编织7行下针后，在第8行，每8针编织一次空针加右并针，此为一层花b，再往上织7行下针后，将空针加右并针的位置，在前一个花b的中间，此为错落位置编织，此时织成第2层花b，重复往上编织，共织9层花b。

3）完成花样B的编织后往上编织8行花样D搓板针。

4）织成搓板针的下一行，即织片的第91行，在每6针内，并掉1针，一圈共并掉40针，针数余下200针，继续往上编织9行下针后，完成袖窿以下的编织。

4.袖窿以上的编织。

1）分片。前片和后片各分成100针，先编织后片，前片用防解别针扣住。

2）后片的编织。后片全织下针，起织时，两边同时收针，各收掉7针，然后每织2行两边各减掉1针，共减7针，针数余下72针，继续往上编织38行后，在下一行的中间选取24针收针掉，两边相反方向减针，每织1行减1针，共减6针，减针行织成6行，肩部余下18针，用防解别针扣住。

3）前片的编织。前片的袖窿减针与后片相同，在将两边各收掉7针后，再织2行，在中间选取60针编织花样C，两袖窿边同时减针，织完花样C32行后，再织4行下针，在下一行的中间选取24针收针，两边分成两半编织，先织左领肩片，袖窿边无加减针，衣领边减针，每织2行减1针，共减6次，织成12行，然后再织8行后，肩部余下的18针，与后片的右肩部，一针对应一针地缝合。同样的方法，编织右领肩部，同样织成20行后，与后片的左肩部，一针对应一针地缝合。衣身完成。

5.领片的编织。沿着后衣领边，挑36针，沿着前衣领边，挑48针起织，编织花样D搓板针，共织6行，收针断线。根据花样E图解，钩织一段系带，穿过腰间。在前片的花样C方块中间，装饰上珠子。

袖片制作说明：

1.棒针编织法，长袖。从袖口起织。袖山收圆肩。

2.起针。下针起针法，用10号棒针起织，起60针，首尾连接。

3.袖口的编织。起针后，将60针分配成5组花a编织，织10行的高度后，与衣摆片相同的方法，将花样A反织，反面作正面。

4.袖身的编织。从完成的袖口第11行，选其中的2针作腋下加针处，在这两针上，每织8行各加1针，共加7针，针数加成74针，再织8行的高度，完成袖身编织，袖身编织花样B。

5.袖山的编织。选加针的2针为中心，分别向两边同时收针，各收掉7针，余下的60针，每织2行两边各减1针，共减16针，袖山织成32行，余下28针，收针断线。同样的方法去编织另一袖片。

6.将袖片的袖山边与衣身的袖窿边对应缝合。

符号说明：

- ⊟ 上针
- □=⊡ 下针
- 2-1-3 行-针-次
- ↑ 编织方向
- 左并针
- 右并针
- 镂空针
- 中上3针并1针
- ＋ 短针
- 长针
- 锁针

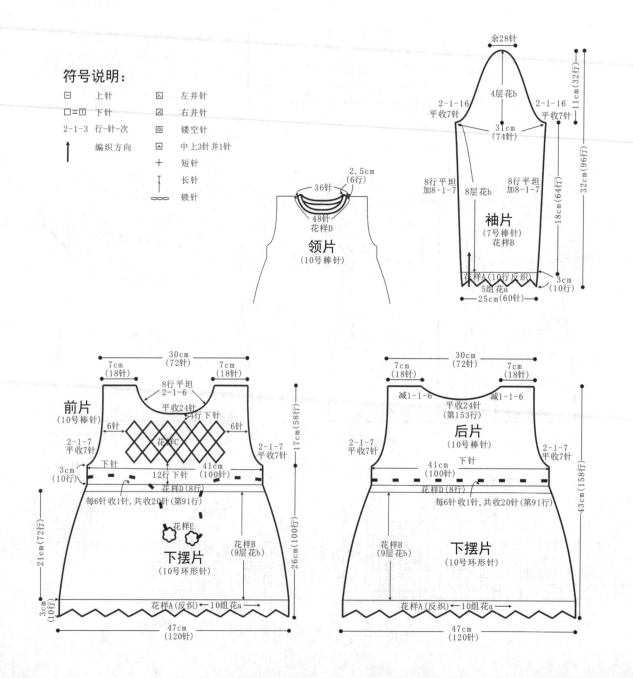

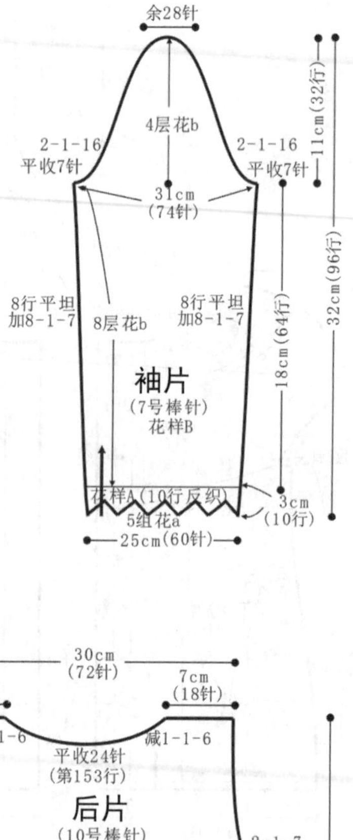

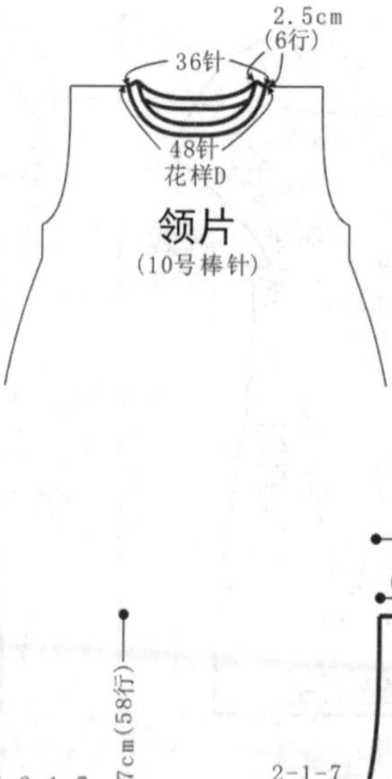

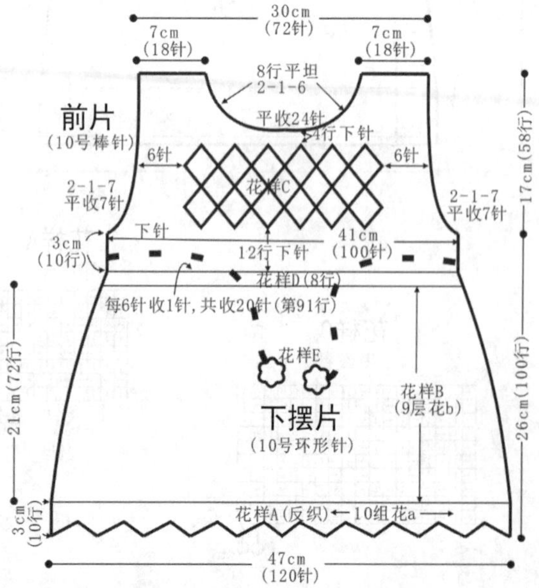

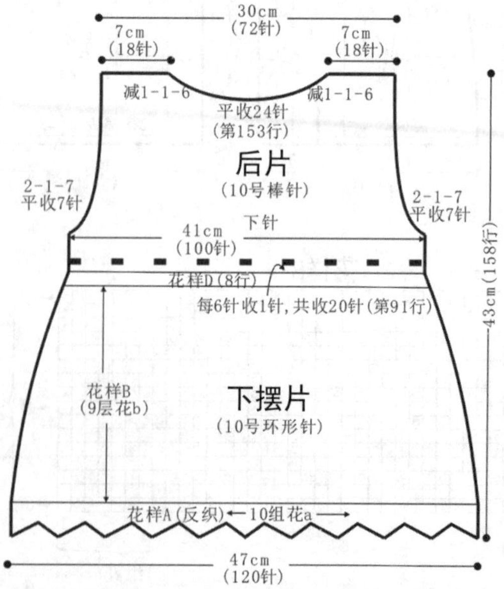

花样A

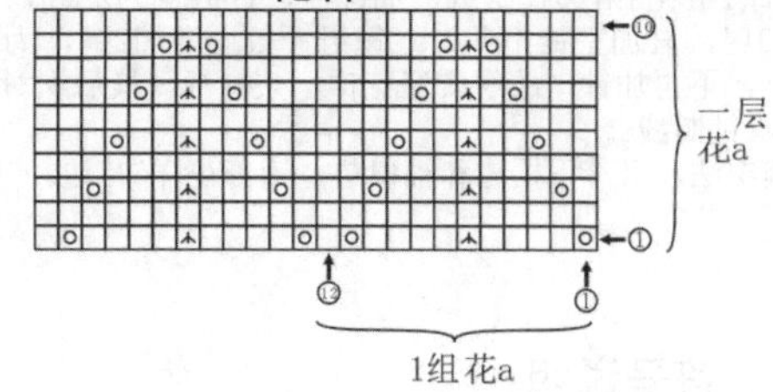

花样E
（系带图解）

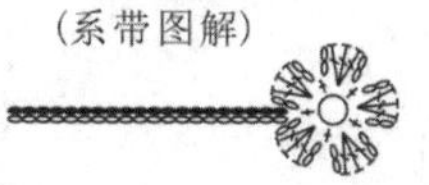

花样B

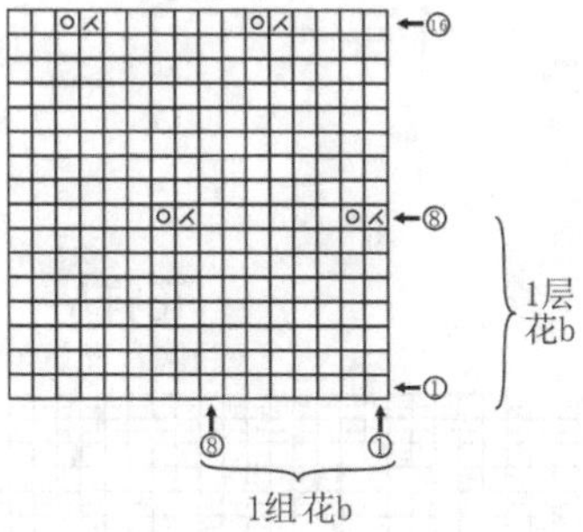

花样D
（搓板针）

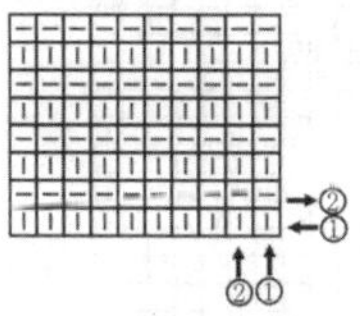

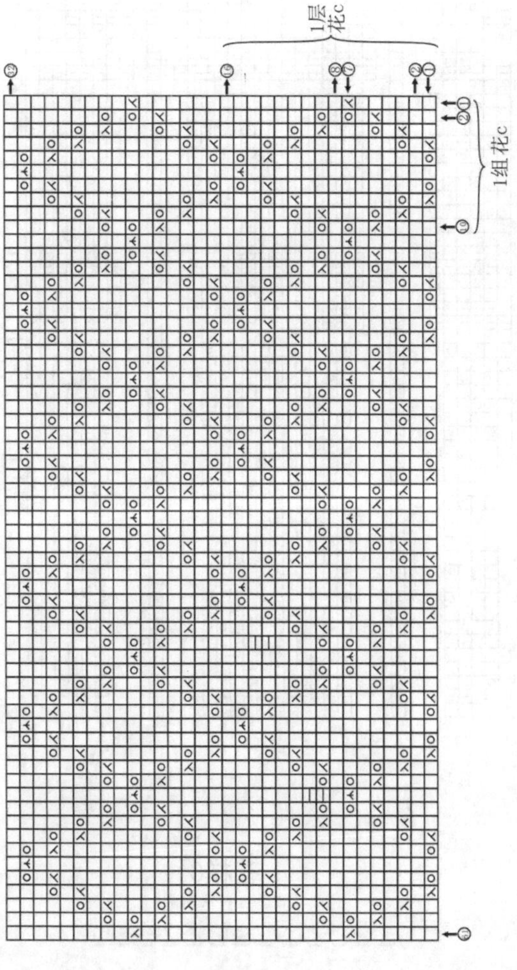

花样C

裹肩无袖衫

【成品规格】衣长55cm，下摆宽33cm
【工　　具】12号环形针，1.25mm钩针
【材　　料】橘红色竹棉纤维线250g
【编织密度】36针×43行=10cm²

领胸片/下摆片制作说明：

1.棒针编织法与钩针编织法结合。从领口起织，分出袖口，再织下摆片。

2.起针。领口起织，单起针法，起140针，首尾连接，环织，先织1行下针，再织1行上针，再分成14组花a编织，每组由10针组成，第一层整花由16行组成，再织半层整花后，织2行上针，在织第1行时，在前一行的空针下加出1针，每个整花加出2针，然后织2行下针，2行上针交替，接着织第二层镂空花，加针方法见花样A图解，此后参照图解一行行编织，织至最后的上针与下针各2行交替，领胸片共织成74行的高度。

3.下摆片的编织。从领胸片选76针编织下针，接下来

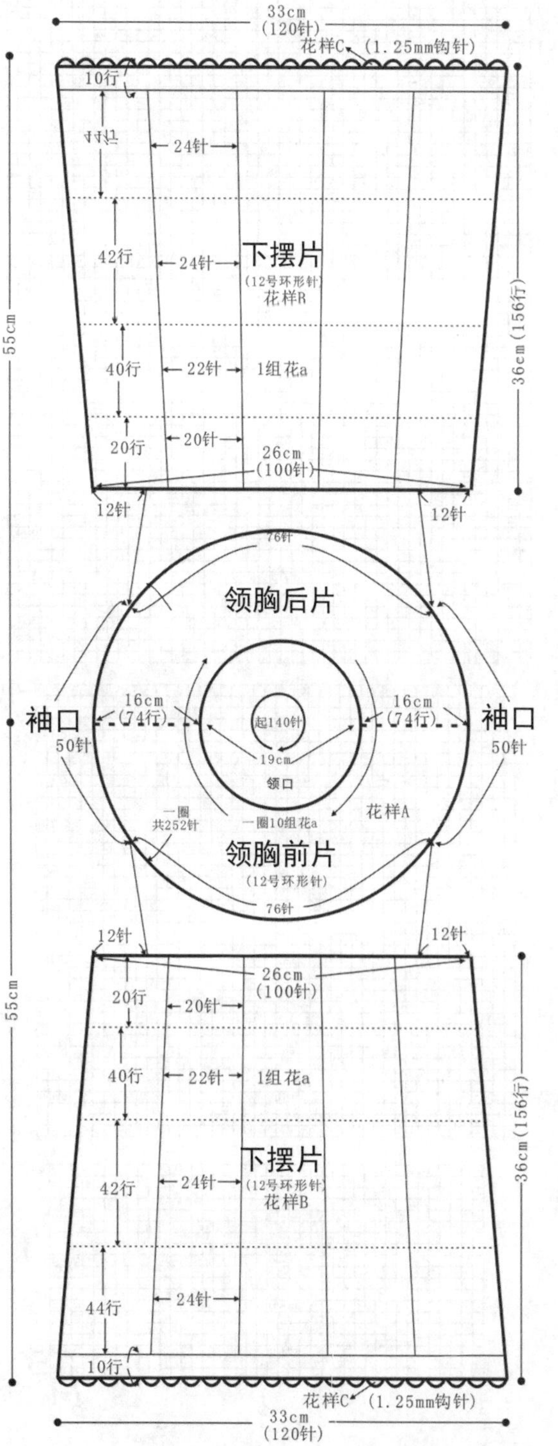

的50针用下针收针法收针，再接着织76针下针，余下的50针也收针，接上起织处，编织下一行，织76针后，用单起针法起24针，接上后片织76针，再用单起针法起24针，接上前片，完成下摆片起织行，针数共200针，将这200针分配成10组花B编织，图解见花样B，4行一层花b，编织4行花b后，在织第5层时，原并针的位置不并针，空针继续编织，这样，一组花b加出2针，原1组花b由20针组成，加针后，针数变为22针，再织10层后，同样在第10层，只加空针不并针，每组针数再增加2针，为24针，继续往上编织10层，不再加针，改织镂空花样，共44行，最后织2行上针2行下针2行上针，收针断线。

4.用钩针编织法，沿着下摆边和袖口边，钩着花样C花边。

花样B

（下摆片图解）

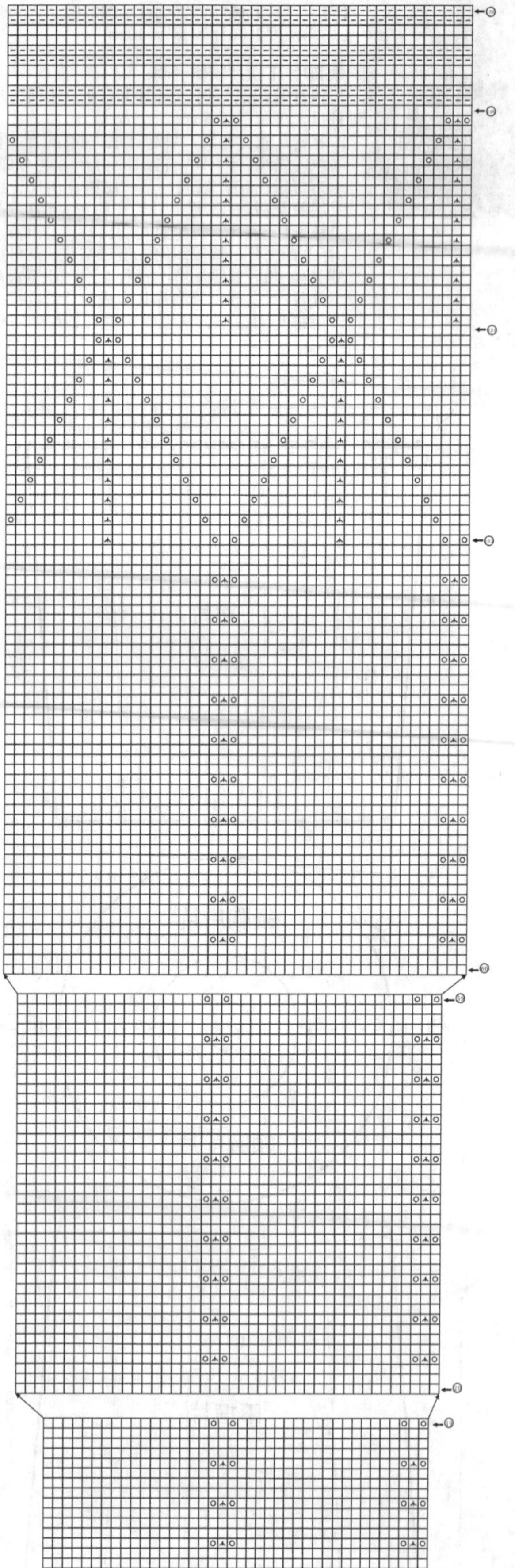

符号说明：

⊟ 上针

□=⊡ 下针

2-1-3 行-针-次

↑ 编织方向

⊡ 镂空针

中上3针并1针

＋ 短针

长针

锁针

花样A

（领胸片图解）

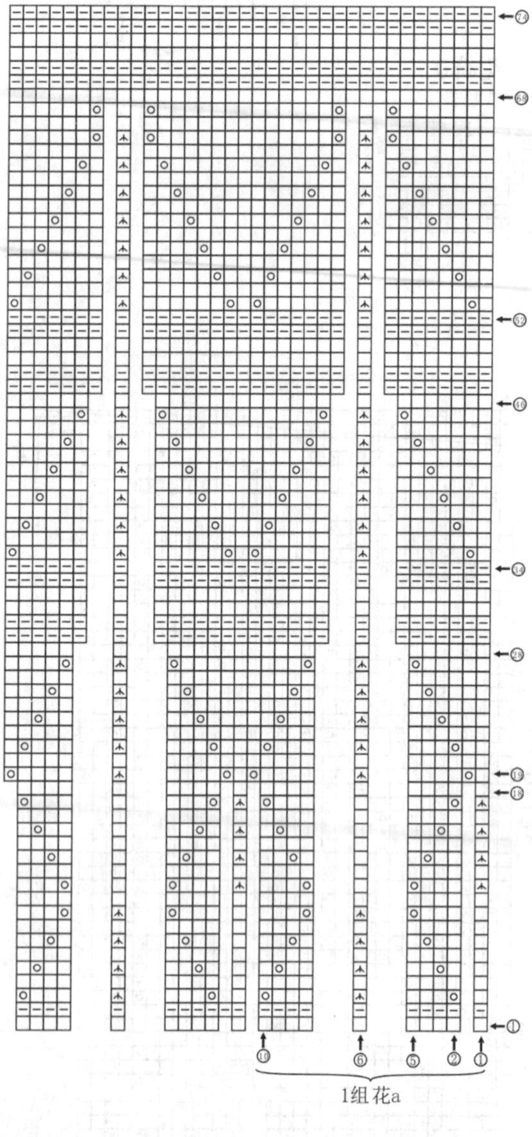

花样C

（袖口与衣摆图解）

树叶花长袖裙

【成品规格】衣长72cm，袖长47cm，下摆宽75cm
【工　　具】11号棒针，11号环形针，1.3mm钩针
【材　　料】红色三七线500g
【编织密度】36针×40行=10cm²

前片/后片制作说明：

1.棒针编织法，从衣摆起织，花形为树叶花。

2.起针，下针起针法，起360针，首尾连接，环织，用13号环形针编织。

3.花样编织。将360针，分配成20个树叶花，每个花由18针组成，见花样A图解，花样主要由下针、空针和并针织成。在整件衣服编织过程中，树叶花的个数不变，而每个花的针数在减针后有改变。最后一个树叶花的针数为14针。

4.树叶花的减针编织。一个菱形花形为一个整花，即32行一个整花，如结构图所示，第一个整花，每个行数为32行，，在编织第32行时，在并针的所在列，即第31行并针后，下一行的同一位置（此行没有空针加针）继续并针，这样，一个整花就减少2针，衣服一圈20个花，一共减少了40针，织片针数减为320针，同样方法，再织1个整花后，再减一次针，每个花减2针，针数减为280针，接着再织一个整花，减一次针，每个花减2针，针数减为240针，再织一个整花，再减一次针，每个花减2针，针数减为200针，此后，花形不再减针，照每个花14针的针数继续编织，但整花的排列有变化，参照结构图所示，将树叶花的整体织成三角形。从121行起，树叶花两边全织下针，后片的树叶排列与前片相同，当整花织成7个的高度时，再织18行的下针高度，开始分袖窿，将织片分成前片、后片编织。

5.袖窿以上的编织，衣服编织至170行的高度时，开始分前后片，每片的针数为100针，先编织后片，将前片的针数用防解别针扣住，后片两边平收10针，然后两边同时减针，减2-1-6，针数各减少16针，后片余下68针继续编织，再编织38行的高度时，从织片中间选取20针收针，两边相反方向减针，减2-1-6，再织2行，减针行织成14行，肩部余下18针，收针断线。

6.前片的编织，前片的袖窿减针与前片相同，而衣领的减针开始织14行下针后，开始分成两边各自减针编织。减针方法为，先每2行减1针减2次，再织2行无加减，如此减法重复8次，行数织成48行，针数减少16针，此时，衣领的一边减少16针，然后无加减针编织2行后，与后肩部对应缝合。另一边织法相同。缝合后，用钩针沿着前后衣领边钩织花样B花边。

袖片制作说明：

1.棒针编织法。用13号棒针编织。从袖口起织，袖山减针。

2.起针，下针起针法，起60针，首尾连接，环织。

3.袖口的编织，起针后，将60针分成5个树叶花，树叶花无减针，始终是12针一个整花。

4.袖身的编织，树叶花的编织图解参照花样C，再织腋下端，作加针编织，每织10行加2针，共加10次，袖身针数加成80针，行数织成100行。然后进入袖山减针编织。

5.袖山的编织，将完成的袖身对折，分成两半针数，选加针所在那端的最边两针，作袖山减针所在列，环织改为片织，两端各平收针10针，然后进入减针编织，减针方法2-1-17，袖山两边各减掉17针，余下26针，收针断线。以相同的方法，再编织另一只袖片。

6.将袖片的袖山边与衣身的袖窿边对应缝合。

符号说明：

- ⊟ 上针
- □=⊡ 下针
- 2-1-3 行-针-次
- ↑ 编织方向
- ⊚ 镂空针
- ⊼ 中上3针并1针

花样B
（衣领花边图解）

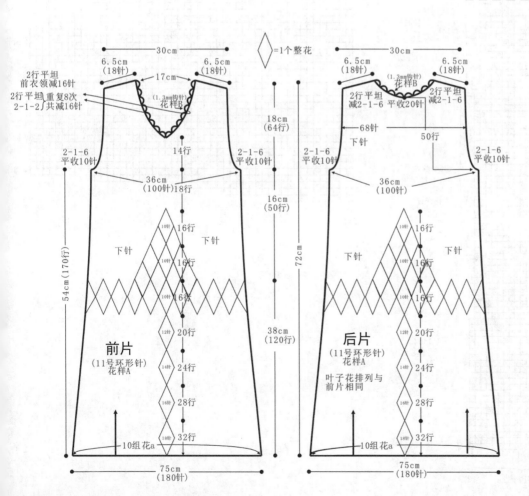

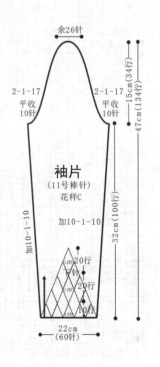

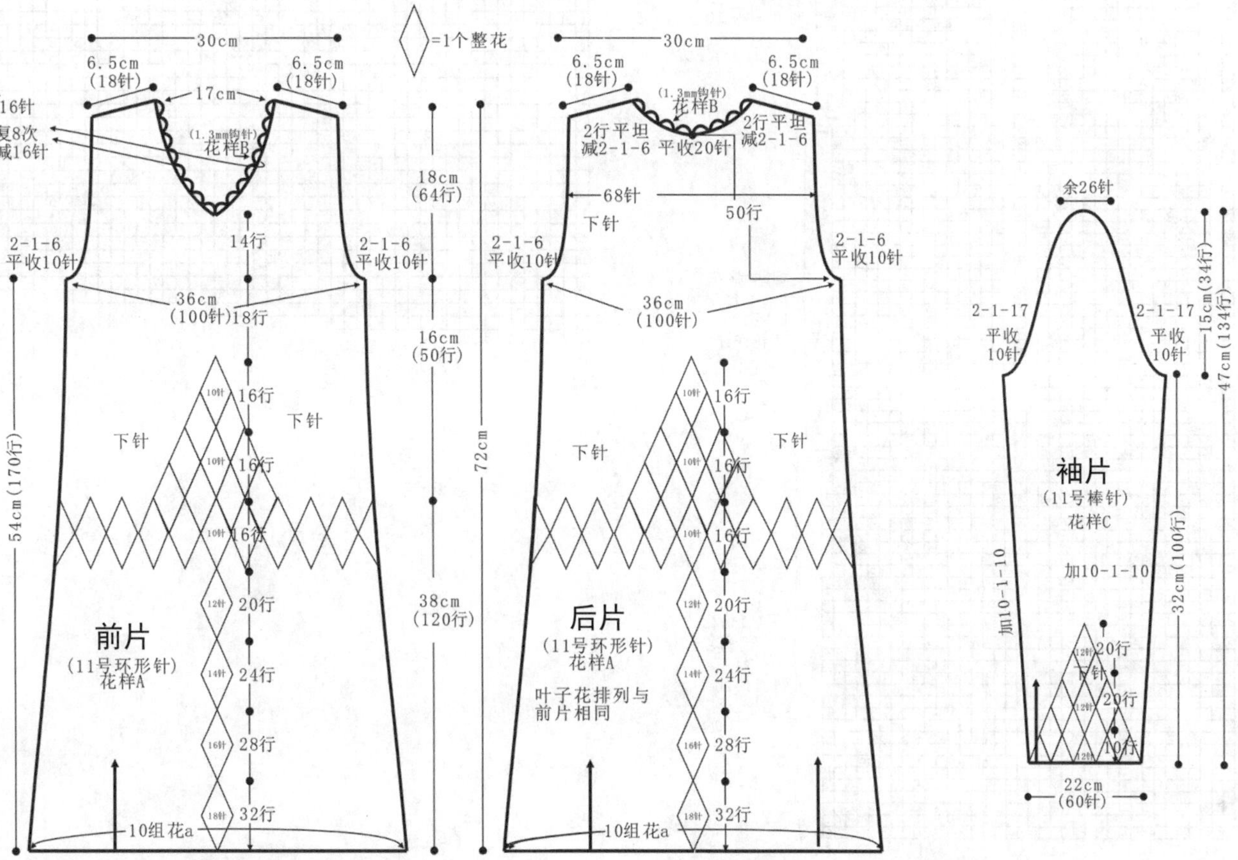

花样A
(裙身叶子减针图解)
第5、6、7层整花
共3层,每层16行
共48行
每花10针
第4层整花
共1层,每层20行
共20行
每花12针
第3层整花
共1层,每层24行
共24行
每花14针
第2层整花
共1层,每层28行
共28行
每花16针
第1层整花
共1层,每层32行
共32行
每花18针
18针1个花a
花样C
(袖口花样图解)
往上全织下针

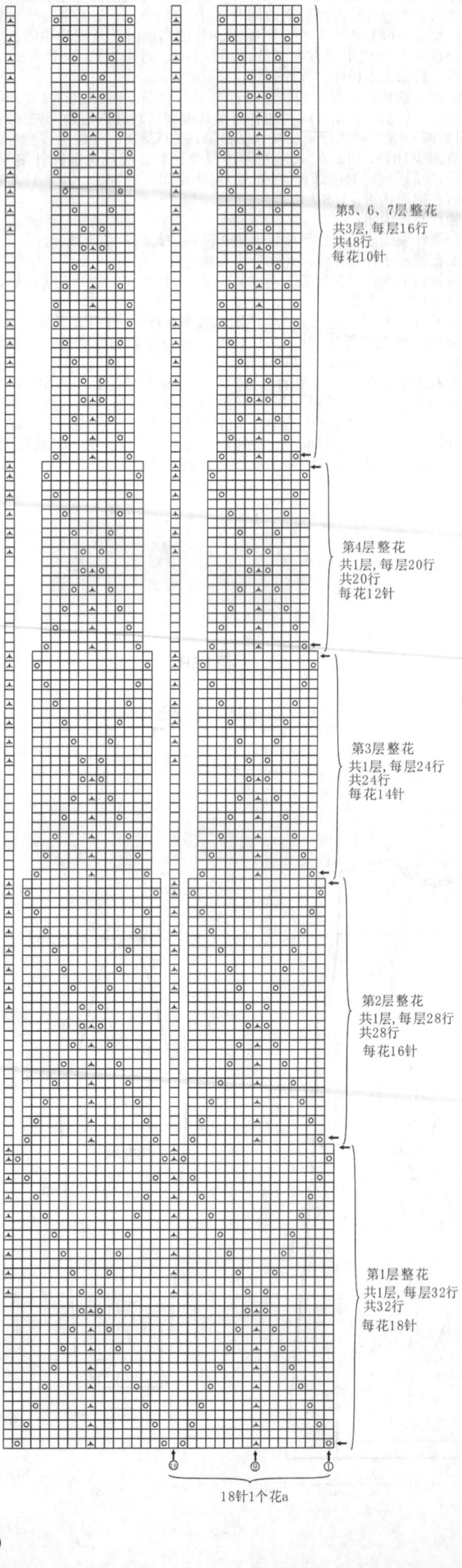

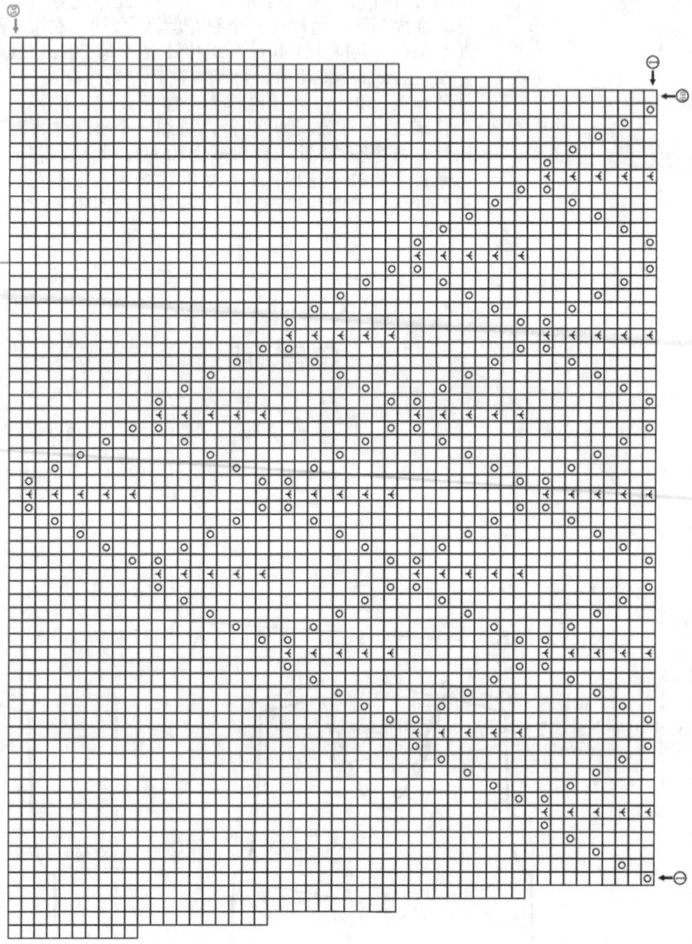

青青女孩套裙

【成品规格】衣长17cm，衣宽31.5cm，裙长28cm，裙腰32cm

【工　　具】12号棒针，12号环形针，1.75mm钩针

【材　　料】宝宝绒线共400g，白色共100g，绿色共300g，纽扣2枚

【编织密度】白色线下针：24针×36行=10cm²
绿色线下针：32针×42行=10cm²
绿色线单罗纹：50针×42行=10cm²

前片/后片制作说明：

1.棒针编织法。用白色编织身片部分，袖窿以下一片编织完成，袖窿起分为左前片、右前片、后片来编织。织片较大，可采用环形针编织。

2.起织。下针起针法，起152针，起针后编织下针，不加针不减针编织11cm×40行的高度，袖窿一下编织完成。

3.分配后片的针数76针到棒针上，用12号针编织，起织时两侧需要同时减针织成袖窿，减针方法为2-3-1，2-2-1，2-1-5，两侧针数各减少10针，余下56针继续编织，两侧不再加减针，织至第46行后收针断线。

4.左前片与右前片的编织。两者编织方法相同，但方向相反，以右前片为例，右前片的右侧为衣襟，起织时不加减针，左侧要减针织成袖窿，减针方法为2-3-1，2-2-1，2-1-5，针数减少10针，余下28针继续编织，织至46行时，收针断线。左前片的编织顺序与减针法与右前片相同，但是方向相反。

5.另用棒针在前片编织门襟边，以右前片为例，方法是沿前片右边均匀挑单罗纹针46针，然后往返编织单罗纹4行时开2个纽扣孔，纽扣孔间距22针，继续编织4行后单罗纹收针断线。左前片门襟边编织方法相同，不开纽扣孔。前片门襟边织好后重叠对齐缝合上下端部。

花边/绣花/吊带制作说明：

1.钩针编织法，沿衣边钩织。全用绿色线钩织。

2.钩织袖窿及领边，沿着前后片形成的衣领及袖窿边均匀挑针一圈，然后钩织花样A3圈，收针断线。

3.钩织衣摆边，沿着前后衣摆边均匀挑针1圈，钩第2圈，第3圈时，前片部分钩织花样B，后片部分钩织花样A，3圈完成后收针断线。

4.用绿色线在后片按十字绣图案绣制花样。

5.用三股绿色线编辫子，25cm长4根，缝合在前后片的肩处作为吊带。

裙前片/后片制作说明：

1.棒针编织法。前后裙一起编织。起织，下针起针法，用绿色线起230针，然后编织花样C，共7行，第8行起编织下针针，不加针不减针编织57行后裙片部分完成，继续向上编织裙腰。

2.第65行改织单罗纹针，后裙片的84针直接改织单罗纹针法，前片需要打3个褶皱，方法是先编织21针单罗纹，第22针处将裙片的20针对折到后面，然后与正面的针3针并1针10次，继续编织11针，同样方法编织第2个和第3个褶皱。

3.裙腰不加减针编织单罗纹10cm36行的高度，裙腰正面完成，继续编织8行单罗纹作为翻边，收针断线。将翻边折向内部均匀对应缝合，可穿松紧带。

4.装饰带编织，用绿色线起14针，往返编织单罗纹针法，共编织60cm，250行，收针断线，同样编织2条装饰带，将编织带缝合在裙前片上部两边。

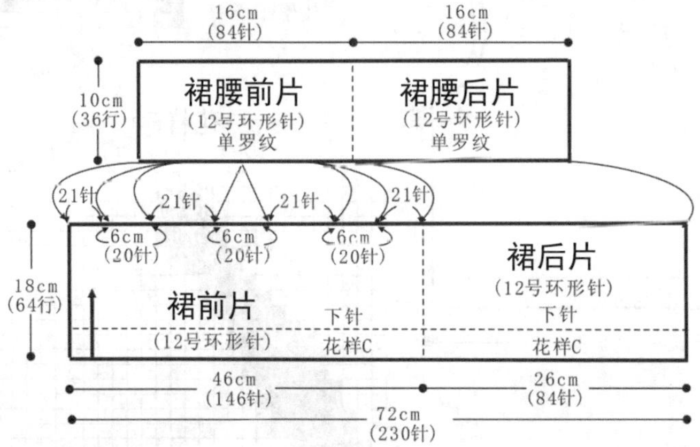

背心正面

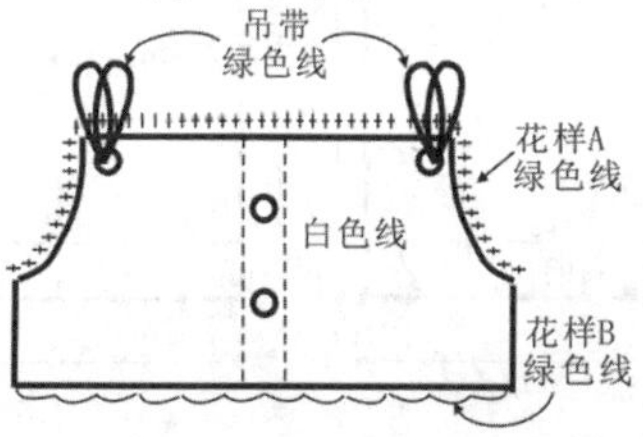

背心反面

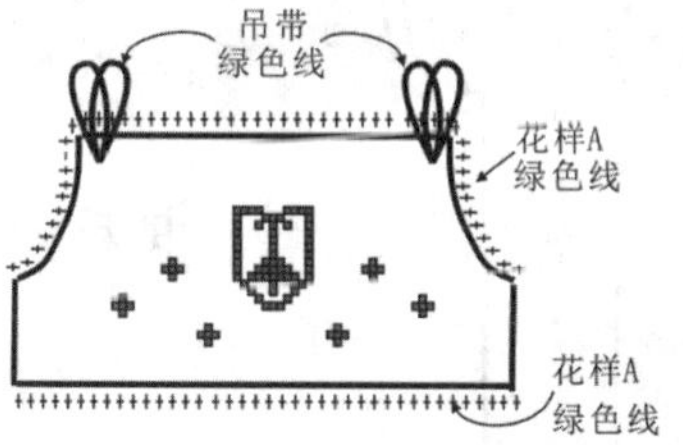

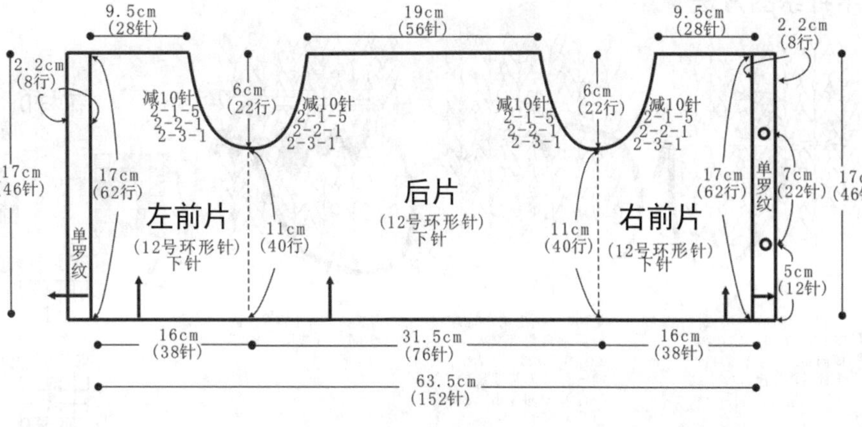

花样C

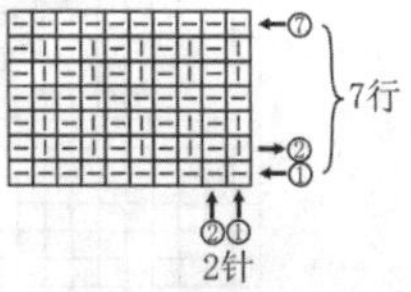

十字绣图案

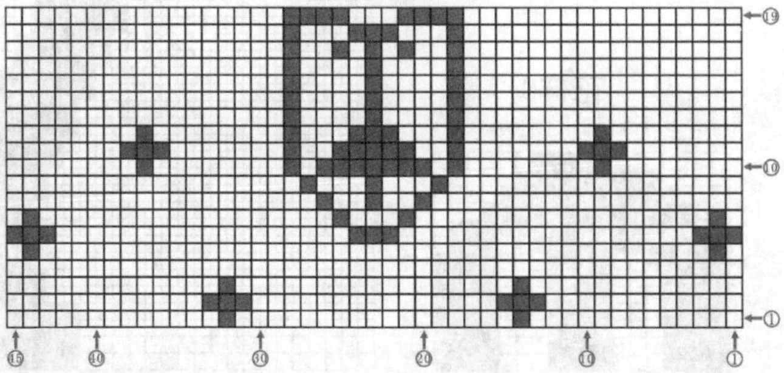

符号说明：

⊟ 上针

□=⊡ 下针

2-1-3 行-针-次

+ 短针

T 长针

锁针

花样A

花样B

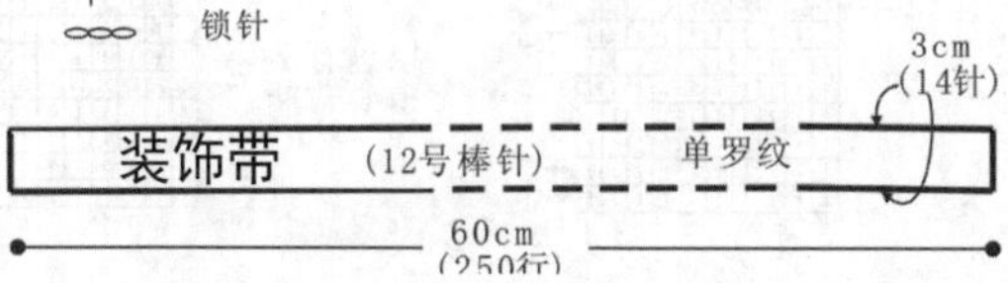

大肥猫背心

【成品规格】衣长36cm，衣宽35cm
【工　　具】12号棒针，绣针
【材　　料】白色晴纶线200g，黑色线50g，红色线少许，纽扣2枚
【编织密度】36针×45行=10cm²

前片/后片/衣摆制作说明：

1. 棒针编织法，下针绣图法。分成前片和后片编织。
2. 前片的编织。整个衣片全用白色线编织。起针，起126针，来回编织，正面织下针，返回织上针，先织7行下针，第8行织棒针狗牙针，再织7行下针，与第1行合并缝合，起织衣身，无加减针织68行的高度后，至袖窿减针，两边同时，一次性减掉8针，然后每织2行两边各减1针，共减13次，余下84针，无加减针再织16行后，进入衣领减针，下一行从中间分成两半，各自编织，衣领减针，先织4行减掉1针，再织2行，减掉1针，然后每织1行减1针，共减16次，再每织1行减2针，减9次，衣领减针共减掉36针，肩部余下6针，织成32行，在倒数第3行时，编织一个扣眼，方法是在当行收起4针，在下一行重起这4针，连接上左边继续编织。同样的方法编织另一边衣领肩部。
3. 后片的编织。起织至袖窿的方法与前片相同，两袖窿减针也与前片相同，减针后余下的84针，无加减针织32行后，进入后衣领减针，在下一行的中间选取28针收针掉，两边减针，先织1行内减掉1针，减2次，再每织2行减2针，共减3次，最后每织2行减1针，减2针，两肩部余下13针，不收针，继续以这13针继续编织下针，共织30行的高度后，收针断线。同样的方法编织另一边。在这延伸编织出的终端，各缝上1枚扣子。
4. 衣边的编织。沿着袖窿以上的各边边缘，挑针编织花样B，共9行的高度，完成后，将其折回衣后缝合。
5. 下针绣图。后片无绣图，前片绣上小猫图案。各图案图解见花样C、花样D、花样E、花样F。参照下针绣图法，用各色线将各个图案在适当位置绣上。先绣尾巴图案，再以尾巴为参照，绣上两脚爪，耳朵在两肩下，眼睛、鼻子和嘴在衣领中心下。再用线用缠绕的方法绣上6条胡须。

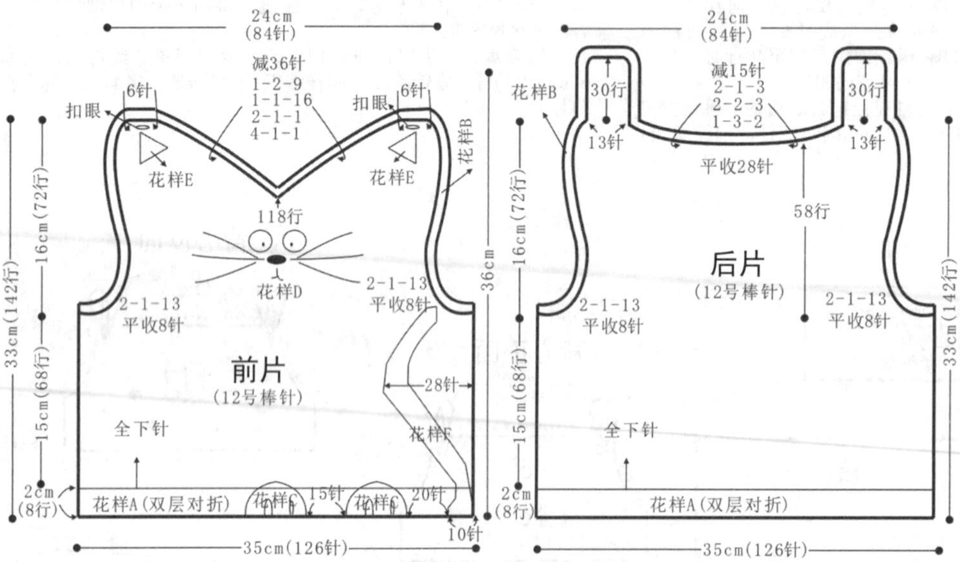

符号说明：

⊟ 上针
□=⊡ 下针
2-1-3 行-针-次
↑ 编织方向
⊠ 左并针
⊙ 镂空针

花样E

（右耳图案）（左耳图案）

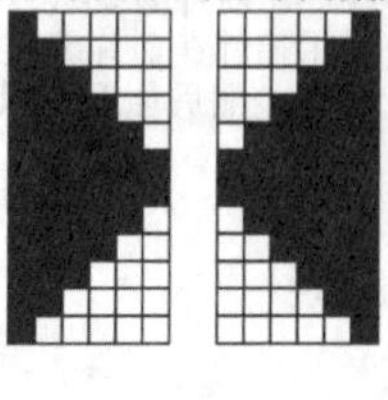

花样F

（小猫尾巴图案）

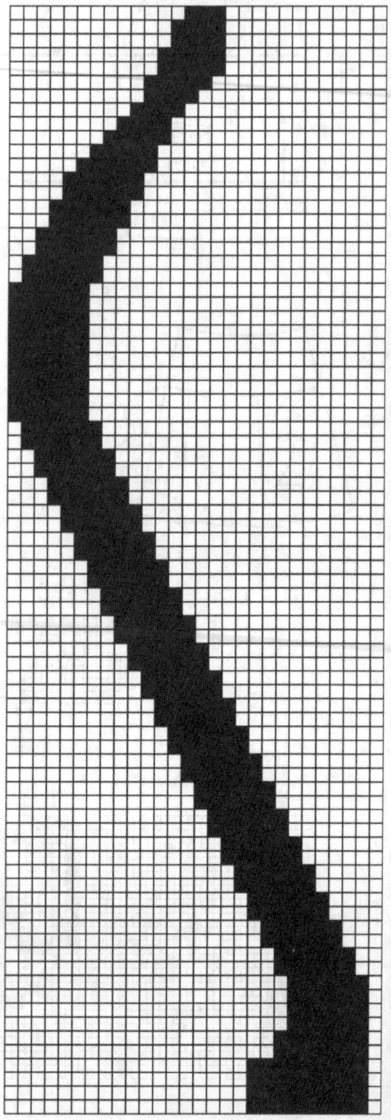

下针绣图方法

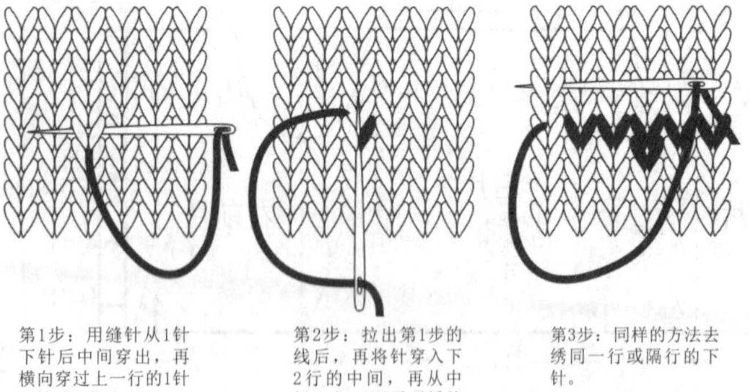

第1步：用缝针从1针下针后中间穿出，再横向穿过上一行的1针下针后，拉出。

第2步：拉出第1步的线后，再将针穿入下2行的中间，再从中间一行（即需要绣的当行）中间穿出，拉出。

第3步：同样的方法去绣同一行或隔行的下针。

花样D

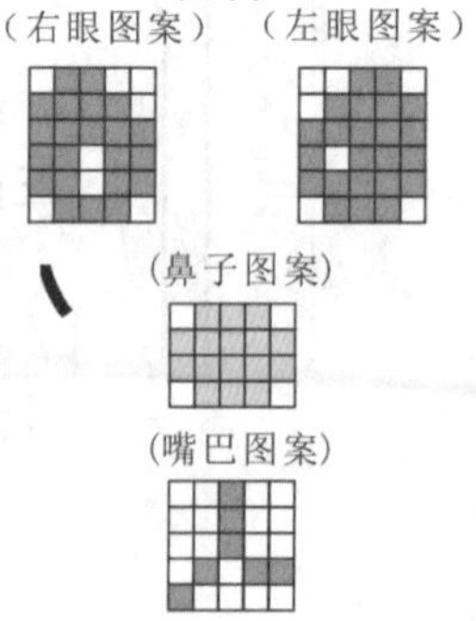

花样A

（衣摆边图解）

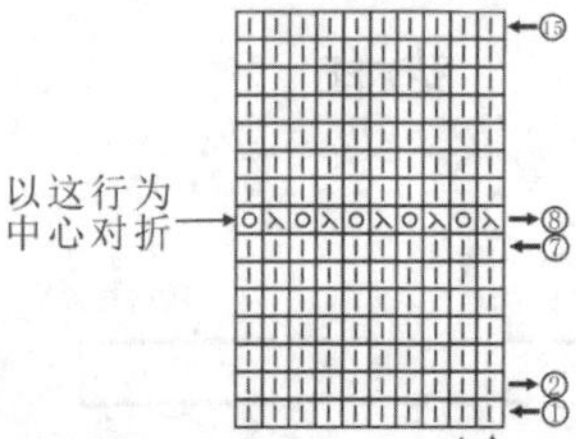

花样B

（衣领边图解）

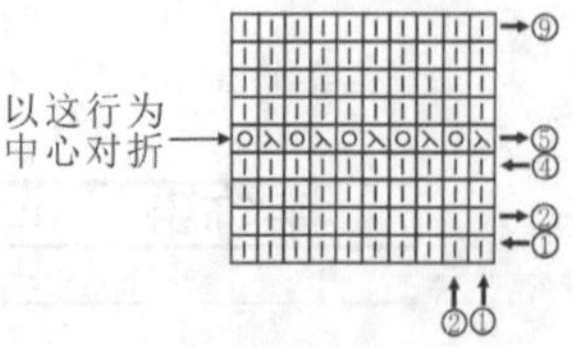

花样C

（小猫脚爪图案）

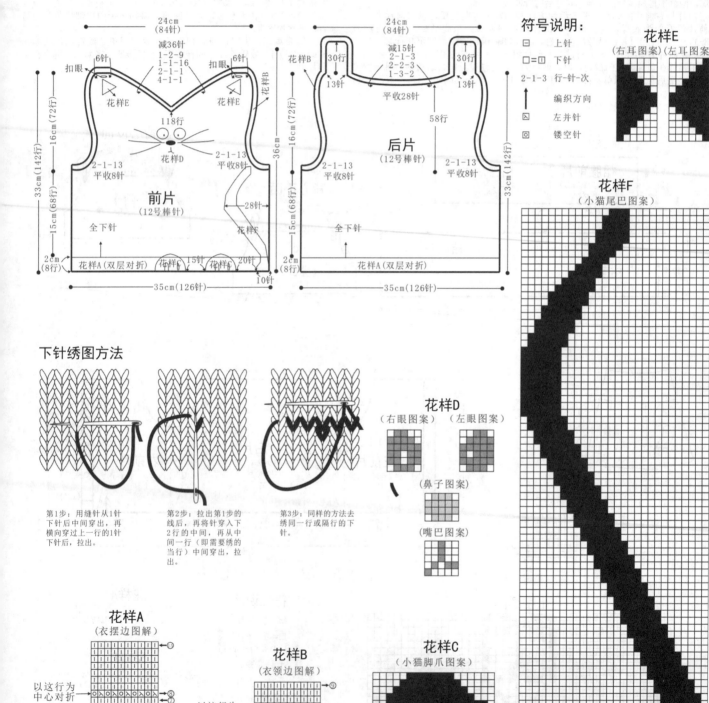

花朵小背心

【成品规格】衣长43cm，袖长1.5cm，下摆宽35cm
【工　　具】10号棒针，1.50mm钩针
【材　　料】紫色晴纶线200g，灰色晴纶线80g
【编织密度】23针×31行=10cm²

前片/后片/衣摆/袖片制作说明：

1. 棒针编织法与钩针编织法结合。胸前小花用钩针钩织。衣身用棒针编织。袖窿以下环织，袖窿以上片织。
2. 起针。用紫色线，下针起针法，起168针，首尾连接，环织。
3. 袖窿以下的编织。
1）起织花样A，无加减针，共织10行。
2）花样B编织。将168针分成7组花样B编织，用灰色线编织，无加减针，共织34行的高度。
3）改用紫色线编织，先织4行花样C搓板针，此后全织下针，无加减针织38行的高度后，在第38行里，每6针的宽度并掉1针，一圈共减少28针。针数减为140针，再织8行下针后，完成袖窿以下的编织。
4. 袖窿以上的编织。将140针分成两半，每一半针数为70针，分成前片和后片编织。
1）前片的编织。将70针两边各收针5针，再在两边倒数第3针的位置，然后两边每织2行减少2针，减1次，再每织2行减1针，减2次，针数余下52针，无加减针再织20行后，进入前衣领编织，在下一行的中间，选取22针收针掉，两边各分成两半编织，衣领边减针，每织2行减2针，共减2次，然后每织2行减1针，共减1次，针数减少5针，织成6行，然后无加减针再织8行的高度后，至肩部余下10针，不收针，继续再织4行，这4行作为后衣领减针行。同样的方法编织另一半。
2）后片的编织。两边减针收针与前片相同，减针行织成6行后，减针后的针数为52针，无加减针将后片织成30行的高度，将中间的32针收针掉，两边余下的10针，对应前片的肩部，1针对1针地缝合。
5. 用钩针钩织一朵立体花别于胸前。最内一层用紫色线钩织，外两层用灰色线钩织。
6. 袖片的编织。沿着袖窿边，挑60针，编织花样C搓板针，共织6行的高度后收针断线。
7. 领片的编织。前衣领边挑40针，后衣领边挑38针，编织花样C搓板针，共织6行的高度后收针断线。

符号说明：

- 上针
- 下针
- 2-1-3 行-针-次
- 编织方向
- 左并针
- 右并针
- 镂空针
- 中上3针并1针
- 短针
- 长针
- 锁针

花样D

胸前小花图解

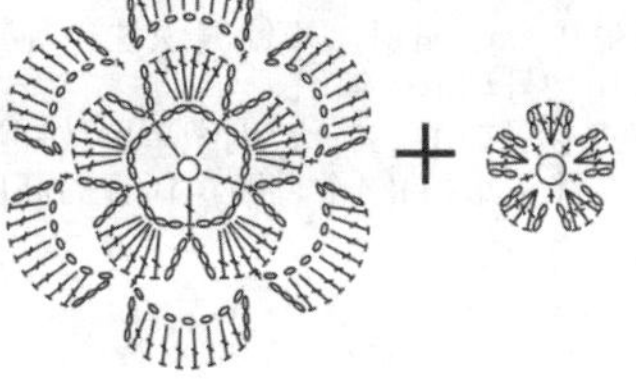

花样B

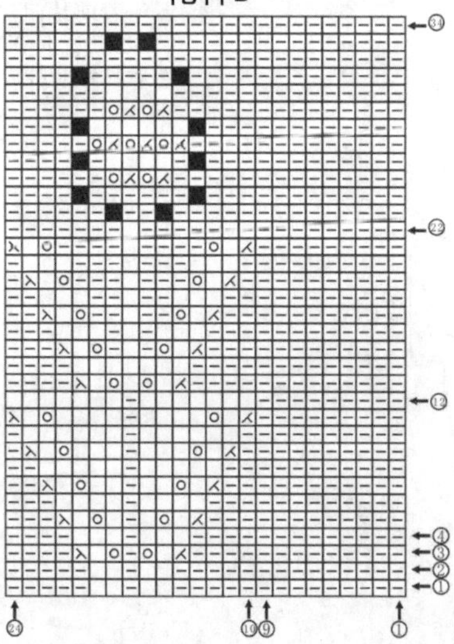

花样A

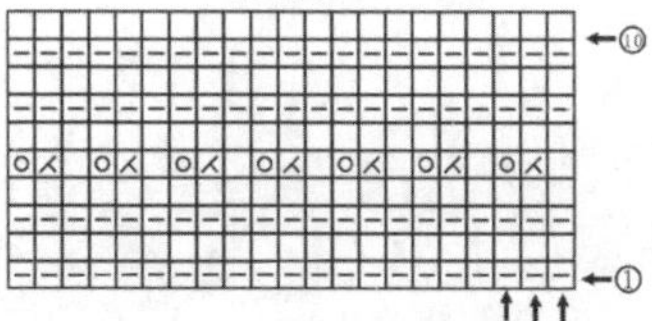

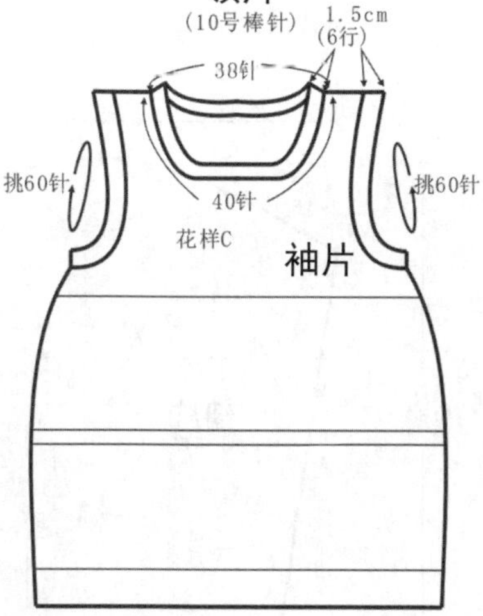

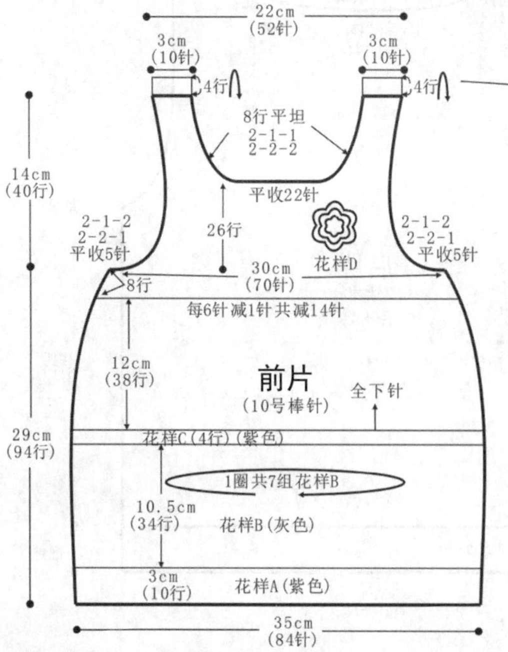

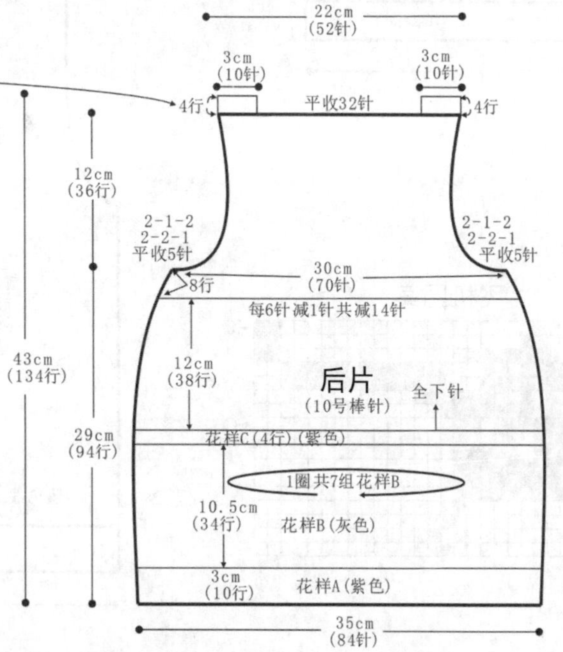

花样C

(搓板针)

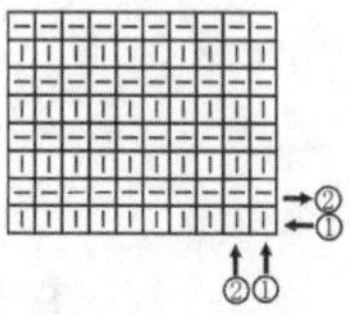

2针一花样

小球织法

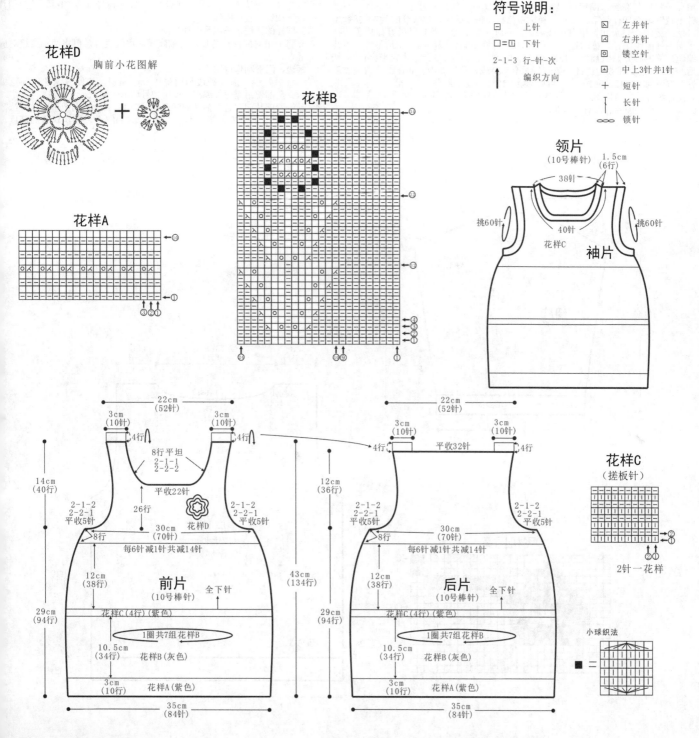

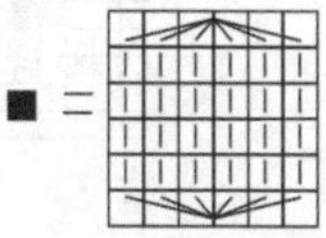

卡通拼色开衫

【成品规格】衣长40cm，衣宽35cm，肩宽25cm，袖长31cm
【工　　具】12号棒针
【材　　料】绒线共500g，白色100g，灰色100g，黑色100g，蓝色200g，红色、黄色少许，纽扣4枚
【编织密度】27针×40行=10cm²

前片制作说明：

1. 前片为两片编织，棒针编织法，黑色，白色，灰色与蓝色线搭配编织。并用色线编织图案。
2. 先编织左前片，起织，单罗纹起针法，黑色线起织，用12号棒针起94针，编织单罗纹针4cm高度16行，第17行开始编织下针，不加针不减针编织10行。第27行的第17针处开始用黄色线按汽车图样编织花样。第47行将织片左边的22针宽度换成灰色线编织，右边继续黑色线编织，第86行的第31针处开始用黄色线按飞机图样编织花样。第93行开始织袖窿，在织片右边进行袖窿减针，减针方法为平收4针，然后2-1-9，减少针数为13针。第97行时在织片左边收斜领，方法为2-1-12，6-1-7。第107行时，将灰色线部分换成蓝色线编织，第121行全部使用蓝色线编织。最后肩部余下16针，收针断线。
3. 右前片结构与左前片对称，色线花样搭配不同。单罗纹起针法，黑色线起织，用12号棒针起48针，编织单罗纹针14cm高度16行，第17行开始编织下针，不加针不减针编织10行。第27行织片换成白色和灰色线编织，色线分配为右边8针用灰色线编织，剩余40针用白色线编织，同时在第27行的第14针处开始用色线按帆船图样编织花样。第89行将织片右边的8针换成蓝色线编织，左边继续白色线编织。第93行开始织袖窿，在织片左边进行袖窿减针，减针方法为平收4针，然后2-1-9，减少针数为13针。第97行时全部换成蓝色线编织，并在织片右边收斜领，方法为2-1-12，6-1-7。最后肩部余下16针，收针断线。
4. 前片织好后按结构图示位置，采用十字绣方法绣上小方块。
5. 前片与后片的两肩部对应缝合。

后片制作说明：

1. 后片为一片编织，棒针编织法，黑色与蓝色线搭配编织。
2. 起织，单罗纹起针法，黑色线起织，用12号棒针起94针，编织单罗纹针14cm高度16行。
3. 第17行换成蓝色线，开始编织下针，不加针不减针编织至23cm，92行后织袖窿，两侧需要同时减针织成袖窿，减针方法为平收4针，然后2-1-9，两侧针数各减13针，余下68针继续编织，两侧不再加减针，织至第154行时收领窝，中间选取24针收针，两端相反方向减针编织，各减少6针，方法为2-3-1，2-2-1，2-1-1，最后两肩部各余下16针，收针断线。
4. 前片与后片的两肩部对应缝合。

袖片制作说明：

1. 棒针编织法，编织两片袖片。从袖口起织。
2. 用黑色线，下针起针法，起60针，编织16行单罗纹针，第17行起改织下针，并配色编织，袖片均分成左右两部分，右边为袖片前半部，30针，用灰色线编织，左边为袖片后半部，30针，继续用黑色线编织。往上编织，两侧同时加针，加6-1-10，两侧的针数各增加10针。
3. 灰色线编织至44行时，将其左边的8针换成黑色线编织，其余右边针数换成蓝色线编织。袖片后半部仍用黑色线编织，继续编织20行后，全部用蓝色线编织。
4. 织片织成80针，共92行。接着编织袖山，袖山减针编织，两侧同时减针，方法为平收4针，然后2-2-15，两侧各减少34针，最后织片余下12针，收针断线。
5. 同样的方法再编织另一袖片。
6. 将袖山对应前片与后片的袖窿线，用线缝合，再将两袖侧缝对应缝合。

领边、门襟制作说明：

1. 前后片缝合后，领边和门襟边一起编织，棒针编织法，往返编织。全部使用黑色线编织。使用12号环形针编织。
2. 沿着前片门襟边及后片衣领窝挑针，共280针，编织单罗纹针法，编织第5行时在左门襟处间隔22针开纽扣孔4个。编织10行的高度，然后收针断线。

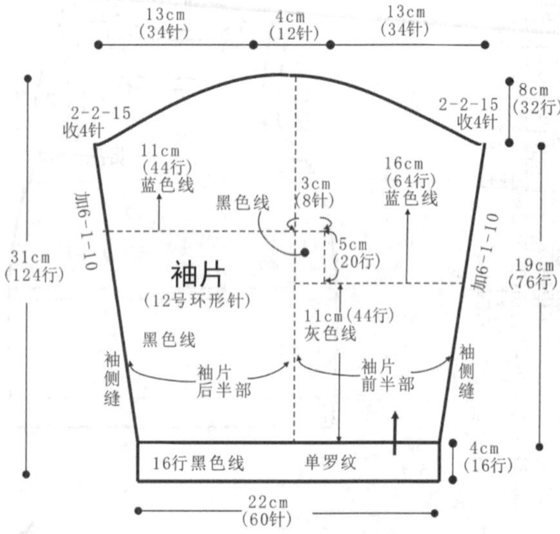

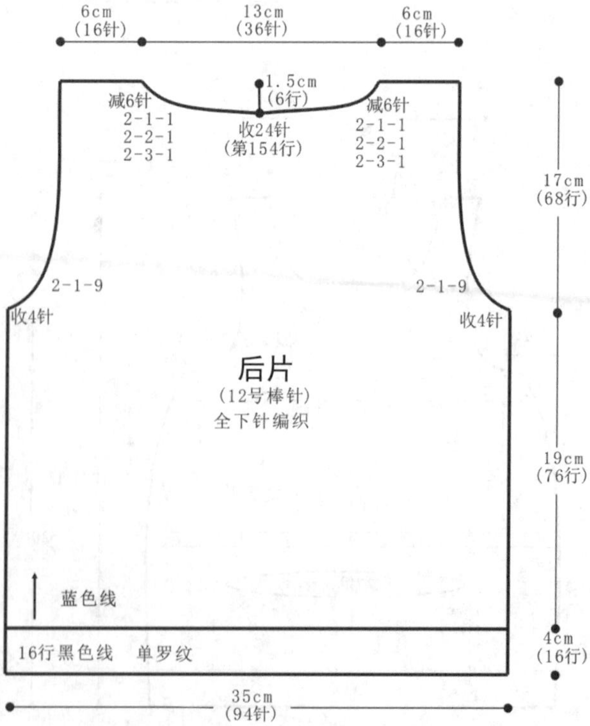

飞机图案

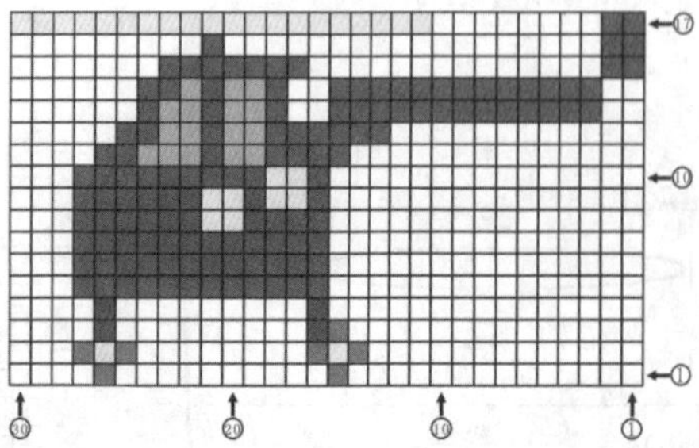

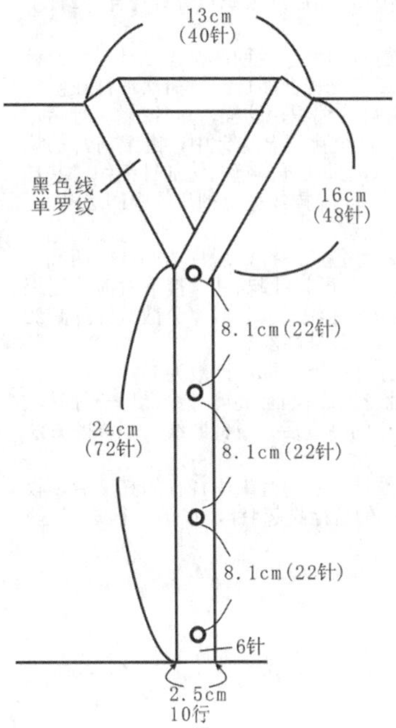

帆船图案

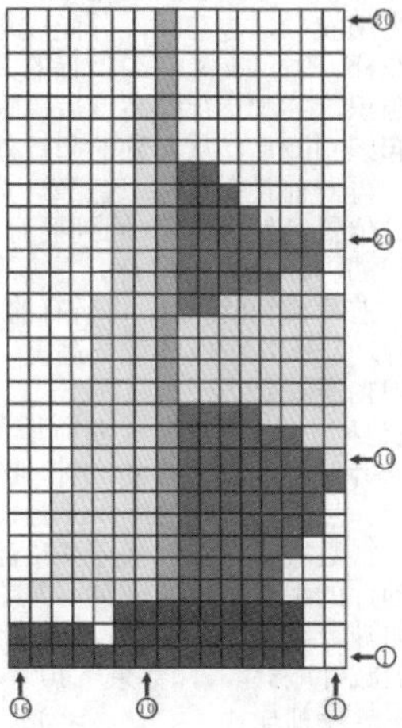

符号说明：

⊟ 上针

□=⊡ 下针

2-1-3 行-针-次

汽车图案

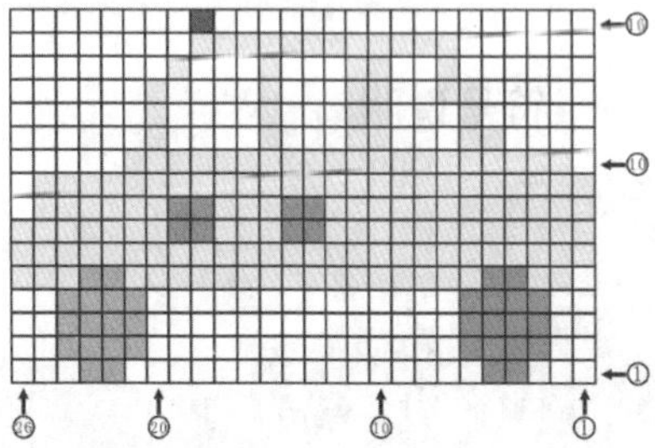

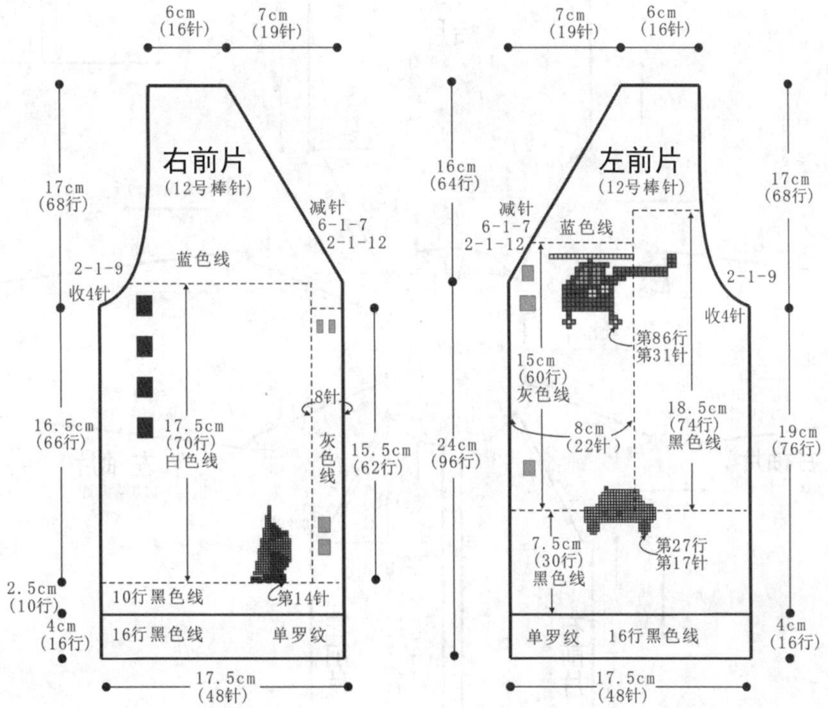

■ 黑色线十字绣4针5行　■ 白色线十字绣3针4行

■ 白色线十字绣4针4行　▮ 白色线十字绣2针4行

快乐宝贝装

【成品规格】衣长42cm，袖长43cm，下摆宽29cm
【工　　具】10号棒针，10号环形针，1.5mm钩针
【材　　料】偏红色三七毛线250g，扣子5枚
【编织密度】24针×30行=10cm²

前片/后片/衣摆/袖片/衣襟制作说明：

1.棒针编织法，从衣领起，从上往下编织，用10号针编织。

2.先织衣领，起75针，分配成每3针一组花样，正面织2针下针，1针上针，花样图解见花样C，2针下针织鱼骨针花样，2行1交叉，织14行的高度后，在上针位置加1针，将针数加成100针，然后继续织鱼骨针花样，2针上针照织，共织18行的高度后，收针断线。

3.起织领胸片，从衣领的起针处，在第18针的位置起织，织20针，再向前挑织1针，返回时全织上针，织21针后，再向前挑织1针，选第2、第3针与第20、第21针作插肩缝，两边加针，每织2行加1针，每4次加针在同一针的位置，然后第5次回到插肩缝边加针，而织片两边在编织时，均向前挑1针编织，这样，后片挑织4针后，同样的方法在另一肩片，重复前面的步骤，当后片挑织4后，将后片的36针全挑织至棒针中，继续前片的挑织，前片挑织8针后，将所有的衣领边的针数全挑至棒针上，继续来回编织，只在插肩缝两边加针编织。共加20针，领胸片织成40行的高度。左前片和右前片，在第5针至12针之间，编织花A棒绞花。袖片的中间选8针，编织13层花A。

4.衣身分片。衣身分成左前片、右前片、后片以及两袖片。左前片和右前片各选38针，后片选86针，两袖片各58针。起织左前片的38针，然后用单起针法，起4针，接后后片编织86针，再起针起4针，接上右前片编织38针。然后无加减针编织56行，花A全程编织12层的高度，完成衣身的编织，在织第56行时，分散减针，减22针，针数减为148针，分配成37组双罗纹编织，无加减针，织20行的高度后，收针断线。

5.袖片的编织。袖片58针，从右织至左时，将衣身所加的4针全挑织出来，挑4针，袖片针数为62针，环织，无加减针织5行的高度后，再每织8行，腋下两边各减1针，共减7次，针袖身织成144行高度，在最后一行时，分散减针减8针，针数余下40针，分成10组双罗纹针编织，无加减针织16行的高度后，收针断线。同样的方法编织另一袖片。

6.衣襟的编织。衣身完成编织后，沿着衣襟边，挑98针，编织花样B双罗纹针，右前片编织12行的高度后，收针断线，而左前片，在织第6行时，每隔20针，编织一个扣眼，方法是，在当行收起4针，在下一行重起这4针，再连接继续编织。共5个扣眼。

7.最后沿着衣领边，用钩针钩织花样D花边。

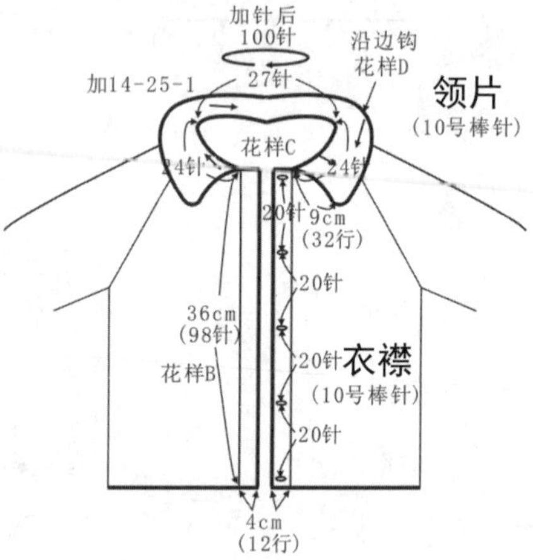

符号说明：

⊟ 上针
□=⊡ 下针
2-1-3 行-针-次
↑ 编织方向
2针交叉
右上2针与左下2针交叉

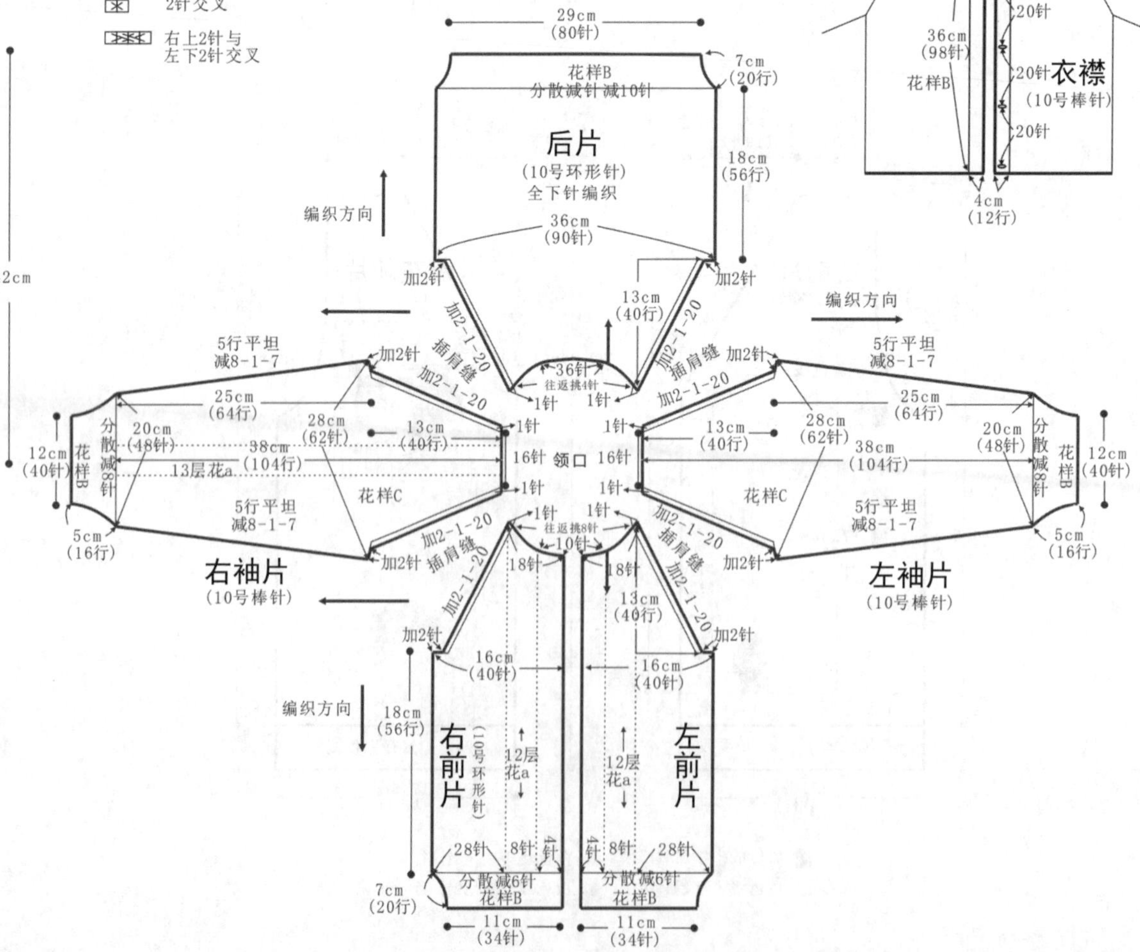

树枝纹V领背心

【成品规格】衣长43cm，衣宽32cm
【工　　具】10号棒针，10号环形针，1.50mm钩针
【材　　料】黄色晴纶线350g，彩色珠子51颗
【编织密度】24针×34行=10cm²

前片/后片/衣摆/袖片制作说明：

1. 棒针编织法。从衣摆直织，袖窿以下环织，袖窿以上片织。
2. 起针。下针起针法。起170针，首尾连接，环织。
3. 袖窿以下的编织。起织花样A搓板针，共织4行，下一行起，将前片85针分配成6组花样B，后片的85针，两侧各留5针，中间的75针，分成5组花样D，两侧的5针依顺序编织花样。分配好花样后，无加减针往上编织，织成130行的高度后，完成袖窿以下的编织。
4. 袖窿以上的编织，将前片和后片的针数分别用两棒针分别编织。
1）前片的编织。起织时，两边各收针4针，然后往上继续编织花样B，两边每织2行各减1针，共减5次，余下67针，继续往上14行后，进入前衣领减针，中间收针3针，两边的针数各32针，衣领减针，每织2行减1针，共减21次，织成42行，然后无加减针再织18行后，肩部余下11针，用防解别针扣住，相同的方法编织另一半。
2）后片的编织。袖窿减针与前片相同，减针行织成10行后，无加减针再织58行后，进入后衣领编织，中间选取29针收针，两边减针，每织2行减1针，共减8次，两肩部余下11针，与前片的肩部对应，一针对一针的缝合。
5. 袖片的编织。从肩部的缝合线为中心，两边各取12针的宽度，挑出24针起织，织成24针后，再向前挑2针编织，返回编织完后，再向前挑织2针，如此重复，两边各挑够18针，然后将袖窿余下的边缘，挑出30针进行环织，袖身编织花样F，加完针后，起织花样E。共织6行的高度。完成后收针断线。相同的方法编织另一袖片。
6. 领片的编织。左衣领边挑44针，右衣领边挑44针，后衣领边挑72针，起织花样G，在前衣领的V点处，将3针并为1针地编织，中间1针在上面，织成6行后，收针断线。

花样D
（衣领花边）

花样C
（衣领图解）

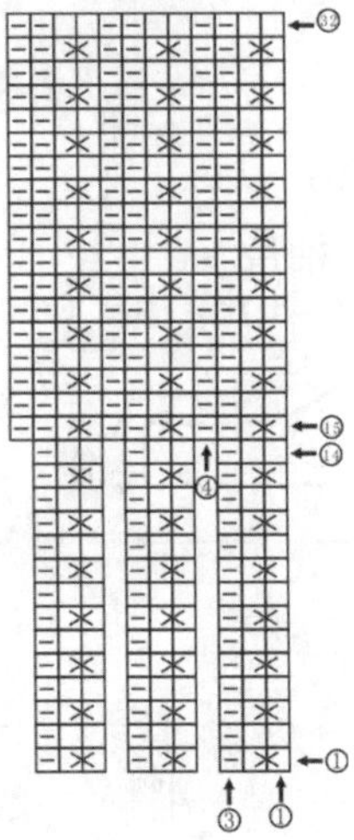

花样A

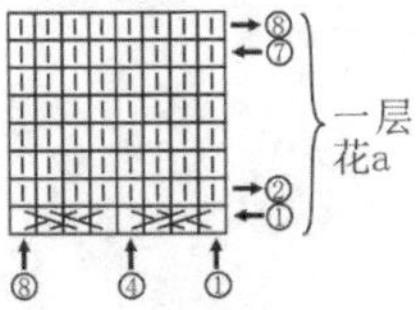

花样B
（双罗纹针）

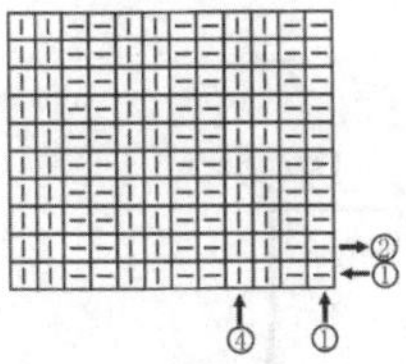

4针一花样

花样G

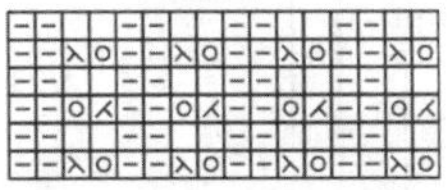

花样A

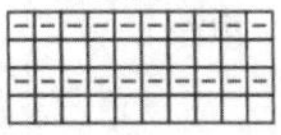

花样B

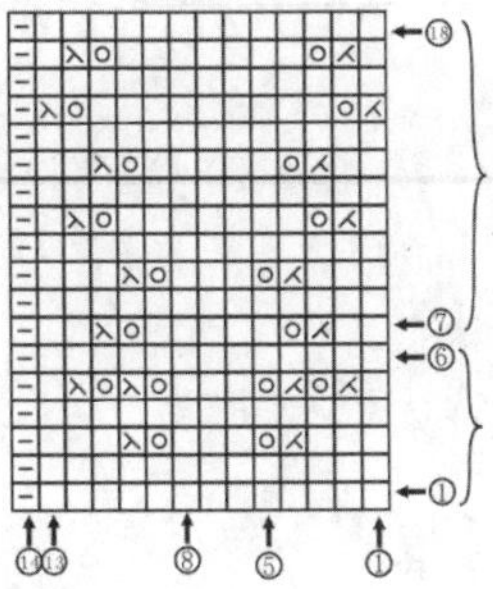

花样C

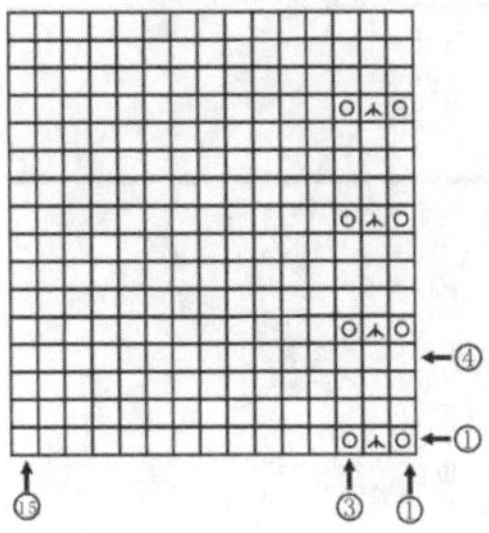

花样E

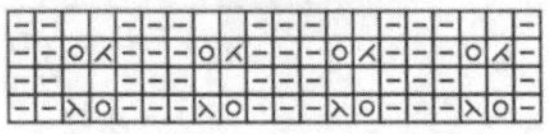

花样F

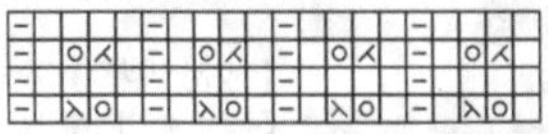

花样D

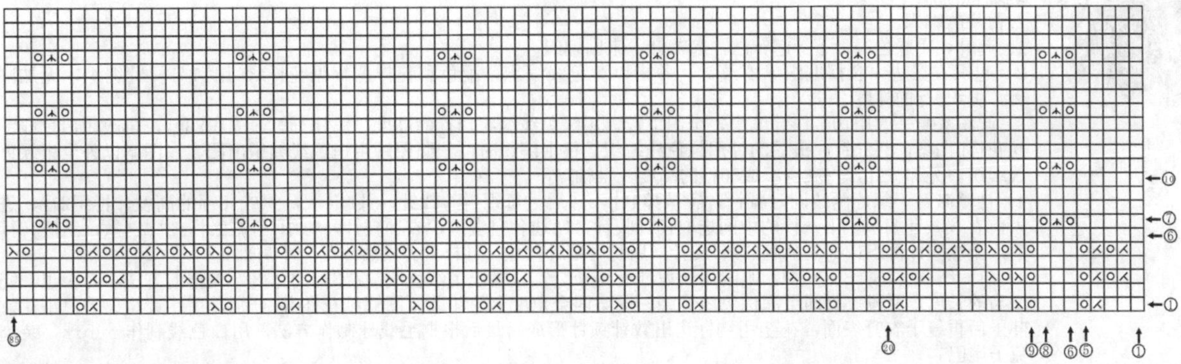

符号说明：

⊟ 上针

□=⊡ 下针

2-1-3 行-针-次

↑ 编织方向

⧄ 左并针

⧅ 右并针

◙ 镂空针

⩓ 中上3针并1针

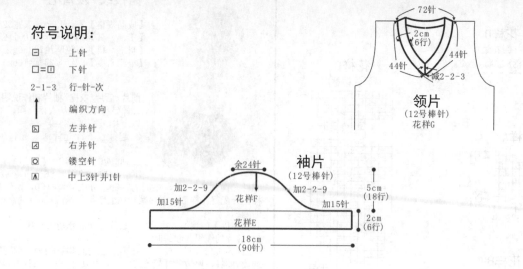

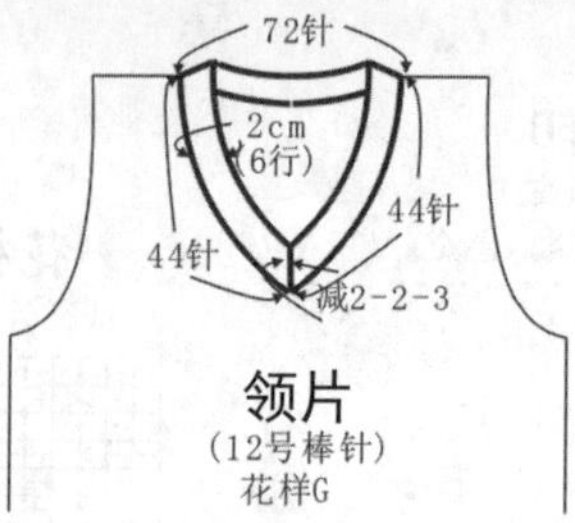

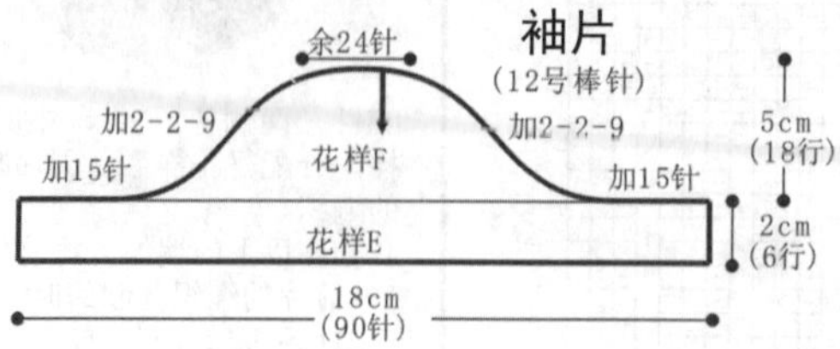

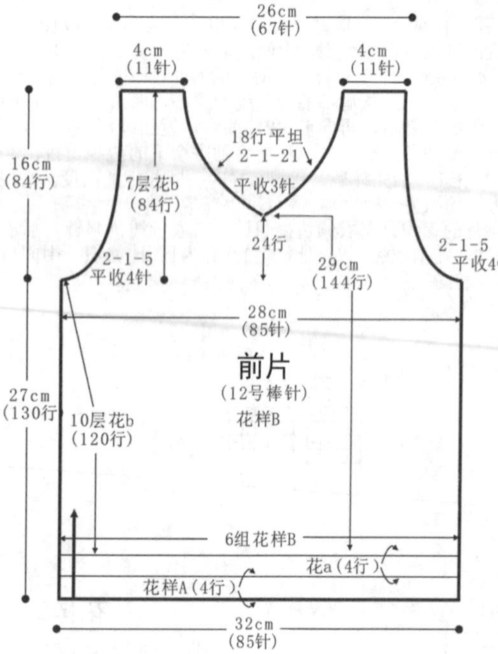

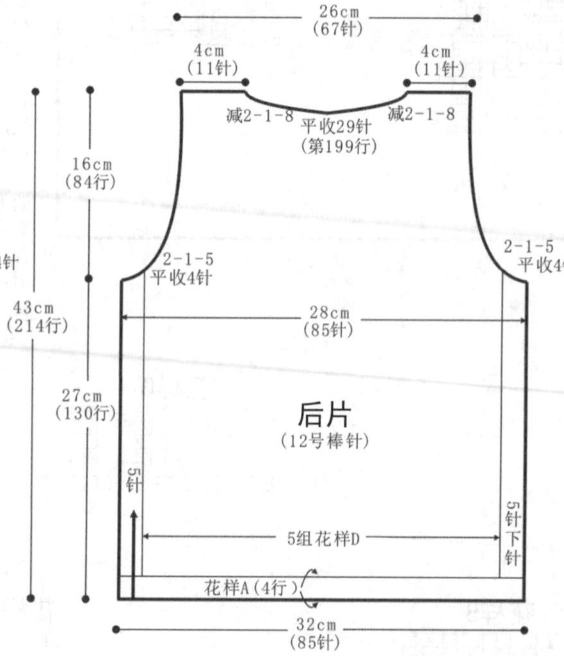

小白兔背心

【成品规格】衣长33.5cm，下摆宽27cm
【工　　具】10号棒针，1.50mm钩针
【材　　料】黄色晴纶线30g，绿色晴纶线150g，白色50g，红色和深棕色少许，红色扣子1枚
【编织密度】25针×31行=10cm²

前片/后片/衣摆/袖片制作说明：

1.棒针编织法与钩针编织法结合。前片花草用钩针钩织。衣身用棒针编织。分为前片和后片单独编织，再缝合侧缝边和肩部。

2.前片的编织。

1）起针。用绿色线，下针起针法，起72针，来回编织。

2）起织衣摆边。衣摆编织单罗纹针，并搭以黄色线编织，配色和花样图解见花样A，用11号棒针编织，无加减针，编织9行的高度。

3）起织衣身。改用10号棒针编织，全织下针，用绿色线编织14行的高度，第15行时，先织23针，再改用白色线编织花样B图案，共25针，最后24针用绿色线编织。往上编织时，依照图解用白色线编织出图案，图案以外全用绿色线编织。无加减针，将衣身织成50行的高度，至袖窿下。

4）袖窿减针。织片两边同时减针，各减掉4针，然后，每织4行减2针，共减4次，织成16行的高度，再织2行，进入前衣领减针编织。下一行的中间选取16针收针，两边各自编织，衣领减针，每织4行减2针，共减4次，织成16行后，无加减针再织12行，至肩部余下8针，用防解别针扣住。同样的方法编织另一半肩部。

5）前片绣图。花样B图案中，眼睛用一粒红色扣子装饰，嘴巴用红色线缠绕3行的宽度。同样的方法，耳朵也缠绕适当的长度，两段。脚间用深棕色线缠绕。图案四个角度上的花朵，图解见花样C，分别是用钩针钩出黄色小花，叶子后再缝于衣身表面，花茎用钩针钩出数针锁针形成。最后根据毛线球制作方法，用白色线制作一小球，装饰兔子尾巴。

3.后片的编织。用绿色线，起72针，起织花样A单罗纹针，织9行的高度，然后改用10号棒针编织下针，无加减针，后片无图案，全织下针，织50行高度至袖窿下。袖窿两边减针，各减4针，然后每织4行减2针，共减4次，然后无加减针再织26行的高度后，进入后衣领减针，下一行的中间选取28针收针，两边相反方向减针，各减2-1-2，两肩部各余下8针，与前片对应肩部，1针对1针地缝合。再将前后片的侧缝对应缝合。

4.袖片的编织。沿着袖窿边，挑56针，编织花样A单罗纹针，先用绿色线编织3行，再用黄色线编织2行，最后用绿色线编织3行后，收针断线。

5.领片的编织。前衣领边挑60针，后衣领边挑32针，编织花样A单罗纹，先用绿色线编织3行，再用黄色线编织2行，最后用绿色线编织3行后，收针断线。

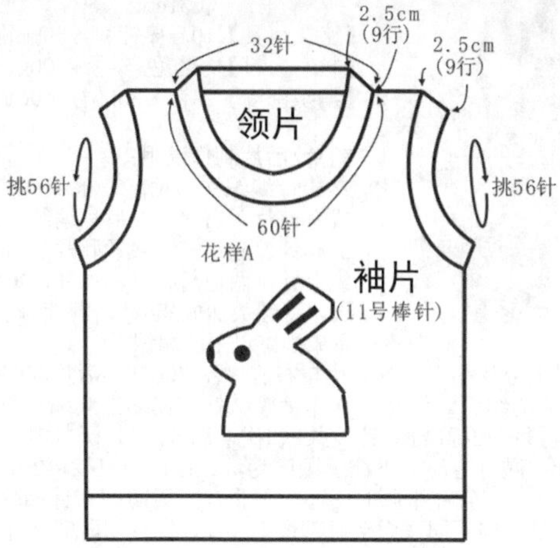

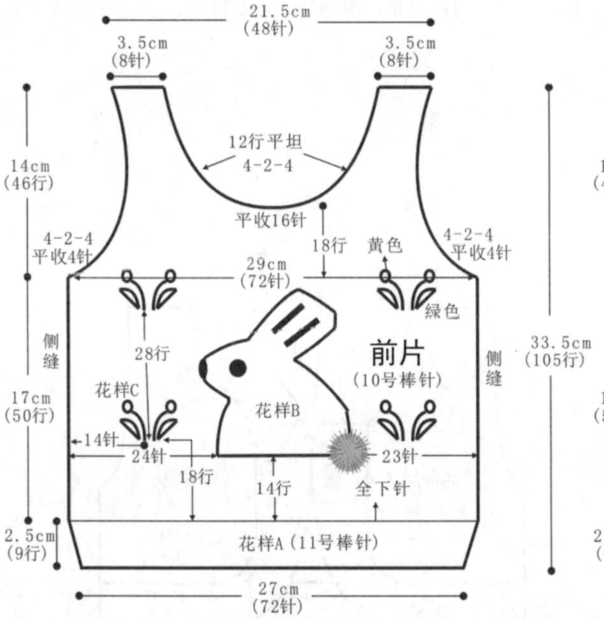

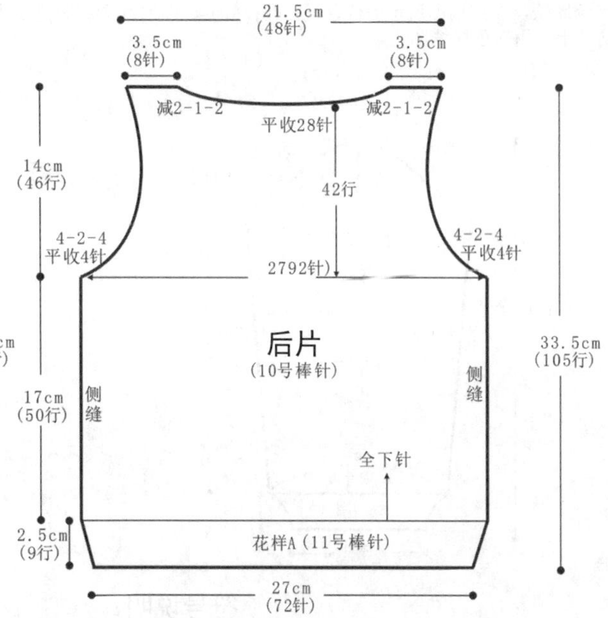

毛线球制作：

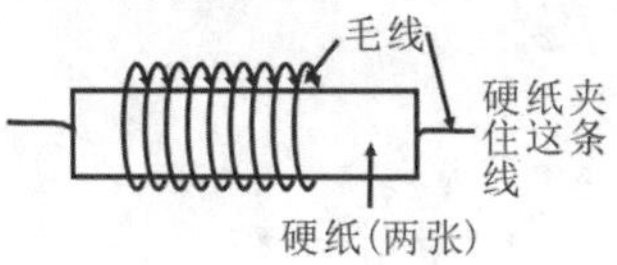

花样C

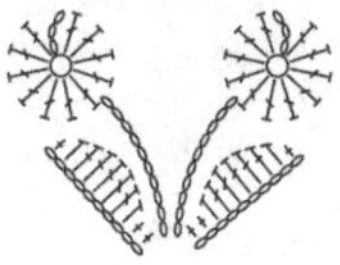

花样B

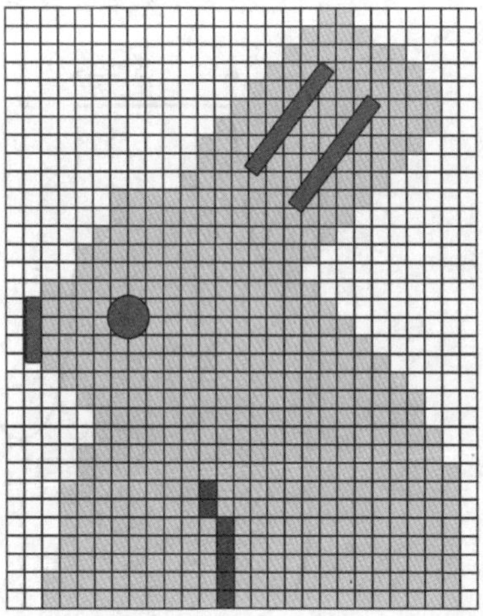

符号说明：

- ⊟ 上针
- □=⊡ 下针
- 2-1-3 行-针-次
- ↑ 编织方向
- + 短针
- ⊤ 长针
- ⬬ 锁针

花样A

（单罗纹针）

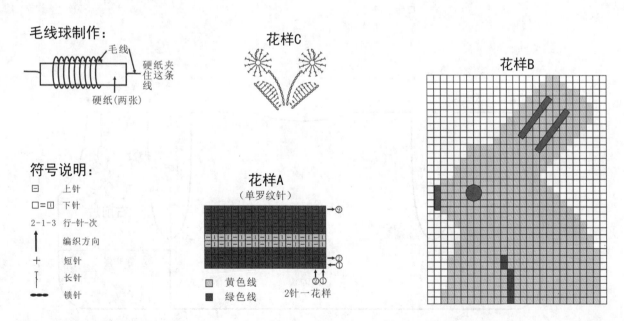

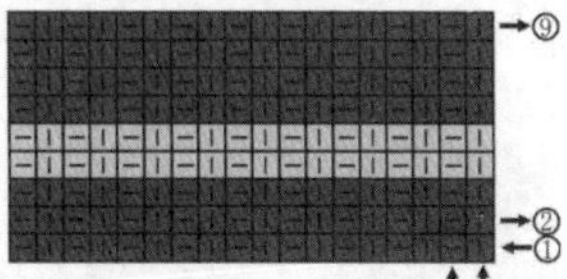

秀美小外套

【成品规格】衣长30cm，衣宽36.5cm，肩宽28cm，袖长31cm

【工　　具】10号棒针，1.50mm钩针

【材　　料】粉红色羊毛线300g，灰色线30g

【编织密度】25针×33.6行=10cm²

前片/后片制作说明：

1.棒针编织法。袖窿以下一片编织而成，袖窿以上分成左前片、右前片、后片编织。

2.起针。起148针，来回编织。正面全织下针，返回全织上针，两边起织时，加针，每织2行各加1针，共加5次。将针数加成158针，继续编织，织成30行的高度，完成袖窿以下的编织。

3.袖窿以上分片编织。左前片与右前片各取36针，后片取86针。

1）左前片的编织。织片右端作袖窿减针，左端继续编织下针。袖窿减针，先收针2针，再每织2行减掉2针，共减3次，织成6行，无加减针再织22行后，开始前衣领减针，减针方法从下往上顺序为，2-1-1，4-1-2，2-1-1，4-1-4，最后无加减针再织4行，至肩部余下18针，不收针，用防解别针扣住。右前片的编织方法相同，只是方向不同，织至肩部余下20针，同样用防解别针扣住。

2）后片的编织。后片86针，两边同时收针，各收2针，然后每织2行减2针，共减3次。减针后余下70针，无加减针往上编织，织至第79行时，中间选取22针收针掉，两边每织2行减2针，共减3次，两肩部各余下18针，对应前片的肩部，1针对应1针地缝合。

4.根据下针绣图法，在结构图所示的位置，将花样A图案和花样B图案分别绣上右前片和左前片上。用灰色线绣图。

袖片制作说明：

1.棒针编织法。从袖山起织，至袖口收针。

2.起针。下针起针法，起16针，来回编织。

3.袖山的编织。起针后，两边同时加针，每织2行两边各加2针，共加10次，织成20行，接着每织2行加1针，共加5次，袖山织成30行，在30行织至最后1针时，向前用单起针法，起4针，连接上另一边起织处，片织变成环织。完成袖山编织。

4.袖身的编织。取加出的4针的中间2针进行减针，无加减针先织1[illegible]行，然后开始减针，每织5行减1次针，共减9次，袖身织成55行，最后一行时，分散减针，减10针，针数减少为42针，然后分成14组花样C进行编织。无加减针织18行的高度后，收针断线。同样的方法编织另一袖片。

5.将袖片的袖山边与衣身的袖窿边对应缝合。

衣襟/领片制作说明：

1.棒针编织法。先编织衣襟，再编织领片。

2.衣襟的编织。衣襟的编织范围是从前衣领减针起始处，经衣襟边，下摆边，后片下摆边，再至另一前片的下摆边，衣襟边，至另一边的衣领减针起始处结束。沿着这个范围，挑针编织花样C罗纹针，来回编织，无加减针，在前衣襟转角处适当加针，然后，无加减针织18行的高度后。收针断线。在右衣襟起织处，制作一个扣眼。

3.衣领的编织。衣领是从后衣领边挑针起织的，先挑后衣领边，来回编织，织至最后1针时，向前挑1针再返回编织，在织至最后1针时，同样向前挑1针再织。衣领编织花样C罗纹针，直至挑成总针数为108针至衣襟起织处和结束处，无加减针织18行后，收针断线。

4.制作包扣，用钩针钩数圈短针，放进1枚硬币，再收紧短针至针。

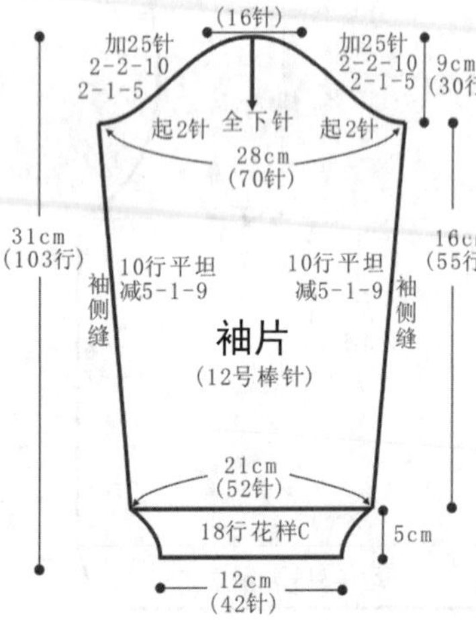

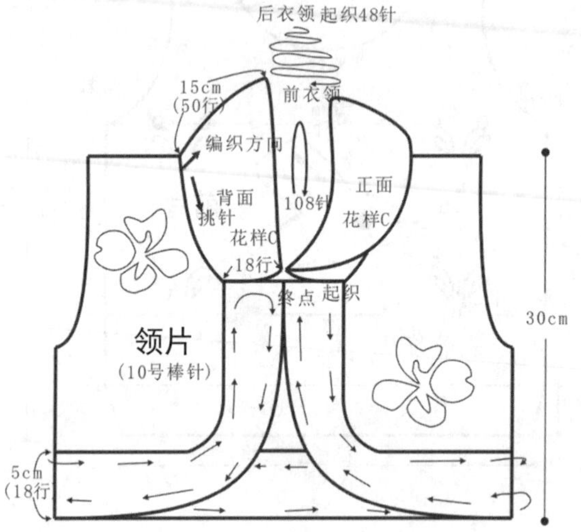

符号说明：

⊟	上针
□=⊡	下针
2-1-3	行-针-次
↑	编织方向

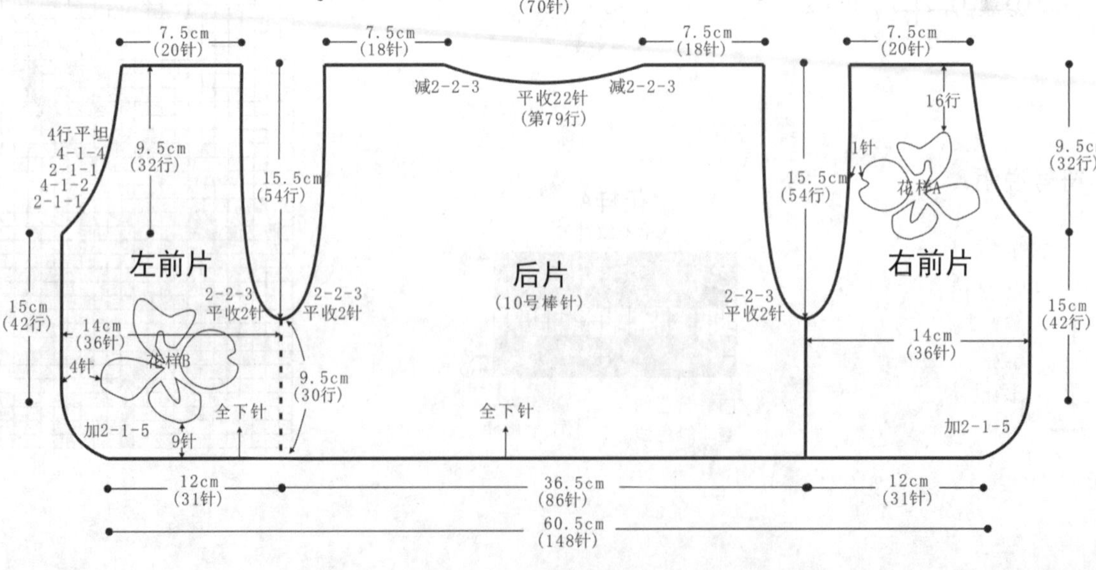

花样A
(右肩图案)

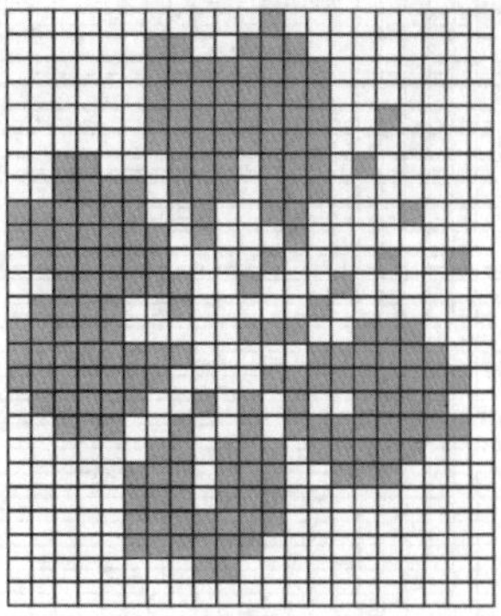

花样B
(左前片图案)

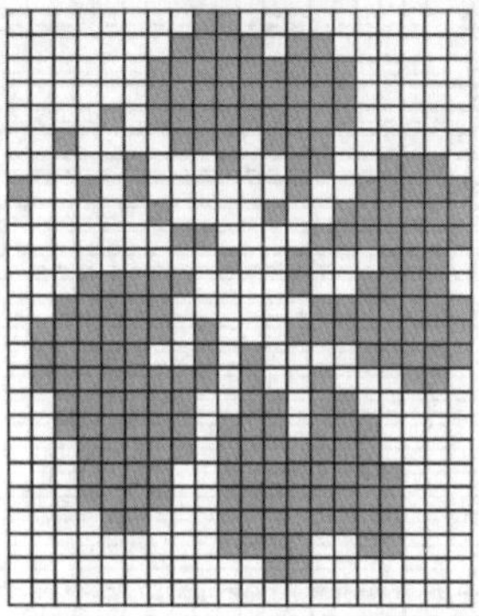

花样C
(衣领衣襟图解)

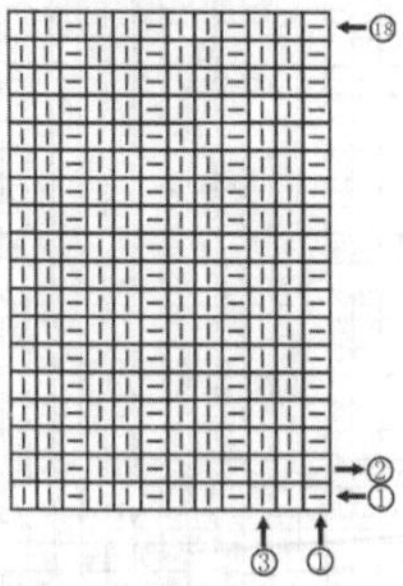

4针一花样

下针绣图方法

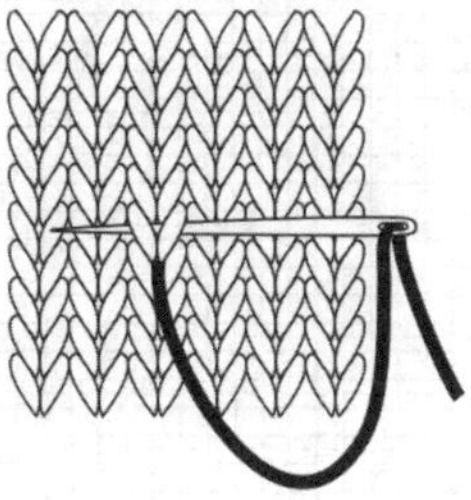

第1步：用缝针从1针下针后中间穿出，再横向穿过上一行的1针下针后，拉出。

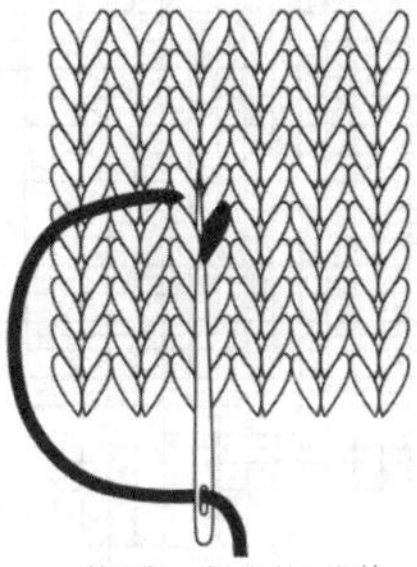

第2步：拉出第1步的线后，再将针穿入下2行的中间，再从中间一行（即需要绣的当行）中间穿出，拉出。

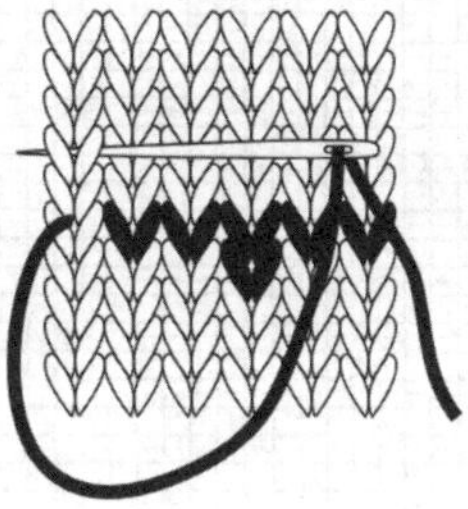

第3步：同样的方法去绣同一行或隔行的下针。

多色披肩

【成品规格】全长96cm，宽52cm
【工　　具】9号棒针
【材　　料】偏红色三七毛线200g
【编织密度】14针×30行=10cm²

披肩制作说明：

1.棒针编织法，简单大方的一款披肩。从一端起织，呈对称性编织，至另一端收针完成。

2.起针。起4针，来回编织，图解参照花样A，中间两针编织下针，两边加针，编织搓板针。先加针加9针，每织2行加1针，然后无加减针织12行，再减针，每织2行减1针，减4次，两边同时进行。中间2针下针编织28行的高度后，改织搓板针。经加减针后，针数余下14针，继续编织搓板针，织12行的高度后，暂停编织，在14针起织处，另用棒针和毛线，挑14针，编织搓板针，同样编织12行的高度后，两片并为1片，1针对1针缝合，并成14针。继续编织，下一行起，大幅度加针，在一行内加够10针，即将14针加成24针，返回织1行，同样织搓板针，然后在第3行内，将24针加成34针，返回织1行，在第5行内，将34针加成44针，返回织1行，这样，加针行共织成6行，针数为44针，分配针数编织花样，起织12针搓板针，再织6针下针，然后织8针搓板针，再织6针下针，最后余下12针，全织搓板针，花样分配完成，其中的6针下针编织棒绞花样，每织8行进行一次交叉，加完针后，再织44行的高度，开始制作袖口，将两条棒绞花样之间的针数，即20针，全部收针掉，返回编织时，用单起针法，重起这20针，接上左端棒绞花样继续编织，然后无加减针，再织84行的高度，再进行一次袖口收针再起针，然后就是与起织片相反的加减针编织，但是织完披肩中间段184行后，再织14针部分时，只织单层，过后即开始加减针编织，织至最后余下4针，收针断线，藏好线尾。披肩完成。

披肩
(9号棒针)

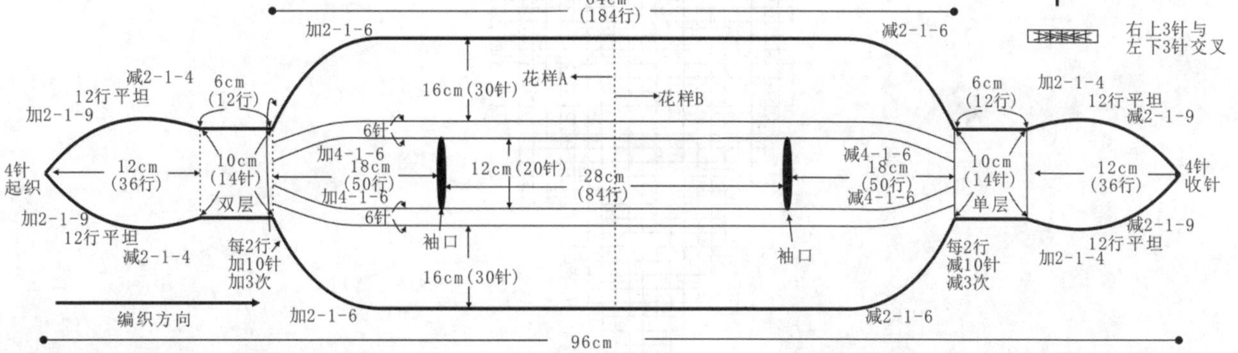

符号说明：

⊟　上针
□=⊡　下针
2-1-3　行-针-次
↑　编织方向
右上3针与左下3针交叉

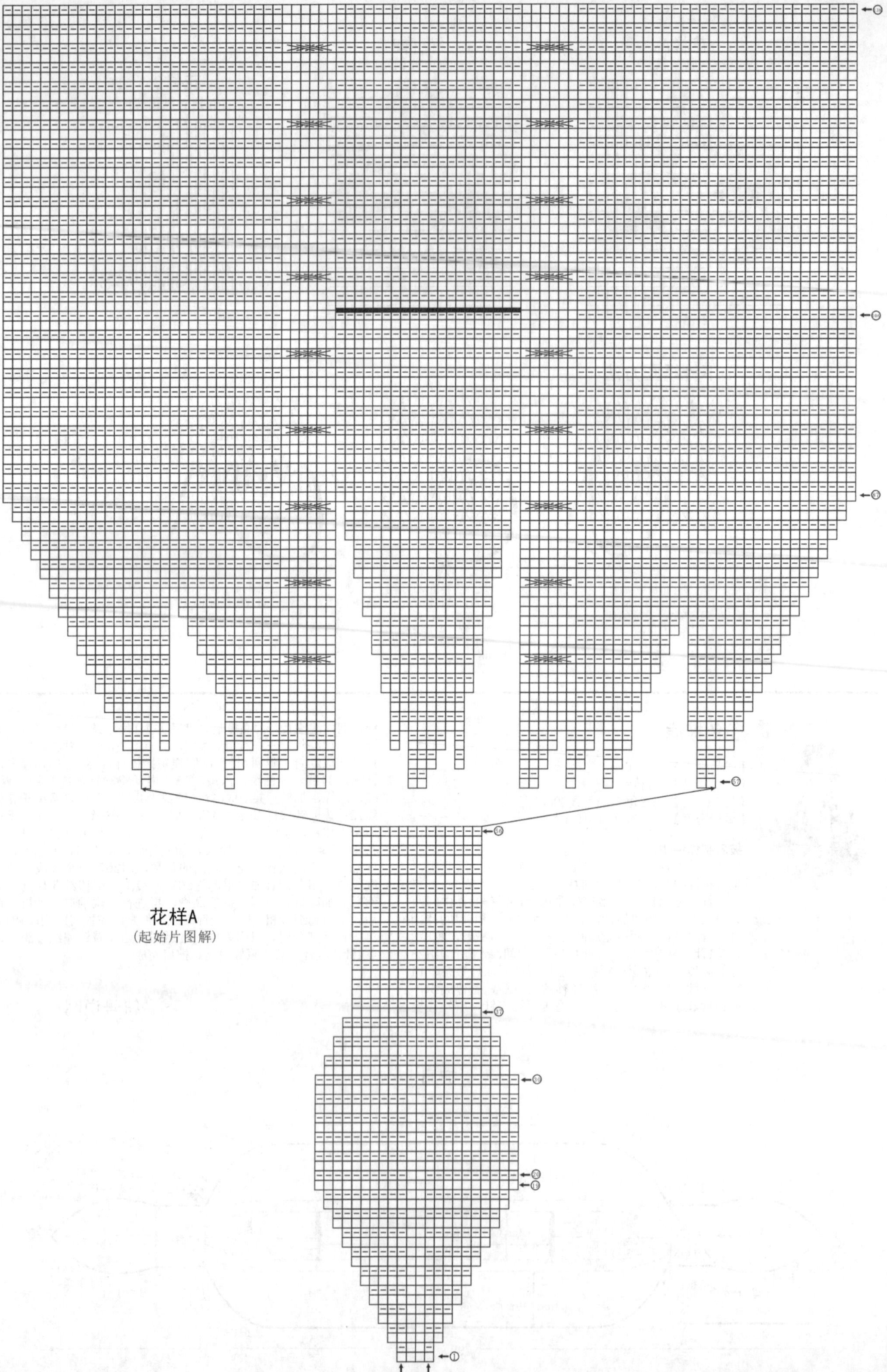

花样A
(起始片图解)

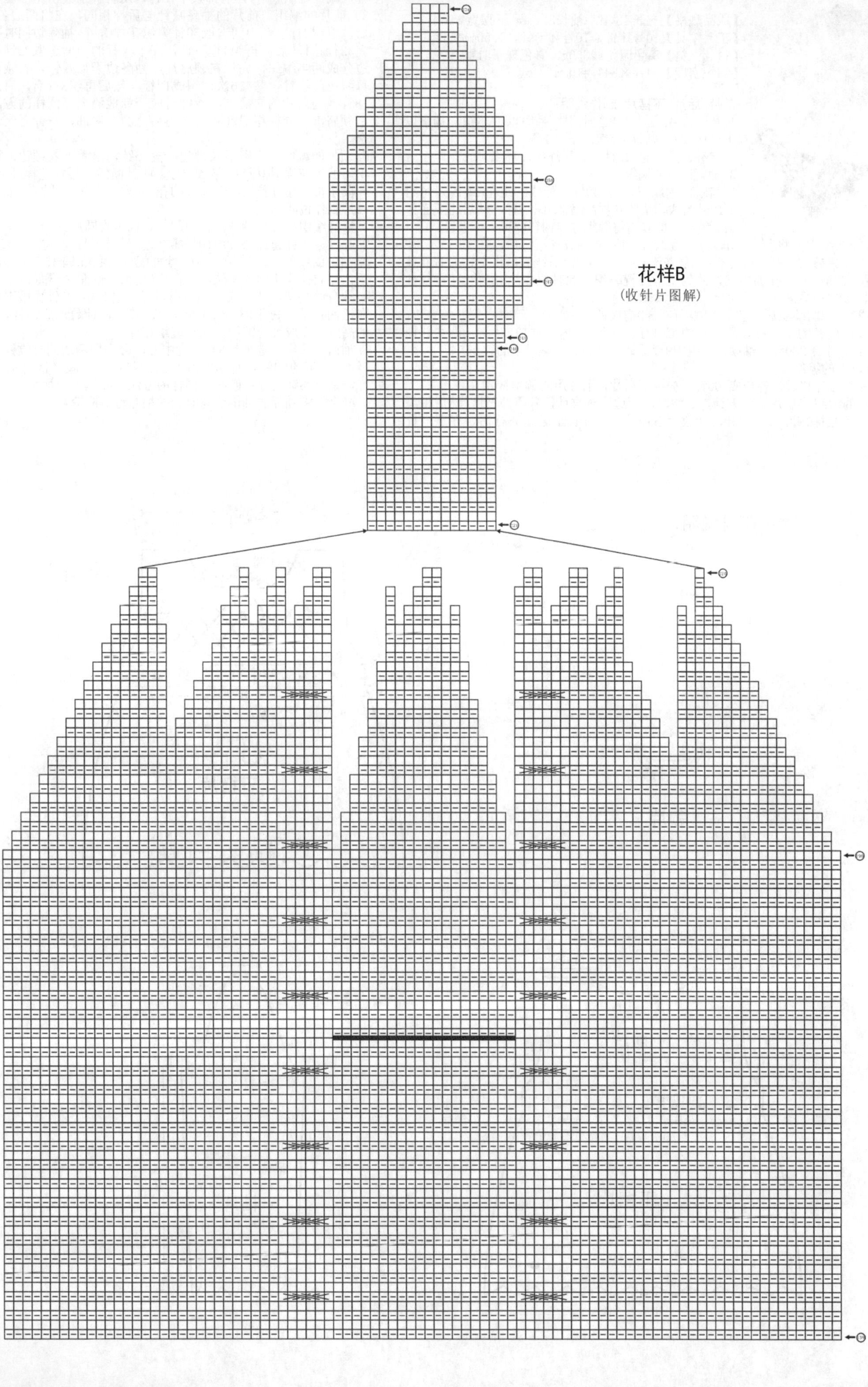

花样B

(收针片图解)

文静娃娃装

【成品规格】衣长43cm，袖长32cm，下摆宽47cm
【工　　具】10号棒针，10号环形针，1.50mm钩针
【材　　料】黄色晴纶线350g，彩色珠子51颗
【编织密度】24针×34行=10cm²

前片/后片/下摆片/制作说明：

1.棒针编织法，从下往上织，袖窿以下环织，袖窿以上分成前片与后片编织。
2.起针，下针起240针，首尾连接，环织。
3.袖窿以下的编织。
1）花样A的编织，将240针分配成20组花a编织，每组由12针组成，依照花样A图解编织10行，然后将反面作正面编织，即只需将编织方向调转即可。
2）花样B的编织，将花样A调转方向编织后，往上编织7行下针后，在第8行，每8针编织一次空针加右并针，此为一层花b，再往上织7行下针后，将空针加右并针的位置，在前一个花b的中间，此为错落位置编织，此时织成第2层花b，重复往上编织，共织9层花b。
3）完成花样B的编织后，往上编织8行花样D搓板针。
4）织成搓板针的下一行，即织片的第91行，在每6针内，并掉1针，一圈共并掉40针，针数余下200针，继续往上编织9行下针后，完成袖窿以下的编织。
4.袖窿以上的编织。
1）分片，前片和后片各分成100针，先编织后片，前片用防解别针扣住。
2）后片的编织。后片全织下针，起织时，两边同时收针，各收掉7针，然后每织2行两边各减掉1针，共减7针，针数余下72针，继续往上编织38行后，在下一行的中间选取24针收针掉，两边相反方向减针，每织1行减1针，共减6针，减针行织成6行，肩部余下18针，用防解别针扣住。
3）前片的编织。前片的袖窿减针与后片相同，在将两边各收掉7针后，再织2行，在中间选取60针编织花样C，两袖窿边同时减针，织完32行花样C后，再织4行下针，在下一行的中间选取24针收针，两边分成两半编织，先织左领肩片，袖窿边无加减针，衣领边减针，每织2行减1针，共减6次，织成12行，然后再织8行后，肩部余下的18针，与后片的右肩部，一针对应一针地缝合。同样的方法，编织右领肩部，同样织成20行后，与后片的左肩部，一针对应一针地缝合。
5.领片的编织，沿着后衣领边，挑36针，沿着前衣领边，挑48针环织，编织花样D搓板针，共织6行，收针断线。根据花样E图解，钩织一段系带，穿过腰间。在前片的花样C方块中间，装饰上珠子。

袖片制作说明：

1.棒针编织法，长袖。从袖口起织。袖山收圆肩。
2.起针，下针起针法，用10号棒针起织，起60针，首尾连接。
3.袖口的编织，起针后，将60针分配成5组花a编织，织10行的高度后，与衣摆片相同的方法，将花样A反织，反面作正面。
4.袖身的编织，从完成的袖口第11行，选其中的2针作腋下加针处，在这两针上，每织8行各加1针，共加7次，针数加成74针，再织8行的高度，完成袖身编织，袖身编织花样B。
5.袖山的编织，选加针的2针为中心，分别向两边同时收针，各收掉7针，余下的60针，每织2行两边各减1针，共减16次，袖山织成32行，余下28针，收针断线。同样的方法去编织另一袖片。
6.缝合。将袖片的袖山边与衣身的袖窿边对应缝合。

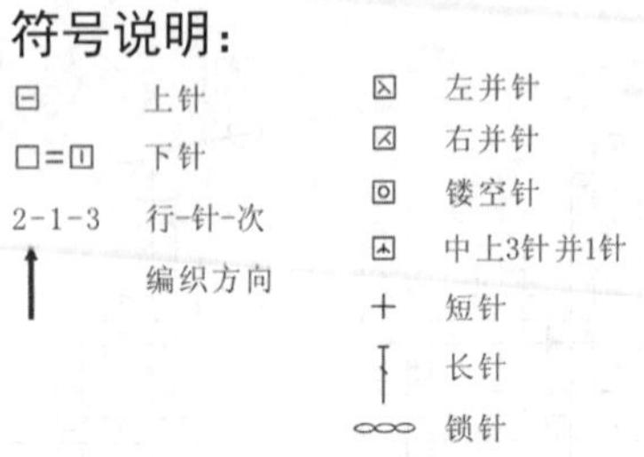

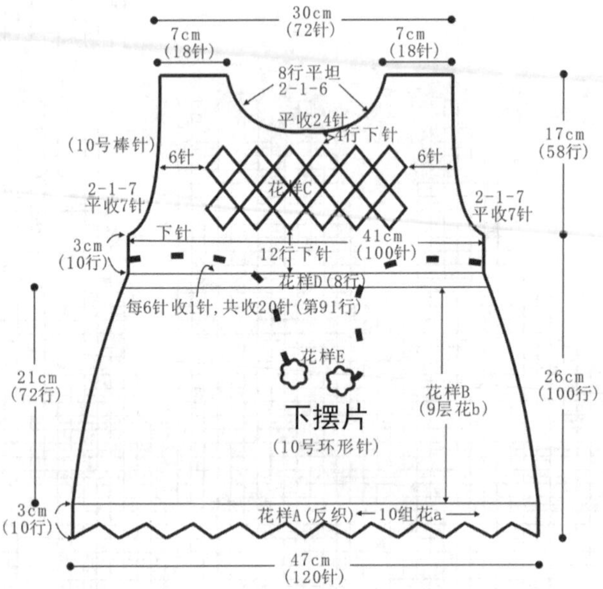

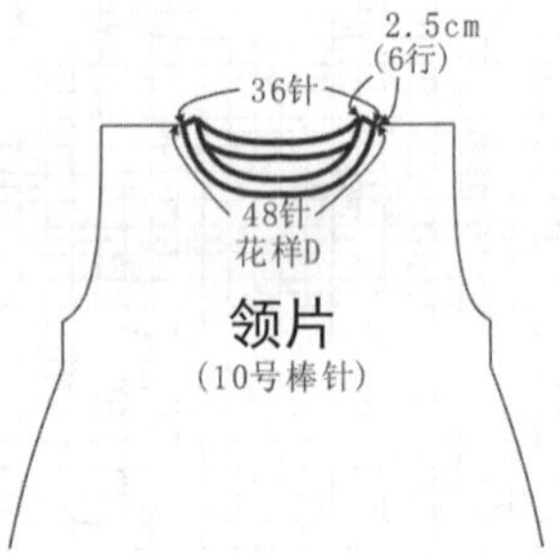

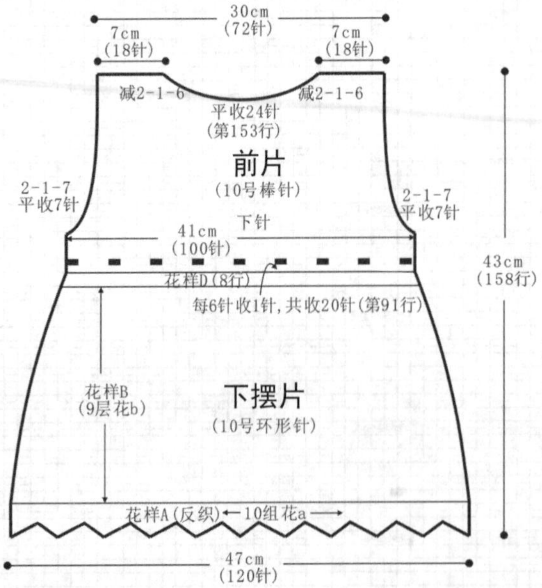

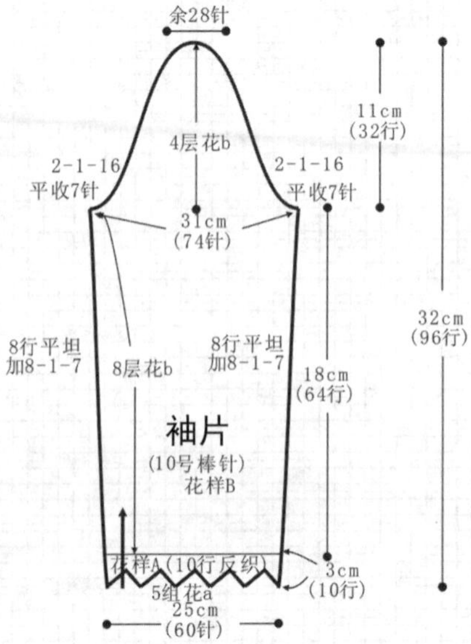

花样A

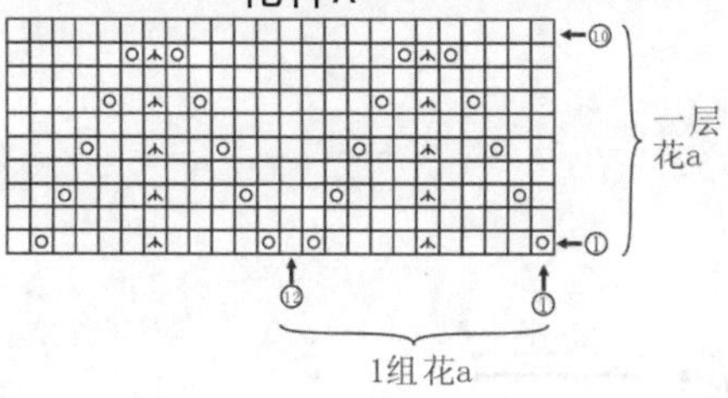

花样D（搓板针）

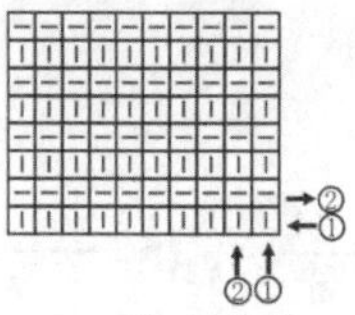

花样E
（系带图解）

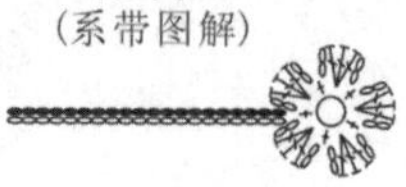

花样C

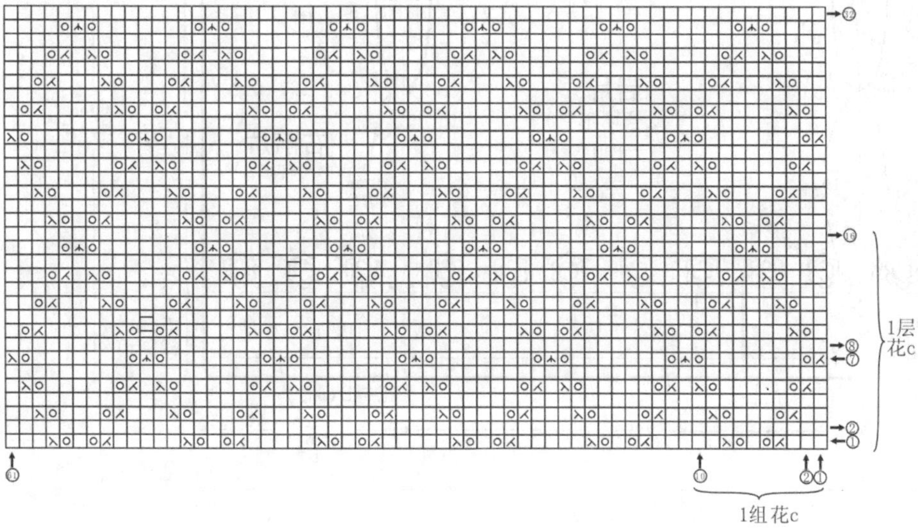

花样B

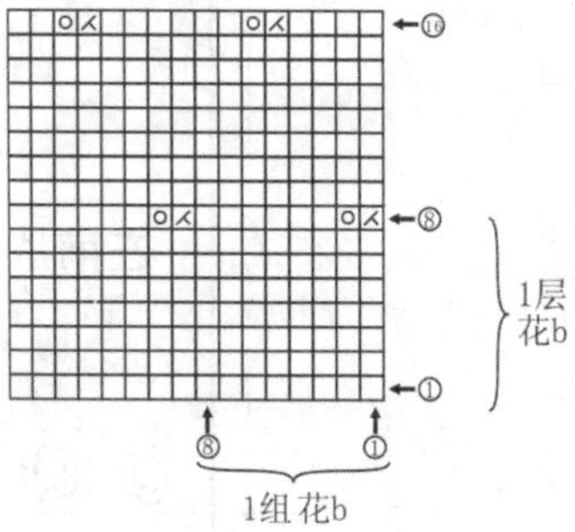

迎春花小外套

【成品规格】衣长39cm，衣宽33cm，肩宽27cm，袖长39cm
【工　　具】12号棒针，12号环形针，1.50mm钩针
【材　　料】黄色晴纶线400g
【编织密度】40针×47行=10cm²

前片/后片/衣摆/袖片制作说明：

1.棒针编织法编织衣身，装饰花朵用钩针编织。袖窿以下一片编织而成，袖窿以上分成左前片、右前片、后片各自编织。

2.起针。下针起针法，起264针，来回编织，先编织4行花样E搓板针，即1行下针1行上针再重复一遍，共4行。第5行起，分配花样编织，将264针分配成24组花a，每组由11针组成，共编织3层花A，每层共8行，织片织成28行，第29行起，正面全织下针，返回全织上针，织成9行下针后，第10行时，编织花样D，每12针一个花样变化，织完这行后，完成第一层花b编织。再织9行下针，第10行时，交叉花样的位置在前一层交叉花样之间的位置，完成第二层花b编织。此后重复编织每层花b至肩部。当花b编织成9层时，完成袖窿以下衣身的编织。

.分片编织。袖窿以上分片，分成左前片66针，后片132针，右前片66针。

）左前片的编织。起织时在右边袖窿减针编织，先平收10针，余下56针继续编织花b，然后如图减针，减针方法为1-3-2，2-2-3，2-1-2，减针行织成12行，然后无加减针再织28行后，进入前衣领减针，先平收8针，而后每织2行减1针，共减10次，织成20行，最后无加减针再织10行至肩部，余下24针，不收针，用防解别针扣住，相同的方法编织右前片。

）后片的编织。后片132针，起织时，两边同时减针，各收针10针，余下112针编织，两边袖窿同时减针，减针与前片相同，织成12行后，针数余下84针，无加减针再织54行后，进入后衣领减针，中间选取32针收针，两边相反方向减针，减2-1-2，各减少2针，织成4行，两肩部余下24针，与前片的肩部对应缝合。衣身编织完成。

.用钩针。钩织13朵立体花，图解见花样A，左前片和右前片各3朵，缝于花样B上面，后片共7朵。

.袖片的编织。从袖口起织，起72针，首尾连接，环织。先织4行花样E搓板针，再将72针分成组花c，每组由9针组成，每层织成6行，共织3层，袖身织成22行。往上编织花b，选取织片中的2针作加针，每织10行2针上各加出1针，共加9次，织成90行，然后无加减针再织10行。进入袖山编织，选加针的2针作中心，向两边收针，各收10针，环织改为片织，每织2行，两边各减针，共减25针，袖山织成50行，余下20针，收针断线。用钩针钩织3朵立体花，别于花样F上面。同样的方法编织另一袖片。将袖片的袖山与衣身的袖窿边对应缝合。

.领片的编织。先编织领片，再编织衣襟边，沿着前后衣领边挑针，挑90针，分配成10组花c编织，共织6层的高度，共36行，不收针，先编织衣襟边，从右衣襟边起挑针，挑104针，再沿着衣领的侧边挑针，挑24针，在衣领转角处稍微加针，接上衣领的90针编织下针，织90针后再沿衣领的另一侧边挑针，挑24针下针，再接上左前片的衣襟挑针，挑成104针，衣襟边编织花样，而衣领的边缘全织花样E搓板针。衣襟边织成10行后，将所有的针数全部收针。最后钩织2朵立体花，分别别于两衣领的前衣角上。

花样C

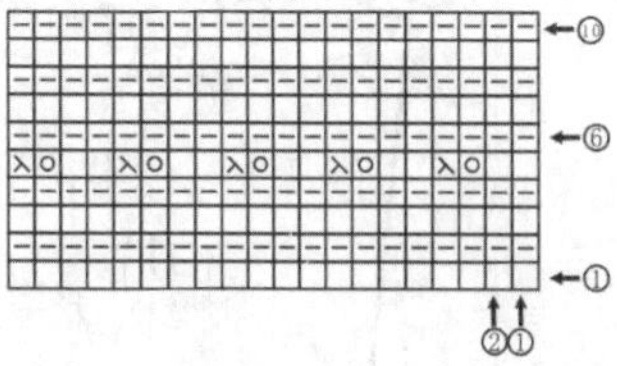

花样A

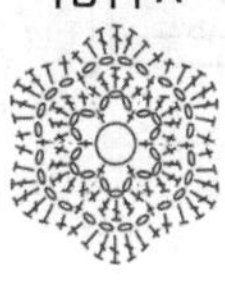

花样B

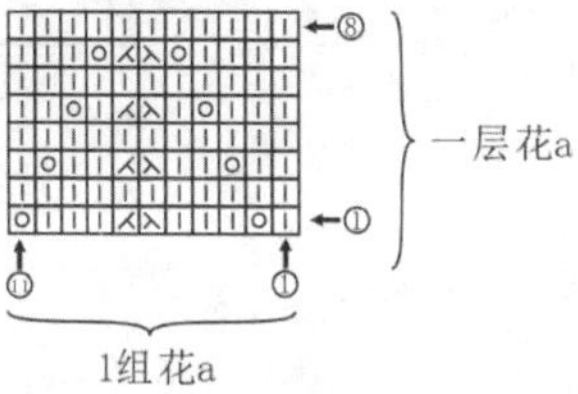

花样F

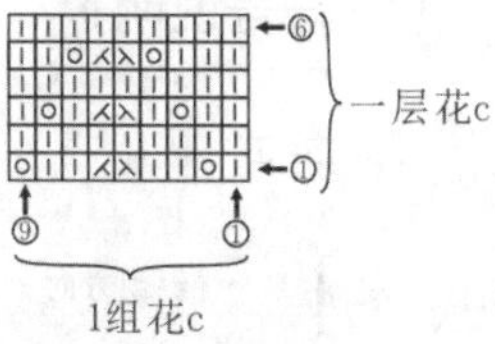

花样E

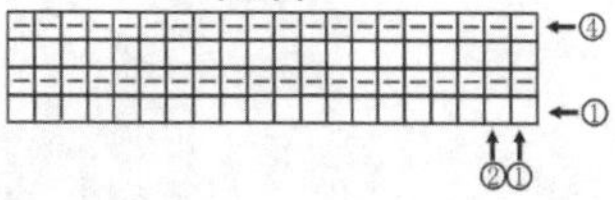

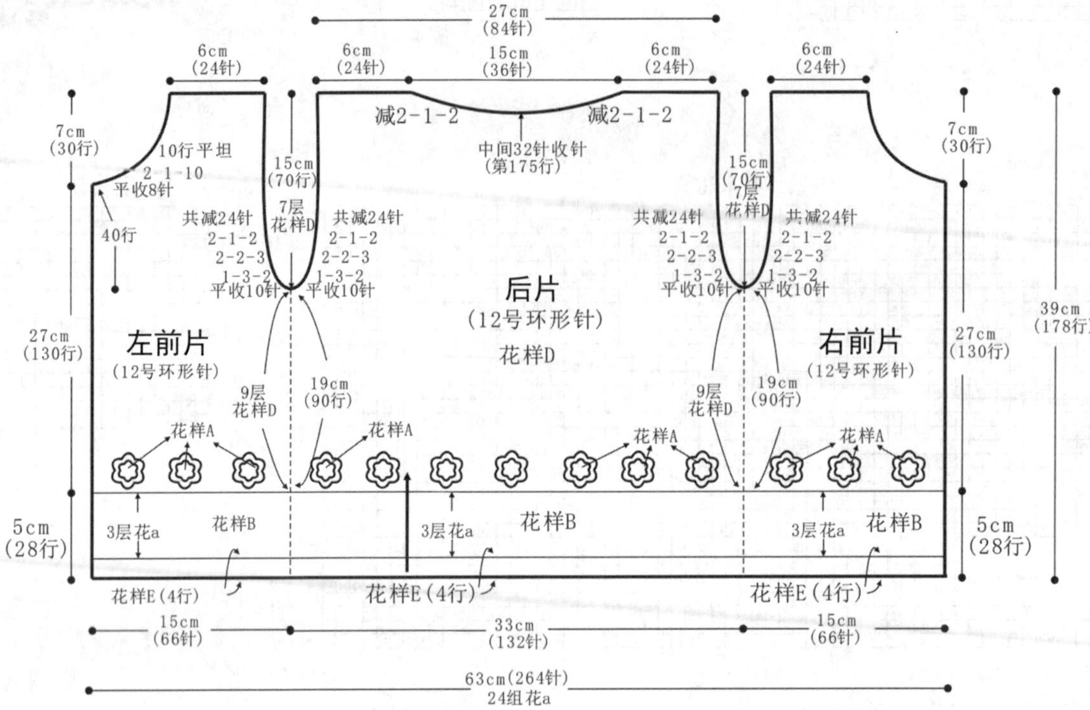
27cm
(84针)
6cm
(24针)
6cm
(24针)
15cm
(36针)
6cm
(24针)
6cm
(24针)
减2-1-2
减2-1-2
中间32针收针
(第175行)
7cm
(30行)
10行平坦
2-1-10
平收8针
40行
15cm
(70行)
7层
花样D
共减24针
2-1-2
2-2-3
1-3-2
平收10针
后片
(12号环形针)
花样D
左前片
(12号环形针)
右前片
(12号环形针)
27cm
(130行)
39cm
(178行)
9层
花样D
19cm
(90行)
花样A
3层花a
花样B
5cm
(28行)
花样E(4行)
15cm
(66针)
33cm
(132针)
15cm
(66针)
63cm(264针)
24组花a

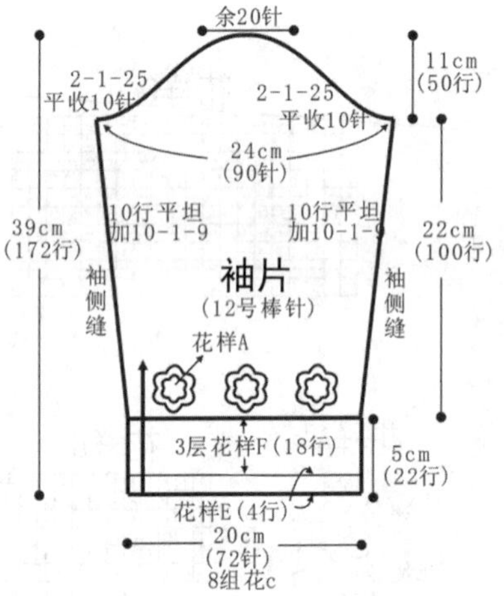
余20针
2-1-25
平收10针
2-1-25
平收10针
11cm
(50行)
24cm
(90针)
10行平坦
加10-1-9
10行平坦
加10-1-9
39cm
(172行)
22cm
(100行)
袖片
(12号棒针)
袖侧缝
袖侧缝
花样A
3层花样F(18行)
5cm
(22行)
花样E(4行)
20cm
(72针)
8组花c

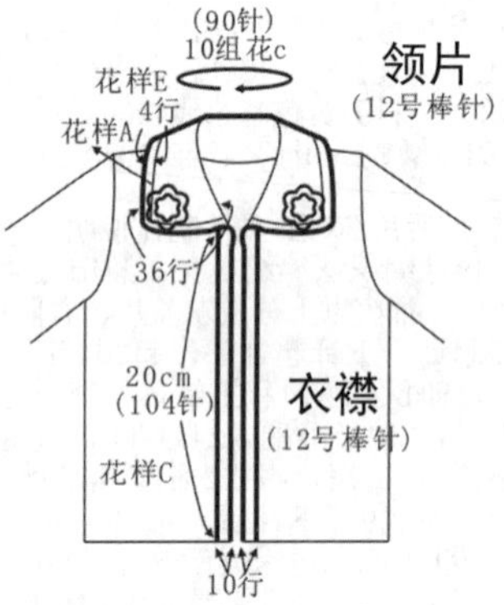
(90针)
10组花c
领片
(12号棒针)
花样E
4行
花样A
36行
20cm
(104针)
衣襟
(12号棒针)
花样C
10行

符号说明:

- ⊟ 上针
- □=▯ 下针
- 2-1-3 行-针-次
- ↑ 编织方向
- 左并针
- 右并针
- 镂空针
- 穿左针交叉
- ＋ 短针
- 长针
- 锁针

花样D

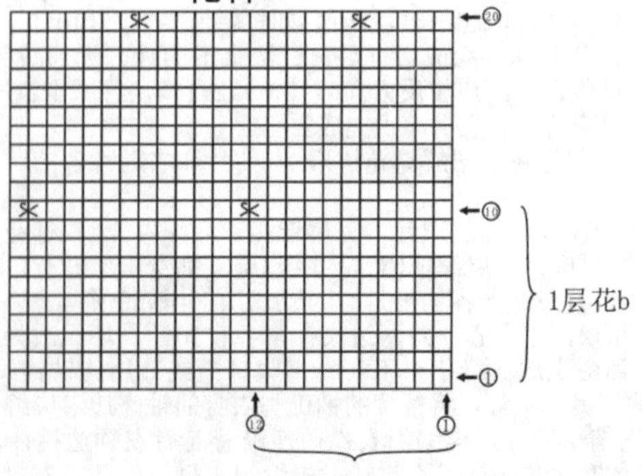
1层花b
1组花b

秀雅无袖衫

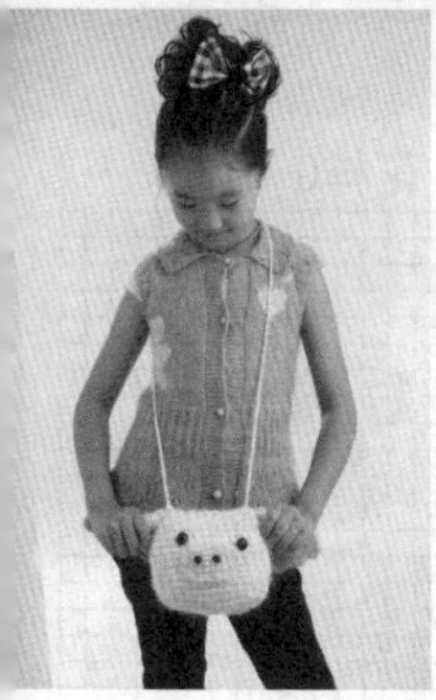

【成品规格】衣长48cm，袖长5cm，下摆宽44cm
【工　　具】11号棒针，11号环形针
【材　　料】紫色晴纶线400g，黄色晴纶线50g
【编织密度】27.6针×37.5行=10cm²

前片/后片/衣摆/袖片制作说明：

1.棒针编织法，从下往上编织，袖窿以下一片编织，袖窿以上分片编织，前片绣图。
2.起针。单起针法，起186针，据据图解花样A，先编织4行搓板针，第5行分配花样，取织片两边各8针，始终编织搓板针，中间的170针，分配成17组花A编织，每组10针，编织2层的高度，共织成20行，第21行，将170针的两边各4针编织下针，中间的162针分配成18组花B，每组9针，每一层8行，共织5层，40行，织片织成60行，第61行起，将170针分42.5组花c编织，共织成22行的高度，而后，170针全织下针，起织时，分散减针，共减掉24针，余下162针继续编织，无加减针织38行的高度后，完成袖窿以下的编织。
3.袖窿以上分片编织。左前片和右前片各取42针，后片取78针。
1）右前片的编织。左边袖窿减针，先收针4针，然后每织2行减1针，共减6针，织成12行，右边无加减编织，织成32行时，进入前衣领减针，下一行起，将衣襟的搓板针8针收针，再将下针部分收针4针，然后每织2行减1针，共减9次，织至肩部余下11针，不收针，用防解别针扣住。在袖窿以下的下针部分，参照下针绣图法，用浅黄色线，绣上小熊图案，配色图解见花样G。同样的方法编织左前片，但左前片绣上的是花样F心形图案。
2）后片的编织。起织78针，两边一次性收针，各收掉4针，然后两边同时减针，每织2行减1针，共减6次，织成12行，然后无加减针再织34行后，进入后衣领减针，中间选取32针收针，两边相反方向减针，每织2行减1针，减2次，织成4行。肩部余下11针，与前片的肩部对应，1针对1针地缝合。
4.袖片的编织。袖片从肩部挑针起织，以缝合线为中心，两边各挑11针，共22针起织，正面全织下针，返回织上针，织完22针后，向前挑1针编织，返回织至最后1针时，再向前挑1针编织，如此反复，当两边各挑出7针后，完成袖山编织，针数共36针，向前沿着袖窿边挑针，两边各挑出22针，共挑成80针，进行环织，起织花样E双罗纹针，共织8行的高度后，收针断线。同样的方法编织另一袖片。
5.领片的编织。两前衣领边各挑24针，后衣领边挑32针，共80针起织，起织单罗纹针，共织4行，第5行起，分成8组花c编织，共织2层，织成20行，最后再织4行搓板针，收针断线。

符号说明：

符号	说明	符号	说明
⊟	上针		左并针
□=⊡	下针		右并针
2-1-3	行-针-次		镂空针
↑	编织方向		中上3针并1针
			穿左针交叉

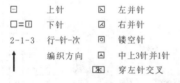

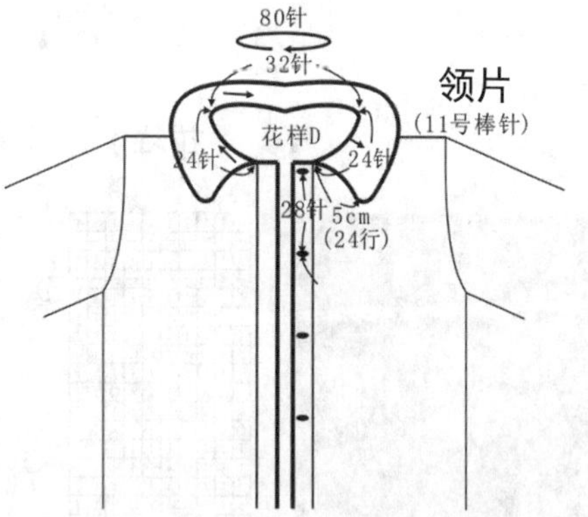

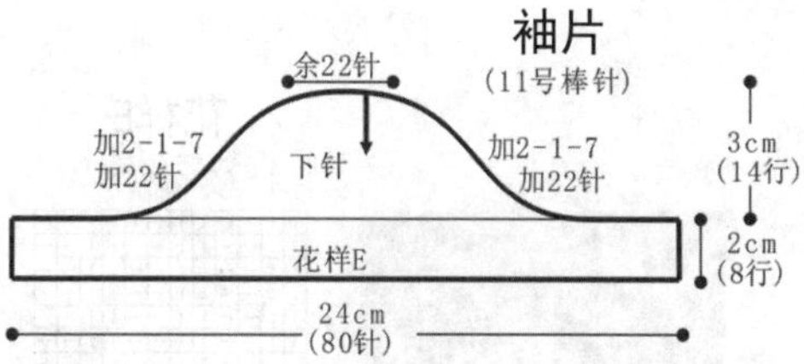

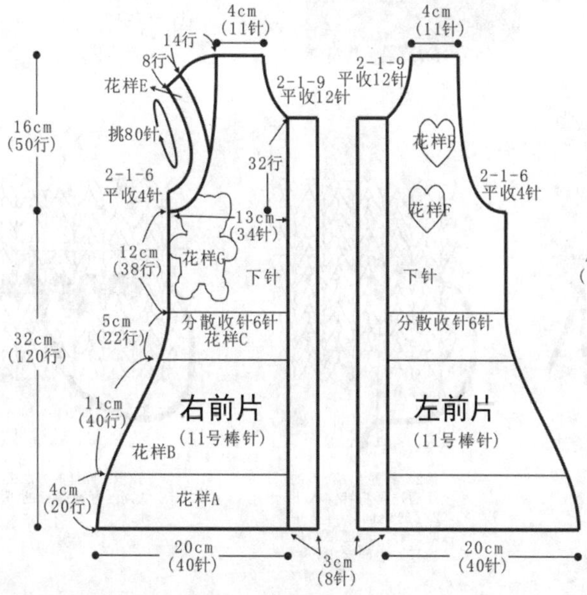

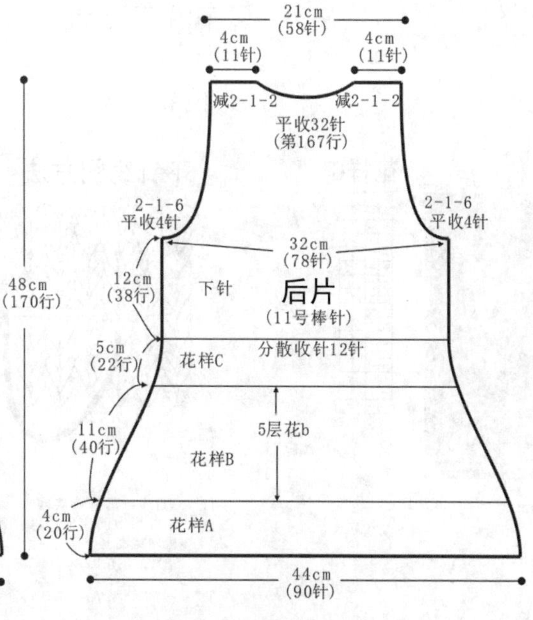

花样A

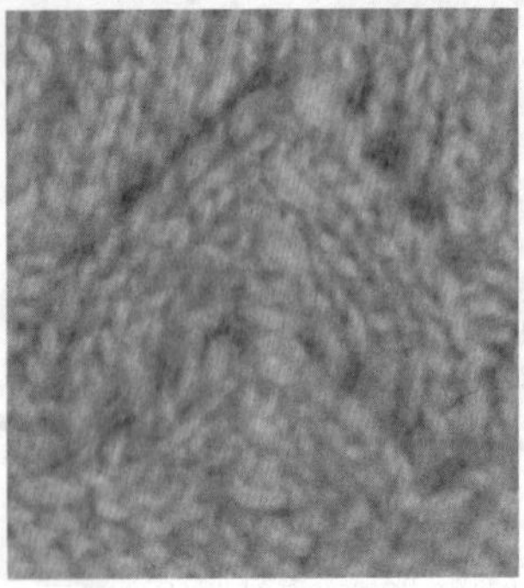

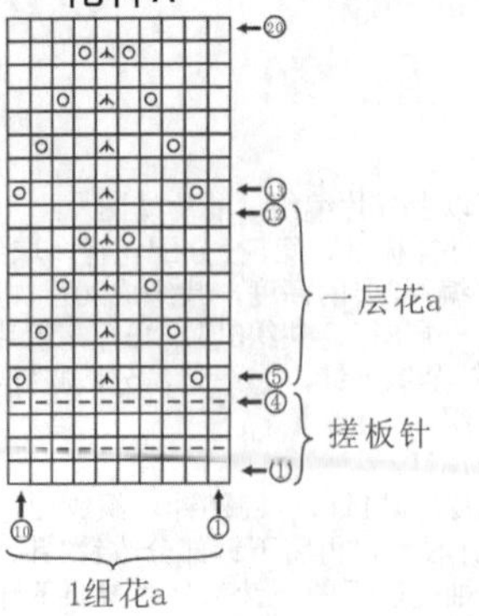

花样B

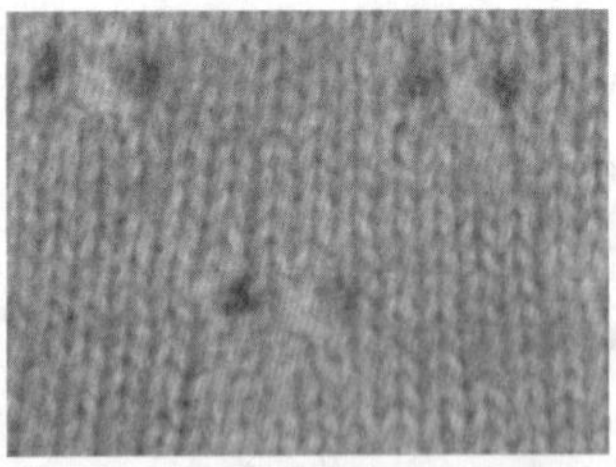

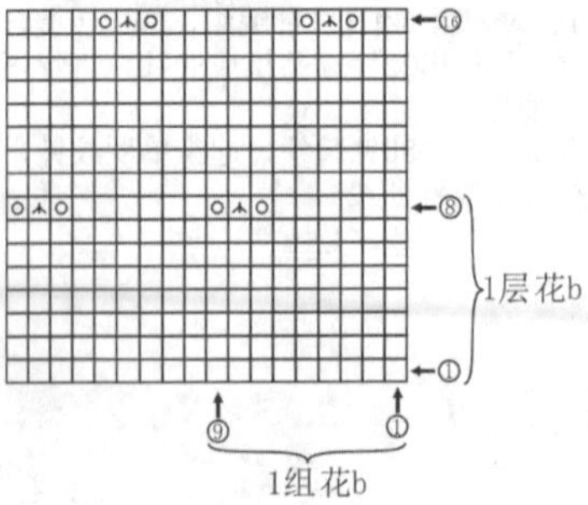

花样D
（衣领图解）

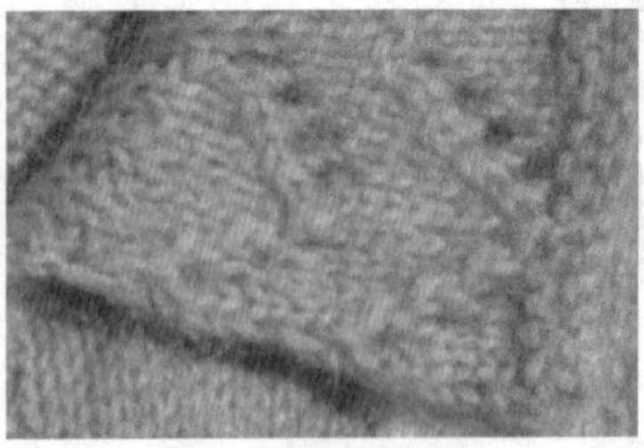

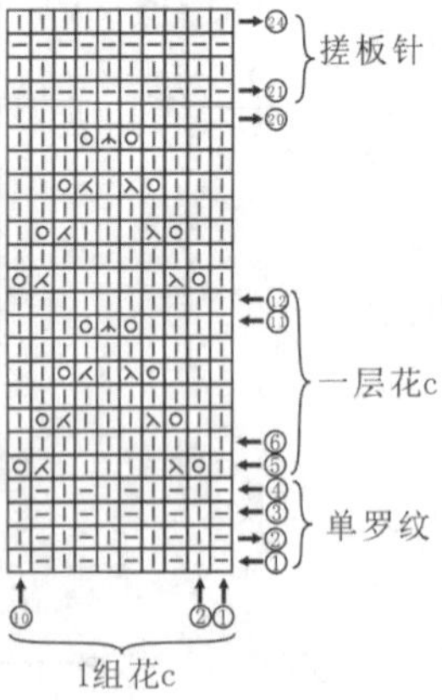

花样G

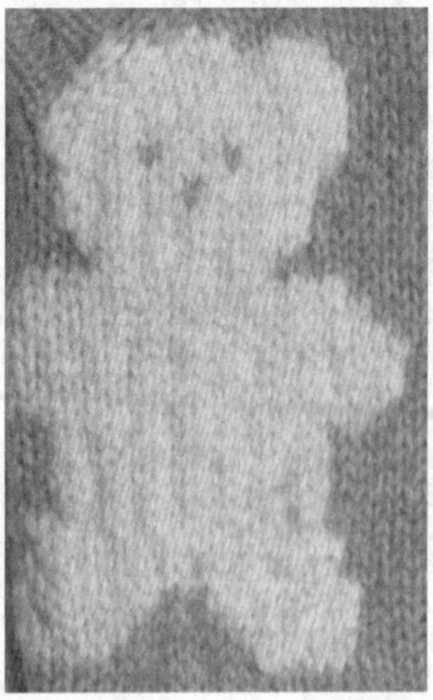

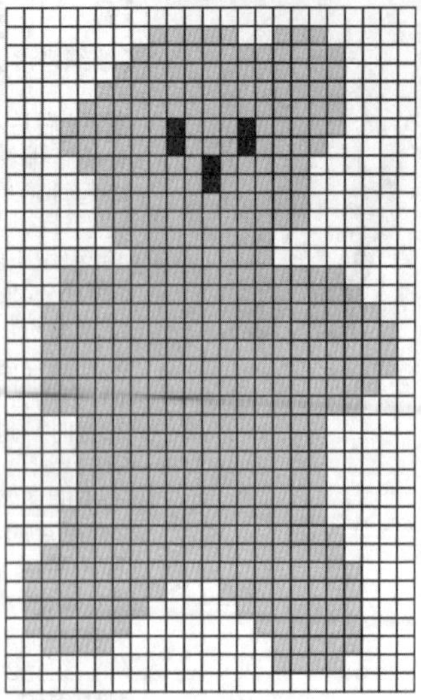

花样F

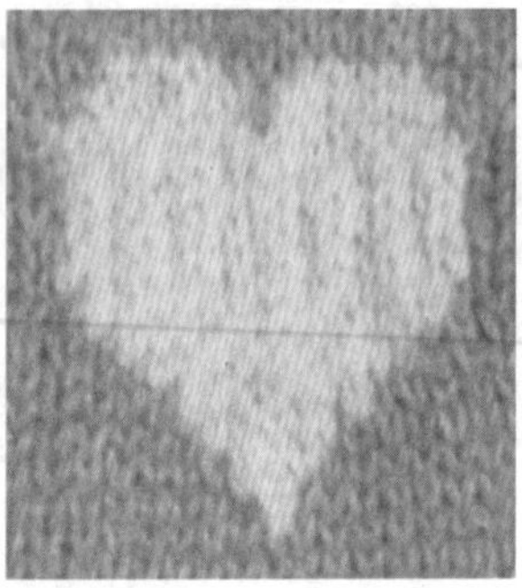

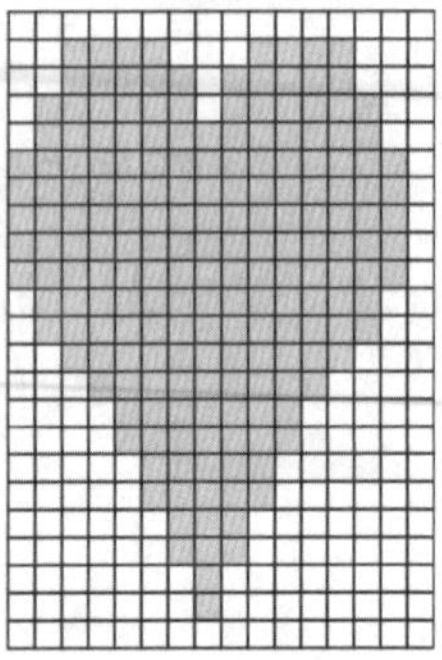

花样E
（双罗纹针）

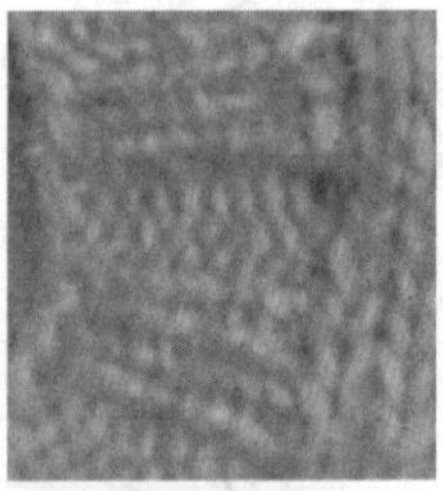

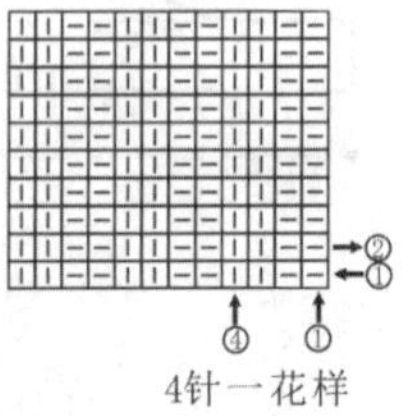

花样C

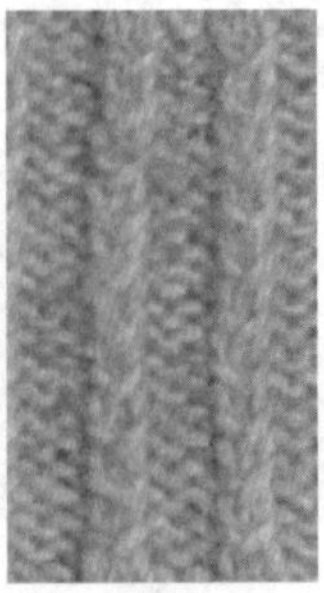

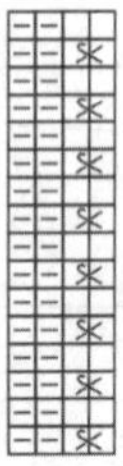

下针绣图方法

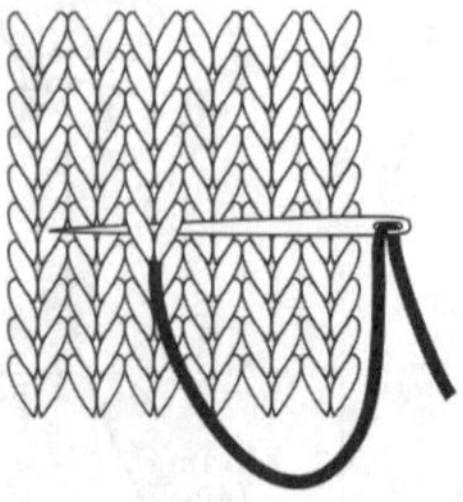

第1步：用缝针从1针下针后中间穿出，再横向穿过上一行的1针下针后，拉出。

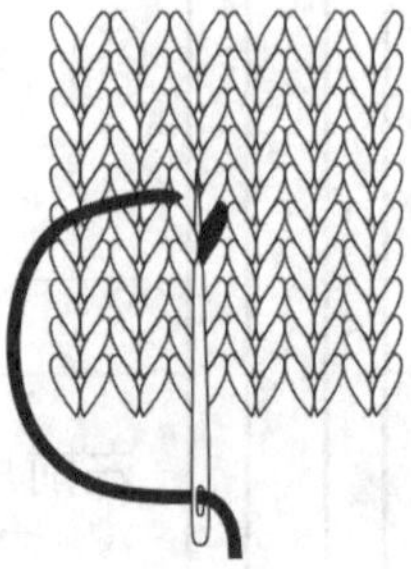

第2步：拉出第1步的线后，再将针穿入下2行的中间，再从中间一行（即需要绣的当行）中间穿出，拉出。

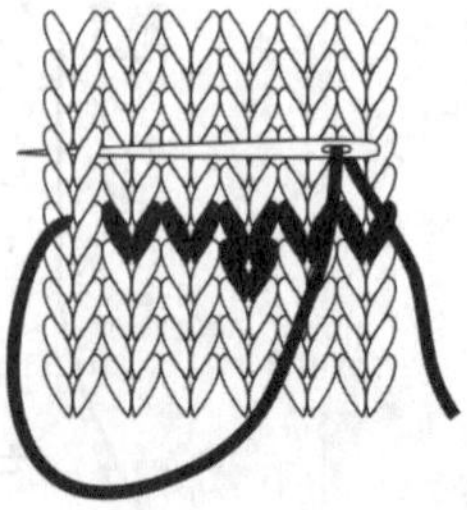

第3步：同样的方法去绣同一行或隔行的下针。

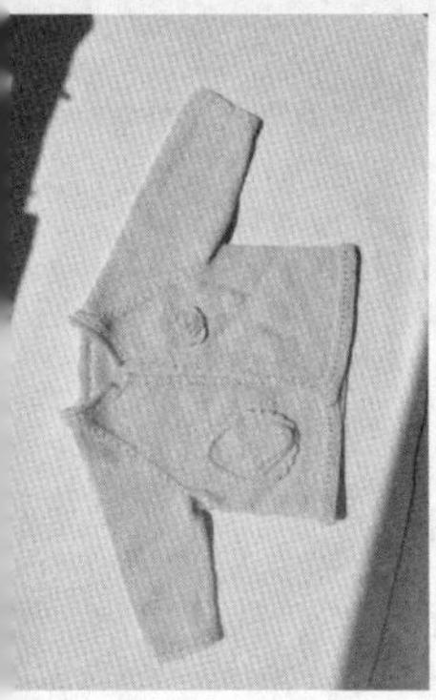

粉色小开衫

【成品规格】衣长40cm，衣宽38cm，袖长35.5cm
【工　　具】10号棒针，10号环形针，1.50mm钩针
【材　　料】粉红色羊毛线350g
【编织密度】26针×31行=10cm²

前片/后片/衣摆/袖片/衣襟制作说明：

1. 棒针编织法，从衣领起，从上往下编织，用10号针编织。
2. 织衣领。起94针，先织6行下针，形成卷边，再织花样B中的第7行至第16行花样。
3. 织领胸片。从衣领的起针处，在第13针的位置起织，织14针，再向前挑织1针，返回时全织上针，织15针后，再织第3行，再向前挑织1针，返回织完后，再向前挑织1针，再向前挑织1针，选第1~4针与第15~18针作插肩缝，两边加针，每织2行加1针，这4针插肩缝在编织时，每4行进行一次交叉，图解见花样C，而织针两边在编织时，均向前挑1针编织，这样，后片挑织4针后，同样的方法在另一肩片，重复前面的步骤，当后片挑织4后，将后片的28针全挑织至棒针中，继续前片的挑织，直至将前片的针数全部挑织完成，继续来回编织，只在插肩缝两边加针编织。共加23针，领胸片织成50行的高度。衣身全部编织下针。
4. 衣身分片。衣身分成左前片、右前片、后片以及两袖片。左前片和右前片各选36针，后片选86针，两袖片各60针。起织左前片的36针，然后用单起针法，起12针，接后后片编织86针，再起针起12针，接上右前片编织36针。然后无加减针编织60行，然后编织花样A，共织10行的高度，最后收针断线。
5. 袖片的编织。袖片60针，从右织至左时，将衣身所加的12针全挑织出来，挑12针，袖片针数为72针，环织，无加减针织10行的高度后，再每织5行，腋下两边各减1针，共减10次，织袖身织成110行高度，在最后一行时，分散减针减10针，针数余下42针，编织花样A，无加减针织10行的高度后，收针断线。同样的方法编织另一袖片。
6. 衣襟的编织。衣身完成编织后，沿着衣襟边，挑72针，编织花样B中的第8至第16行的花样，完成后收针断线。
7. 制作右前片的小袋。用棒针起12针，编织花样D，无加减针织44行的高度，收针，以第22行与第23行为中心对折，将图中虚线所对应的边缝合。再沿着缝合后的边缘，用钩针钩织花样E花边，共16个花样。最后钩织一朵立体花，别于胸前。图解见花样F。

符号说明：

⊟	上针
□=⊡	下针
2-1-3	行-针-次
↑	编织方向
⊠	左并针
⊚	镂空针
+	短针
ǂ	长针
∞	锁针

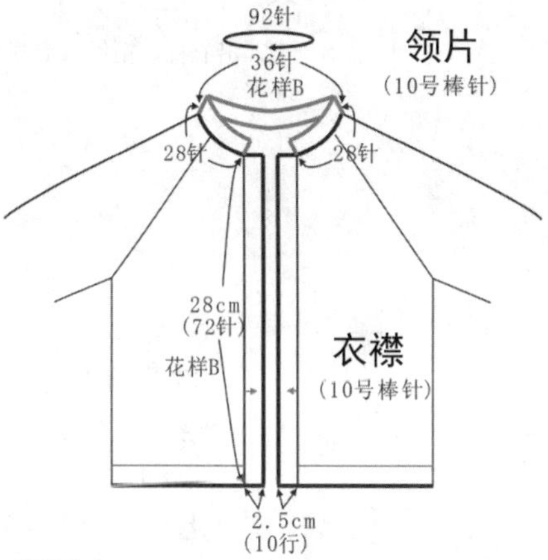

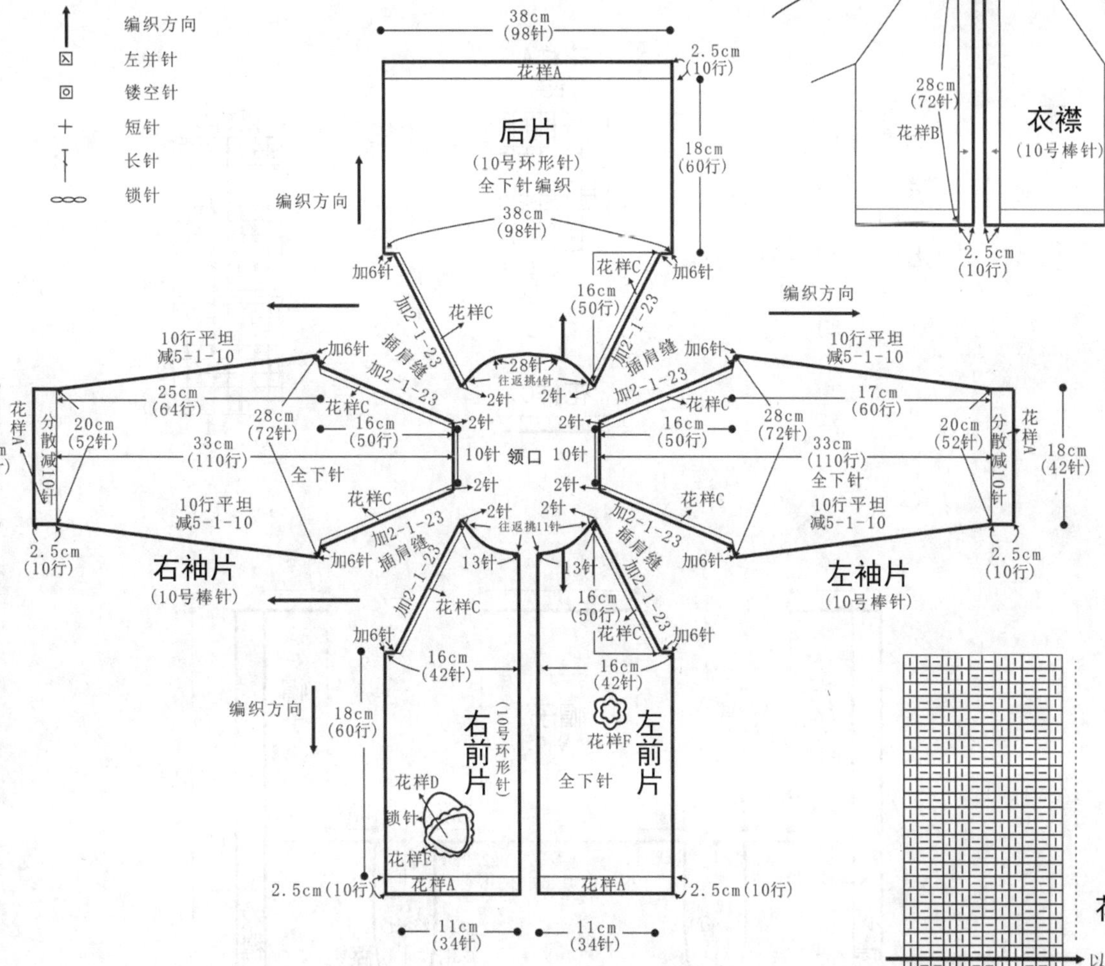

花样C

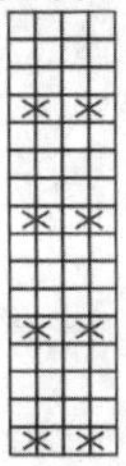

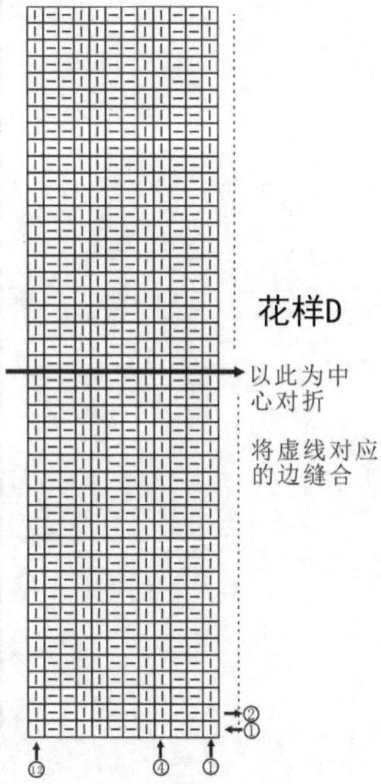

花样D

花样F

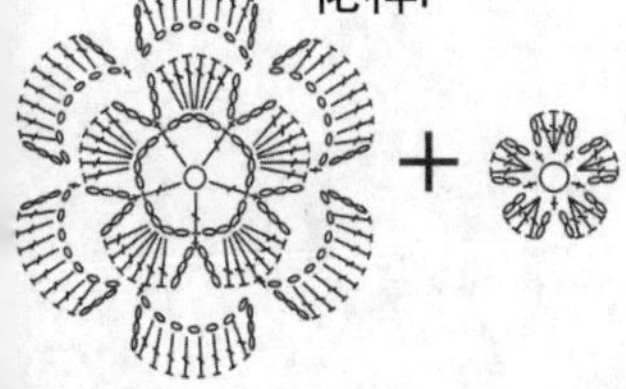

花样A

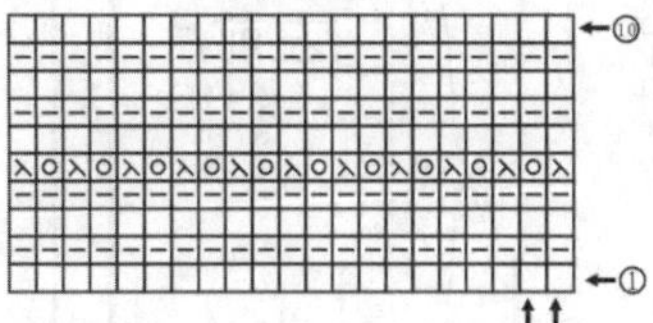

花样B

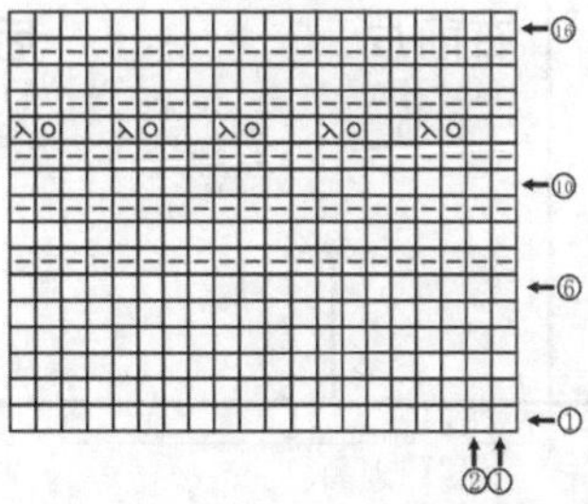

花样E

大方小马甲

【成品规格】衣长44cm，衣宽33cm
【工　　具】11号棒针，1.75mm钩针
【材　　料】红色棉线400g，黑色线少量
【编织密度】18针×22行=10cm²

前片/后片制作说明

1.棒针编织法。袖窿以下一片编织完成，袖窿起分为左前片，右前片和后片分别编织而成。
2.起织。下针起针法起126针，先织6针花样A，再织114针花样B，最后编织6针花样A，不加减针重复往上编织至60行后，第61行起，将织片分片，分为右前片、左前片和后片，右前片与左前片各取33针，后片取60针编织。先编织后片，而右前片与左前片的针眼用防解别针扣住，暂时不织。
3.分配后片的针数到棒针上，用11号针编织，起织时两侧需要同时减针织成袖窿，减针方法为1-2-1，2-1-4，两侧针数各减少6针，余下48针继续编织，两侧不再加减针，织至第97行时，中间留取26针不织，用防解别针扣住留待编织帽子，两侧减针编织，方法为2-1-1，两侧各减1针，最后两肩部各余下10针，收针断线。
4.左前片与右前片的编织，两者编织方法相同，但方向相反，以右前片为例，右前片的左侧为衣襟边，起织时不加减针，右侧要减针织成袖窿，减针方法为1-2-1，2-1-4，针数减少6针，然后不加减针继续编织至98行，将右侧肩部10针收针，左侧17针用防解别针扣住留待编织帽子。
5.前片与后片的两肩部对应缝合。
6.编织帽子。沿领口挑针起织，挑起62针，织片两侧各织6针花样A，中间织50针花样B，织52行后，收针，将帽顶缝合。
7.沿衣襟，帽侧及衣摆，袖窿分别钩织一圈花样C逆短针，用黑色线钩织。

符号说明：

⊟　上针
□=⊡　下针
Ո　下针延伸针
2-1-3　行-针-次
+　短针

花样A
（搓板针）

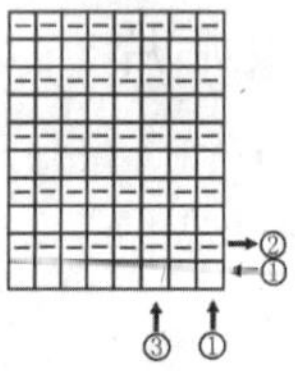

花样B

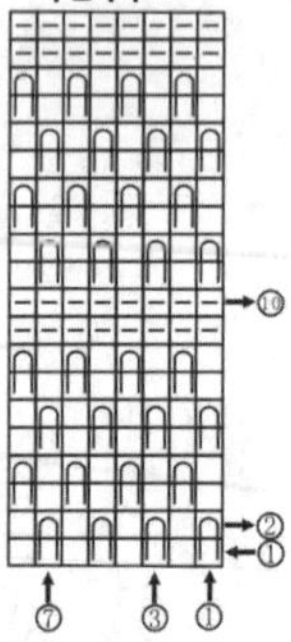

花样C

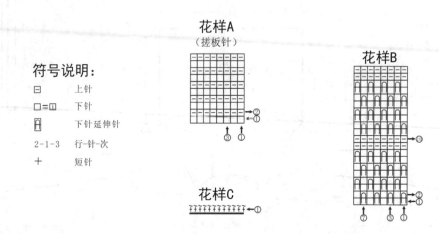

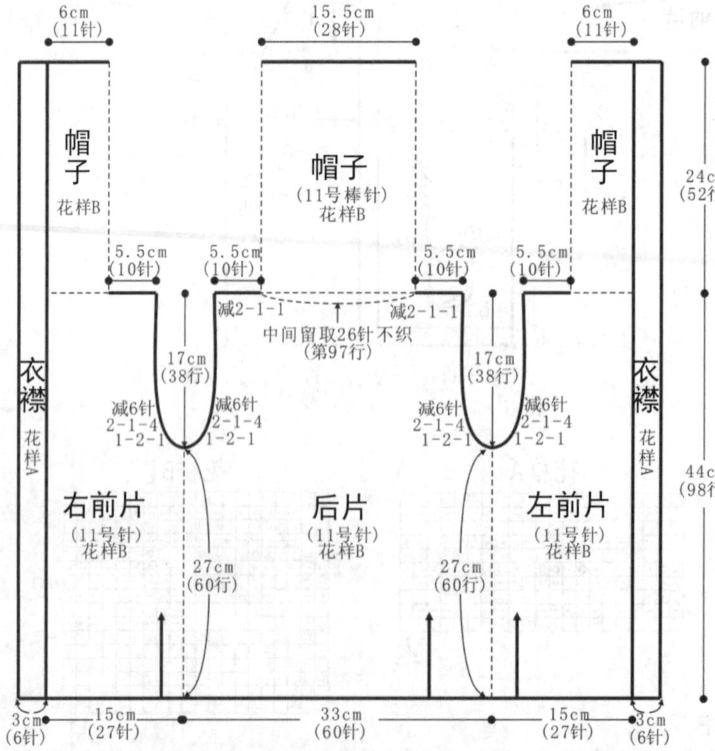

淘气小魔女披肩

【成品规格】衣长47cm，下摆宽80cm
【工　　具】9号棒针
【材　　料】段染花线350g
【编织密度】22针×26行=10cm²

披肩制作说明：

1. 棒针编织法。从下摆起织，织至衣领，再编织两边衣襟。
2. 起针。下针起针法，起166针，来回编织，先织1行下针，再织1行上针，重复编织1次，织出4行搓板针，第5行起，分配花样，将166针分配成9组花A，每组由18针组成，余下的4针编织花样A中的第14至第18针的花样。分配好花样后，编织第1层花a，每层由12行组成，共编织3层，无加减针，但在编织第3层的最后一行时，在前一行并针的位置上继续3针并为1针，但不加空针，这样，每一组就减少2针。继续往上编织，织3层花b，同样在编织经3层的最后1行时，进行一次并针，将每组减少2针，同样的方法，继续往上编织，织2层花c后减2针，织1层花d后减少2针，最后是花e，共编织6层的高度，但在编织2层后，第14至第18针的花样减少1针，中间余2针进行交叉编织，披肩织成116行。下一行起，在第1行中，将每组减少1针，由原来每组的9针减为8针，8针一组编织花样B。无加减针织8行的高度后，收针断线。
3. 沿着披肩的一侧长边，挑针编织花样C单罗纹针，共挑88针，无加减针织6行的高度后，收针断线。同样的方法编织另一侧长边。

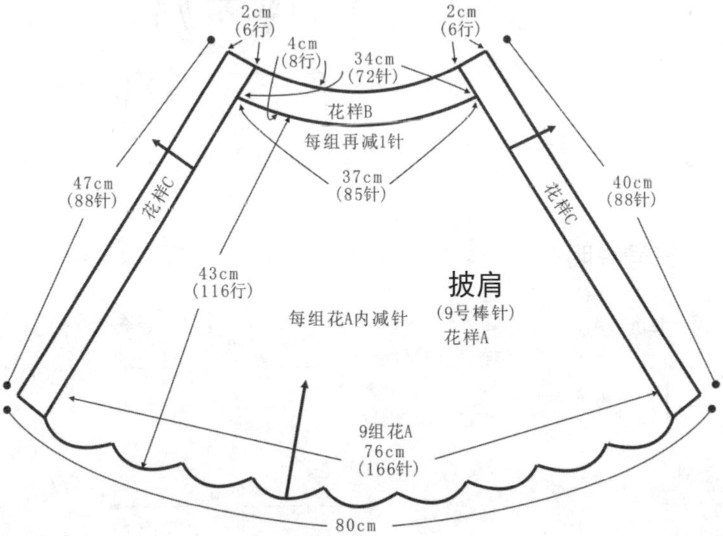

符号说明：

⊟ 上针
□=⊡ 下针
2-1-3 行-针-次
↑ 编织方向
穿左针交叉
穿左2针交叉
镂空针
中上3针并1针

花样C

（单罗纹针）

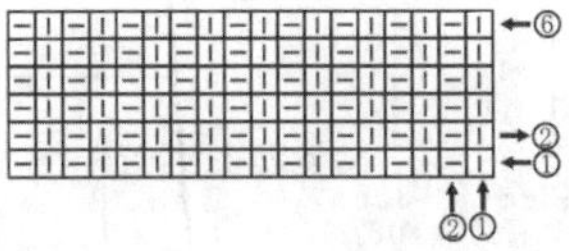

2针一花样

花样B

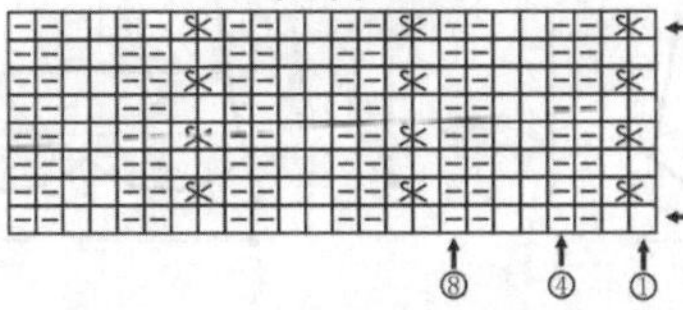

花样A

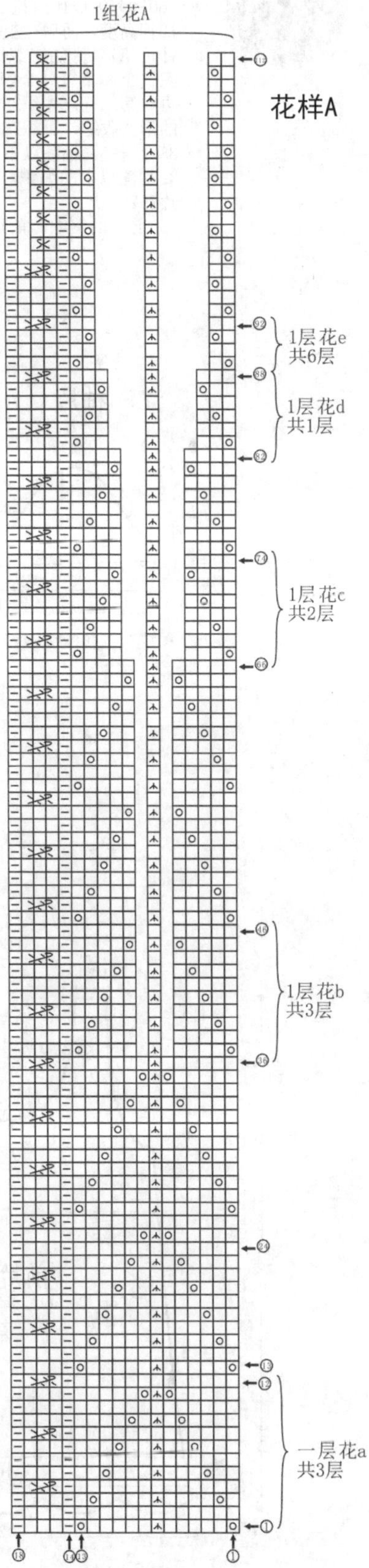

美丽蝴蝶短袖衫

【成品规格】衣长43cm，袖长7.5cm，下摆宽32cm
【工　　具】11号棒针，1号环形针，1.50mm钩针
【材　　料】粉红色圆棉线200g
【编织密度】30针×35行=10cm²

前片/后片/衣摆/袖片制作说明：

1.棒针编织法。袖窿以下环织，袖窿以上分成前片与后片编织。

2.起针。下针起针法，起160针，首尾连接，环织。将160针分配成10组花a，每组16针，图解见花样A，编织12行高度，而后往上全织下针，当织成24行时，先织6针，第7针开始编织镂空花样，即花样B蝴蝶图案。编织这个图案以外全织下针，无加减针织93行的高度，再织第94行，先织38针，而后的4针全并掉，用打皱褶的形式收缩，再织76针，再收掉一次4针，再将余下的38针织完。袖窿以下完成。

3.袖窿以上的编织。分片，分成两半，前片76针，后片76针。

1）前片的编织。前片全织花样C搓板针。两边同时收针，收3针，然后每织2行减1针减6次，织成12行，下一行起开始衣领减针，中间选取16针收针，分成两半编织。每织1行减3针，减2次，然后每织2行减2针，减2次，最后织2行，减掉1针，减1次。减针后，无加减针再织26行的高度后，不收针，用防解别针扣住。同样的方法编织另一半。

2）后片的编织。后片全织花样C搓板针。两边袖窿减针方法与前片相同，织成12行后，无加减针再织18行的高度，进入后衣领减针。在下一行的中间选取22针收针。两边相反方向减针，每织2行减针，共减8次，至两肩部各余下10针，与前片的肩部对应缝合。衣身完成。

4.袖片的编织。以肩部缝合线为中心，向两边各挑22针起织，编织花样D，挑出44针后，向前挑织1针，即加针，返回编织时，再向前挑织1针加针。如此重复，两边加成8针，针数为60针，沿余下的袖窿边挑出6针，将袖片形成环织，以腋下2针为中心，分别向两边减针，先织2行，然后再织2行后减1针，共减2次，袖身织成8行，最后余下的60针，全织成花样F双罗纹针。织6行的高度后，收针断线。同样的方法编织另一袖片。

5.领片的编织。沿着前衣领边挑60针，沿着后衣领边挑36针，编织花样E单罗纹针，织4行的高度后，收针断线。最后用线单独编织花样G蝴蝶，织成32行后，在中间用线扎紧，再缝于左衣领边。

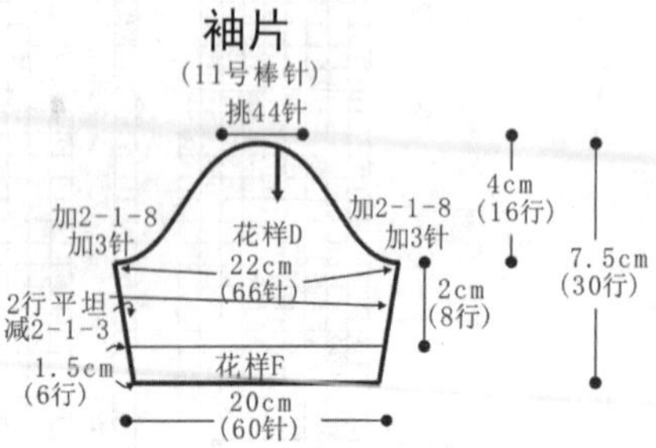

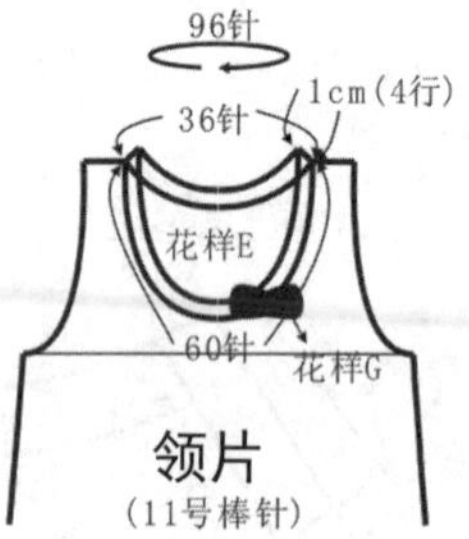

符号说明：

- 上针
- 下针
- 2-1-3　行-针-次
- 编织方向
- 左并针
- 右并针
- 镂空针
- 中上3针并1针
- 穿左2针交叉

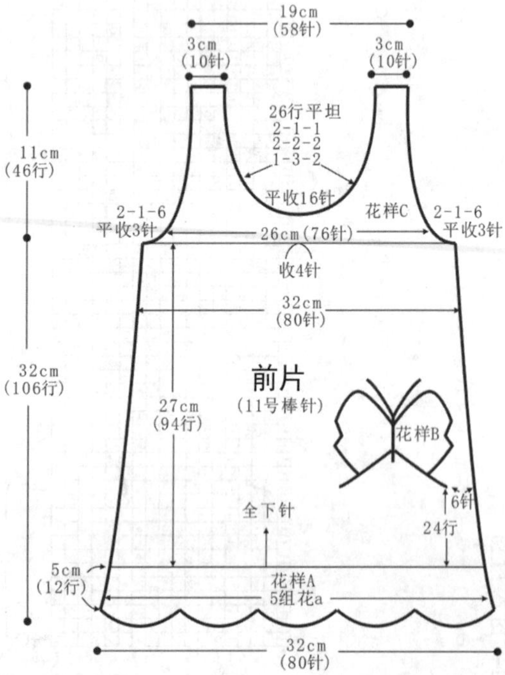

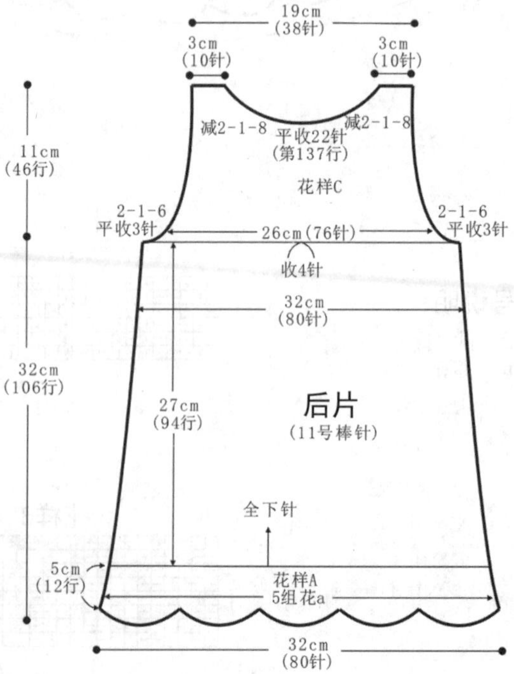

花样B

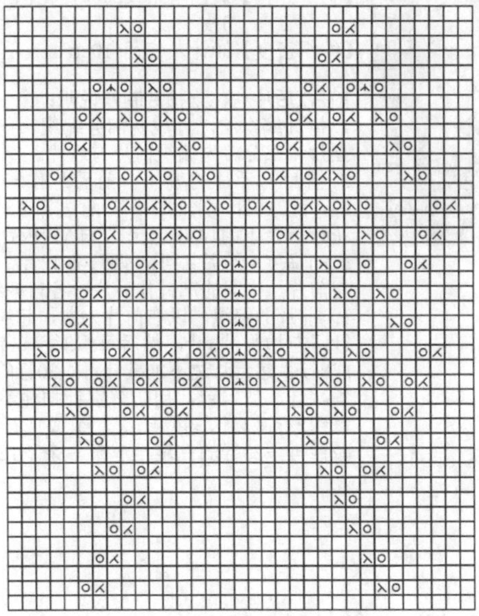

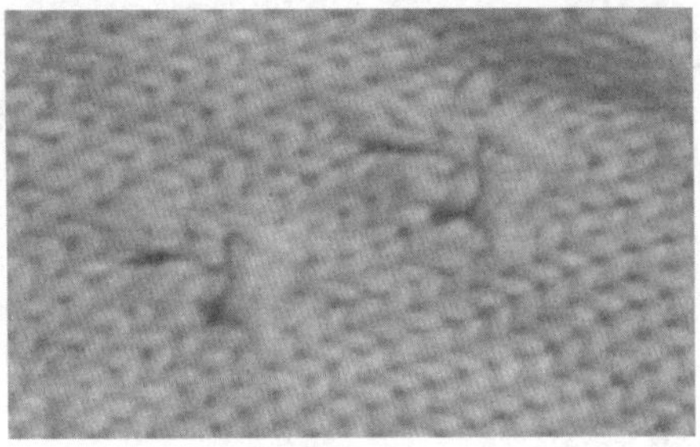

花样F

（双罗纹针）

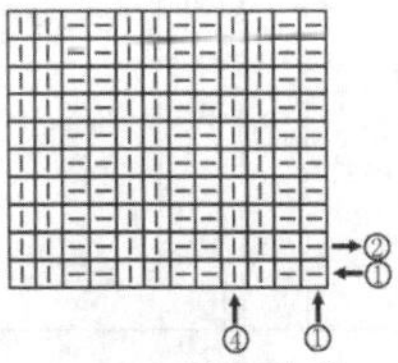

4针一花样

花样D

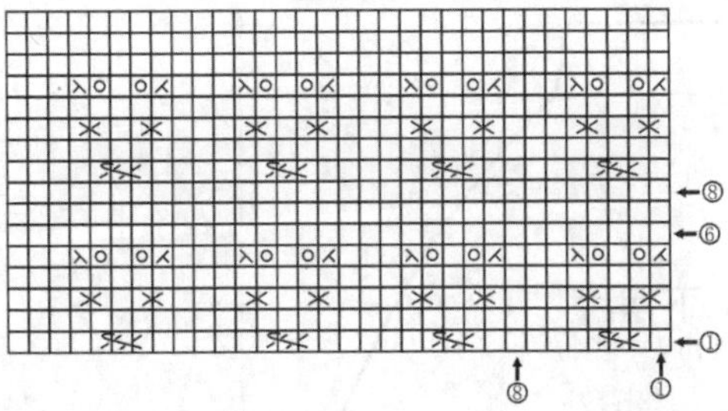

花样C

（搓板针）

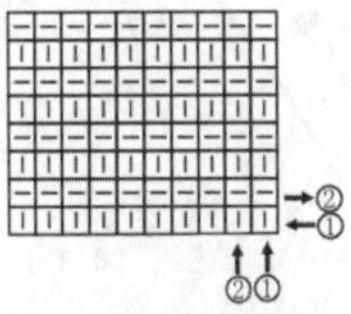

2针一花样

花样G

（蝴蝶结）

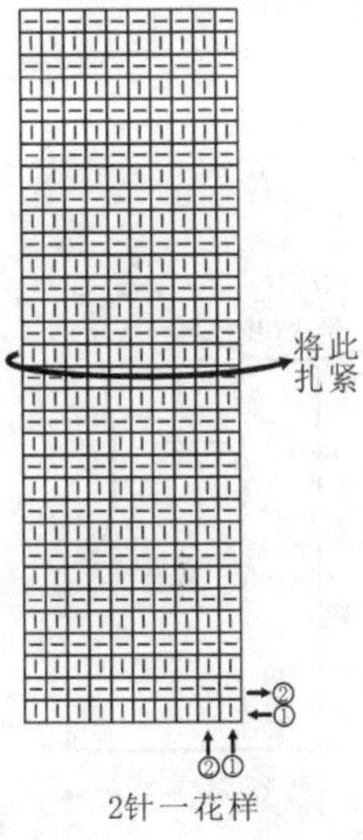

2针一花样

花样E

（单罗纹针）

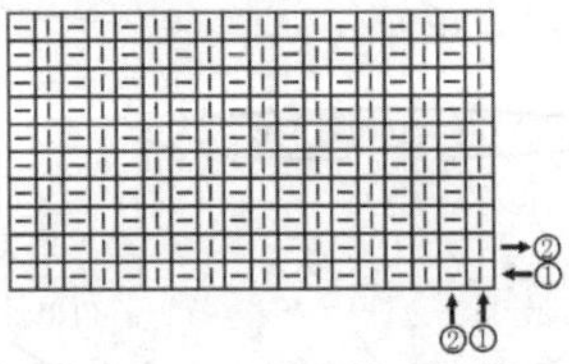

2针一花样

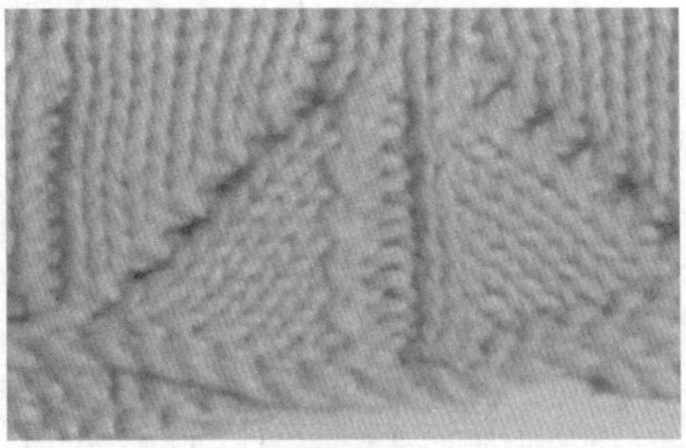

花样A

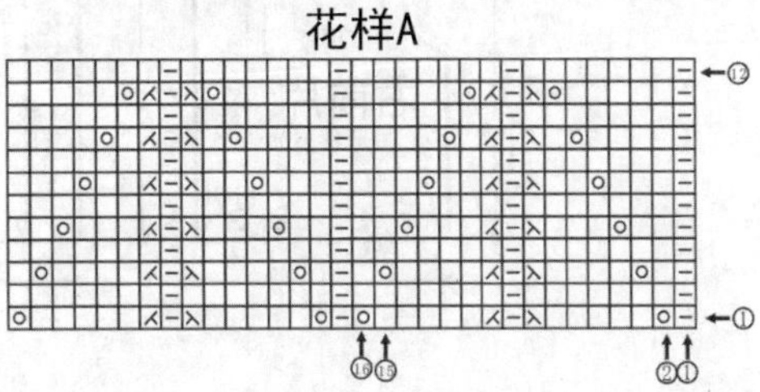

清爽连衣裙

【成品规格】衣长56cm，下摆宽80cm
【工　　具】10号棒针，10号环形针
【材　　料】黄色晴纶线200g，花色线250g，黄色扣子3枚
【编织密度】30针×45行=10cm²

前片/后片/衣摆/袖片制作说明：

1. 棒针编织法，分成两部分编织，前后片一部分，下摆片一部分。先编织前片与后片。

2. 前片与后片的编织。前后片作一片编织，用黄色线，起160针，来回编织。两边各选8针编织花样D单桂花针。余下的144针全织花样A搓板针，无加减针织42行的高度，分片编织，两边各42针，分别作右前片、左前片。中间的76针作后片，各自编织。

1）前片的编织。以右前片为例，起织42针，右边不减针，左边收针6针，然后每织2行减1针，共减4次，织成8行，然后两边不加减针再织20行的高度，进入前衣领减针，选14针，用防解别针扣住不织。向左减针，每织2行减1针，共减6次，织成12行，然后两边无加减针再织28行的高度至肩部，余下12针，用防解别针扣住不织。右前片的8针编织单桂花部分，制作3个扣眼。相同的方法编织左前片，但单桂花针部分不制作扣眼，在右前片扣眼的对应点，钉上扣子。

2）后片的编织。起织76针，两边同时收针，收6针，然后每织2行减1针，共减4次，织成8行，然后不加减针再织40行后，进入后衣领减针，中间选出20针收针，两边每织2行减1针，共减6次，织成12行后，无加减针再织8行至肩部，与前片的肩部对应缝合。

3. 下摆片的编织。下摆片从腰间起织，起织用花线，沿着上身片的下摆边缘，挑出148针起织，编织花样B，共38组一圈，无加减针织16行的高度，改织花样C，一圈共分成30组花样C，每组由5针组成，起织时，随便加出2针至一圈共150针，分成30组花样C，从起织至衣摆边，减针在每一组花样C中进行，每织24行在每组的下针两边各加出2针，共加出3次，加成11针一组，下摆片共织成116行，其中前104行用花线编织，最后的12行用黄色线编织。最后用花样织4行搓板针，完成后，收针断线。

4. 袖片的编织。沿着袖窿边，用花样，沿边挑出102针，编织花样D单桂花针，织6行的高度，完成后收针断线。同样的方法编织另一袖片。

5. 领片的编织。用黄色线编织，将前衣领留出的14针挑出，再在前衣领边挑26针，再沿着后衣领边挑出50针，最后沿着另一边前衣领边，挑出26针，再挑出留出的14针，一圈共130针，来回编织花样D单桂花样，织6行的高度后，收针断线。

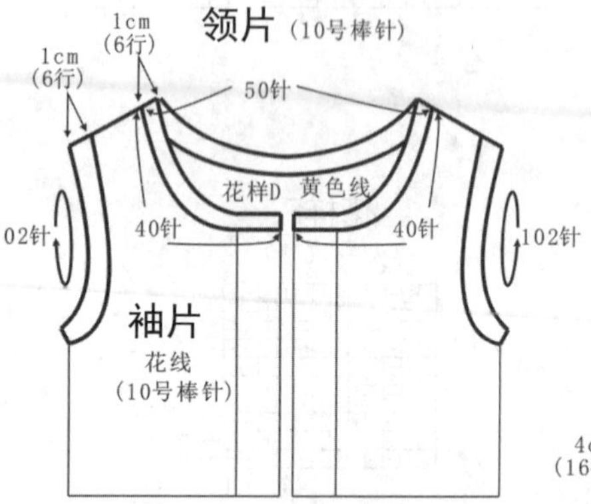

符号说明：

⊟	上针	区	穿左针交叉
□=□	下针	◺	左并针
2-1-3	行-针-次	◿	右并针
↑	编织方向	◎	镂空针
		⋏	中上3针并1针

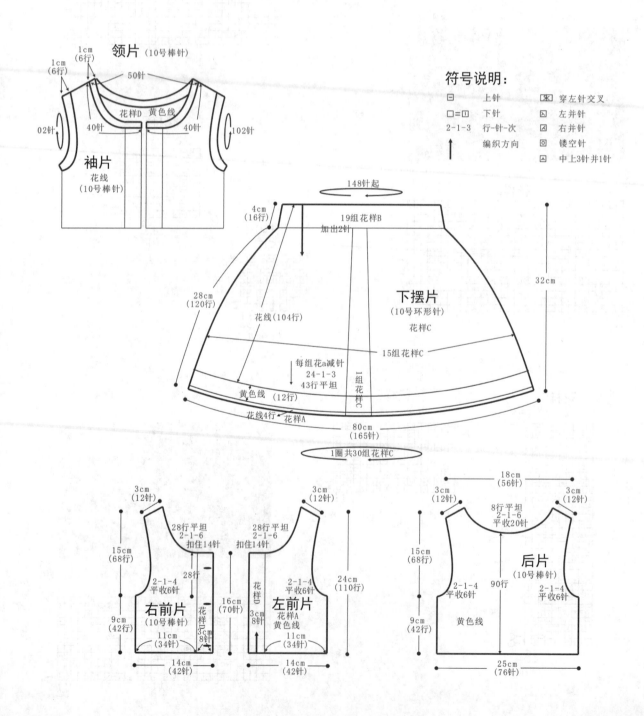

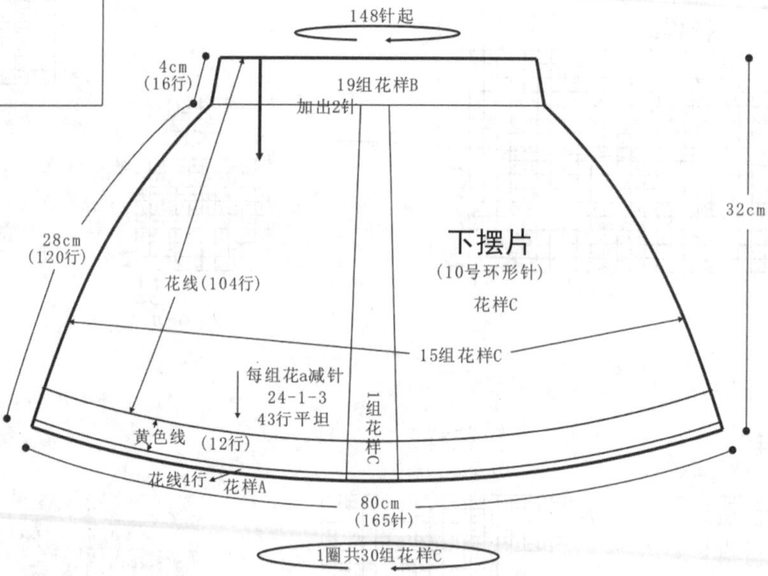

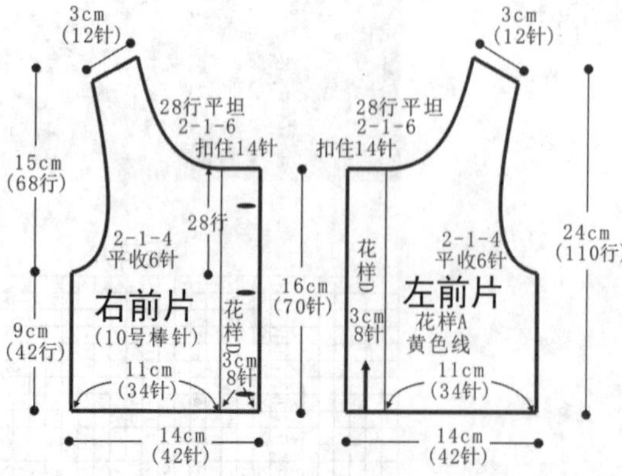

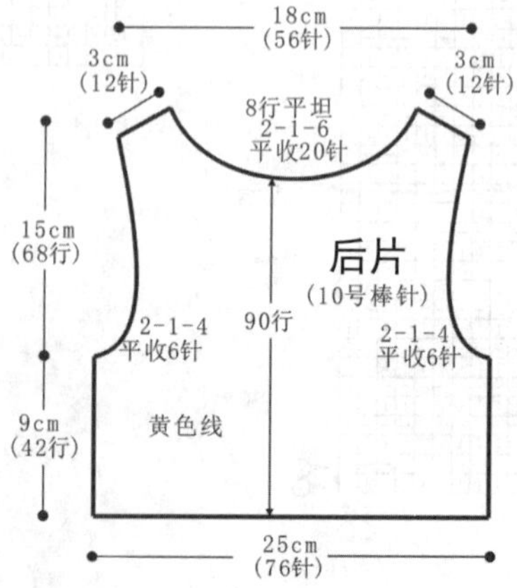

花样A
（搓板针）

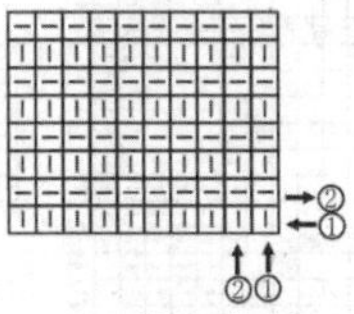

2针一花样

花样D
（单桂花针）

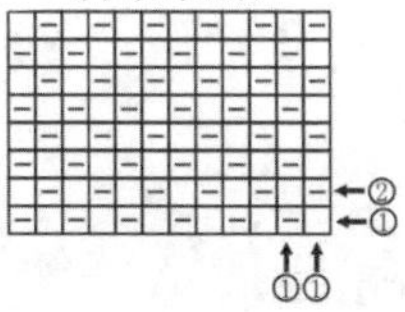

花样B

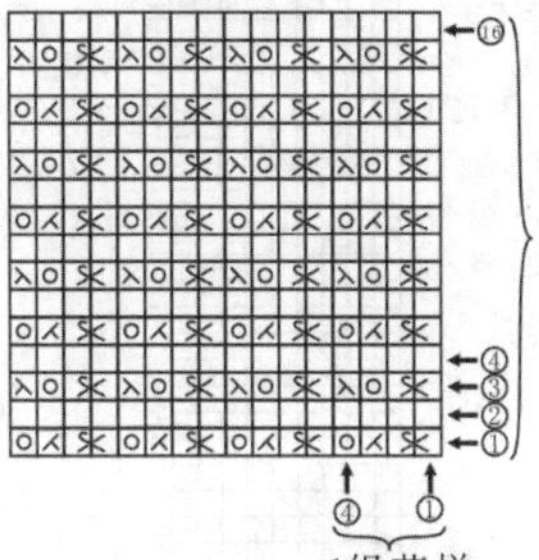

1组花样

花样C

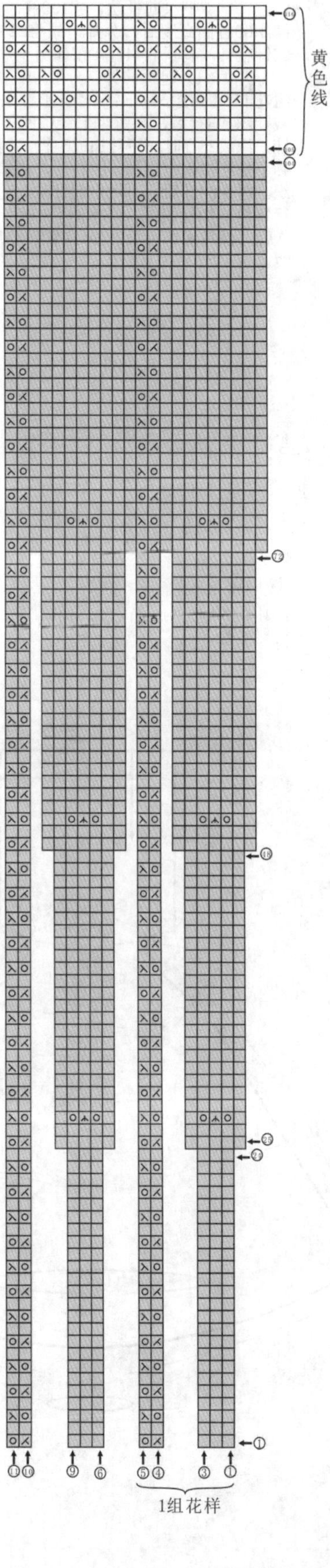

1组花样

时尚韩版美裙

【成品规格】衣长66cm，衣宽28cm，下摆宽72cm
【工　　具】10号棒针，10号环形针
【材　　料】红色晴纶线400g
【编织密度】21针×29行=10cm²

披肩制作说明：

1. 棒针编织法。从衣领起织，至袖口分片，再环织加针至衣摆。
2. 起针。双罗纹起针法，起132针，分成33组双罗纹编织，无加减编织60行的高度后，分片，先将22针收针掉，编织44针后，再将22针收针，剩下的44针，留作另一片编织。
3. 分片编织。起织44针，分散加针加6针，加成50针，将之分成6组花a，每组由6针下针，2针上针组成，余下的2针织下针。无加减针织成8行后，在每组上针中间加出1针，然后每织8行每组加1针，织成28行时，每片加成64针，同样的方法再织另一片。
4. 下摆连接编织。织了64针后，用单起针法，起6针，接上后片编织，再织64针后，再用单起针法，起6针，接上前片编织。继续进行每组的加针编织，每织8行加1针，从袖窿以下环织后，再加11次针，然后织16行后，加1次针。最后无加减针再织20行，收针断线。

花样B

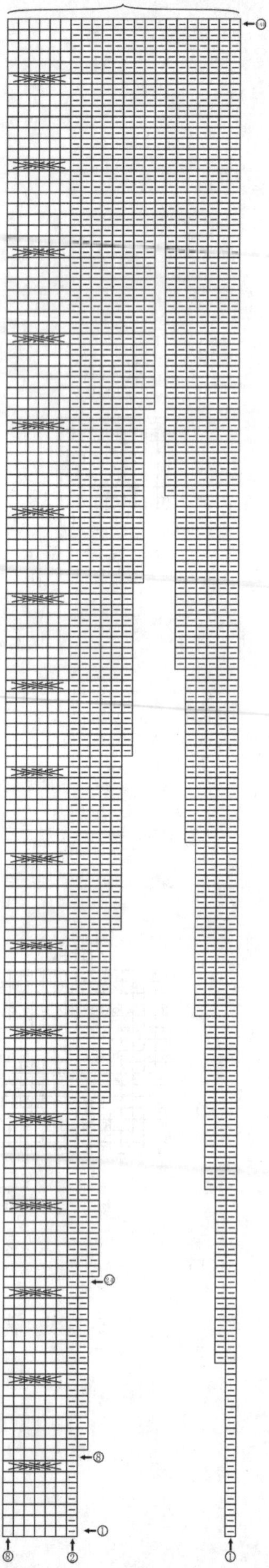

符号说明：

⊟　上针
□=⊡　下针
2-1-3　行-针-次
↑　编织方向
[右上3针与左下3针交叉符号]　右上3针与左下3针交叉

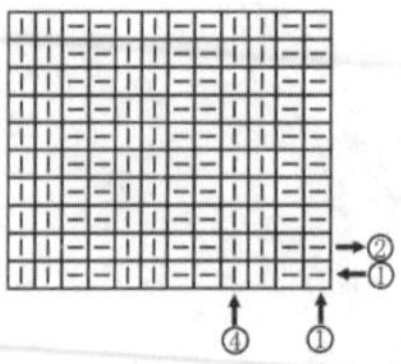

4针一花样

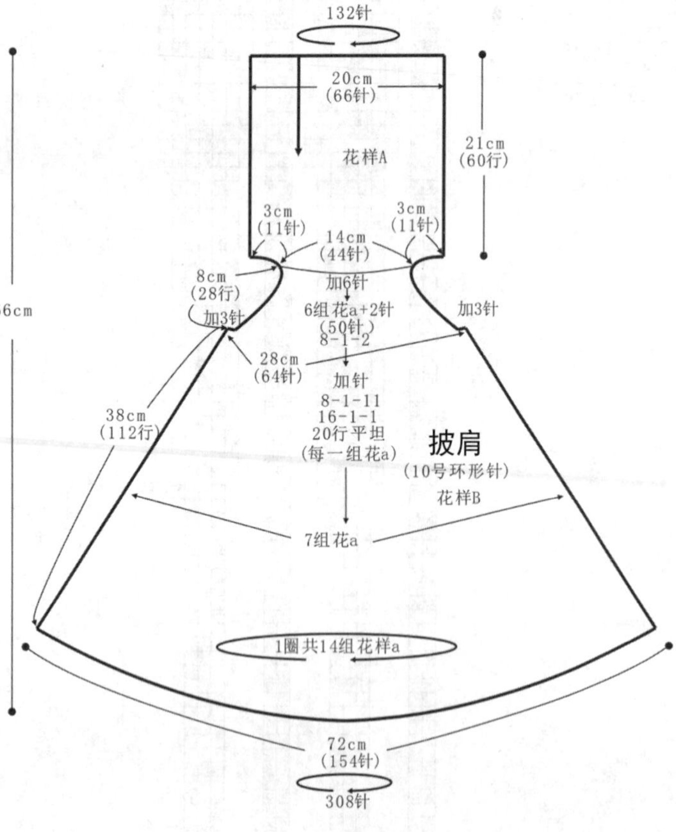

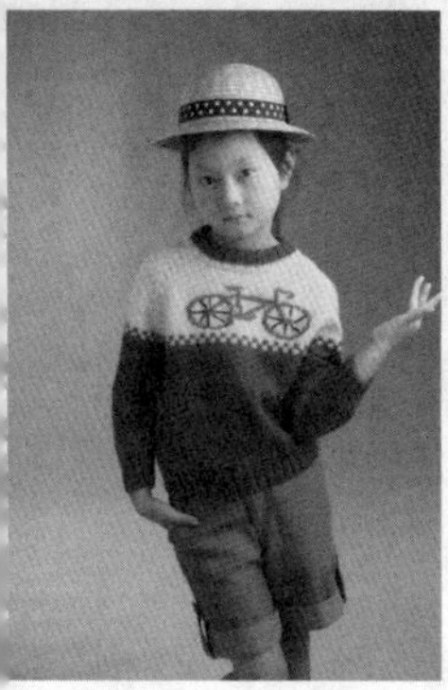

休闲风温暖毛衣

【成品规格】衣长39cm，袖长37cm，下摆宽26cm
【工　　具】10号棒针，10号环形针，绣针
【材　　料】黄色晴纶线150g，绿色晴纶线250g，棕色线20g
【编织密度】25.9针×33.5行=10cm²

前片/后片/衣摆/袖片/衣襟制作说明：

1.棒针编织法，从衣领起，从上往下编织，用10号针编织。
2.织衣领。双罗纹起针法，用黄色线，起96针，花样图解见花样A，织4行双罗纹针，再改用绿色线编织，再织18行后，与第1行合并，首1针尾1针合并编织，但不收针，进入领胸片编织。
3.织领胸片。先编织一边袖肩片，袖片10针，加上前后片的插肩缝各1针，共12针，用黄色线起织，织12针后，向前挑1针编织，为前片挑针，返回时全织上针，织13针后，再向前挑织1针，选第2、第3针与第12、第13针作插肩缝，两边加针，每织2行加1针，而织片两边在编织时，均向前挑1针编织，这样，后片挑织4针后，同样的方法在另一肩片，重复前面的步骤，当后片挑织4针后，将后片的28针全挑织至棒针中，继续前片的挑织，前片挑织7针后，将所有的衣领边的针数全挑至棒针上，环织，只在插肩缝两边加针编织。共加23针，领胸片织成46行的高度。
4.衣身分片。衣身分成前片、后片以及两袖片。前片80针，后片80针，两袖片各56针。起织前片的80针，然后用单起针法，起8针，接后片编织80针，再起针起8针，接上前片。起织，用黄色线和绿色线编织花样B配色图，共4行，然后全用绿色线，全织下针，无加减针编织58行，完成衣身的编织，在织第59行时，分配成44组双罗纹编织，无加减针，织18行的高度后，收针断线。
5.袖片的编织。袖片56针，从右织至左时，将衣身所加的8针全挑织出来，挑8针，袖片针数为64针，环织，先用绿色线和黄色线编织花样B配色图，共4行，然后再织2行后，进行第1次减针，然后每织6行减1次针，再减9次，织成60行，无加减针织2行的高度后，袖身织成108行高度，在最后一行时，针数余下44针，分成11组双罗纹针编织，无加减针织16行的高度后，收针断线。同样的方法编织另一袖片。
6.最后沿着衣领边，用钩针钩织花样D花边。利用下针绣图方法，用棕色线在前片的黄色线编织部分，绣上花样C自行车图案。

符号说明：

⊟　上针
□=⊡　下针
2-1-3　行-针-次
↑　编织方向

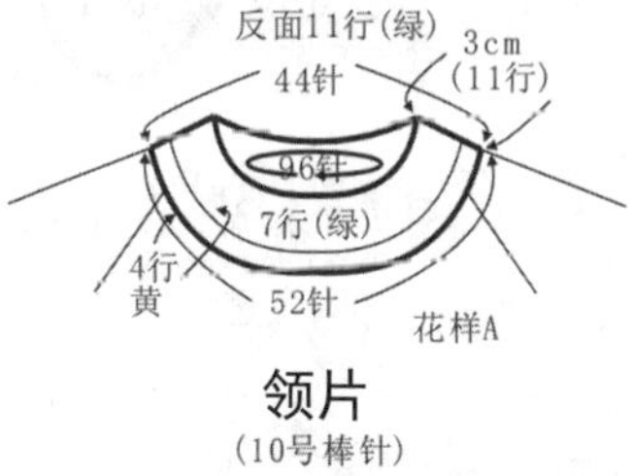

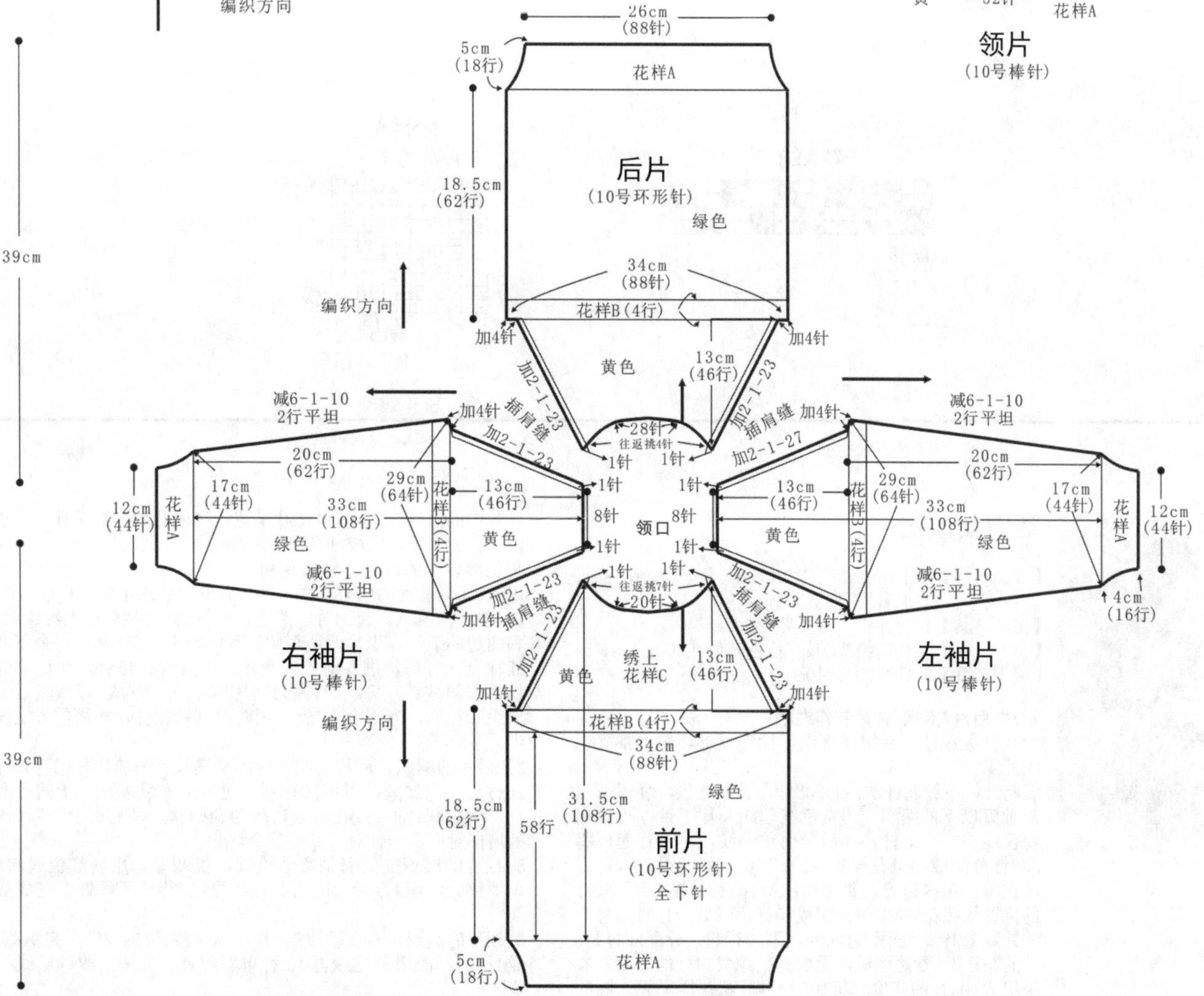

花样C

■ 棕色　□ 黄色

下针绣图方法

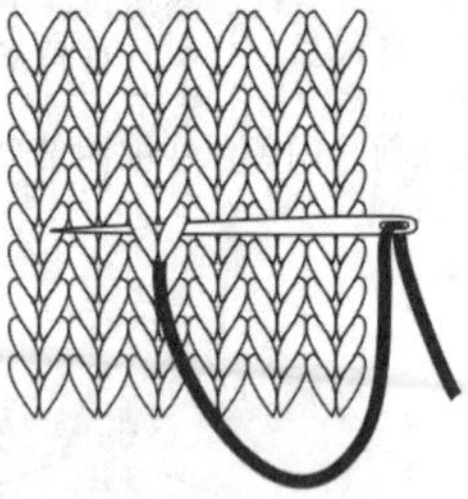

第1步：用缝针从1针下针后中间穿出，再横向穿过上一行的1针下针后，拉出。

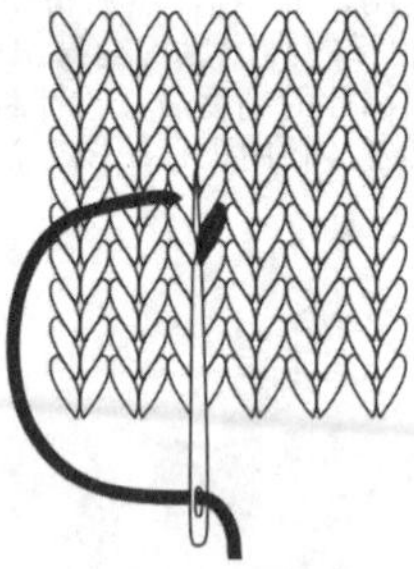

第2步：拉出第1步的线后，再将针穿入下2行的中间，再从中间一行（即需要绣的当行）中间穿出，拉出。

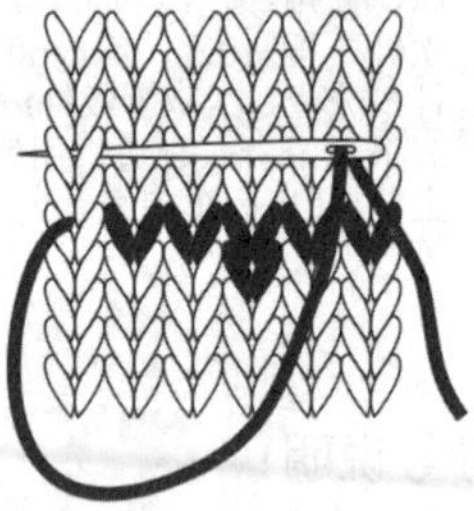

第3步：同样的方法去绣同一行或隔行的下针。

花样B

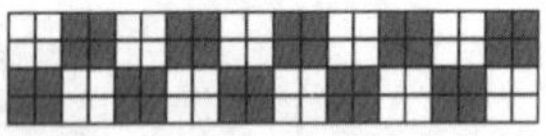

■ 黑色
□ 黄色

花样A

（双罗纹针）

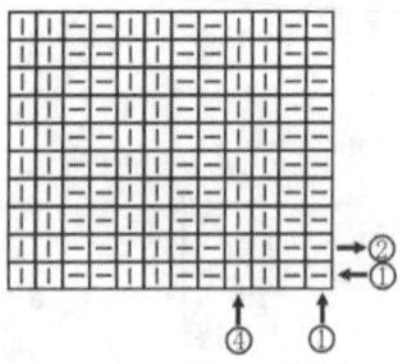

4针一花样

活力女孩裙

【成品规格】衣长55cm，衣宽23cm，肩宽18cm，袖长1.8cm，下摆宽50cm
【工　　具】11号棒针，11号环形针
【材　　料】黄色晴纶线20g，粉色晴纶线400g
【编织密度】27针×29行=10cm²

前片/后片/衣摆/袖片制作说明：

1.棒针编织法。从裙摆直织，袖窿以下环织，袖窿以上片织。
2.起针，下针起针法。起238针，首尾连接，环织。
3.袖窿以下的编织。用黄色线起织一行下针，再改用粉色线织一行上针，此后全用粉色线。下一行起，将238针分配成14组花样A，前片7组，后片7组，减针方法在每一组内进行，每组每次减掉2针，减4次，减针的位置依照花样A编织。织成90行，最后一行时，每组的针数为9针，一圈共126针，下一行起，分配成每组3针的花样B，参照图解，无加减针织成14行的高度。衣服织成104行的高度。第105行再分配花样，先一圈的针数中的21针，编织花样C叶子花，其他针数全织下针，无加减针再织14行的高度，完成袖窿以下的编织。
4.袖窿以上的编织。将前片和后片的针数分别用两棒针分别编织。以花样C为前片的中心花样，两边各取21针织下针，构成前片63针。
1）前片的编织。起织时，两边各收针4针，然后往上继续编织花样和两边的下针，织片两边每织2行各减1针，共减8次，余下39针，继续往上16行后，进入前衣领减针，中间收针17针，两边的针数各11针，衣领减针，每织2行减1针，共减4次，织成8行，然后无加减针再织20行后，肩部余下7针，用防解别针扣住，相同的方法编织另一半。
2）后片的编织。后片全织下针，袖窿减针与前片相同，减针行织成16行后，无加减针再织10行后，进入后衣领编织，中间选取17针收针，两边减针，每织2行减1针，共减4次，两肩部余下7针，与前片的肩部对应，一针对一针的缝合。
5.袖片的编织。沿着袖窿边挑针，挑92针，用粉红色线起织花样单罗纹针，织4行后，改用黄色线再织2行单罗纹针。完成后收针断线。
6.领片的编织。前衣领边挑80针，后衣领边挑52针，起织花样D，织成4行后，改用黄色线再织2行单罗纹针，完成后收针断线，衣服完成。

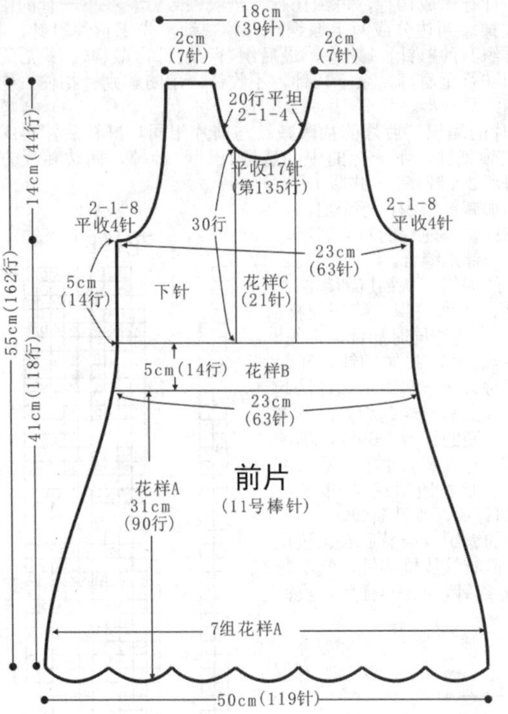

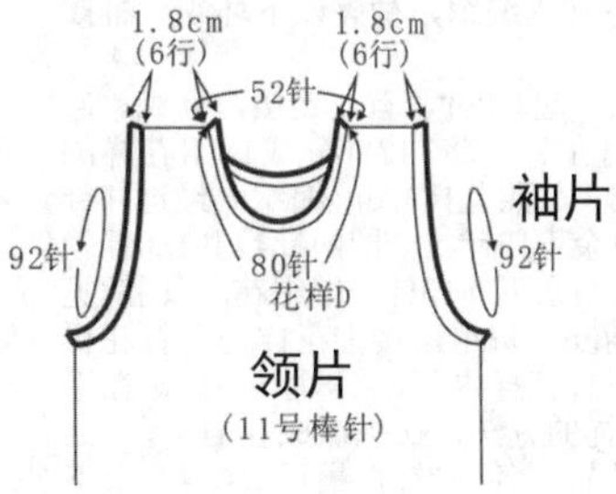

18cm (39针)
2cm (7针)
20行平坦
2-1-4
平收17针 (第135行)
14cm (44行)
2-1-8 平收4针
30行
23cm (63针)
5cm (14行)
下针
花样C (21针)
55cm (162行)
41cm (118行)
5cm (14行)
花样B
花样A 31cm (90行)
前片
(11号棒针)
7组花样A
50cm (119针)
1.8cm (6行)
52针
80针 花样D
92针
袖片
领片
(11号棒针)
10行平坦
平收17针 (第145行)
40行
后片
花样A
花样B
花样C
花样D
符号说明:
上针
下针
2-1-3 行-针-次
编织方向
穿左针交叉
左并针
右并针
镂空针
右并3针

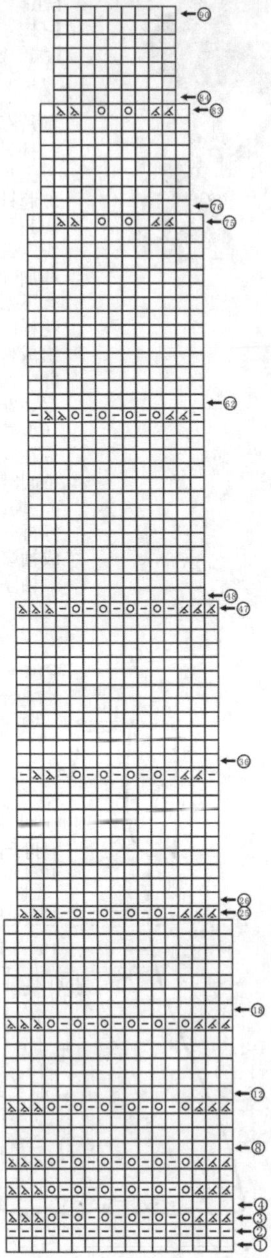

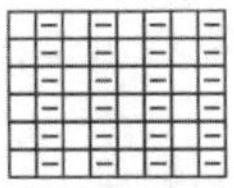

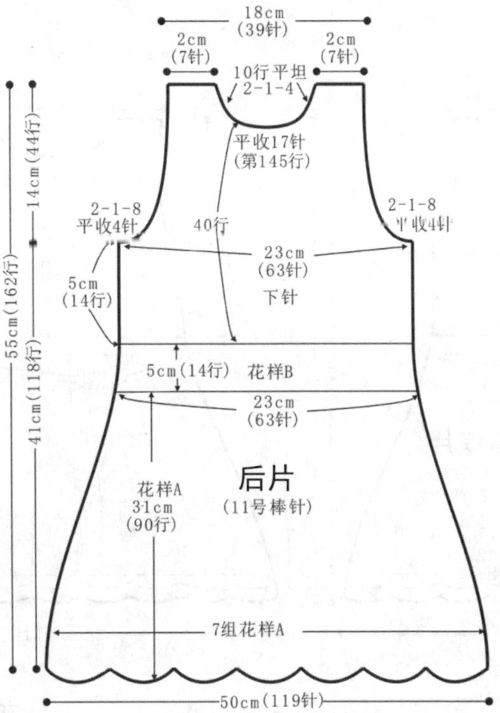

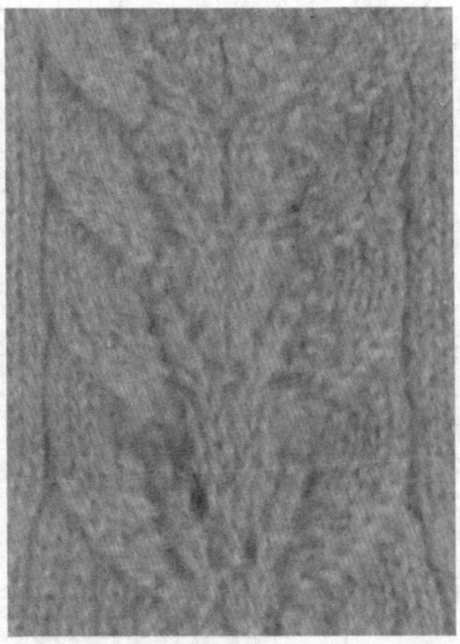

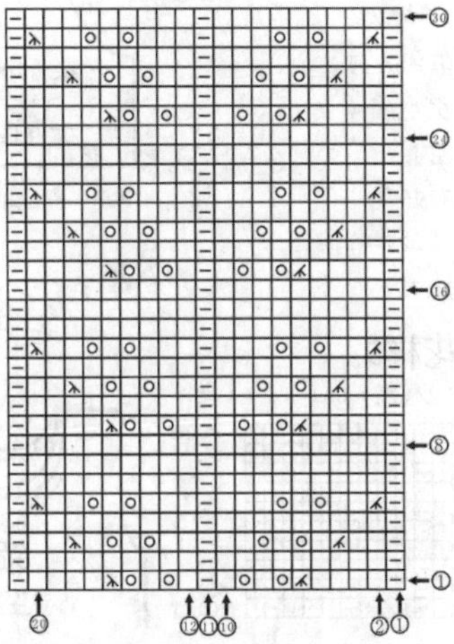

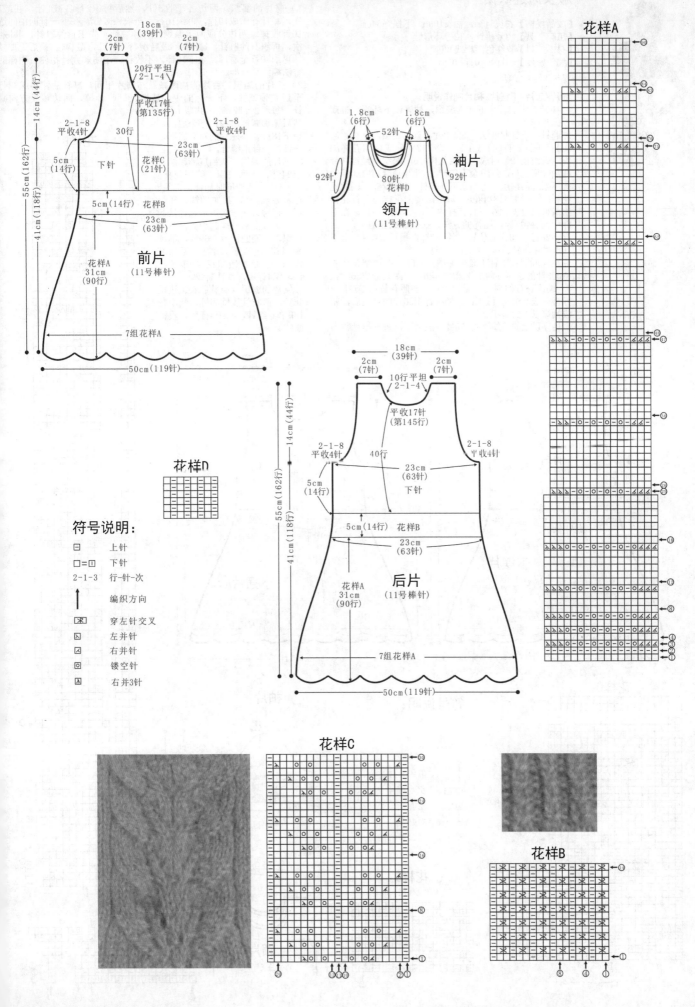

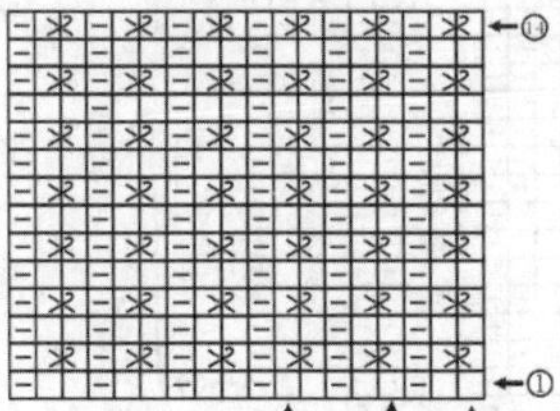

淑女风连衣裙

【成品规格】衣长54cm，袖长10cm，下摆宽54cm
【工　　具】12号棒针，12号环形针
【材　　料】玫红色圆棉线400g
【编织密度】32针×40行=10cm²

前片/后片/下摆片/袖片制作说明：

1.棒针编织法。从下往上编织，袖窿以下环织，袖窿以上片织。

2.起针。下针起针法，起342针，首尾连接，环织。起织1行下针，再织1行上针，将342针分成18组花样编织，每组由19针组成，依照花样A图解编织，经过并针和加针变化后，每组余下15针。一圈的针数共180针。

3.下摆片的编织。每组余下的15针，编织花，图解见花样B，一圈共18组花a，每组由镂空花样与下针花样组成，减针变化在下针花样内部，织8行花a后，在下针中间并掉1针，同样的方法，在每织成花a16行、34行、26行、18行的位置，各并1针，最后每组花a余下10，其中下针3针，镂空花样7针。

4.在花a的3针下针上延伸编织1组花b，在镂空花样的中间3针的延伸方向上织第2组花b，一圈共分成36组花b。编织18行的高度，无加减针。参照花样c，在下一行再分成36组花c编织，无加减针织36行的高度后，完成袖窿以下的编织。

5.袖窿以上的编织。将180针分成两半，每一半针数为90针。

1）前片的编织。两边各平收8针，然后每织2行各减1针，共减5次，减针行织成10行，再织16行，至衣领减针。在下一行的中间选10针收掉。两边分成两半编织，衣领减针，先织1行减1针，共减4次，再织2行减1针，减4次，最后织4行减1针，减1次。最后无加减针再织30行至肩部，余下18针，不收针，用防解别针扣住。同样的方法编织另一半。

2）后片的编织。后片的袖窿减针与前片相同，减针后，再织32行至后衣领减针，下一行的中间选取18针收针掉，两边相反方向减针，每织2行减1针，共减5次，然后无加减针再织10行至肩部，余下18针，与前片的对应肩部，一针对一针地缝合。

6.袖片的编织，从袖肩部起织，起24针，来回编织。编织花样C中的花c，两边同时加针，每织2行，各加1针，共加10针，在最后一行时，在一端用单起针法起16针，接上另一端起织处，变成环织，一圈的针数为60针，继续编织花c，一圈共6组，无加减针织16行后，改织花样D单罗纹针，织4行后，收针断线。

7.领片的编织。沿着后衣领边挑46针，前衣领边挑66针，起织花样D单罗纹针，共织4行后，收针断线。

花样B

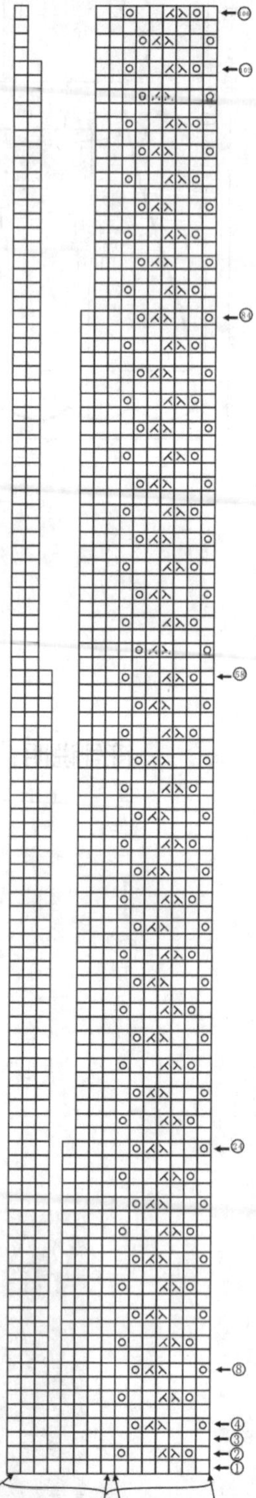

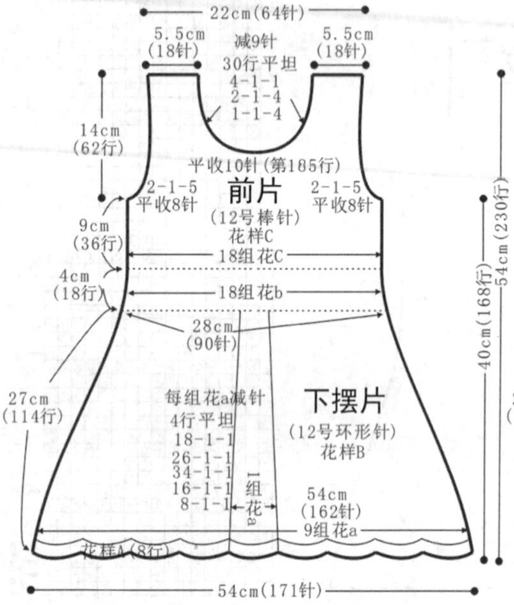

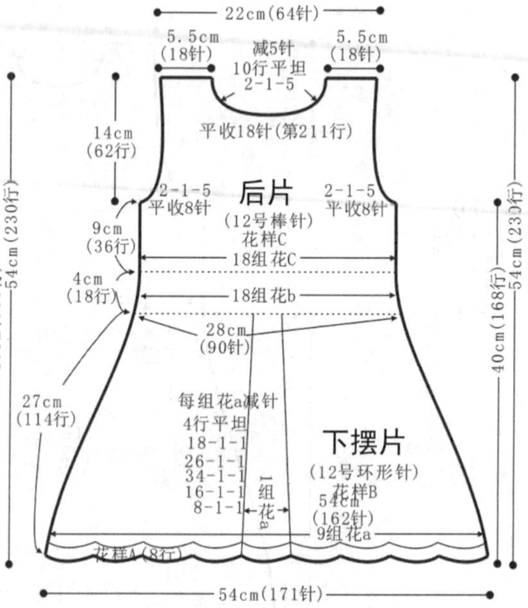

花样C

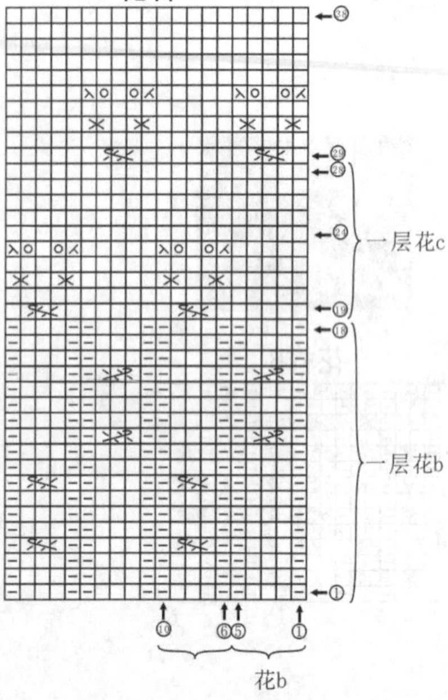

符号说明：

⊟	上针
□=⊡	下针
2-1-3	行-针-次
↑	编织方向
	穿左2针交叉
	左并针
	右并针
⊡	镂空针

袖片

(12号棒针)

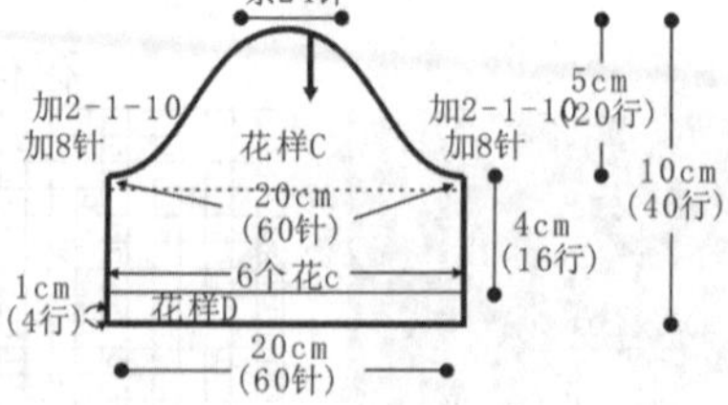

花样D

(单罗纹针)

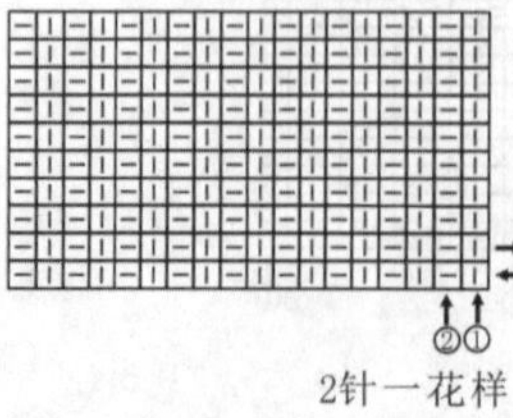

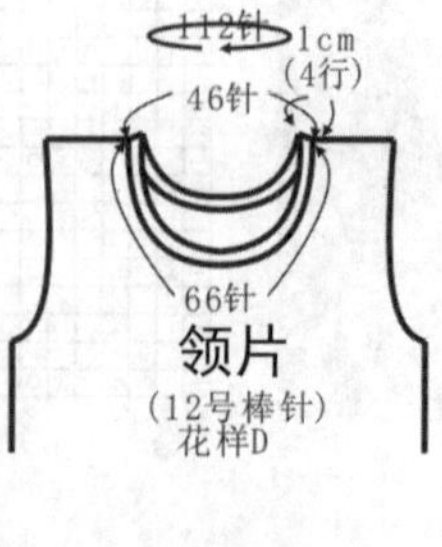

花样A

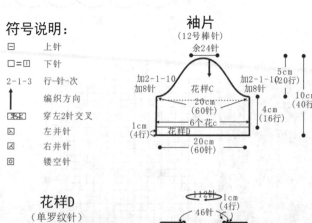

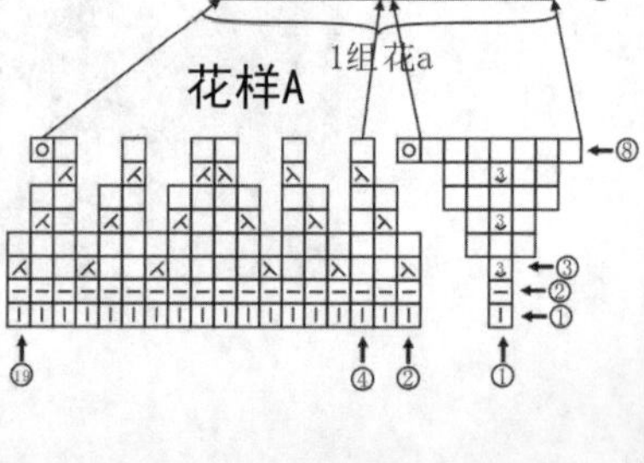

文静女生裙

【成品规格】衣长59cm，袖长5cm，下摆宽50cm
【工　　具】10号棒针，10号环形针，1.50mm钩针
【材　　料】黄色晴纶线350g
【编织密度】24针×34行=10cm²

前片/后片/下摆片/袖片制作说明：

1.棒针编织法。从下往上编织，袖窿以下环织，袖窿以上片织。

2.起针。下针起针法，起200针，首尾连接，环织。起织1行下针，再织1行上针，将200针分成20组花样A编织，每组10针组成，依照花样A图解编织，经过并针和加针变化后，每组余下5针。一圈的针数共100针。在编织最后一行时，分散加针10针。针数加成一圈共120针。

3.腰部的编织。将120针分配成30组花样B，每组由4针组成，共织12行的高度。

4.织成腰部后，起织第一行下针，分散减针，一圈共减掉10针，余下110针，将110针分成两半，每一半编织花样C，无加减针织成50行的高度后，完成袖窿以下的编织。

5.袖窿以上的编织。将110针分成两半，每一半针数为55针。

1）前片的编织。前片两边平收4针，然后每织2行各减1针，共减4次，减针行织成8行，再织6行。在中间收掉1针，余下38针，分成两半各自编织，无加减针织18行后，开始一边前衣领减针，以右前片为例，将在下一行的左侧选6针收掉向右进行衣领减针，织2行减1针，减4次，织成8行。最后无加减针再织28行至肩部，余下9针，不收针，用防解别针扣住。同样的方法编织另一半。

2）后片的编织。后片的袖窿减针与前片相同，减针行织成8行后，无加减针，将39针织成48行的高度，下一行的中间选取9针收针，两边减针，2-1-6，各减掉6针，织成12行，完成至肩部编织，余9针，与前片对应缝合。

6.袖片的编织。从袖肩部起织，起26针，来回编织。编织花样C，两边同时加针，每织2行，各加1针，共加7针，在最后一行时，沿着没有挑针的袖窿边，挑出24针接上另一端起织处，变成环织，一圈的针数为64针，继续编织花样D，无加减针织6行后，收针断线。相同的方法编织另一袖片。

7.前衣领处，用花线钩织成锁针辫子，在衣领处空针形成的孔穿过，交叉打结装饰。

符号说明：

- 上针
- 下针
- 2-1-3　行-针-次
- 编织方向
- 穿左2针交叉
- 穿左针交叉
- 左并针
- 右并针
- 镂空针
- 中上3针并1针

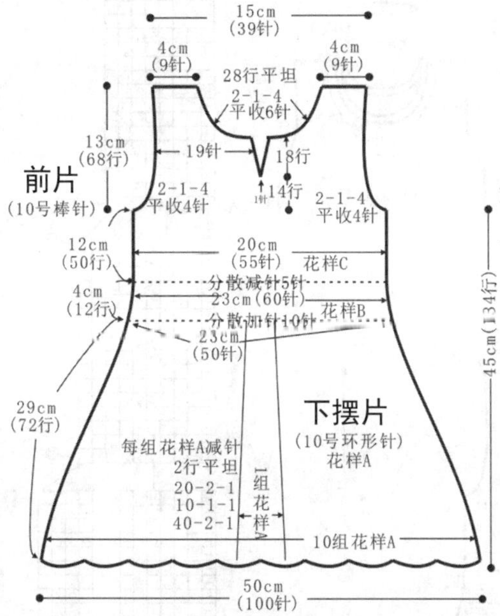

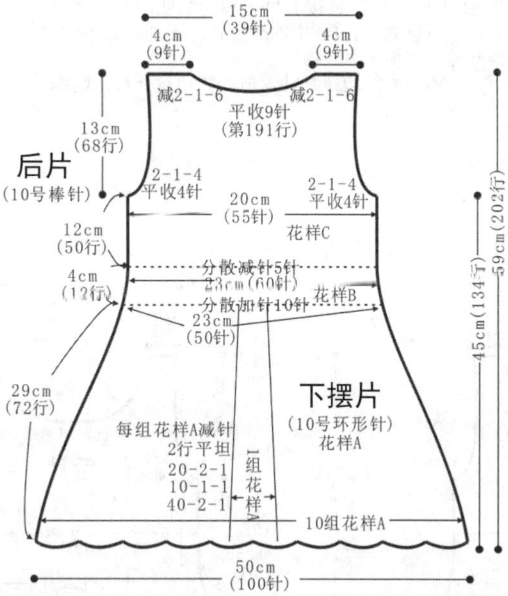

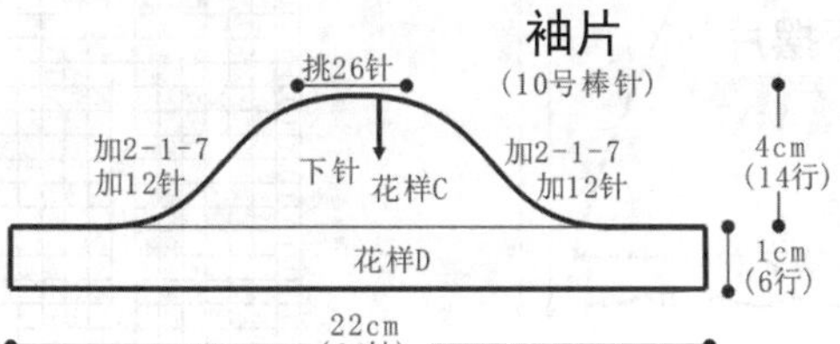

花样A

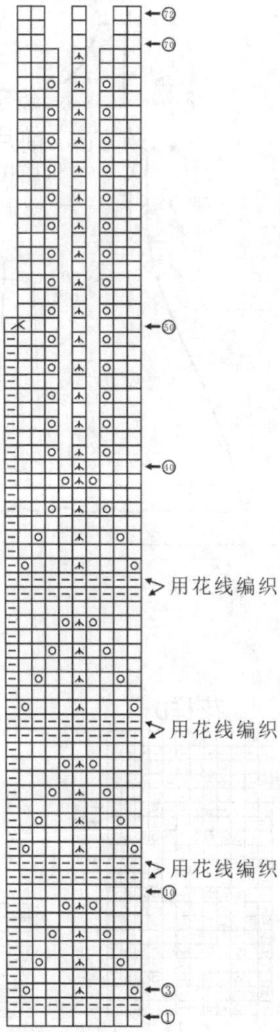

花样B

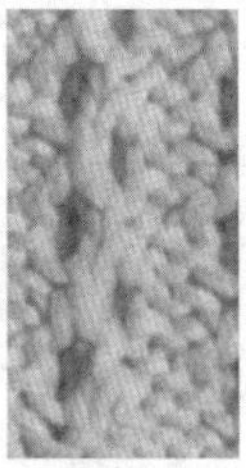

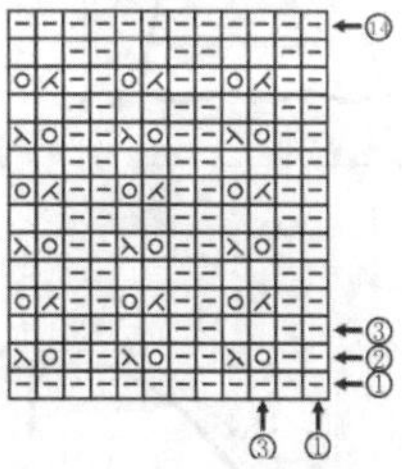

花样C

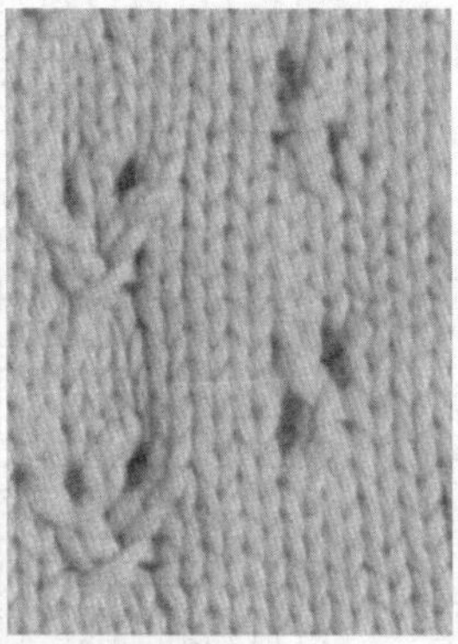

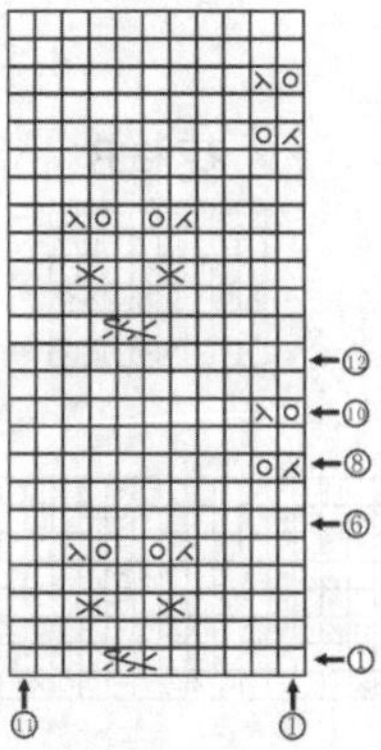

花样D

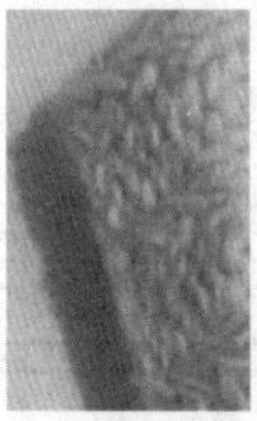

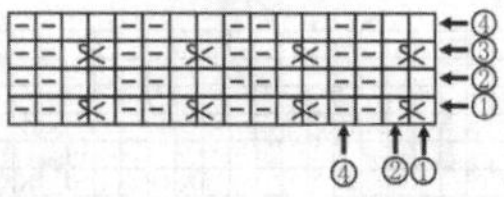

清凉淑女裙

【成品规格】衣长60cm，袖长10cm，下摆宽56cm
【工　　具】10号棒针，10号环形针
【材　　料】粉色晴纶线350g
【编织密度】30针×30行=10cm²

前片/后片/下摆片/袖片制作说明：

1. 棒针编织法。从下往上编织，袖窿以下环织，袖窿以上片织。
2. 起针。下针起针法，起300针，首尾连接，环织。起织1行下针，再织1行上针，将300针分成20组花样编织，每组由15针组成，依照花样A图解编织，经过并针和加针变化后，每组余下6针。一圈的针数共120针。
3. 腰部的编织。将120针分配成30组花样B，每组由2针组成，共织6行的高度。
4. 织成腰部后，将120针分成两半，每一半编织花样C，无加减针织成32行的高度后，完成袖窿以下的编织。
5. 袖窿以上的编织。将120针分成两半，每一半针数为60针。
1）前片的编织。右侧平收5针，左侧平收4针，然后每织2行各减1针，共减4次，减针行织成8行，再织4行，至衣领减针。在下一行的中间选9针收掉。两边分成两半编织，衣领减针，先织1行减3针，共减2次，再织2行减2针，减2次，最后织2行减1针，减2次。最后无加减针再织10行至肩部，余下5针，不收针，用防解别针扣住。同样的方法编织另一半。
2）后片的编织。后片结构与前片完成相同，织至肩部后，与前片的肩部对应缝合。衣身完成。
6. 袖片的编织，从袖肩部起织，起32针，来回编织。编织花样D，两边同时加针，每织2行，各加1针，共加4针，在最后一行时，沿着没有挑针的袖窿边，挑出8针接上另一端起织处，变成环织，一圈的针数为48针，继续编织花样D中的搓板针，无加减针织6行后，收针断线。相同的方法编织另一袖片。
7. 领片的编织，沿着后衣领边挑48针，前衣领边挑48针，起织花样B，共织6行后，收针断线。

符号说明：

⊟	上针
□=⊡	下针
2-1-3	行-针-次
↑	编织方向
[交叉符号]	穿左2针交叉
◸	左并针
◹	右并针
◎	镂空针
▲	中上3针并1针

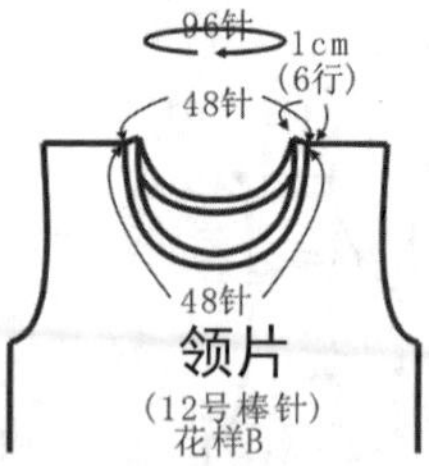

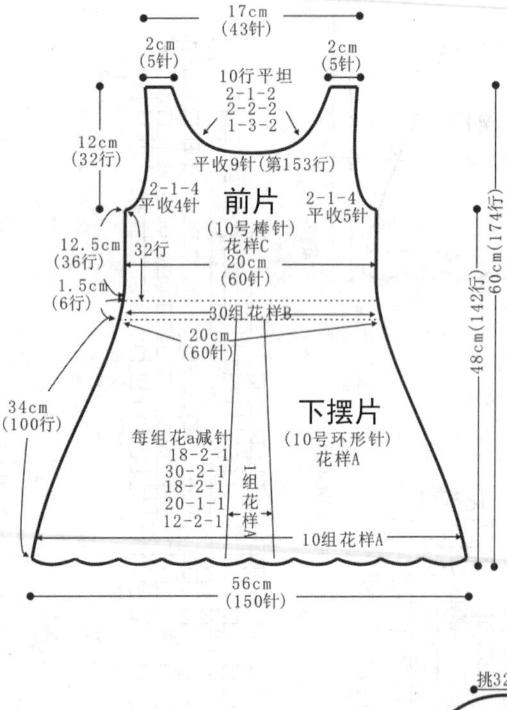

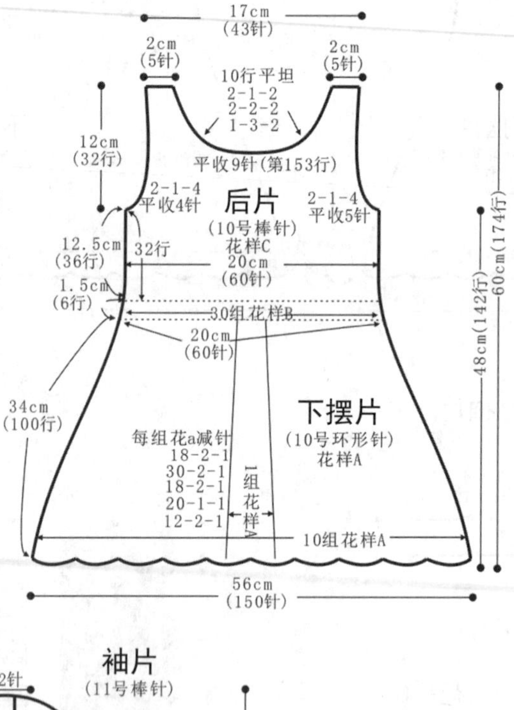

花样A

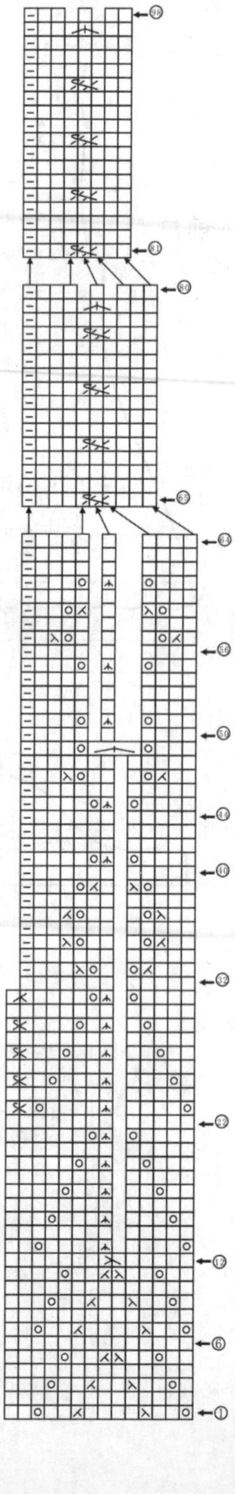

袖片
(11号棒针)

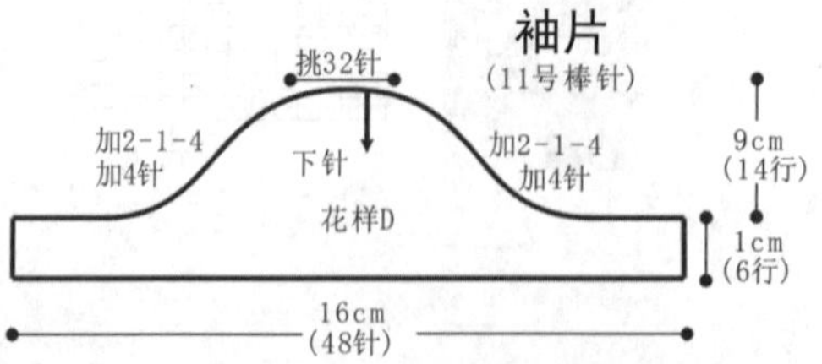

花样D

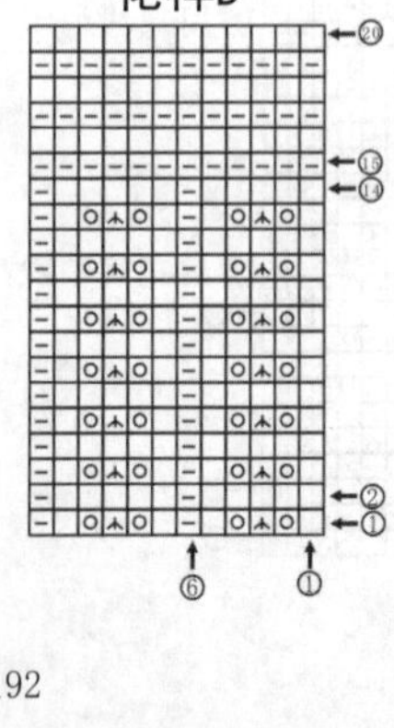

花样B

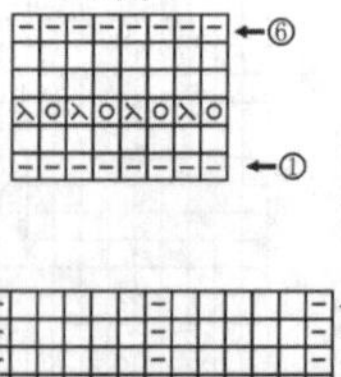

花样C

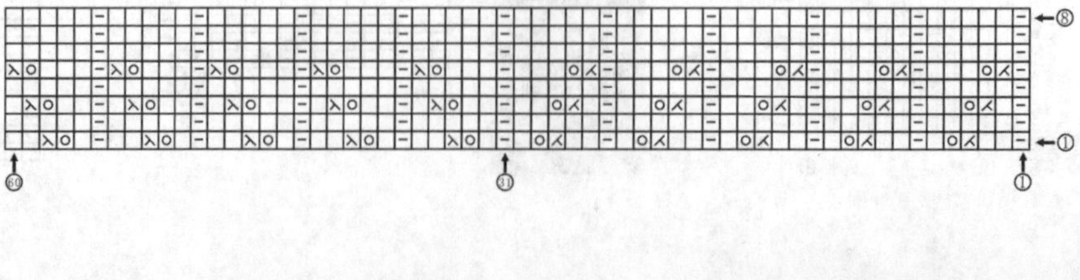

阳光橙色开衫

【成品规格】衣长38cm，袖长20cm，下摆宽39cm
【工　　具】12号棒针
【材　　料】橘红色晴纶线300g，扣子4枚
【编织密度】24针×34行=10cm²

前片/后片/衣摆/袖片制作说明：

1. 棒针编织法，分片编织，由前片两片、后片一片、袖片两片编织而成。

2. 由衣摆起织，12号棒针编织。

1）前片的编织。以右前片为例，单起针法，起43针，留左侧1针作缝合边，起织4行搓板针。下一行起，将43分配成2.5组花样a，织8行的高度，完成花样A的编织。下一行起，将43针最左边1针，织成上针，而将42针分配成7组花样B编织，织1层花样后，再将花样交错位置继续编织。无加减针编织成68行的高度后，至袖窿减针，起织时，左侧收针10针，而后右侧无加减针，左侧减针织袖窿边，每织2行减1针，减6次，织成12行，然后再织4行后，进入前衣领减针，右侧起收针6针，接着每织2行减1针，共减7次，余下14针，无加减针再织18行后至肩部。不收针，用防解别针扣住。相同的方法编织另一左前片。

2）后片的编织。单起针法，起92针，取两边各1针作缝合针，先织4行搓板针，再将90针分配成5组花样A编织，织成8行后，将90针再分配成15组花样B编织，往上的花样B织法与前片相同，织成17层花样B后，袖窿减针，两边同时收针，各收10针，然后两边，每织2行减1针，共减6次，织成12行，余下60针，无加减针再织28行后，进入后衣领减针，下一行的中间选取24针收针，两边减针，织2行减1针，共减4次。两肩部余下14针，与前片的肩部对应缝合。

3. 袖片的编织。以肩部缝合线为中心，向两边各挑6针，共12针起织，编织花样B，在织成当行后，向前挑1针编织，返回织完针数后，再向前挑1针编织，两边各挑成14针后，将袖窿余下的边挑出20针，片织变环织，针数共54针，无加减针再织36行后，改织花样E，共织成10行，再改织花样C双罗纹针，共织4行后收针断线。相同的方法去编织另一袖片。

4. 衣襟的编织。沿着右衣襟边，挑出80针，起织花样A中的搓板针，织成2行后，每织16针制作一个扣眼，方法为在第3行收起4针，再织16针后，制作下一个扣眼，制作4个扣眼，返回编织时，在这些扣眼上，用单起针法，起4针，接上左端继续编织。织成扣眼后，再织2行搓板针。完成后，收针断线。左前片的衣襟不制作扣眼，编织6行后收针断线，在扣眼的对应点，钉上扣子。

5. 领片的编织。左右衣襟的上侧边不挑针，沿着前衣领边，各挑22针，后衣领边，挑40针，共84针，起织花样D单罗纹针。无加减针织成6行的高度后，收针断线。

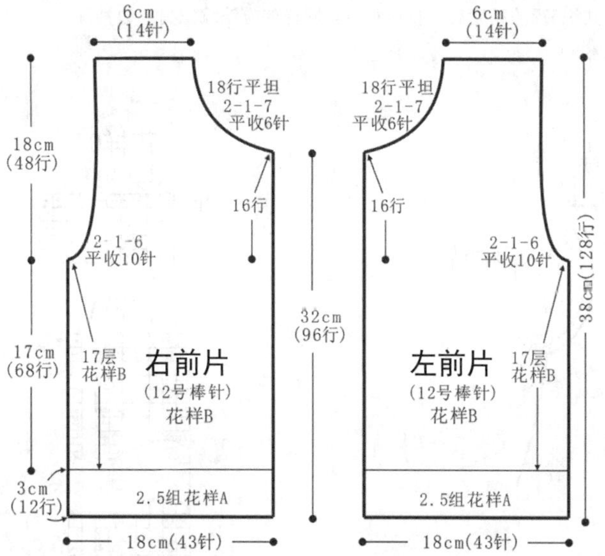

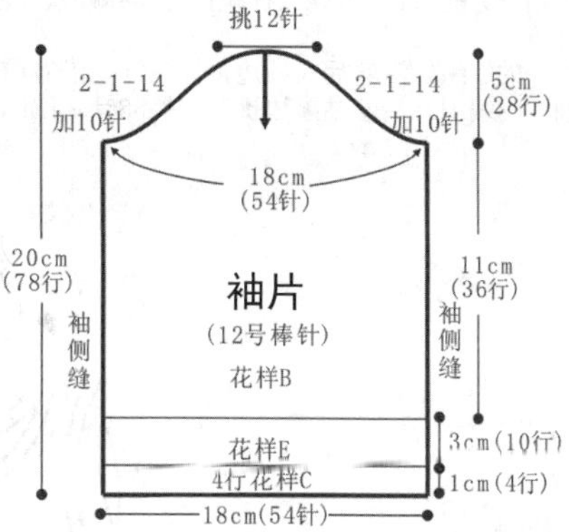

符号说明：

⊟	上针
□=⧈	下针
2-1-3	行-针-次
↑	编织方向
⧅	左并针
⧄	右并针
⊙	镂空针

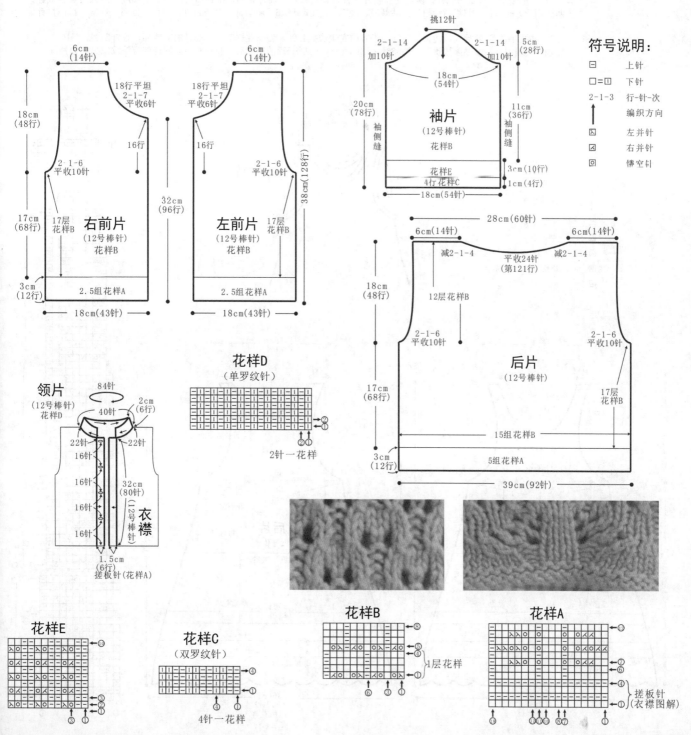

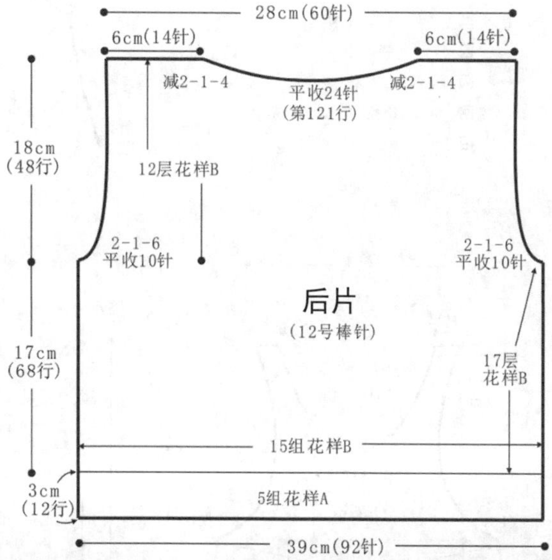

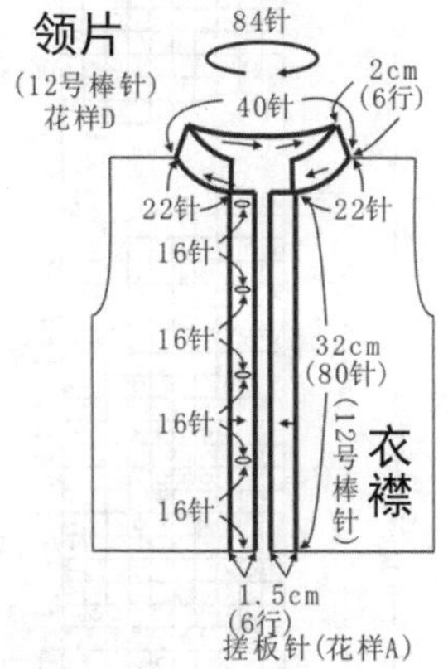

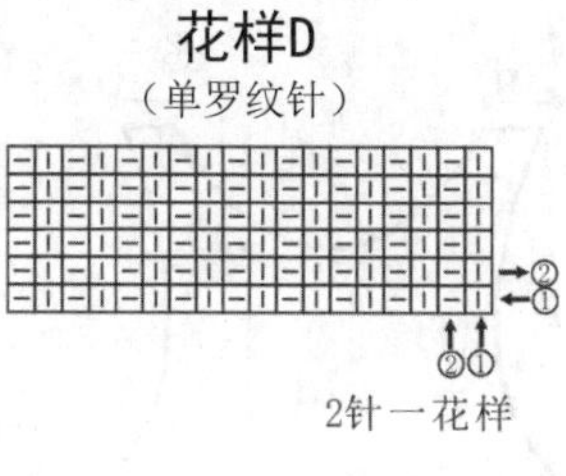

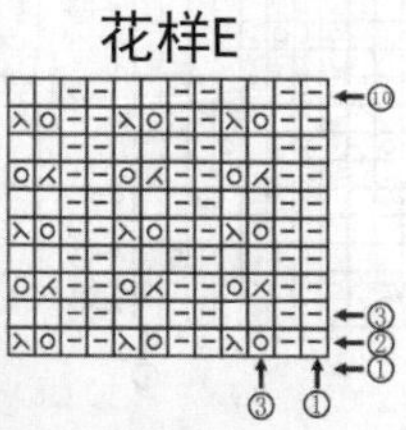

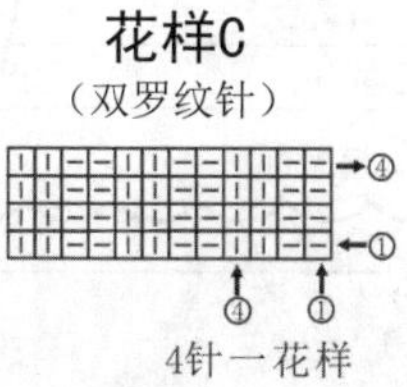

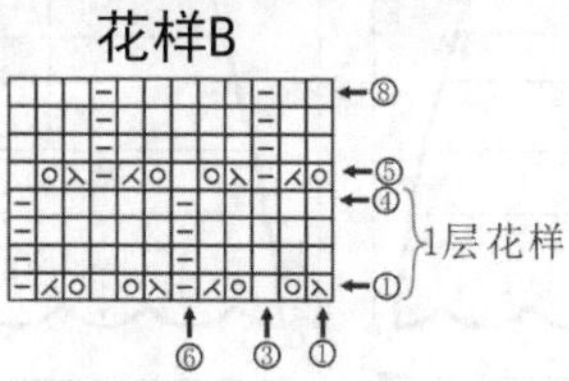

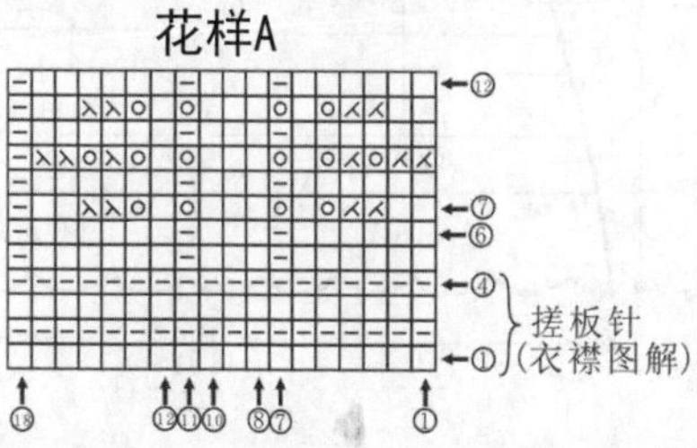

拼色背心裙

【成品规格】衣长50cm，下摆宽36cm
【工　　具】12号棒针
【材　　料】粉红色纯棉线150g，白色纯棉线50g，浅紫色纯棉线80g，深紫色纯棉线80g
【编织密度】36针×40行=10cm²

前片/后片/衣摆/袖片制作说明：

1.棒针编织法。从下往上编织，多色线搭配编织。袖窿以下环织，袖窿以上片织。
2.起针。先使用深紫色线，用下针起针法，起264针，首尾连接。起织1行下针，再织1行上针。
3.袖窿以下的编织。
1）花a编织。将264分成22组花样A，每组由12针组成，依照图解编织镂空花样，织至第18行时，将中心1针的两边2针并为1针，这样，每组花样A减少2针，变为每组10针，进入花B编织。
2）花b编织。每组由10针组成，改用白色线编织，依照图解编织12行的高度。
3）花c编织。仍用白色线编织，每组针数为10针，织10行后，改用浅紫色线编织花c，将花c织成54行的高度，在织最后一行时，在花样A所示的位置进行并针，每组花样A各减少2针，余下8针，进入花d的编织。
4）花d编织。起织改用粉红色线编织，每组花由8针组成，编织52行的高度后，完成袖窿以下的编织。
4.袖窿以上的编织。袖窿以上改织花样B，仍用粉红色线编织。完成的下摆片的针数为176针，将其分成两半，每一半的针数为88针，分成前片与后片编织。
1）前片的编织。选88针，两边同时收针收掉10针，然后每织4行减少1针，共减6次，减针方法参照花样B图解。减完针后，再织10行的高度，进入衣领编织，在下一行的中间选取18针收针，两边分为两半各自编织，衣领减针，每织2行减1针减8次，然后再织14行的高度，至肩部余下11针，不收针。
2）后片的编织。针数为88针，两边同样收针10针，袖窿减针与前片相同，减针后再织24行的高度，进入后衣领减针，两边相反方向减针，每织2行减1针，共减5次，然后无加减针织6行至肩部，余下11针，与前片的对应肩部，1针对1针地缝合。
5.领片的编织。沿着后衣领边挑针38针，沿着前衣领边挑48针，编织花样C，共织5行的高度后，收针断线。
6.袖片的编织。沿着袖窿边挑针，挑88针，编织花样C，共织5行的高度后，收针断线。同样的方法编织另一边袖片。

符号说明：

- 上针
- 下针
- 2-1-3　行-针-次
- 编织方向
- 穿左针交叉
- 左并针
- 右并针
- 镂空针
- 中上3针并1针

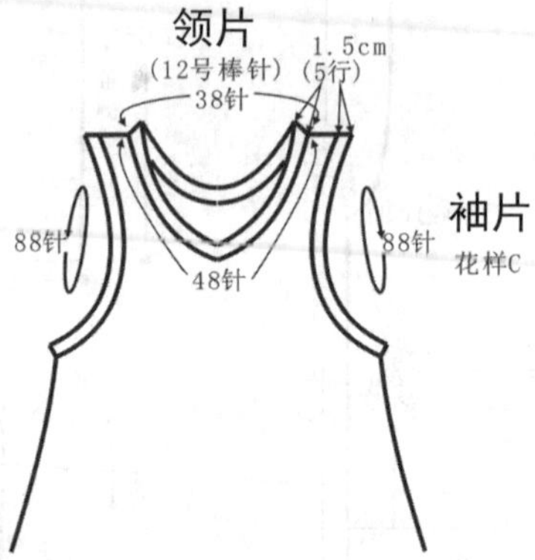

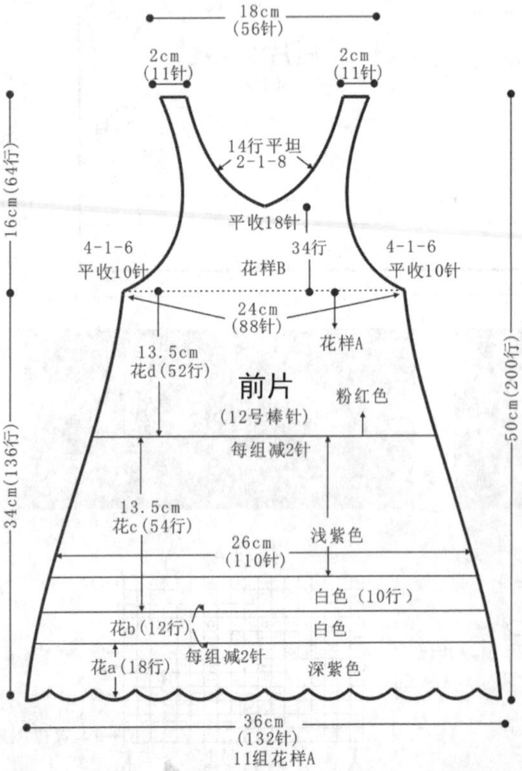

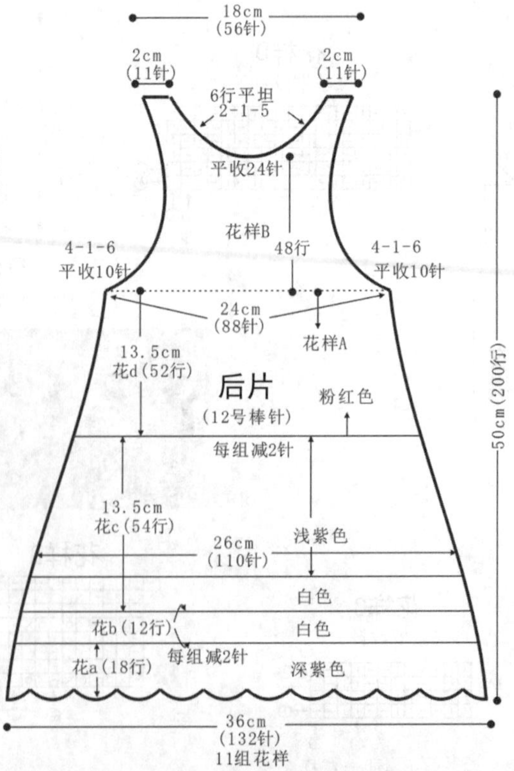

花样C

（衣边图解）

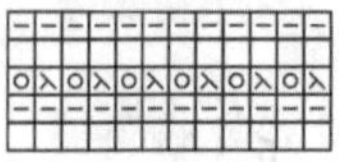

花样A

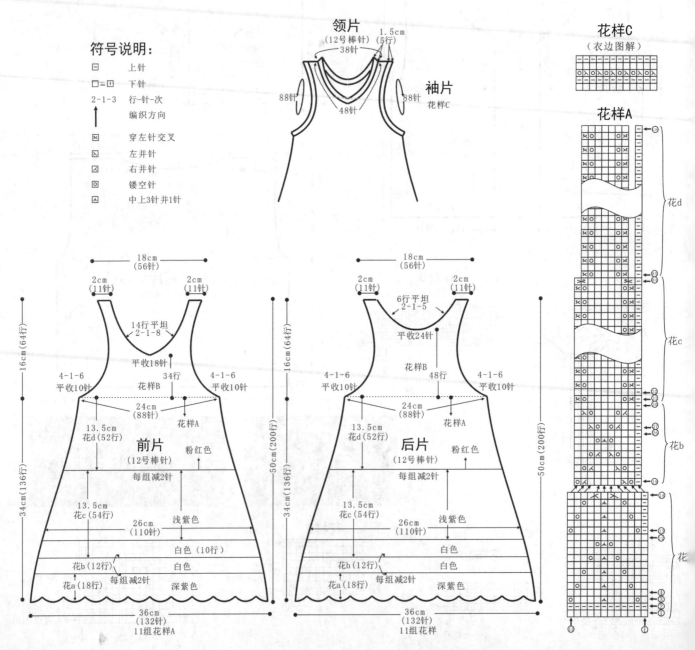

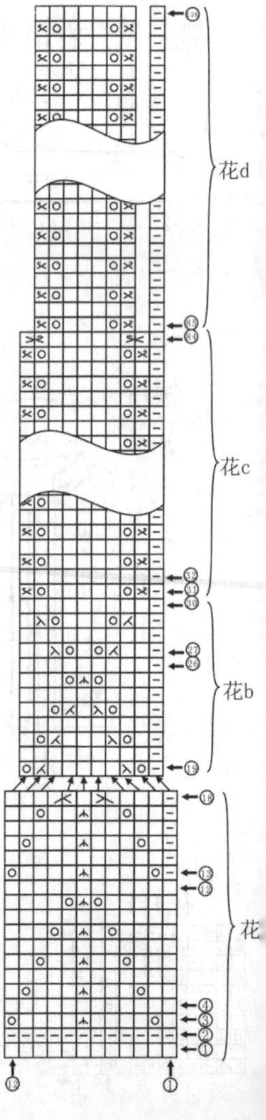

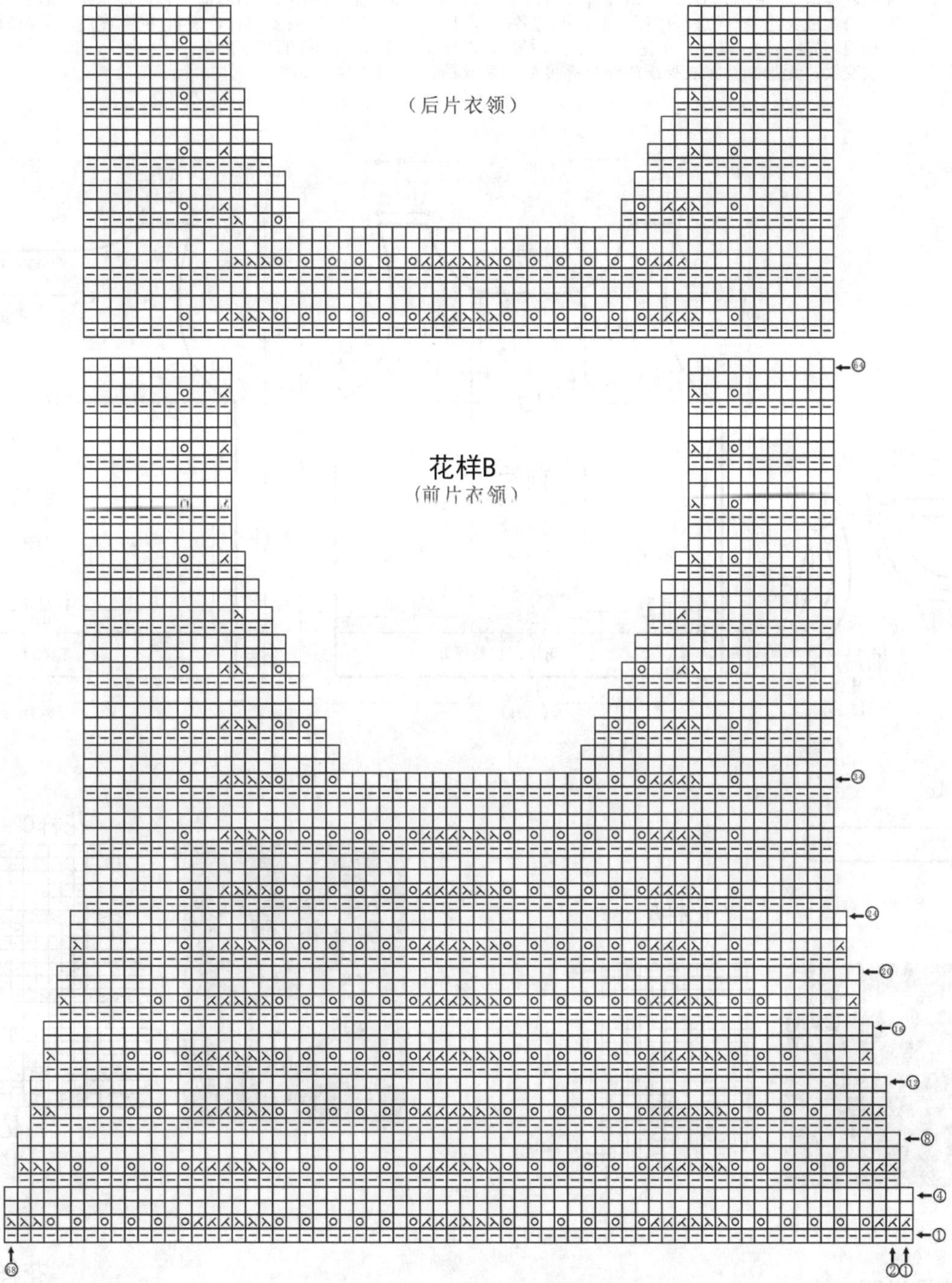
（后片衣领）
花样B
（前片衣领）
64
34
24
20
16
12
8
4
1
68
2
1

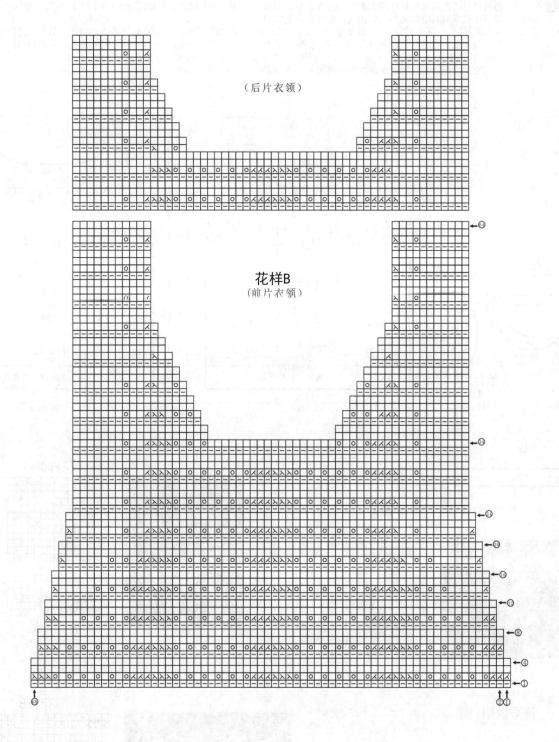

叶子花小背心

【成品规格】衣长36cm，衣宽42cm
【工　　具】10号棒针，11号棒针
【材　　料】橘红色晴纶线250g
【编织密度】20针×30行=10cm²

前片/后片/衣摆/袖片制作说明：

1.棒针编织法。袖窿以下环织，袖窿以上分成前片与后片编织。

2.起针。单起针法，起160针，首尾连接，环织。

3.袖窿以下的编织。起针后，将160针分配成40组花样A双罗纹编织，用11号针编织，无加减针编织成16行的高度后，改用10号棒针编织衣身。分配花样，衣身主要由花样B与花样C两种花样组成，起织时，选22针编织花样B，余下的138针，分散加针加2针，加成140针，分配成28组花样C进行编织，前片两边各6组，后片16组。先织4行，进行一次花a交叉，然后每6行进行一次交叉，无加减针将衣身织成58行高度后，完成袖窿以下的编织。

4.袖窿以上的编织。分成前片与后片，前片82针，后片80针。

1）前片的编织。起织两边同时收针，各收8针，然后每织2行减1针，共减4次，织成8行后，无加减再织10行后，进入前衣领减针。中间选取22针收针，两边分成两半编织，衣领端减针，每织2行减1针，共减5次，织成10行后，无加减再织12行后，至肩部，不收针，用防解别针扣住。同样的方法编织另一边。

2）后片的编织。后片80针，两边同时收针，各收8针，然后每织2行减1针，共减3次，余下58针，继续编织，无加减针，减针行织成6行，减针后再织26行后进入后衣领减针，中间收针24针，两边减针，每织2行减1针，共减4次，两肩部余下13针，与前片的肩部对应缝合。

5.袖片的编织。沿着缝合后的袖窿边，挑针起织，挑64针，起织花样A双罗纹针，无加减针织6行后收针断线。相同的方法编织另一袖片。

6.领片的编织。沿着前衣领边挑72针，后衣领边挑52针，共124针，起织花样A双罗纹针，织4行的高度后，从第5行起，全织下针，无加减针织10行的高度后，收针断线。

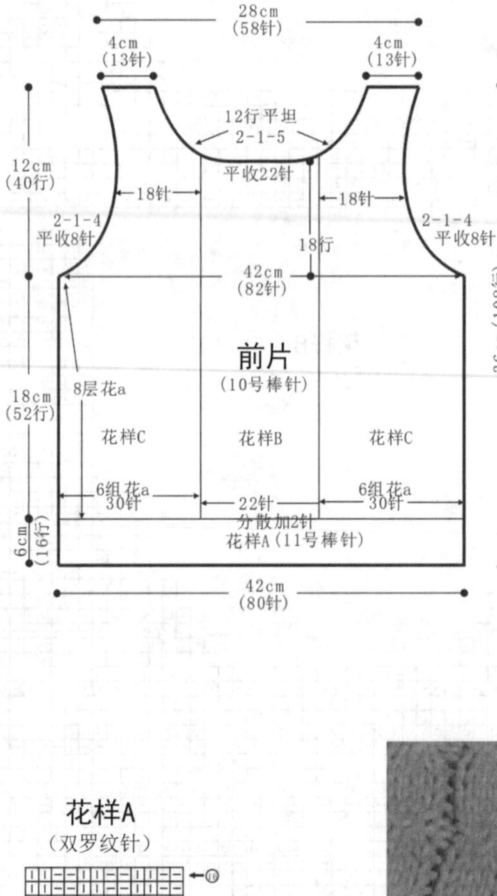

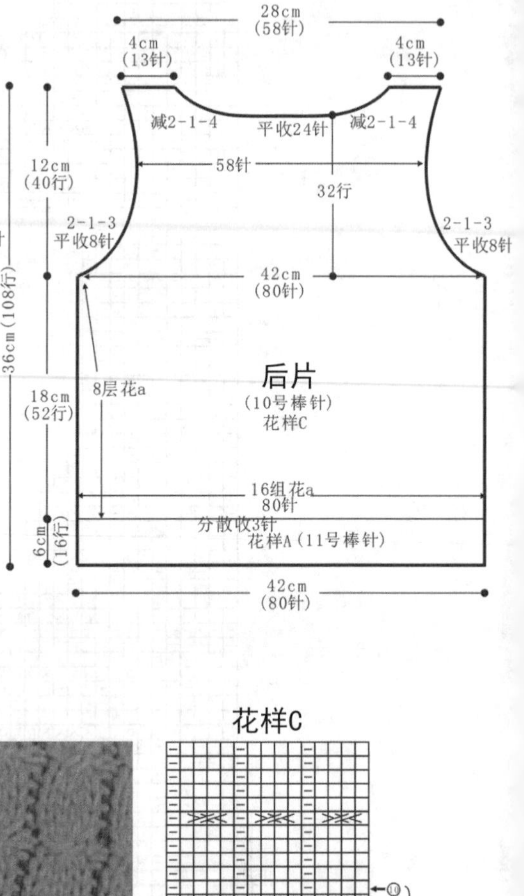

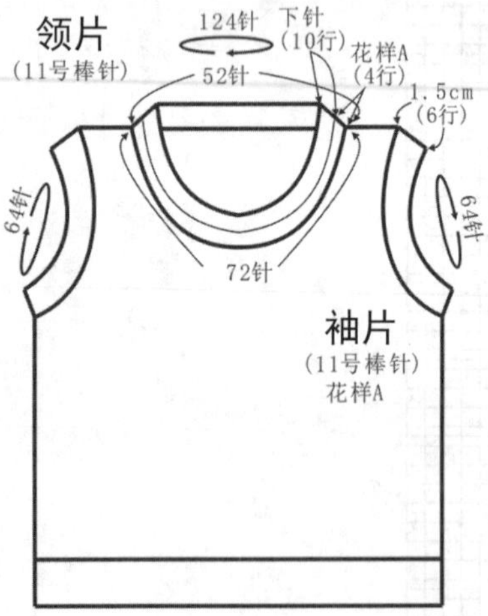

花样A

（双罗纹针）

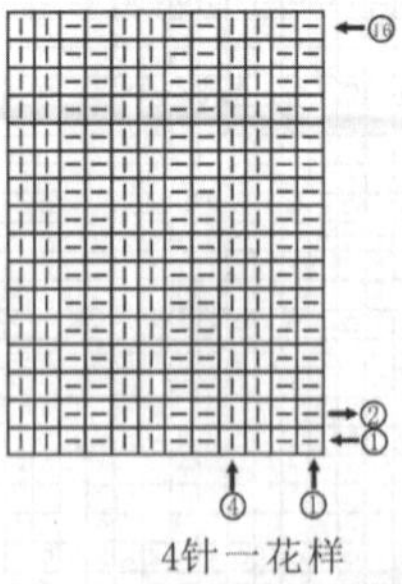

花样C

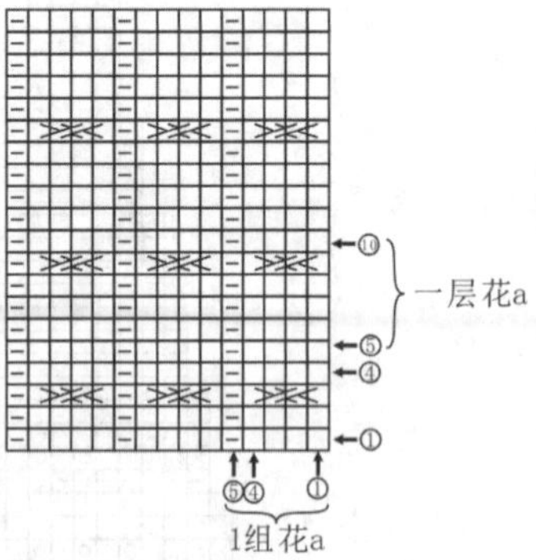

符号说明：

- ⊟　上针
- □=⊡　下针
- 2-1-3　行-针-次
- ↑　编织方向
- 右上2针与左下2针交叉
- 左上3针并1针
- 左并针
- 右并针
- 镂空针

花样B

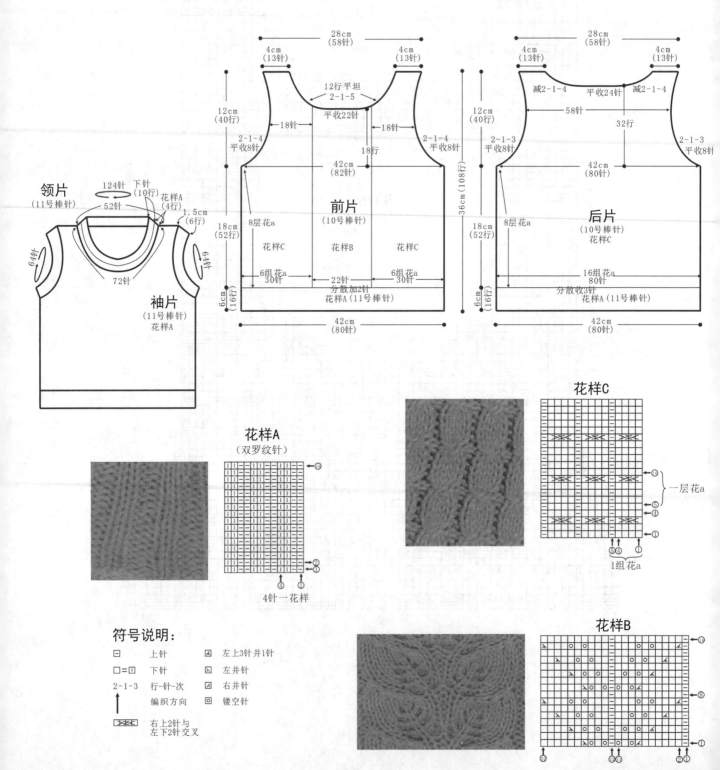

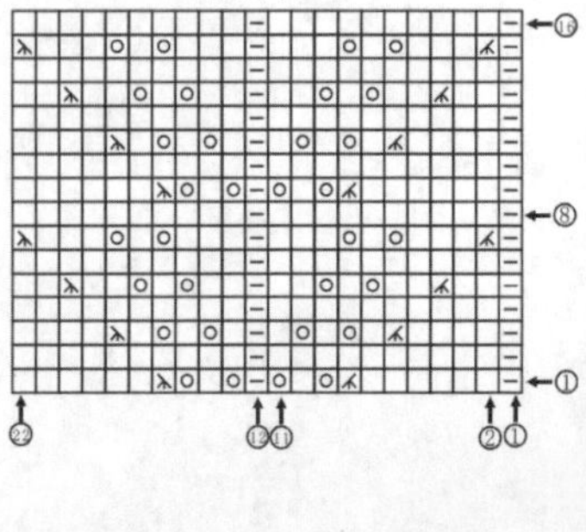

扭花纹长毛衣

【成品规格】衣长50.5cm，衣宽40cm，袖长26.5cm
【工　　具】6号棒针
【材　　料】粉色棉线400g
【编织密度】15针×17行=10cm²

后片制作说明：

1. 前片为一片编织，从衣摆起织，往上编织至衣领处，详细编织见图1图解。
2. 起60针，编织2针下针2针上针双罗纹针4行，从第5行起，织片两边全部编织下针。中间18针按图4花样编织。第15行开始织片两边侧缝减针，方法顺序为15-1-1，8-1-2，6-1-4，每边侧缝减少针数为7针。织35.5cm高60行后，开始插肩减针，方法顺序为1-2-1，2-2-7，两边各减少针数为13针。编织至45cm的高76行后，中间剩余14针。可以收针，亦可以留作编织衣领连接，可用防解别针锁住。

前片制作说明：

1. 后片为一片编织，从衣摆起织，往上编织至衣领处，详细编织见图2图解。
2. 起60针，编织2针下针2针上针双罗纹针4行，从第5行起，全部编织下针。第15行开始织片两边侧缝减针，方法顺序为14-1-1，8-1-2，6-1-4，每边侧缝减少针数为7针。织35.5cm高60行后，开始插肩减针，方法顺序为1-1-1，2-1-12，两边各减少针数为13针。编织至50.5cm高度，86行后，中间剩余20针。可以收针，亦可以留作编织衣领连接，可用防解别针锁住。
3. 前后片完成后，将前片的侧缝与后片的侧缝对应缝合。

领边制作说明：

前后片、袖片缝合好后，沿着衣领边挑针编织2针下针2针上针双罗纹针4行，收针断线。

袖片制作说明：

1. 两片袖片，分别单独编织。从袖底缝起织，详细按图3衣袖花样图解编织。
2. 袖山侧分加针、平织和减针部分的编织。
加针部分起26针，第5行起在袖山侧加针，加针方法依次为4-1-2，2-1-2，2-2-1，共编织16行。
平织部分：第17行至第30行不加针、不减针编织。
减针部分：从第31行开始在袖山侧减针，减针方法依次为1-2-1，2-1-2，4-1-2，至46行时为26针，直接收针后断线。
3. 同样的方法再编织另一袖片。
4. 将两袖片的袖山与衣身的袖窿线边对应缝合，再缝合袖片的底缝。
5. 袖片与衣身片缝合好后，在两个衣袖上分别沿袖口处挑针编织袖口边，编织2针下针，2针上针双罗纹8行后收针断线。

符号说明：

上针
下针
中上3针并1针
1针编出3针的加针(下挂下)
右上2针与左下1针交叉
2针相交叉,右2针在上
2-1-3　行-针-次

图3 衣袖花样图解

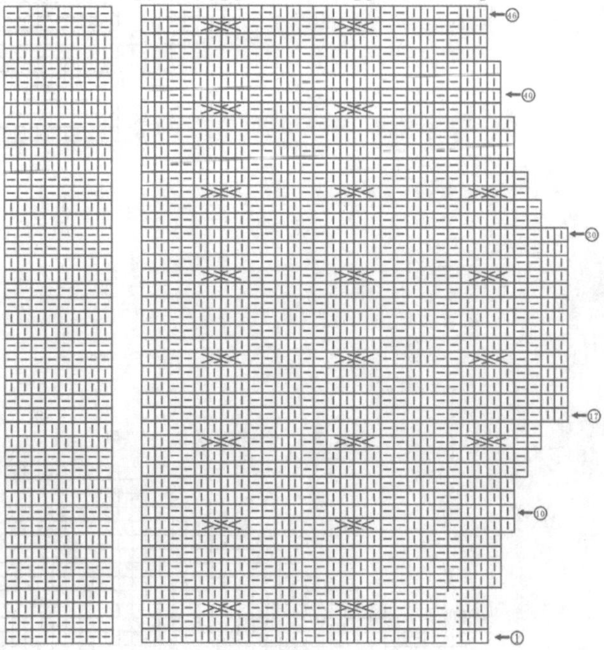

图4 花样

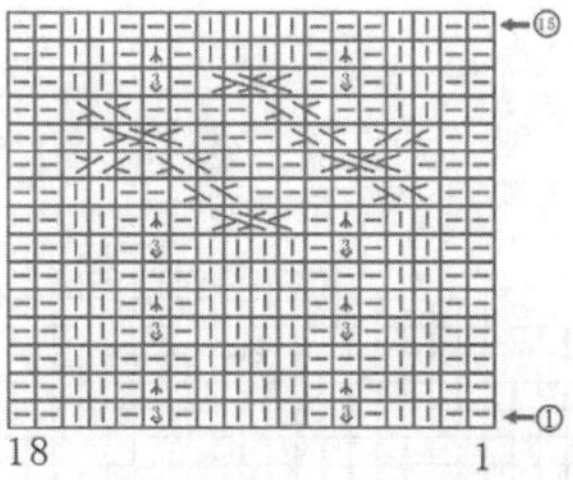

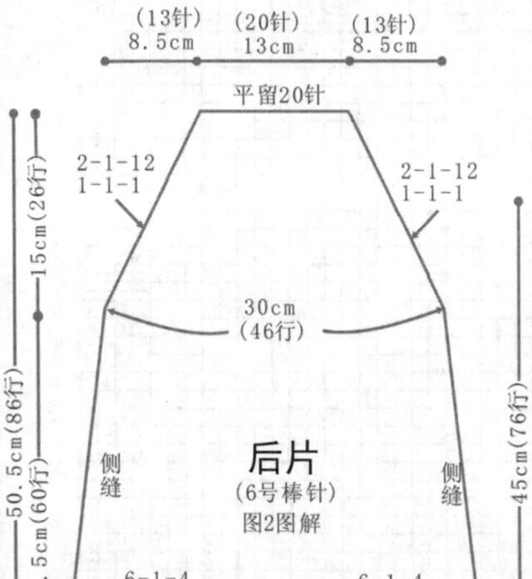

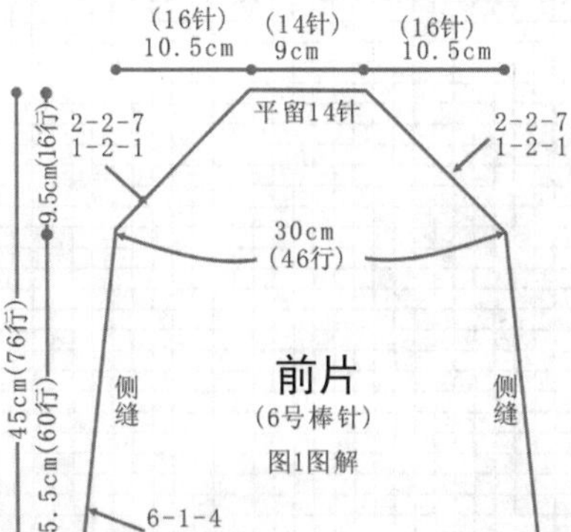

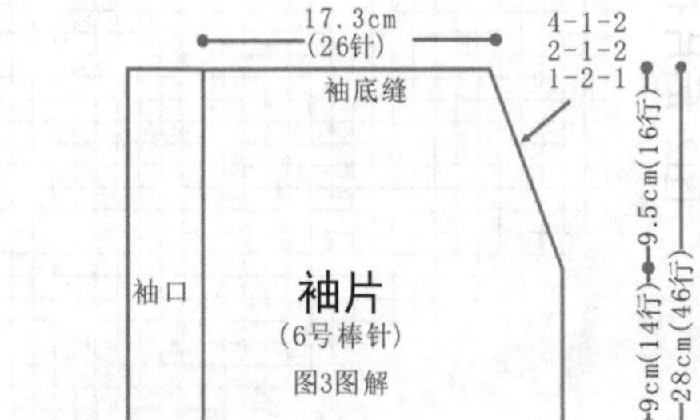

图2 后片花样图解

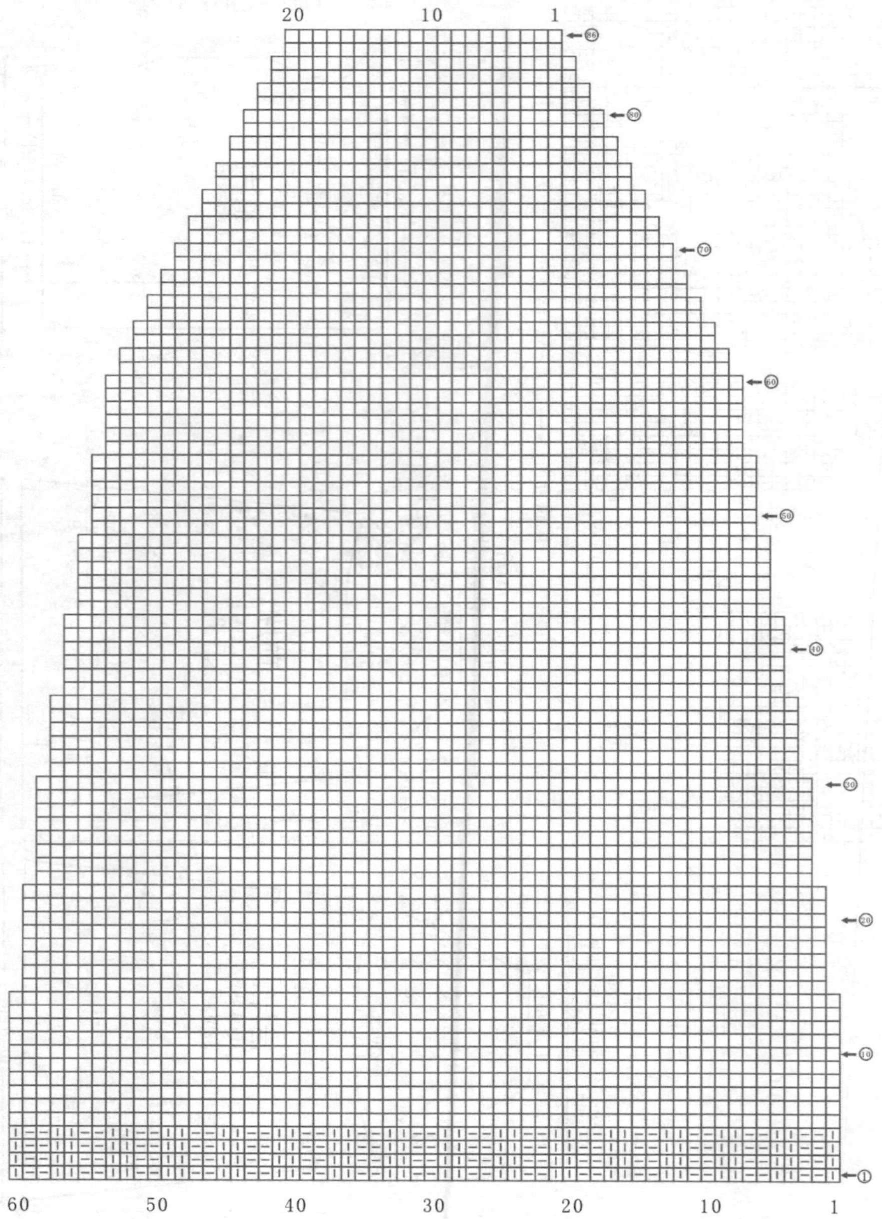

图1 前片花样图解

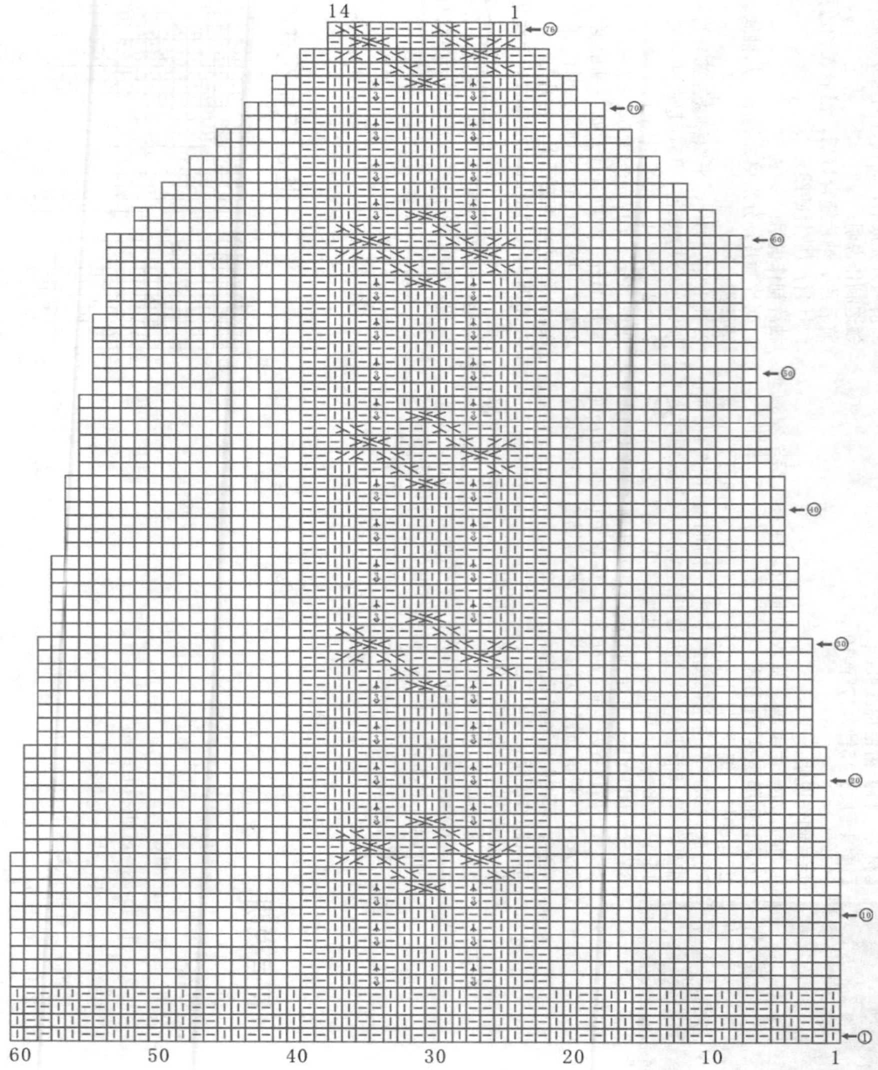

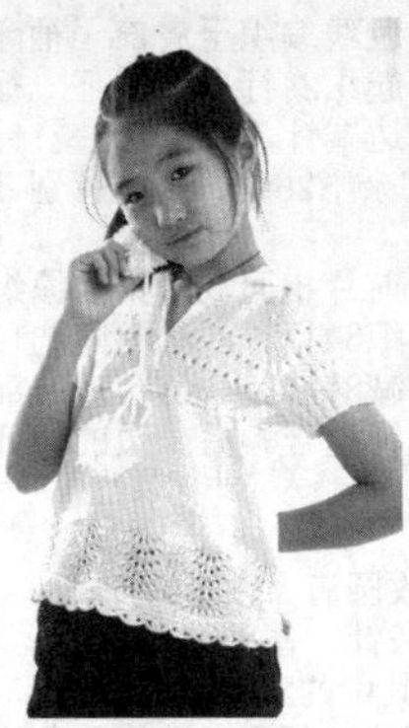

柔美短袖衫

【成品规格】衣长42.5cm，衣宽40cm
【工　　具】7号棒针，1.5mm钩针，缝衣针
【材　　料】毛线200g，纽扣2枚
【编织密度】22针×26行=10cm²

后片制作说明：

1. 后片为一片编织，从衣摆起织，往上编织至肩部，编织花样按图示后片花样图解。
2. 后片起85针，编织25.5cm，66行后，开始插肩减针，方法顺序为1-5-1，2-1-2。减少针数为26针，编织至42.5cm，110行时剩余针数33针，收针断线。

前片制作说明：

1. 前片为一片编织，从衣摆起织，往上编织至帽子顶部。
2. 前片起85针，编织25.5cm，66行后，在织片中间开领，将织片分成左、右两部分编织。编织左前片方法是：在织片B处先平收5针，然后编织34针，接着在针上加7针（门襟边），再翻转织到起针处，从第67行同时进行插肩减针，方法顺序2-1-21，减少针数为21针。
3. 第110行时，身片编织到肩部，针数为20针，此行织完后在针上加2针，继续编织帽子，帽子部分共编织70行，收针断线。
4. 将前片剩余的46针按左前片对称编织完成，在门襟边的第10行、第34行开扣眼。
5. 将前、后片插肩与袖片的袖山对齐缝合，将前片与后片侧缝对齐缝合，将前片上的帽子顶缝及后缝对齐缝合，再与领窝缝合。
6. 前后片缝合后在衣摆边上钩花边，花样见下摆钩花图解。

花样C

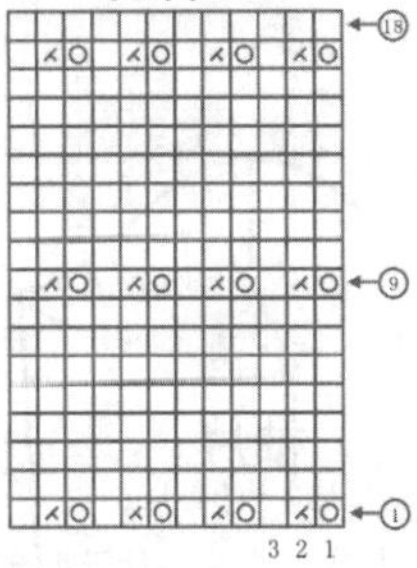

花样B

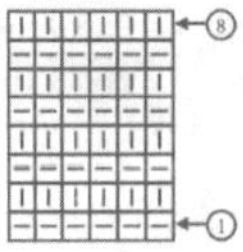

花样A

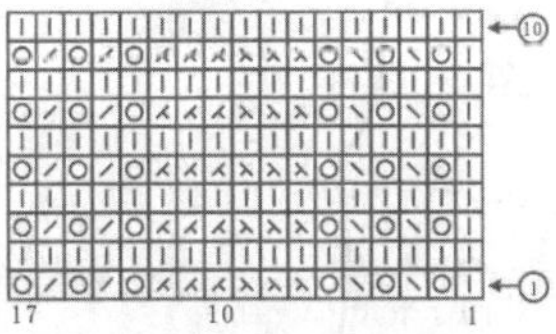

符号说明：

- ⊟ 上针
- □=▯ 下针
- ○ 镂空针
- ⋌ 左上2针并1针
- ⋋ 右上2针并1针
- 2-1-3 行-针-次
- ⚬ 辫子针
- ⊺ 长针

下摆钩花图解

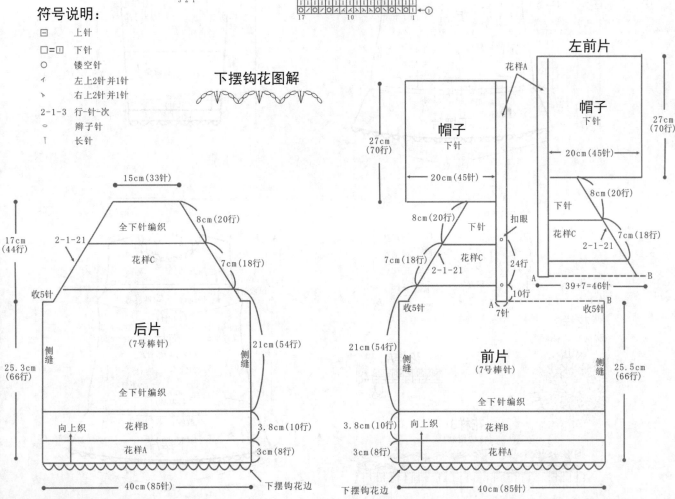

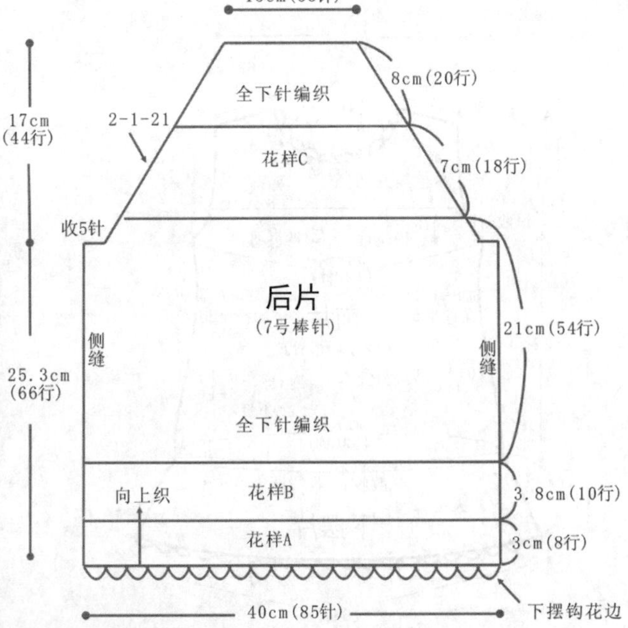

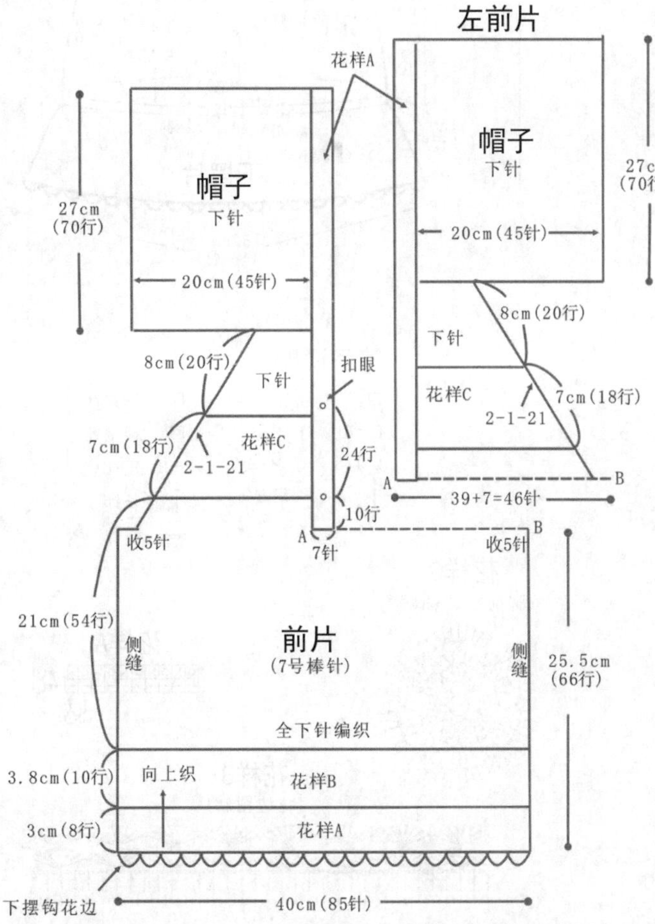

柔美淑女裙

【成品规格】衣长56cm，袖长30cm，下摆宽52cm
【工　　具】12号棒针，12号环形针，1.25mm钩针
【材　　料】段染晴纶线200g，粉色晴纶线150g
【编织密度】34针×47行=10cm²

前片/后片/衣摆/袖片制作说明：

1.棒针编织法与钩针编织法结合。袖窿以下环织，袖窿以上分成前片与后片编织。由两种线，纯粉色线与段染线编织。用钩针钩织衣领花边，衣摆花边与袖口花边。

2.起针。用段染色线，单起针法，起328针，首尾连接，环织。

3.下摆片的编织。起针后，无加减针，编织51行的高度，在织52行时，分散减针，一圈减掉56针，针数余下272针，完成下摆片的编织。

4.上身片的编织。织成下摆片后，起织一行上针，再织一行棒针狗牙针，图解见花样A，共2行，完成后，往上至肩部全织下针，将272针分成两半，每一半的针数为136针，在136针的两边，各取一针进行加减针编织，先减针，每织8行减1针，共减6次，然后每织10行减1针，共减5次，两边的针数共减掉11针，一圈减少44针，然后无加减针织10行，开始加针，每织8行加1针，共加3次，一圈加成的针数为12针，上身片共织成132行，针数共240针，完成袖窿以下的编织。

5.袖窿以上的编织。将240针分成两半，各120针。先将后片的120针用防解别针扣住。先编织前片。

1）前片的编织。120针起织，两边同时收针3针，然后每织4行减2针，共减7次，段染线从袖窿起织16行的高度后，改用粉色线编织至肩部。袖窿两边减针后，前片针数余下86针，从粉色线起织24行后，在下一行的中间选取18针收针，两边分别编织，衣领边减针，每织1行减1针，共减少8针，然后无加减针再织10行，肩部余下26针，用防解别针扣住。同样的方法编织另一边。

2）后片的编织。120针起织，袖窿减针与前片相同，段染线编织的高度也是16行，然后改用粉色线编织，再织34行时，从中间选18针收针，然后两边减针，每织1行减1针，共减8针，织成8行，肩部余下26针，与前片的肩部对应，一针对应一针缝合。另一边的肩部方法相同。

袖片制作说明：

1.棒针编织法，长袖。从袖口起织。袖山收圆肩。

2.起针。下针起针法，用段染线起织，起52针，首尾连接。

3.袖身的编织。起针后，编织下针，选取其中的2针作加针编织，在这2针的两边，每织6行加1针，当加针编织成30行后，改用粉色线继续加针编织，6行加1针，加12次，然后改织10行加1针，共加4次，再织4行，织成116行的袖身。

4.袖山的编织，选加针的2针作中心，相反方向，向两边收针，各收掉10针，环织改为片织，每织2行，两边各减1针，共减12针，织成24行，针数余下40针，收针断线。用钩针沿着袖口，钩织花样B花边。同样的方法编织另一袖片。

5.将袖片的袖山边与衣身的袖窿边对应缝合。

6.用钩针，沿着前后衣领边，挑针钩织花样B花边。下摆片的边缘，也用钩针钩织花样B花边，花边都用粉色线钩织。再用粉色线单独钩织一朵三层立体花，别是前片的左胸，图解见花样C。

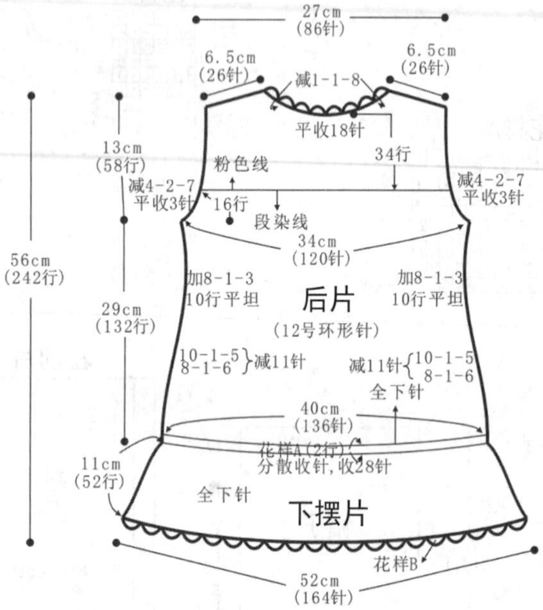

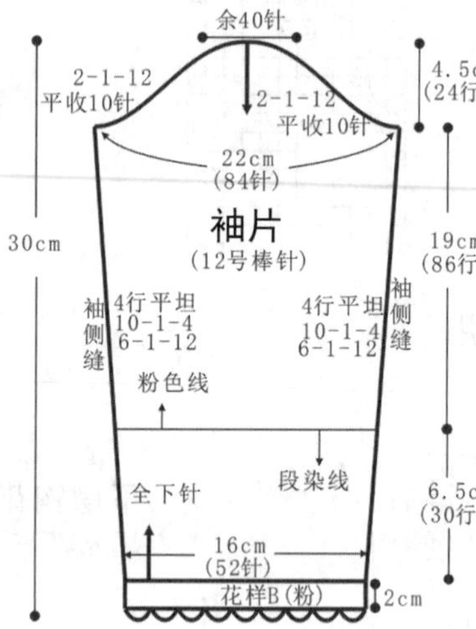

符号说明：

- ⊟ 上针
- □=⊡ 下针
- 2-1-3 行-针-次
- ↑ 编织方向
- 左并针
- 镂空针
- + 短针
- 长针
- 锁针

花样C
(胸前小花图解)

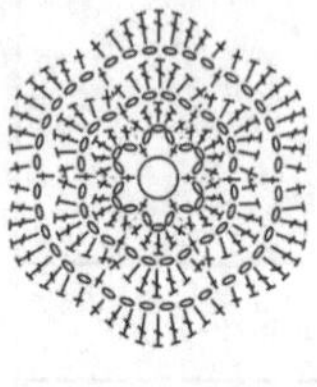

花样A

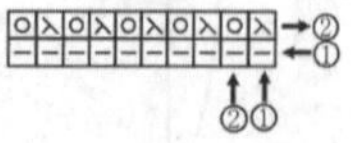

花样B
(花边图解)

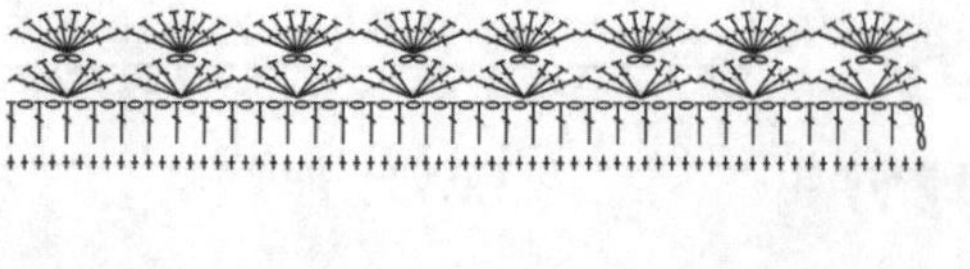

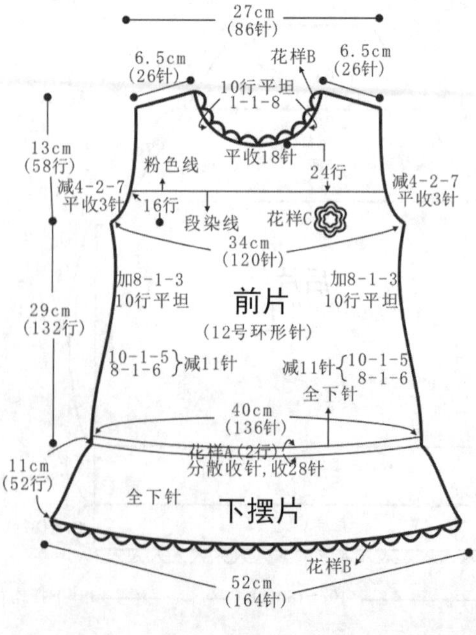

简洁小马甲

【成品规格】衣长35cm，胸宽29cm
【工　　具】8号棒针
【材　　料】白色双股晴纶线350g，扣子4枚
【编织密度】11针×14行=10cm²

前片/后片/衣摆/袖片制作说明：

1. 棒针编织法。线粗，针法简单，从衣摆起织，袖窿以下一片编织而成，袖窿以上分成左前片、右前片、后片各自编织。

2. 起针。单起针法，起68针，起织4行搓板针，第5行，两边各取3针继续编织搓板针，向内算2针编织鱼骨针，即2针交叉，2行一次交叉。余下的58针，全编织双罗纹针，编织成4行后，除了两边的搓板针和鱼骨针外，余下的前片取15针，编织上针，1针编织下针，而后片全部编织下针，共32针，无加减针往上编织，将衣身织成32行。完成袖窿以下的编织。另右前片的衣襟搓板针部分，要制作4个扣眼。

3. 袖窿以上的编织。分片编织，左前片和右前片各取18针，后片取32针，各自编织。

1）前片的编织。以右前片为例。左边收针4针，再织2行减1针，余下13针，而左边袖窿取3针编织搓板针，其他不变，无加减往上编织，再织10行后，进入前衣领减针，右边收针5针，然后每织2行减1针，共减3次，再织2行，至肩部余下5针，不收针。同样的方法编织左前片。

2）后片的编织。两端收针3针，然后每织2行减1针，减1次。余下24针，无加减针编织18行的高度，两边各取5针与前片的肩部缝合。中间的14针，收针断线。

4. 领片的编织。两片前衣领各挑10针，而后片衣领挑针14针，起织2行搓板针，两边的3针继续编织搓板针，而中间编织双罗纹，编织4行高度，最后全部编织2行搓板针，完成后，收针断线。

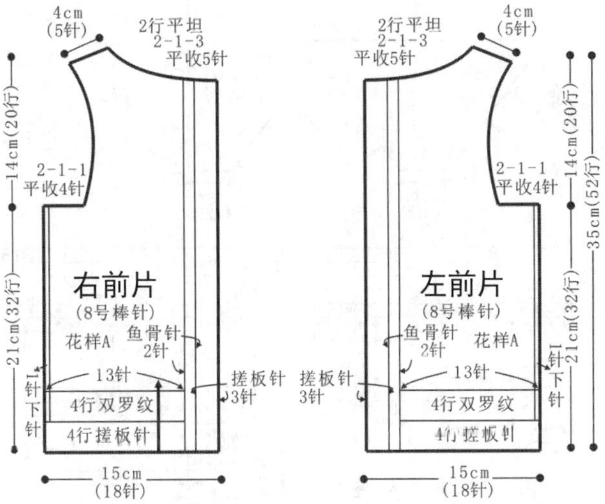

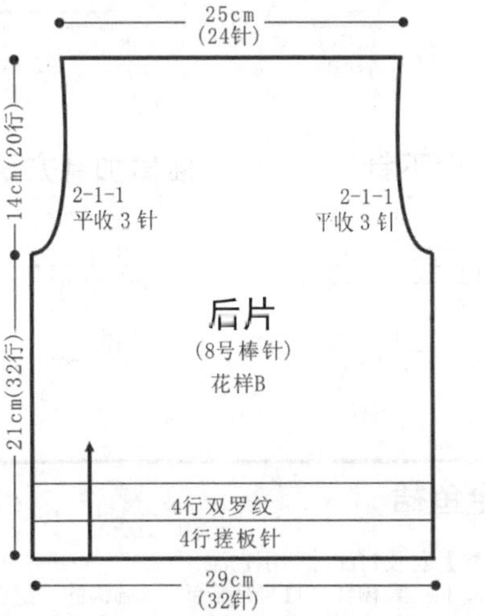

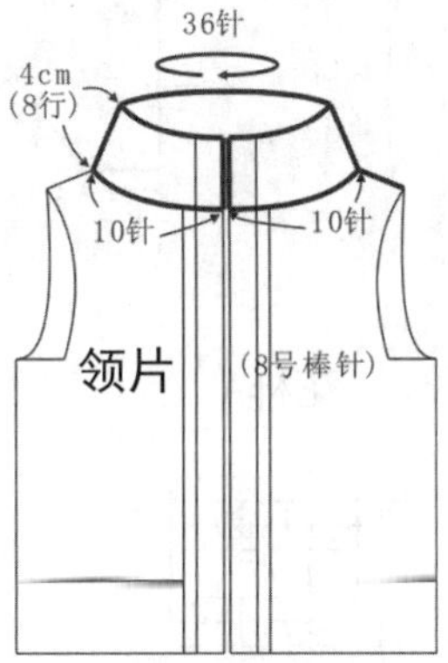

符号说明：

⊟	上针
□=⊡	下针
2-1-3	行-针-次
↑	编织方向
⊠	2针交叉

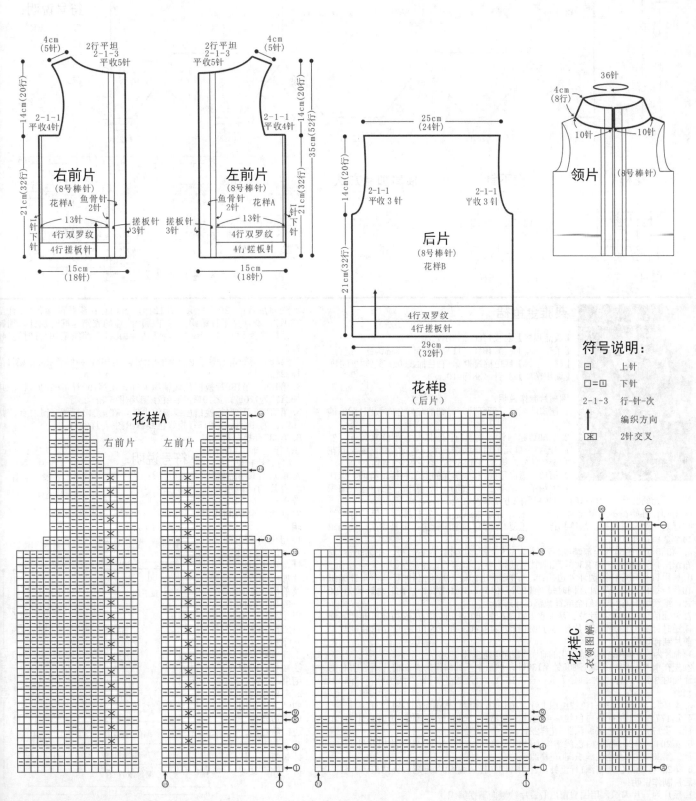

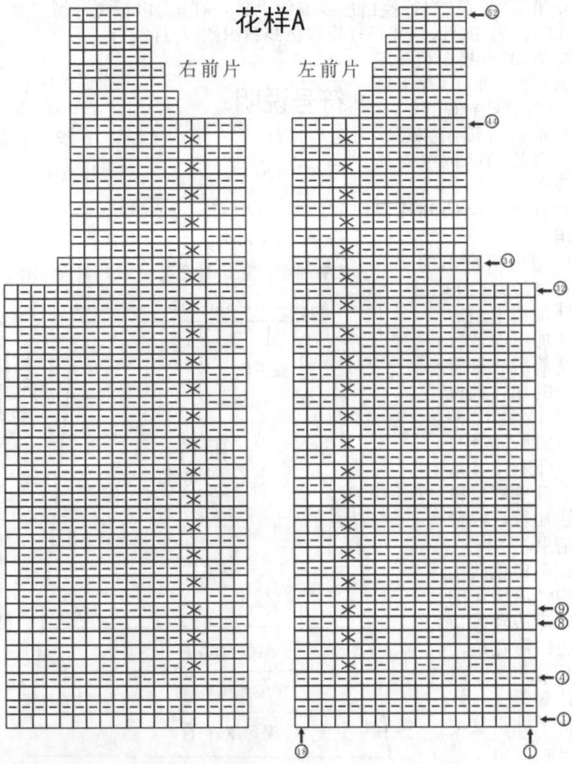

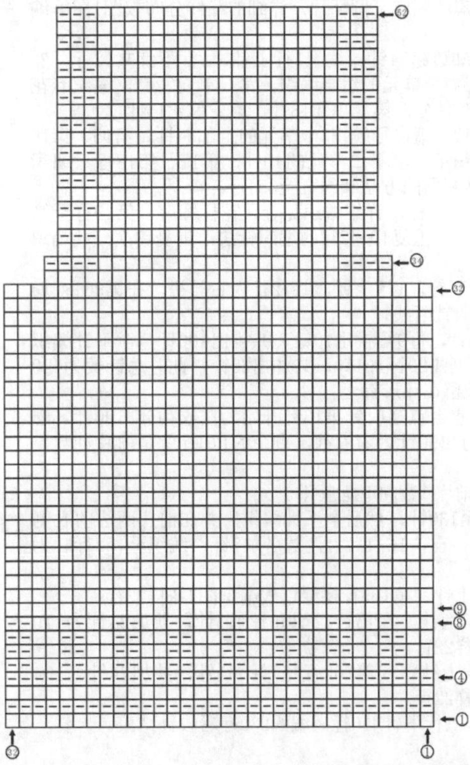

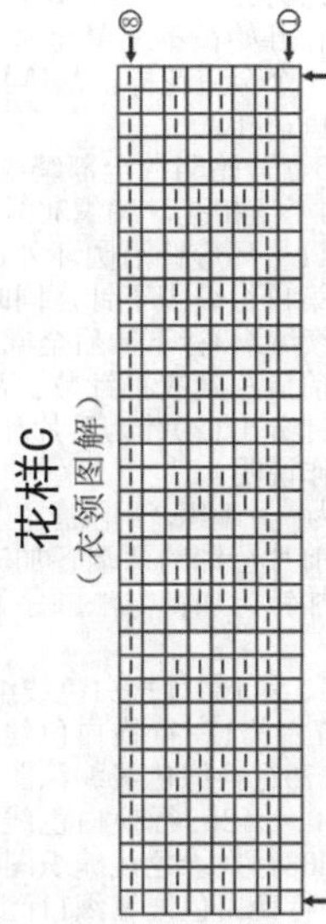

清新小披肩

【成品规格】衣长25.5cm，衣宽66cm
【工　　具】5号棒针
【材　　料】米白色棉线200g，黑、绿、橙等彩色线各少量，纽扣4枚
【编织密度】24针×40行=10cm²

棒衣片制作说明：
1.棒针编织法，一片编织。
2.起100针从上往下织，前10行编织花样A，第11行起，用别针标记出第18，19，34，35，66，67，82，83针，作为4条中心骨，在中心骨两侧加针，先将起针的6针和最后的6针收针，中间88针编织全下针，方法顺序是2-1-24，编织48行后，不加减针编织6行后，将前后片分开编织。
3.先织后片，从织片中间挑起80针，不加减针织40行后，两侧减针，方法为2-1-4，共织8行，收针断线。
4.编织右前片，从织片右边挑起36针，不加减针织40行后，两侧减针，方法为2-1-4，共织8行，收针断线。同样方法编织左前片。

衣边制作说明：
1.沿衣襟及下摆衣袖边缘挑织花样A，织10行，收针断线。注意衣襟一侧纽扣，另一侧要留相应的扣眼。

绣花：
用彩色线绣上花样，详细方法见图解。

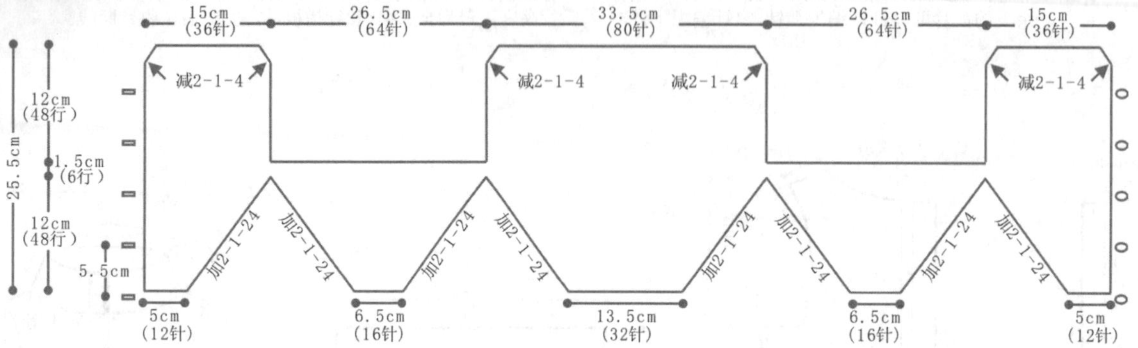

符号说明：
- ⊟ 上针
- □=⊡ 下针
- 左加针
- 右加针
- 2-1-3 行-针-次

花样A
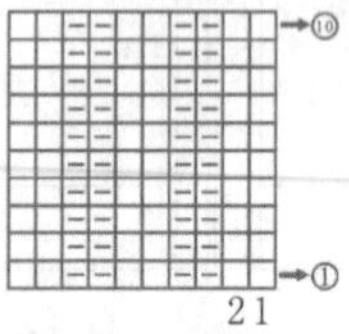

4针1行一花样

全下针
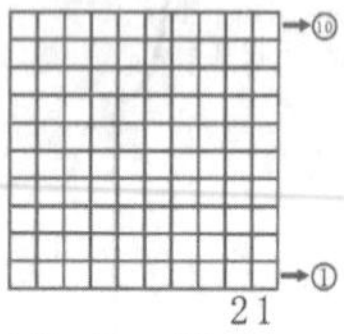

1针1行一花样

插肩加针方法
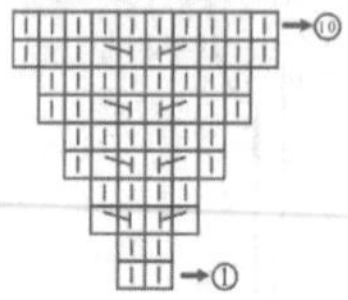

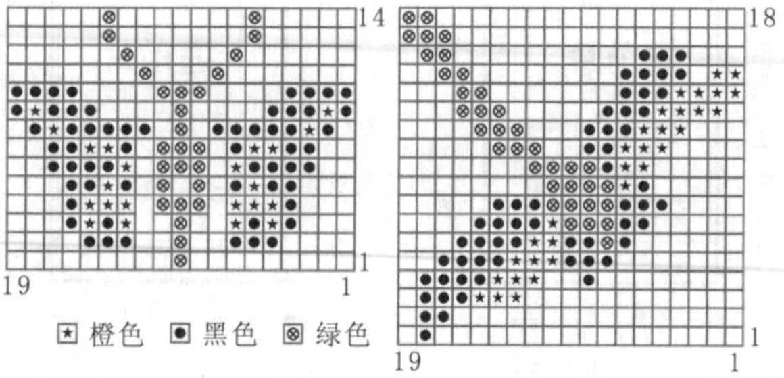

⊡ 橙色　● 黑色　⊗ 绿色

典雅金鱼裙

【成品规格】衣长71cm，胸围70cm
【工　　具】11号棒针，11号环形针，2mm钩针，缝针
【材　　料】绿色棉线600g，白色棉线50g，装饰扣子4枚
【编织密度】37针×38行=10cm²

围肩片制作说明：
1.围肩编织成一圆环片，详细的花样分布按图1图解编织。
2.从AB边起54针，编织1行上针，1行下针共12行，然后分为3个单元的组合编织，第一单元22针，编织麻花和金鱼部分；第二单元18针，第三单元14针。
3.第13、第14行编织3个单元的全部54针，第15、第16行编织第一、第二单元的40针，第17、第18行只编织第一单元的22针。此后每6行均按相同的方法编织直至354行。
4.第19行开始在第三单元编织金鱼花样，详细编织见金鱼花样图解。第19行至第42行为一个金鱼花样。从第43行开始重复19~42行的编织针法，重复13次，共编织14个金鱼花样。
5.第355行开始54针全部编织1行下针，1行上针，共12行为右门襟，在第361行均布织出4个纽扣孔，编织366行后收针断线。
6.另用11号环形针沿圆环外边挑针，每9行挑出10针，共挑出400针，全下针编织10行，第11行编织下针，同时每间隔20针加1针，共加出20针，此时总针数为420针，继续编织3行下针后全部针数留在环形针上。
7.分配前后片及衣袖针数。从DE重合点逆时针第13针开始为左衣袖分出90针，继续逆时针分出120针为后片，再分出90针为右衣袖，剩余的120针就是前片针数。

前片制作说明：
1.前片为一片编织，用围肩留出的前片针数向下摆编织。
2.先在前片留针的两端各加5针至130针，然后全下针编织，并在前片两边的衣侧逢同时加针，加针方法顺序为40-1-1，16-1-7，两边各加8针，编织至152行时为146针。
3.第153、第154行换白色线编织上针。第155行换绿色线编织图4花样22行。
4.第177、第178行换白色线编织上针。在第178行每6针加1针，共加24针为170针。第179行换绿色线编织图5花样22行。
5.第201、第202行换白色线编织上针。在第202行每7针加1针，共加24针为194针。第203行换绿色线编织图6花样22行。
6.第225行换白色线编织1行上针，1行下针共6行，编织230行后收针结束。

后片制作说明：
1.后片为一片编织，用围肩留出的后片针数向下摆编织。
2.先将后片的120针编织下针12行，第13行在织片两端各加5针至130针，继续全下针编织，并在后片两边的衣侧逢同时加针，加针方法顺序为40-1-1，16-1-7，两边各加8针，编织至164行时为146针。
3.第165、第166行换白色线编织上针。第167行换绿色线编织图4花样22行。
4.第189、第190行换白色线编织上针。在第190行每6针加1针，共加24针为170针，第191行换绿色线编织图5花样22行。
5.第213、第214行换白色线编织上针，在第214行每7针加1针，共加24针为194针，第215行换绿色线编织图6花样22行。
6.第237行换白色线编织1行上针，1行下针共6行，收针结束。
7.前后片编织完后，将身片的两侧缝对应缝合。

衣袖边、领边制作说明：
1.用围肩留出的衣袖边针数90针，加上沿后片加织的12行及前后衣身腋下的加针共挑出22针，共112针，编织1针下针，1针上针单罗纹针法10行，收针结束。
2.拿白色线用钩针沿围肩的门襟边及领口边钩织花边，花边针法为1针短针，4针辫子针重复即可。

符号说明：
- ⊟ 上针
- □=⊡ 下针
- 左上2针并1针
- 右上2针并1针
- 左上3针交叉
- 中上3针并1针
- ⊙ 镂空针
- 左上1针交叉
- 右上1针交叉
- 2-1-3 行-针-次

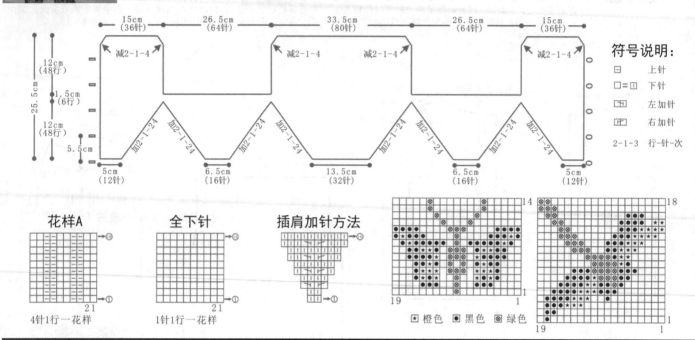

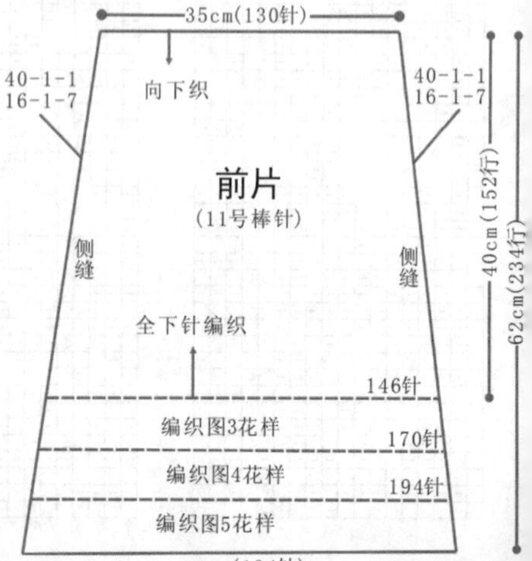

图1 围肩花样图解
C
D
右门襟
54
40
22
1
E
第一单元
第二单元
第三单元
左门襟
A
54
1
B
10cm
15cm
10cm
围肩
(11号棒针)
图1图解
编织方向
A
C
衣襟边
衣襟边
E
B
D
35cm
(130针)
33cm
(120针)
40-1-1
16-1-7
40-1-1
16-1-7
向下织
后片
(11号棒针)
侧缝
侧缝
40.3cm(164行)
62.3cm(234行)
全下针编织
146针
编织图3花样
170针
编织图4花样
194针
编织图5花样
52cm(194针)
图2 花样
金鱼编织花样说明
鱼尾采用上拉针针法编织
1针放9针,此9针按上图编织
金鱼眼是按"5针3行的玉编织"针法制作的,即:
1针放5针
直接从反面织此5针上针
翻回正面,5针并1针
图5 花样
23
1
图4 花样
20
1
图3 花样
17
1

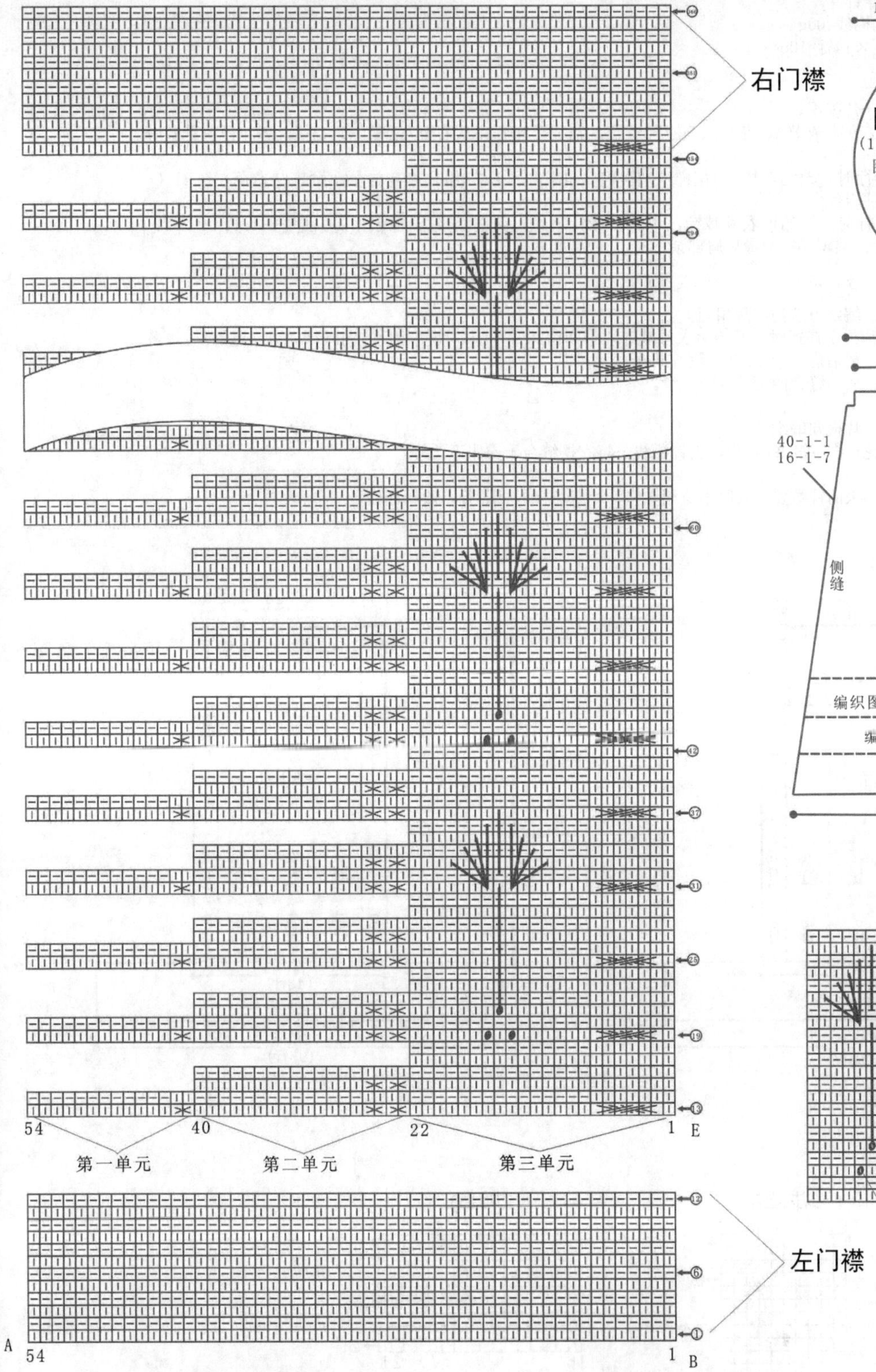

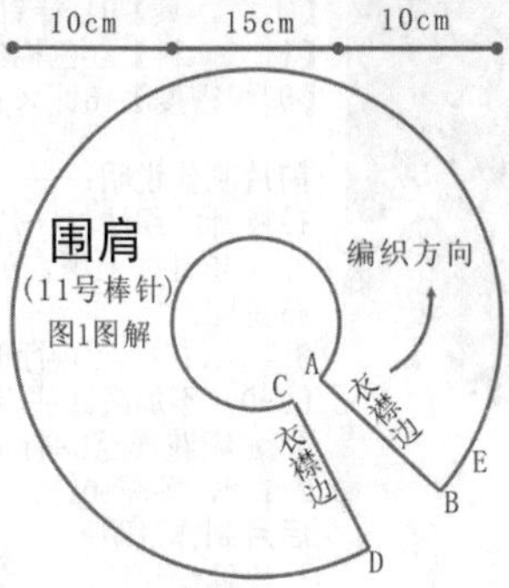

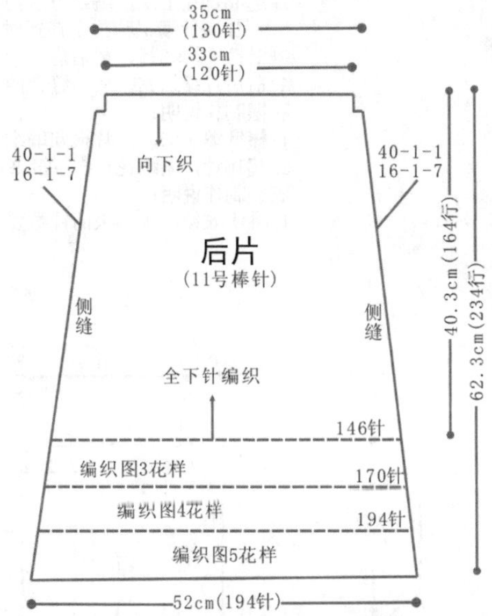

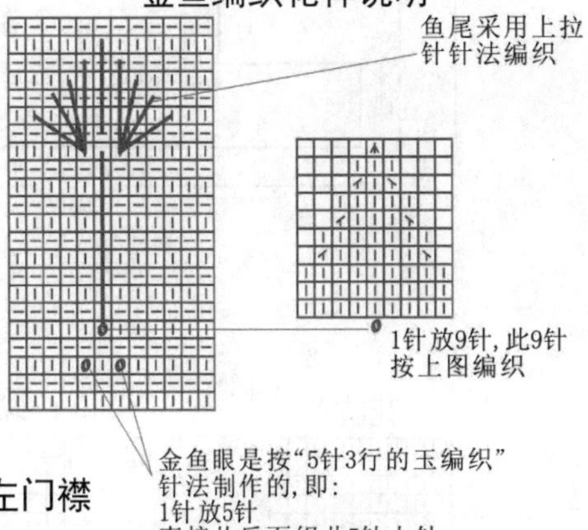

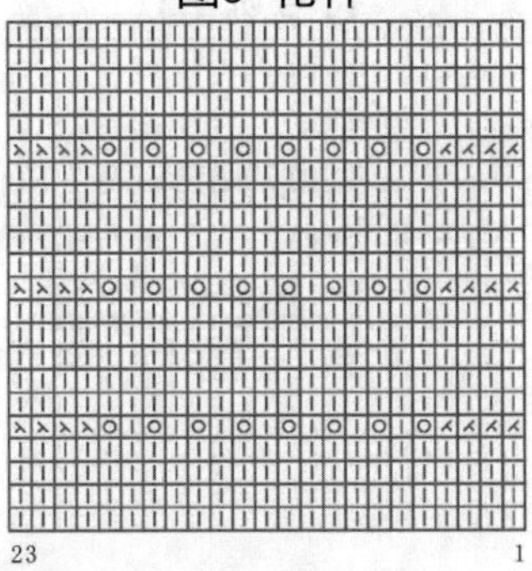

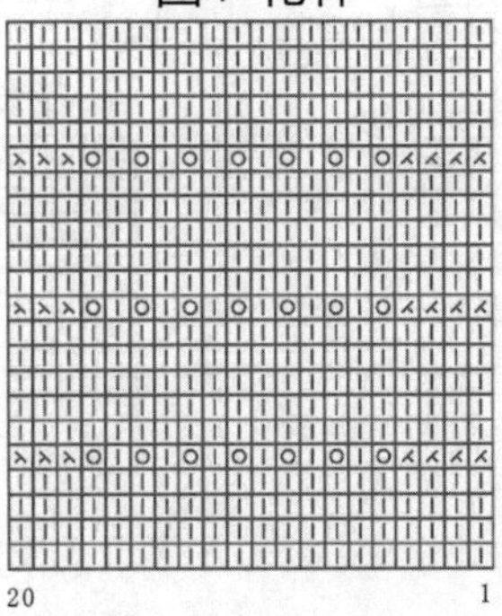

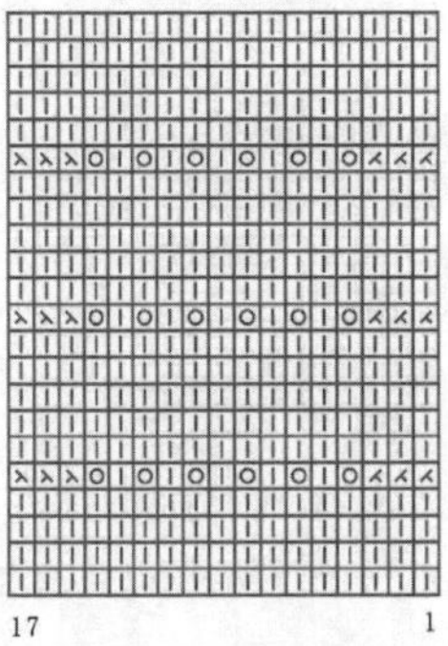

明艳美人装

【成品规格】衣长65cm，衣宽34cm
【工　　具】9号棒针
【材　　料】红色棉线400g
【编织密度】16针×14行=10cm²

前片制作说明：

1. 棒针编织法，一片编织。
2. 起48针往上织，编织花样A、花样B、花样C组合，花样分布顺序从右至左A-B1-C-B2-A，各花样的针数分布见图。
3. 编织花样至34行时，改为花样D、花样B、花样C、花样B、花样D组合，花样分布顺序从右至左D-B1-C-B2-D，不加减针往上织。
4. 编织花样至68行时，开始前衣领减针，中间留12针不织，两侧相反方向减针，方法是1-4-1，2-2-2，2-1-2，各减10针，共织10行，最后肩部余下8针，收针断线。

后片制作说明：

1. 棒针编织法，一片编织。
2. 起48针往上织，编织方法与前片相同。
3. 不加减针编织花样至75行时，开始后衣领减针，中间留28针不织，两侧相反方向减针，方法是2-2-1，各减2针，共织3行，最后肩部余下8针，收针断线。
4. 前后片编织完在后，缝合两侧缝及两肩缝。

衣摆制作说明：

1. 棒针编织法，一片横向编织。
2. 起16针，编织花样E，编织96行后，收针断线。将衣摆缝合于衣服下边缘。

衣领制作说明：

1. 挑织衣领，挑起来的针数要比衣服本身稍多些，编织花样D，织8行，收针断线。

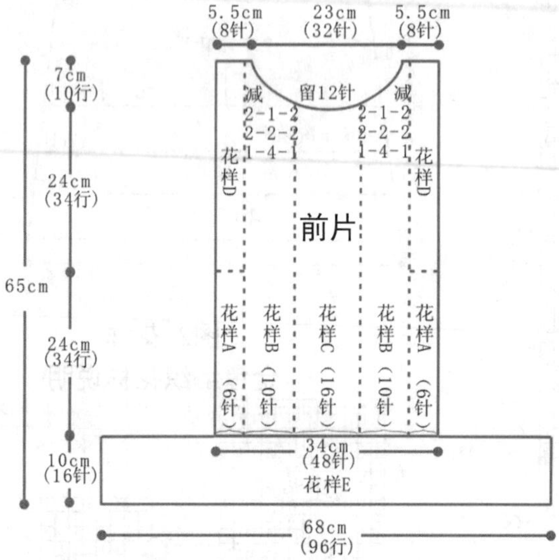

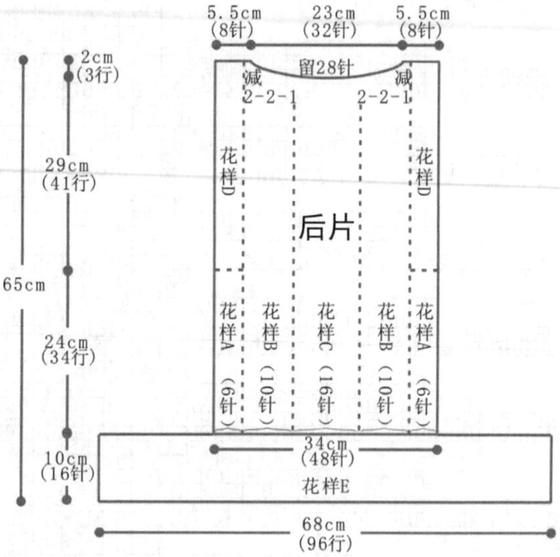

花样A

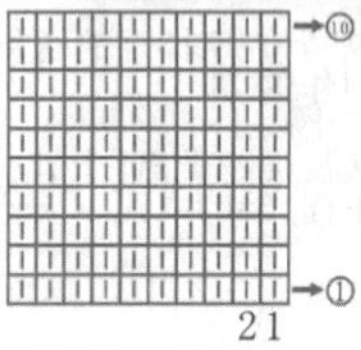

1针1行一花样

花样B

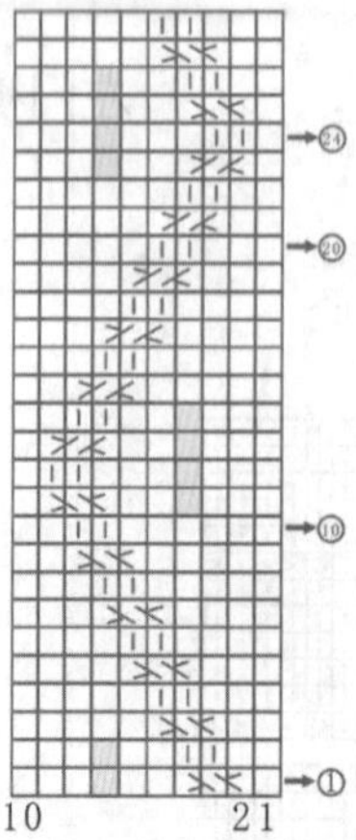

10针24行一花样

花样C

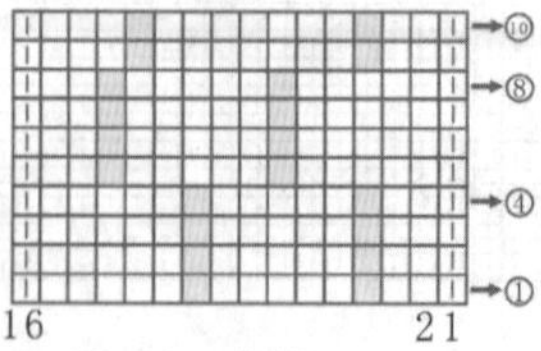

16针8行一花样

花样D

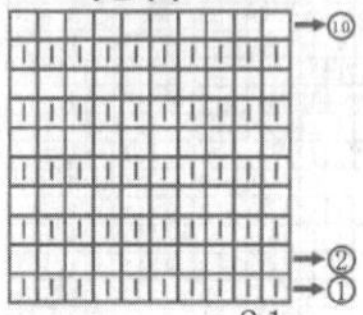

1针2行一花样

花样E

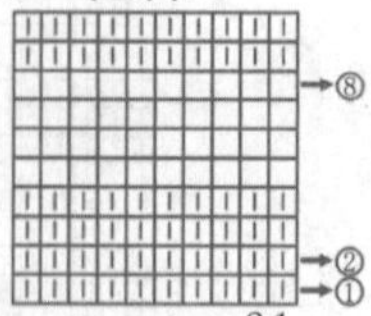

1针8行一花样

符号说明：

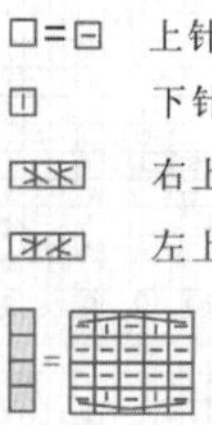

2-1-3　行-针-次

本书棒针作品使用针法

| =下针（又称为正针、低针或平针）

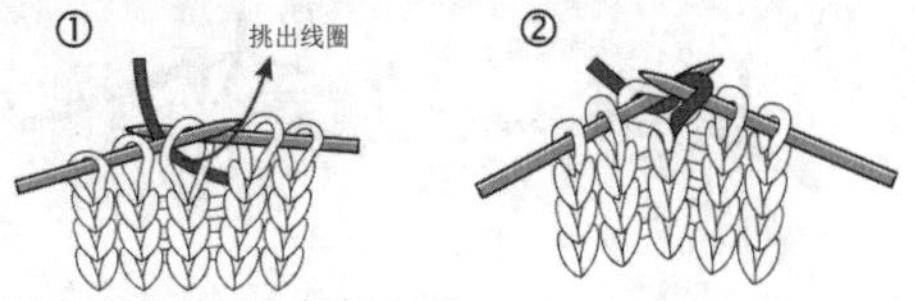
①
挑出线圈
②

1. 将毛线放在织物外侧，右针尖端由前面穿入活结。
2. 挑出挂在右针尖上的线圈，同时此活结由左针滑脱。

— 或 □ =上针（又称为反针或高针）

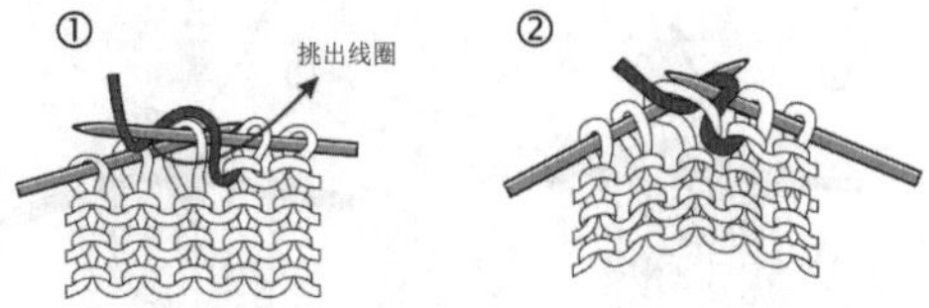
①
挑出线圈
②

1. 将毛线放在织物前面，右针尖端由后面穿入活结。
2. 挂上毛线并挑出挂在右针尖上的线圈，同时此活结由左针滑脱。上针完成。

O =空针（又称为加针或挂针）

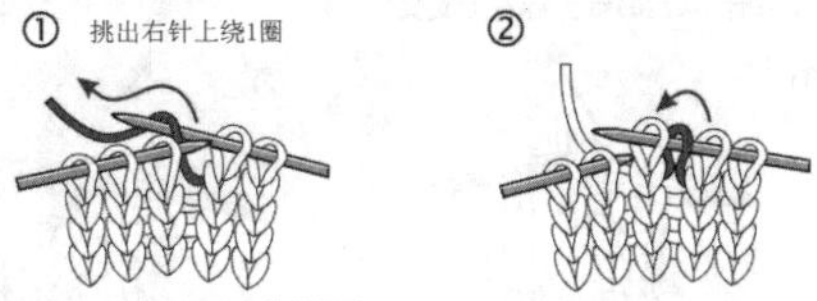
① 挑出右针上绕1圈
②

1. 将毛线在右针上从下到上绕1次，并带紧线。
2. 继续编织下一个针圈。到次行时与其他针圈同样织。实际意义是增加了1针，所以又称为加针。

∩ =滑针

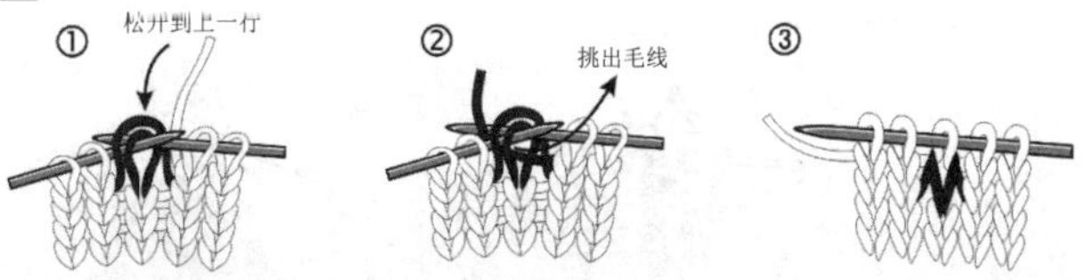
①
松开到上一行
②
挑出毛线
③

1. 将左针上第1个针圈退出并松开并滑到上一行（根据花形的需要也可以滑出多行）。
退出的针圈和松开的上一行毛线用右针挑起。
2. 右针从退出的针圈和松开的上一行毛线中挑出毛线使这形成1个针圈。
3. 继续编织下一个针圈。

∀ =上浮针

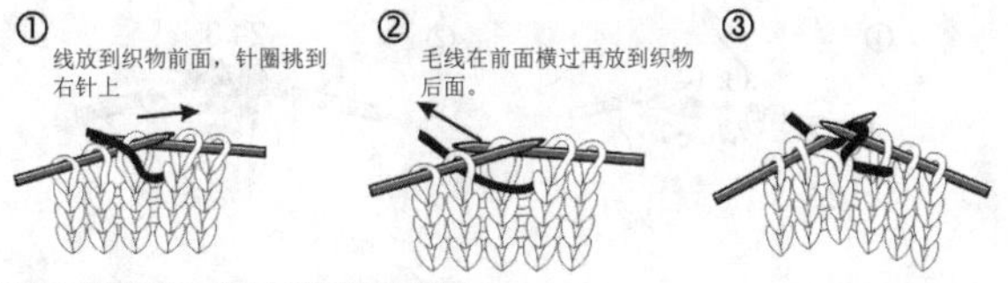
①
线放到织物前面，针圈挑到右针上
②
毛线在前面横过再放到织物后面
③

1. 将毛线放到织物前面，第1个针圈不织挑到右针上。
2. 毛线在第1个针圈的前面横过后，再放到织物后面。
3. 继续编织下一个针圈。

V =下浮针

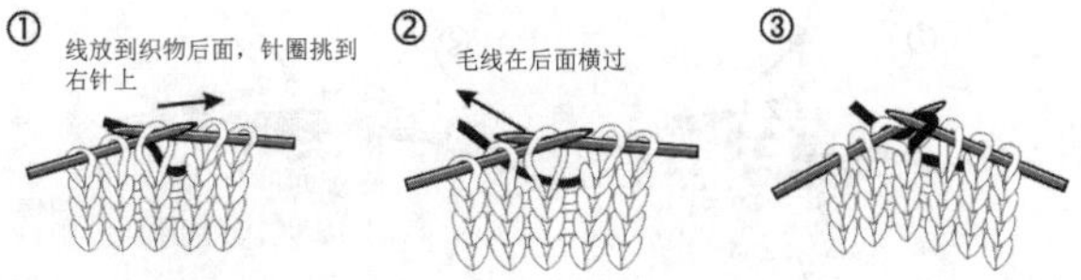
①
线放到织物后面，针圈挑到右针上
②
毛线在后面横过
③

1. 将毛线放到织物后面，第1个针圈不织挑到右针上。
2. 毛线在第1个针圈的后面横过。
3. 继续编织下一个针圈。

Y Y =左加针

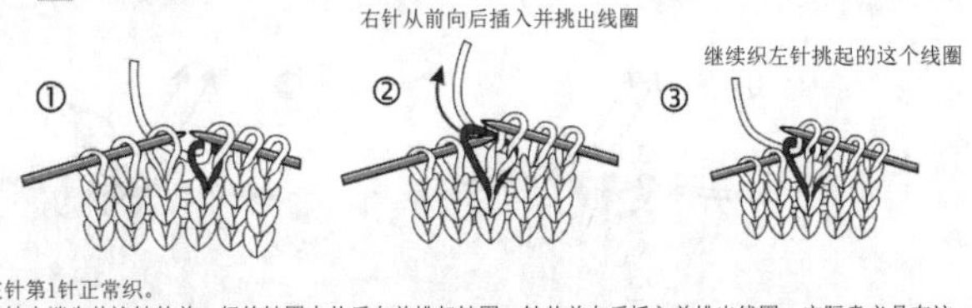
右针从前向后插入并挑出线圈
继续织左针挑起的这个线圈
①
②
③

1. 左针第1针正常织。
2. 左针尖端先从这针的前一行的针圈中从后向前挑起针圈。针从前向后插入并挑出线圈。实际意义是在这针的左侧增加了1针。
3. 继续织左针挑起的这个线圈。

Q =扭针

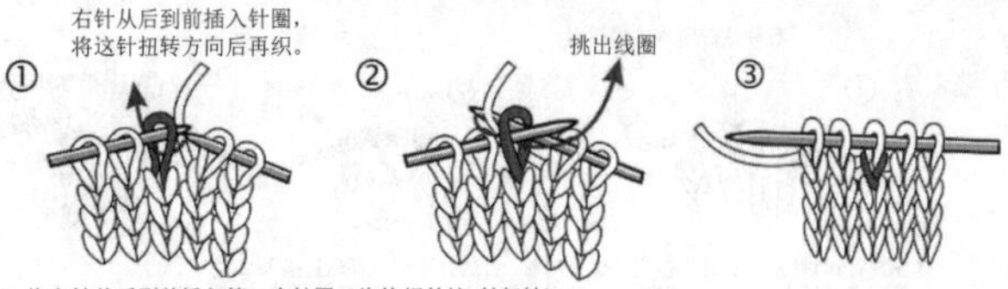
右针从后到前插入针圈，将这针扭转方向后再织。
挑出线圈
①
②
③

1. 将右针从后到前插入第一个针圈（将待织的这1针扭转）。
2. 在右针上挂线，然后从针圈中将线挑出来。
3. 继续往下织，这是效果图。

Q =上针扭针

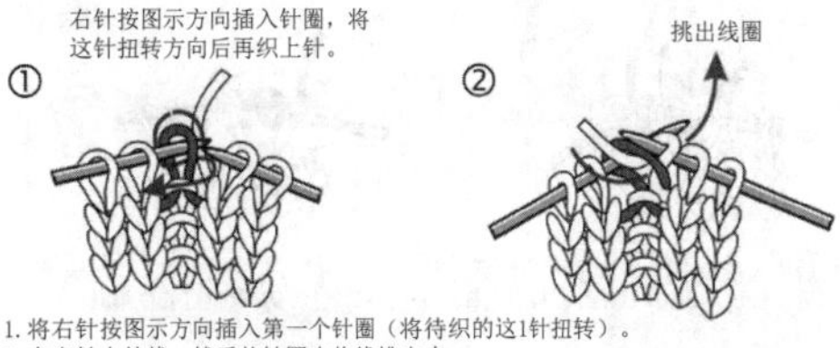
右针按图示方向插入针圈，将这针扭转方向后再织上针。
挑出线圈
①
②

1. 将右针按图示方向插入第一个针圈（将待织的这1针扭转）。
2. 在右针上挂线，然后从针圈中将线挑出来。

◎ =下针绕3圈

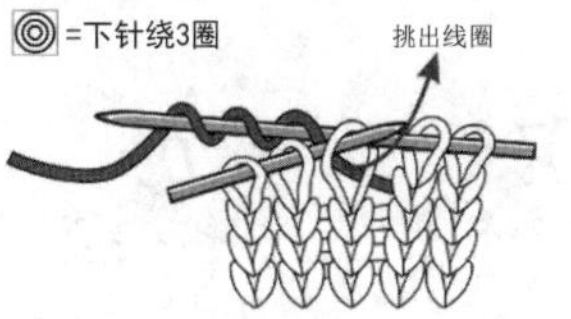
挑出线圈

在正常织下针时，将毛线在右针上绕3圈后从针圈中带出，使线圈拉长。

◎ =下针绕2圈

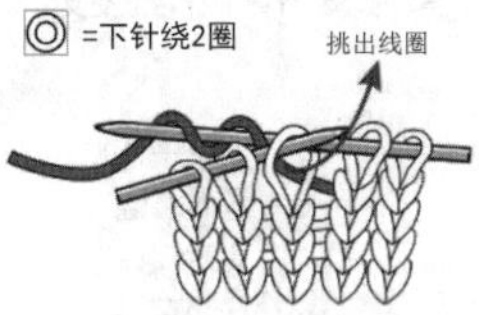
挑出线圈

在正常织下针时，将毛线在右针上绕2圈后从针圈中带出，使线圈拉长。

○ =锁针

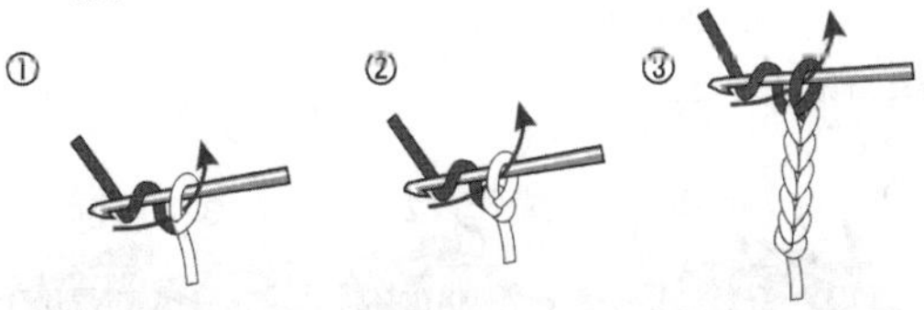
①
②
③

1. 先将线按箭头方向扭成1个圈，挂在钩针上。
2. 在第1步的基础上将线在钩针上从上到下（按图示）绕1次并带出线圈。
3. 继续操作第2步，钩织到需要的长度为止。

X =短针

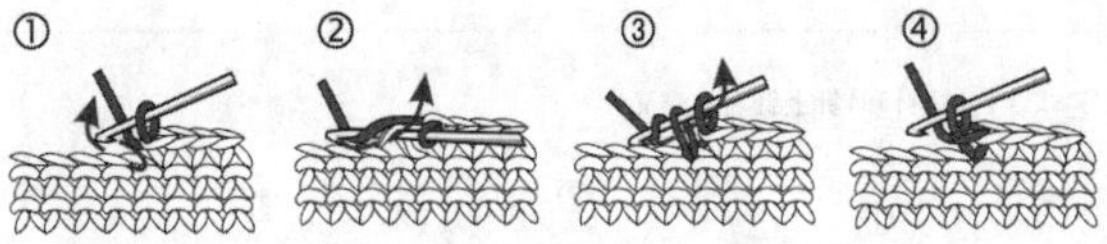
①
②
③
④

1. 将钩针按箭头方向插入上一行的相应位置中。
2. 在第1步的基础上将线在钩针上从上到下（按图示）绕1次并带出线圈。
3. 继续将线在钩针上从上到下（按图示）再绕一次并带出线圈。
4. 1针“短针”操作完成。

=枣针（3针长针并为1针）

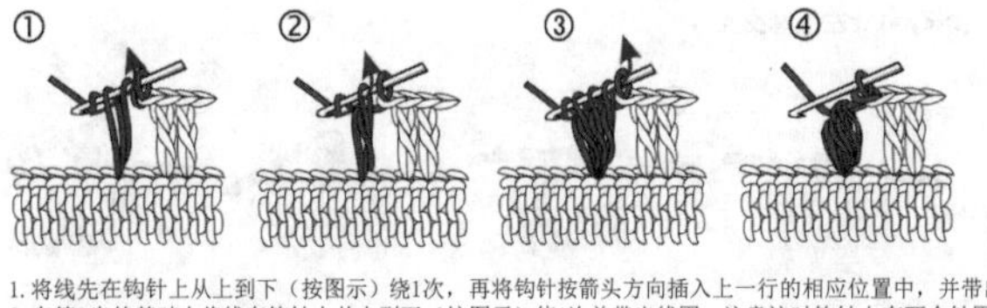
①
②
③
④

1. 将线先在钩针上从上到下（按图示）绕1次，再将钩针按箭头方向插入上一行的相应位置中，并带出线圈。
2. 在第1步的基础上将线在钩针上从上到下（按图示）绕1次并带出线圈。注意这时钩针上有两个针圈了。
3. 继续操作第2步两次，这时钩针上就有4个针圈了。
4. 将线在钩针上从上到下（按图示）绕1次并从这4个针圈中带出线圈。1个枣针操作完成。

⅄ 或 ⅄ =右上2针并为1针（又称拨收1针）

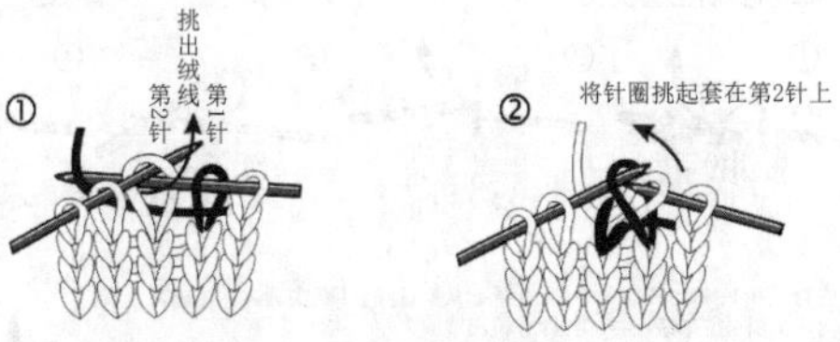
挑出绒线
第2针
第1针
将针圈挑起套在第2针上
①
②

1. 第1针不织移到右针上，正常织第2针。
2. 再将第1针用左针挑起套在刚才织的第2针上面，因为有这个拨针的动作，所以又称为“拨收针”。

或 =右加针

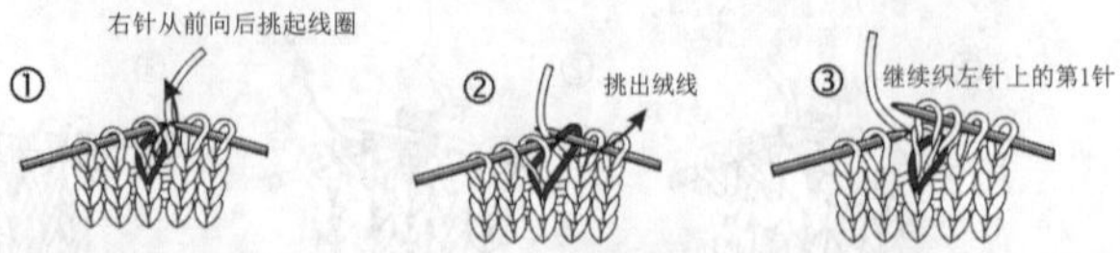

1. 在织左针第1针前，右针尖端先从这针的前一行的针圈中从前向后插入。
2. 将毛线在右针上从下到上绕1次，并挑出绒线，实际意义是在这针的右侧增加了1针。
3. 继续织左针上的第1针。然后此活结由左针滑脱。

=中上3针并为1针

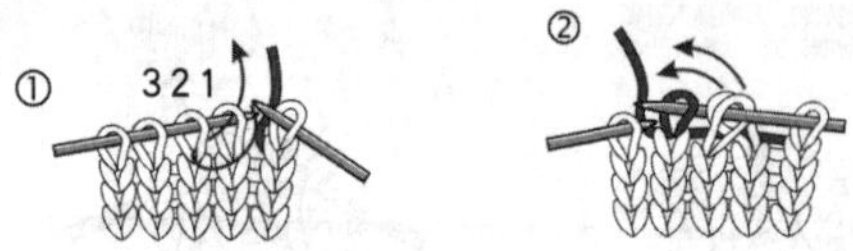

1. 用右针尖从前往后插入左针的第2、第1针中。然后将左针退出。
2. 将绒线从织物的后面带过，正常织第3针。再用左针尖分别将第2针、第1针挑过套住第3针。

或 =1针下针右上交叉

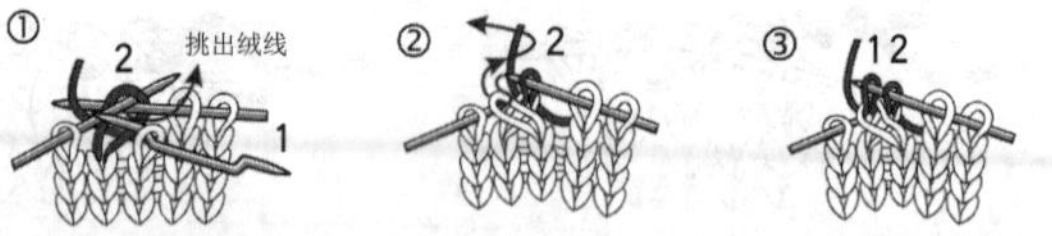

1. 第1针不织移到曲针上，右针按箭头的方向从第2针针圈中挑出绒线。
2. 再正常织第1针（注意：第1针是在织物前面经过）。
3. 右上交叉针完成。

或 =1针下针左上交叉

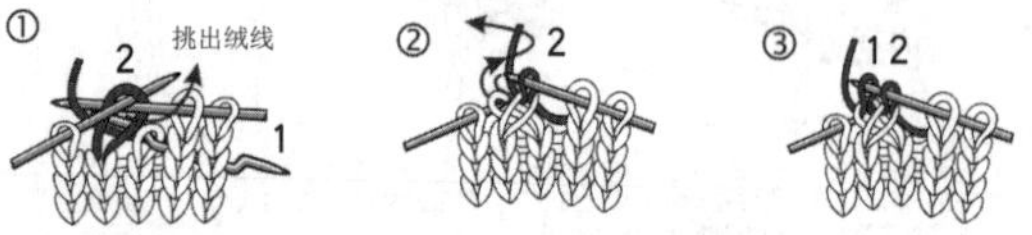

1. 第1针不织移到曲针上，右针按箭头的方向从第2针针圈中挑出绒线。
2. 再正常织第1针（注意：第1针是在织物后面经过）。
3. 左上交叉针完成。

=1针扭针和1针上针右上交叉

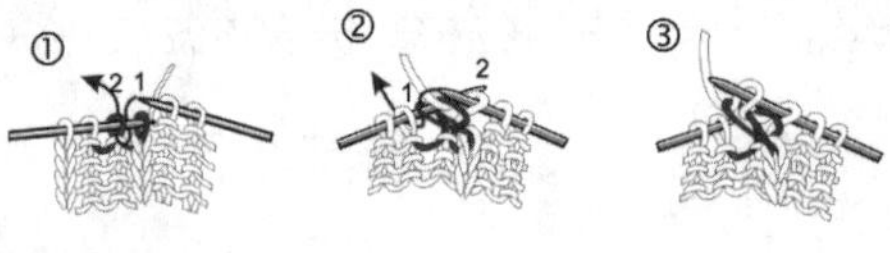

1. 第1针暂不织，右针按箭头方向插入第2针针圈中。
2. 在第1步的第2针针圈中正常织上针。
3. 再将第1针扭转方向后，右针从上向下插入第1针的针圈中带出线圈（正常织下针）。

=1针左上套交叉

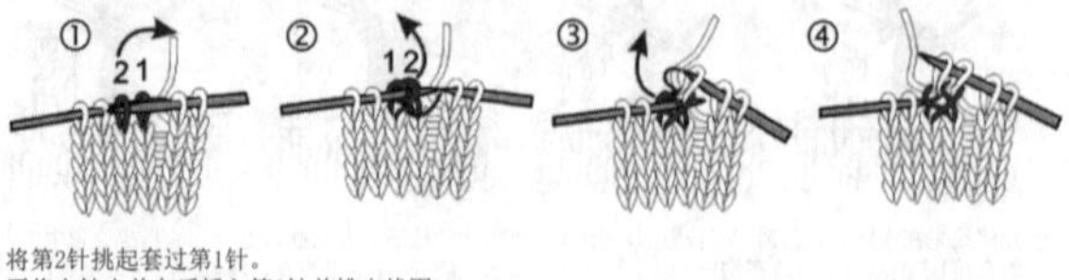

1. 将第2针挑起套过第1针。
2. 再将右针由前向后插入第2针并挑出线圈。
3. 正常织第1针。
4. "1针左上套交叉"完成。

=1针右上套交叉

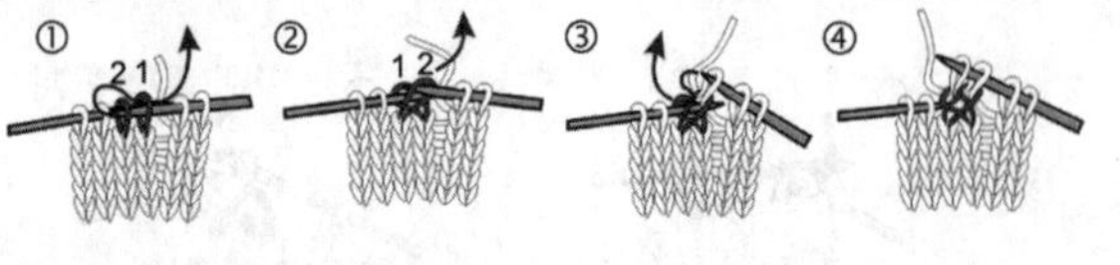

1. 右针从第1、第2针插入将第2针挑起从第1针的针圈中通过并挑出。
2. 再将右针由前向后插入第2针并挑出线圈。
3. 正常织第1针。
4. "1针右上套交叉"完成。

或 =左上2针并为1针

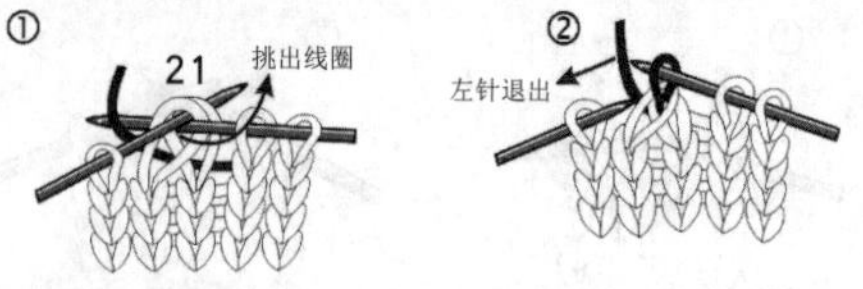

1. 右针按箭头的方向从第2针、第1针插入两个针圈中，挑出绒线。
2. 再将第2针和第1针这两个针圈从左针上退出，并针完成。

或 =1针下针和1针上针左上交叉

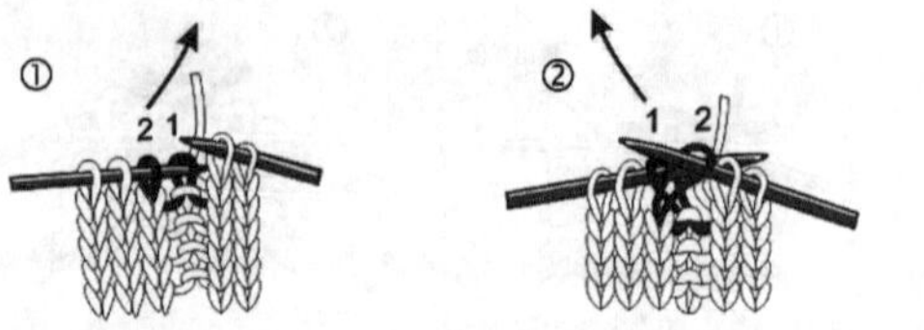

1. 先将第2针下针拉长从织物前面经过第1针上针。
2. 先织好第2针下针，再来织第1针上针。"1针下针和1针上针左上交叉"完成。

或 =1针下针和1针上针右上交叉

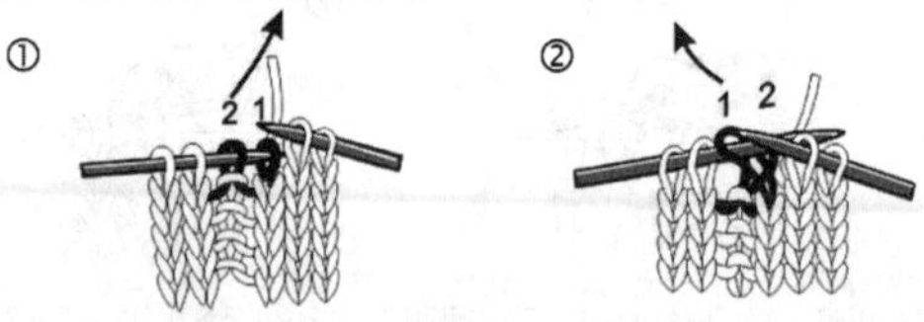

1. 先将第2针上针拉长从织物后面经过第1针下针。
2. 先织好第2针上针，再来织第1针下针。"1针下针和1针上针右上交叉"完成。

=1针扭针和1针上针左上交叉

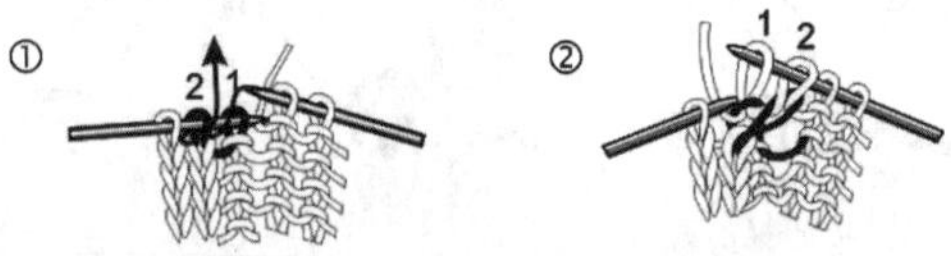

1. 第1针暂不织，右针按箭头方向插入第2针针圈中（这样操作后这个针圈是被扭转了方向的）。
2. 在第1步的第2针针圈中正常织下针。然后再在第1针针圈中织上针。

=1针下针和2针上针左上交叉

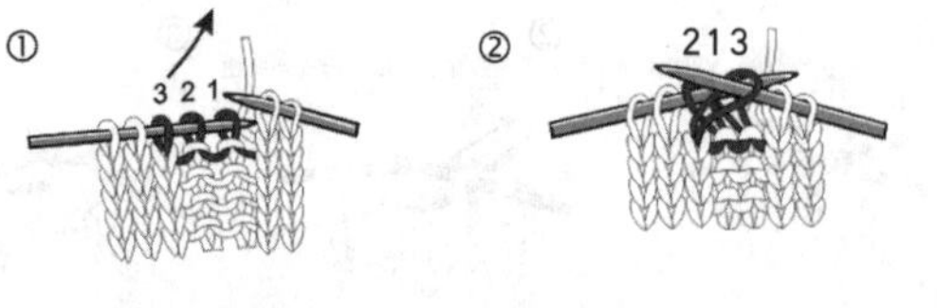

1. 将第3针下针拉长从织物前面经过第2和第1针上针。
2. 先织好第3针下针，再来织第1和第2针上针。"1针下针和2针上针左上交叉"完成。

=1针下针和2针上针右上交叉

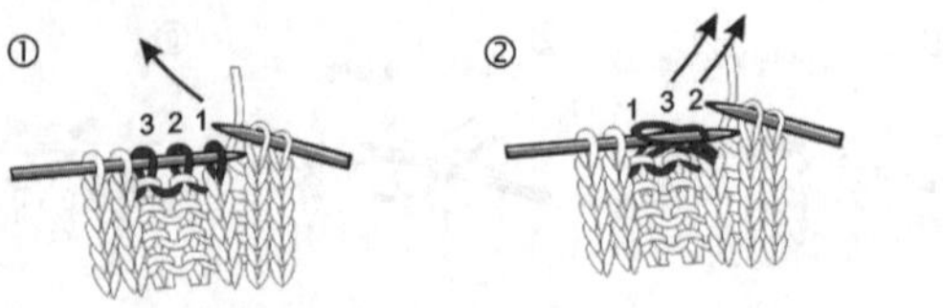

1. 将第1针下针拉长从织物前面经过第2和第3针上针。
2. 先织好第2、第3针上针，再来织第1针下针。"1针下针和2针上针右上交叉"完成。

=2针下针和1针上针右上交叉

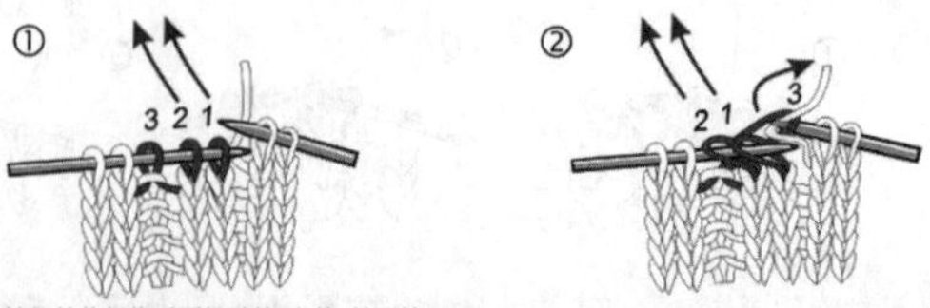

1. 将第3针上针拉长从织物后面经过第2和第1针下针。
2. 先织第3针上针，再来织第1和第2针下针。"2针下针和1针上针右上交叉"完成。

=2针下针和1针上针左上交叉

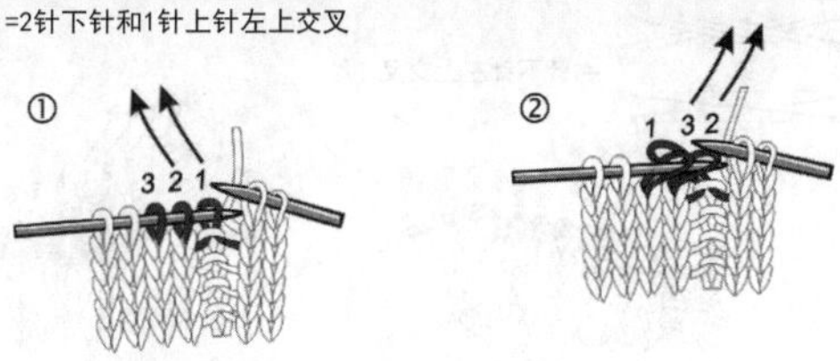

1. 将第1针上针拉长从织物后面经过第2和第3针下针。
2. 先织第2和第3针下针，再来织第1针上针。“2针下针和1针上针左上交叉”完成。

=2针下针右上交叉，中间1针上针在下面

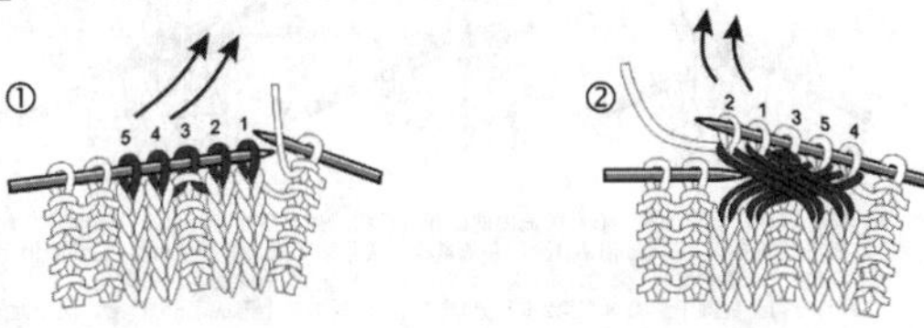

1. 先织第4、第5针，再织第3针上针（在下面），最后将第2、第1针拉长从织物的前面经过后再分别织第1和第2针。
2. “2针下针右上交叉，中间1针上针在下面”完成。

=3针下针和1针下针左上交叉

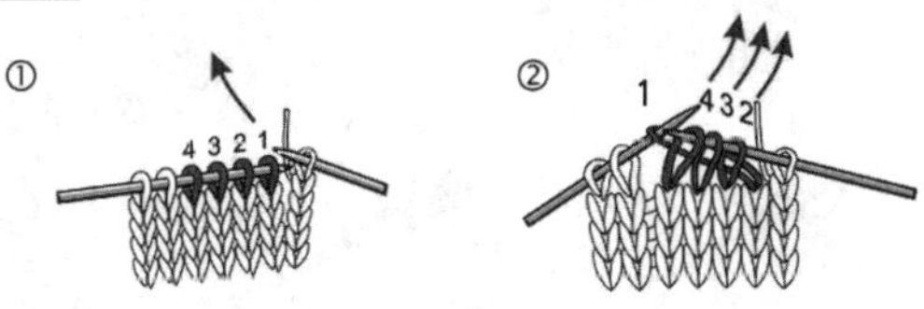

1. 先将第1针拉长从织物后面经过第4、第3、第2针。
2. 分别织好第2、第3和第4针，再织第1针。“3针下针和1针下针左上交叉”完成。

=3针下针和1针下针右上交叉

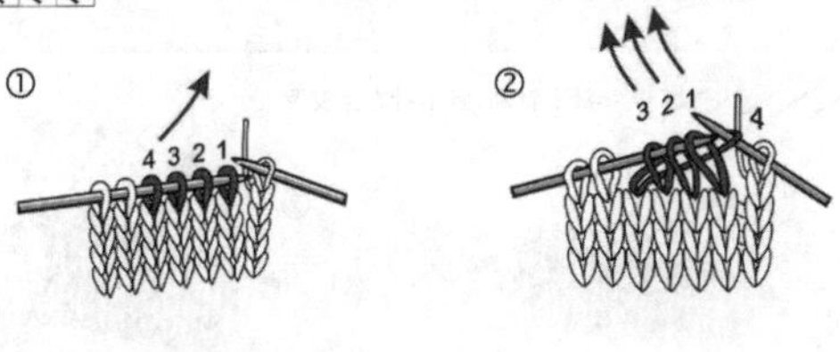

1. 先将第4针拉长从织物后面经过第4、第3、第2针。
2. 先织第4针，再分别织好第1、第2和第3针。“3针下针和1针下针右上交叉”完成。

=3针左上套交叉针

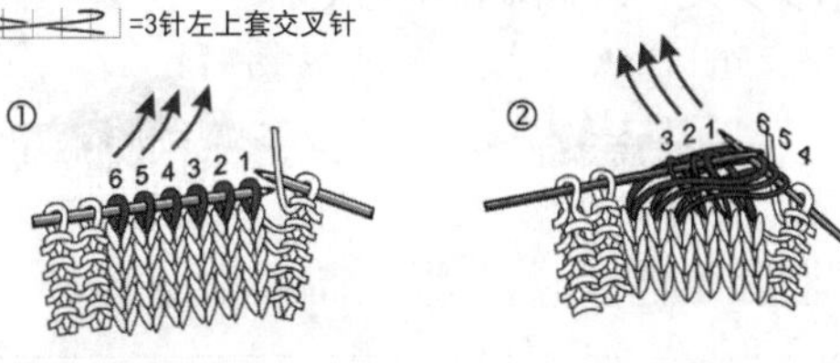

1. 先将第4、第5、第6针拉长并套过第1、第2、第3针。
2. 再正常分别织好第4、第5、第6针和第1、第2、第3针“3针左上套交叉针”完成。

或 =4针下针左上交叉

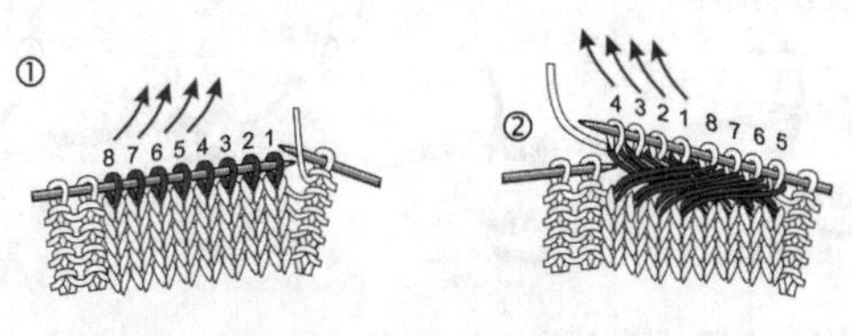

1. 先将第5、第6、第7、第8针从织物前面经过并分别织好它们，再将第1、第2、第3、第4针从织物后面经过并分别织好第1、第2、第3和第4针（在下面）。
2. “4针下针左上交叉”完成。

=2针下针右上交叉

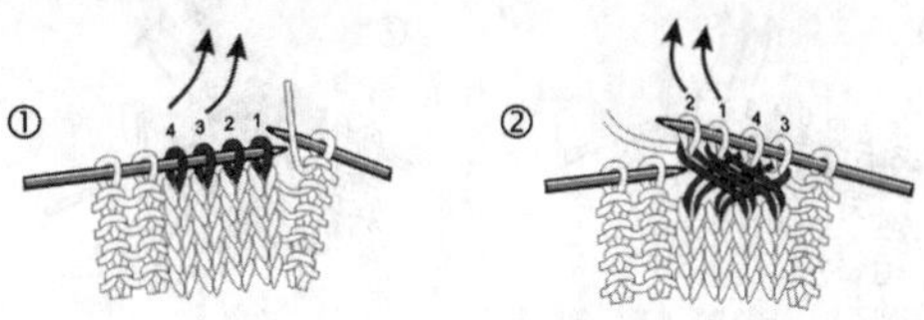

1. 先将第3、第4针从织物后面经过并分别织好它们，再将第1和第2针从织物前面经过并分别织好第1和第2针（在上面）。
2. “2针下针右上交叉”完成。

=2针下针左上交叉

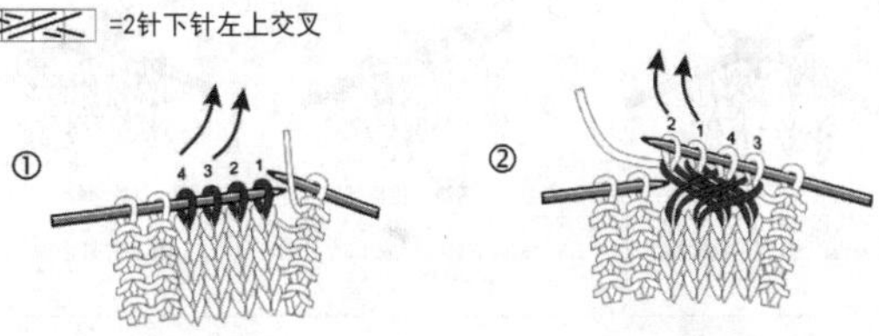

1. 先将第3、第4针从织物前面经过分别织好它们，再将第1和第2针从织物后面经过并分别织好第1和第2针（在下面）。
2. “2针下针左上交叉”完成。

=2针下针左上交叉，中间1针上针在下面

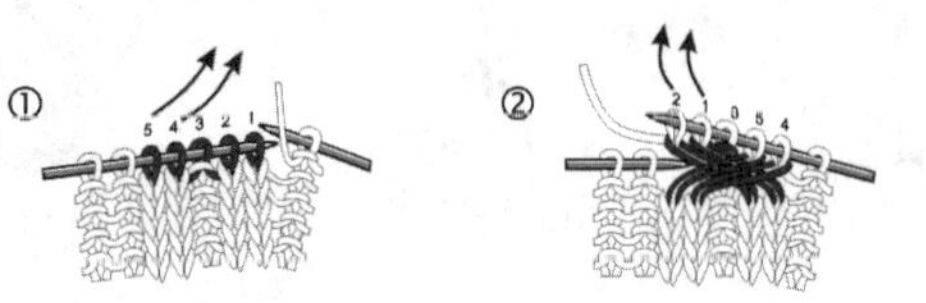

1. 先将第4、第5针从织物前面经过，再分别织好第4、第5针，再织第3上针（在下面），最后将第2、第1针拉长从上针的前面经过，并分别织好第1和第2针。
2. “2针下针左上交叉，中间1针上针在下面”完成。

=3针下针右上交叉

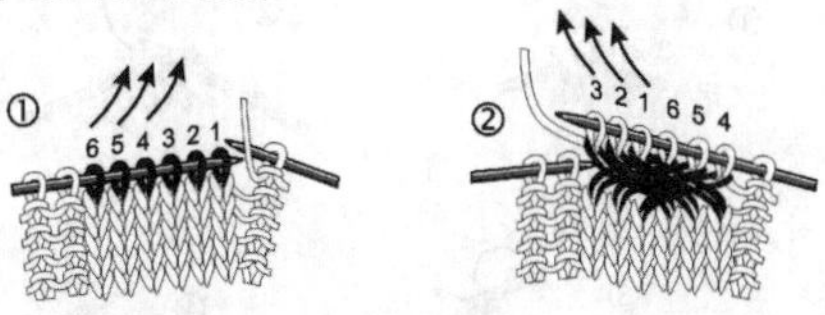

1. 先将第4、第5、第6针从织物后面经过并分别织好它们，再将第1、第2、第3针从织物前面经过并分别织好第1、第2和第3针（在上面）。
2. “3针下针右上交叉”完成。

=3针下针左上交叉

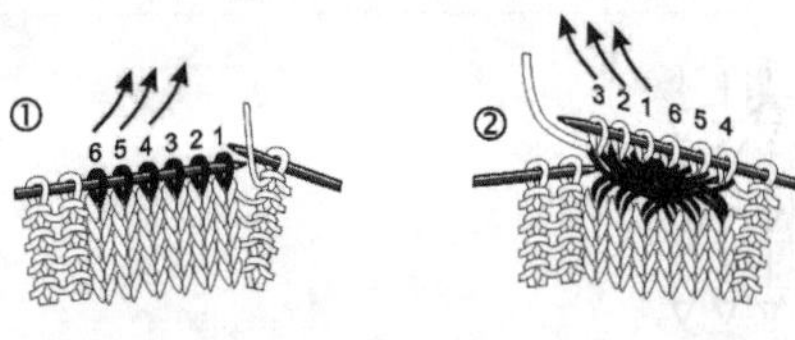

1. 先将第4、第5、第6针从织物前面经过并分别织好它们，再将第1、第2、第3针从织物后面经过并分别织好第1、第2和第3针（在下面）。
2. “3针下针左上交叉”完成。

或 =4针下针右上交叉

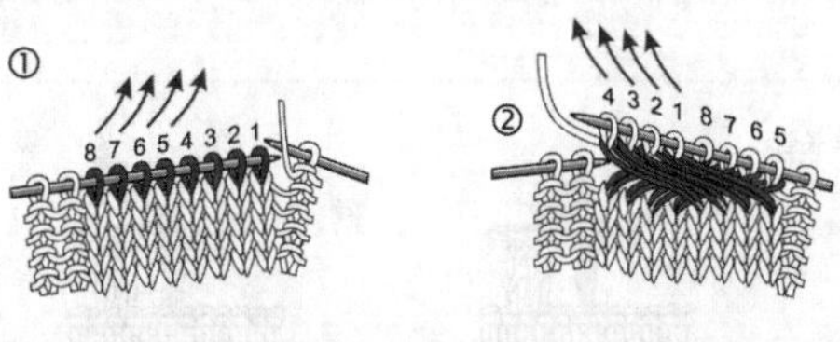

1. 先将第5、第6、第7、第8针从织物后面经过并分别织好它们，再将第1、第2、第3、第4针从织物前面经过并分别织好第1、第2、第3和第4针（在上面）。
2. “4针下针右上交叉”完成。

=3针下针右上套交叉针

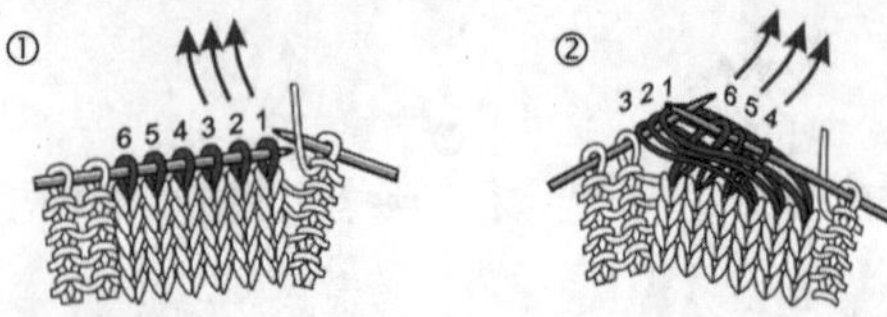

1. 先将第1、第2、第3针拉长并套过第4、第5、第6针。
2. 再正常分别织好第4、第5、第6针和第1、第2、第3针，“3针右上套交叉针”完成。

3 或 | O | =在1针中加出3针

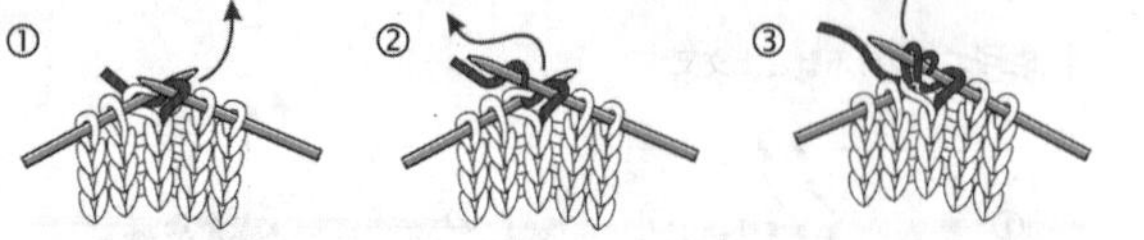

1. 将毛线放在织物外侧，右针尖端由前面穿入活结，挑出挂在右针尖上的线圈，左针圈不要松掉。
2. 将毛线在右针上从下到上绕1次，并带紧线，实际意义是又增加了1针，左针圈仍不要松掉。
3. 仍在这1个针圈中继续编织第1步1次。此时右针上形成了3个针圈。然后此活结由左针滑脱。

=5针并为1针，又加成5针

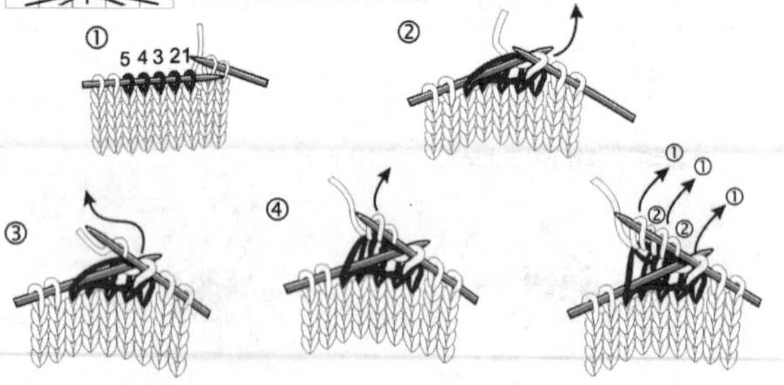

1. 右针由前向后从第5、第4、第3、第2、第1针（5个针圈中）插入。
2. 将毛线在右针尖端从下往上绕过，并挑出挂在右针尖上的线圈。左针5个针圈不要松掉。
3. 将毛线在右针上从下到上绕1次，并带紧线，实际意义是又增加了1针，左针圈仍不要松掉。
4. 仍在这5个针圈中继续编织第1步和第2步各1次。此时右针上形成了5个针圈。然后这5个针圈由左针滑脱。

或 =3针并为1针，又加成3针

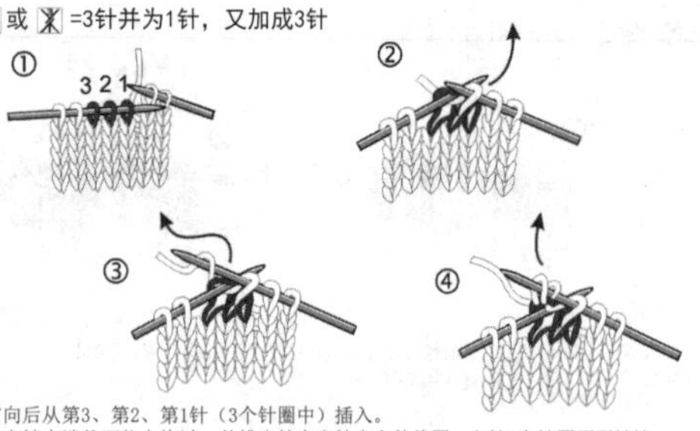

1. 右针由前向后从第3、第2、第1针（3个针圈中）插入。
2. 将毛线在右针尖端从下往上绕过，并挑出挂在右针尖上的线圈，左针3个针圈不要松掉。
3. 将毛线在右针上从下到上再绕1次，并带紧线，实际意义是又增加了1针，左针圈仍不要松掉。
4. 继续在这3个针圈中编织第1步1次。此时右针上形成了3个针圈。然后这3个针圈才由左针滑脱。

=蝴蝶针

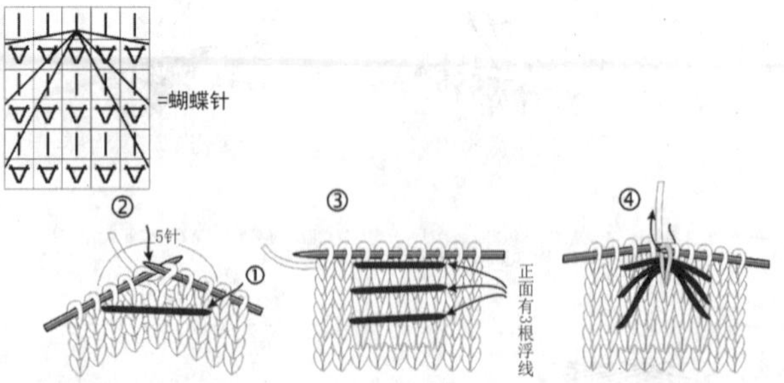

1. 第1行将线置于正面，移动5针至右针上。
2. 第2行继续编织下针。
3. 第3、第4、第5、第6行重复第1、第2行。到正面有3根浮线时织回到另一端。
4. 将第3针和前6行浮起的3根线一起编织下针。

=长针

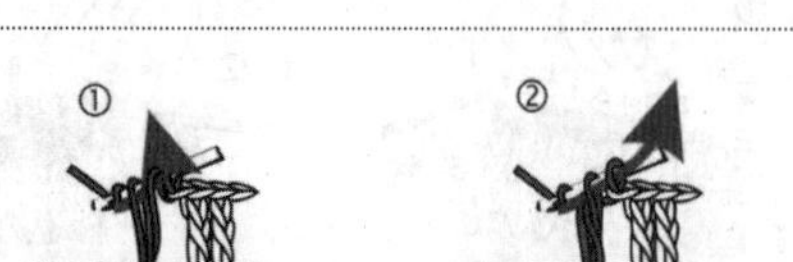

1. 将线先在钩针上从上到下（按图示）绕1次，再将钩针按箭头方向插入上一行的相应位置中，并带出线圈。
2. 在第1步的基础上将线在钩针上从上到下（按图示）绕1次并带出线圈。注意这时钩针上只有1个针圈了。

或 =4针下针左上交叉

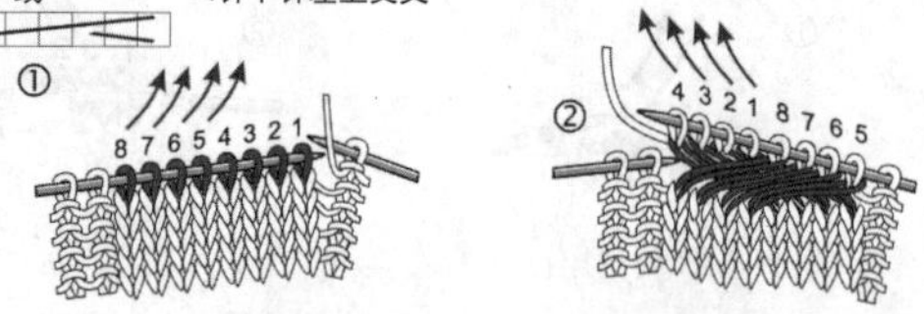

1. 先将第5、第6、第7、第8针从织物前面经过并分别织好它们，再将第1、第2、第3、第4针从织物后面经过并分别织好第1、第2、第3和第4针（在下面）。
2. “4针下针左上交叉”完成。

5 或 | O | O | =在1针中加出5针

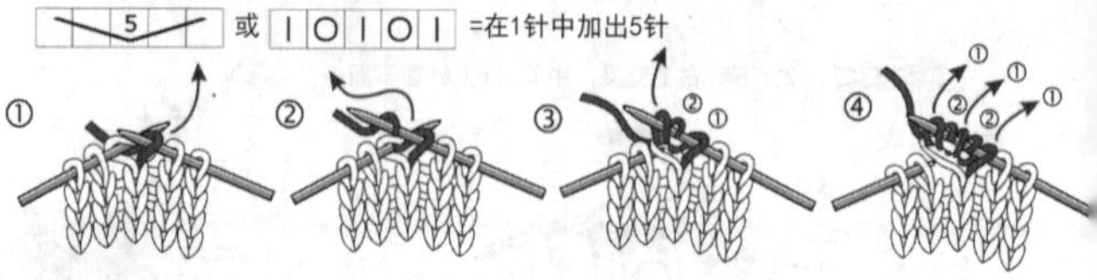

1. 将毛线放在织物外侧，右针尖端由前面穿入活结，挑出挂在右针尖上的线圈，左针圈不要松掉。
2. 将毛线在右针上从下到上绕1次，并带紧线，实际意义是又增加了1针，左针圈仍不要松掉。
3. 在这1个针圈中继续编织1次。此时右针上形成了3个针圈。左针圈仍不要松掉。
4. 仍在这1个针圈中继续编织第2步和第1步1次，此时右针上形成了5个针圈。然后此活结由左针滑脱。

=5针小球

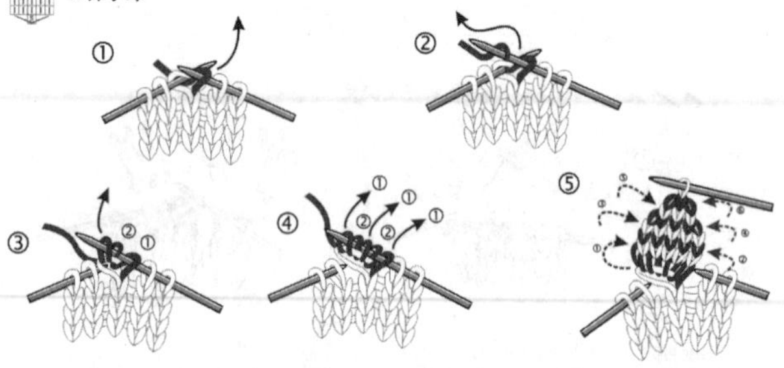

1. 将毛线放在织物外侧，右针尖端由前面穿入活结，挑出挂在右针尖上的线圈，左针圈不要松掉。
2. 将毛线在右针上从下到上绕1次，并带紧线，实际意义是又增加了1针，左针圈仍不要松掉。
3. 在这1个针圈中继续编织1次。此时右针上形成了3个针圈。左针圈仍不要松掉。
4. 仍在这1个针圈中继续编织第2步和第1步1次。此时右针上形成了5个针圈。然后此活结由左针滑脱。
5. 将上一步形成的5个针圈针按虚箭头方向织3行下针。到第4行两侧各收1针，第5行下针，第6行织“中上3针并为1针”。小球完成后进入正常的编织状态。

=6针下针和1针下针右上交叉

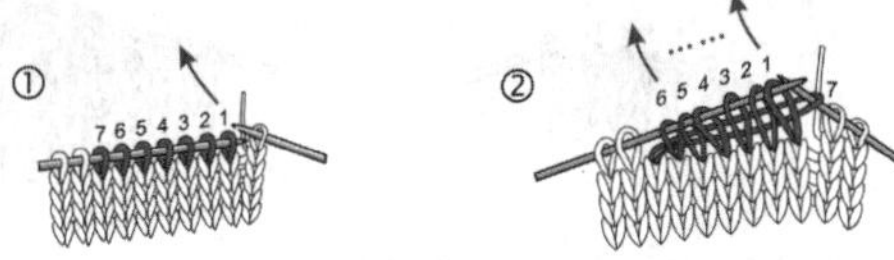

1. 先将第7针拉长从织物后面经过第6、第5……第1针。
2. 先织好第7针，再分别织好第1、第2……第6针。“6针下针和1针下针右上交叉”完成。

=6针下针和1针下针左上交叉

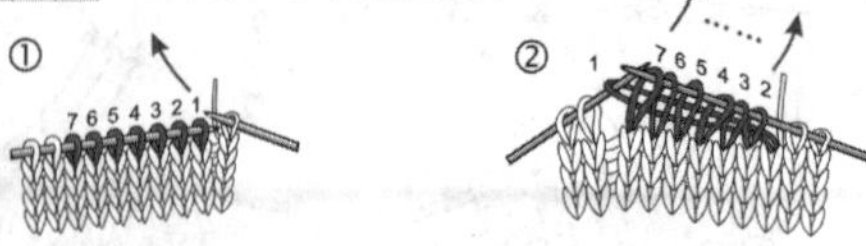

1. 先将第1针拉长从织物后面经过第6、第5……第1针。
2. 分别织好第2、第3……第7针，再织第1针。“6针下针和1针下针左上交叉”完成。

=拉针

1. 先将右针从织物正面的任一位置（根据花形来确定）插入，挑出1个线圈来。
2. 然后和左针上的第1针同时编织为1针。

=铜钱花

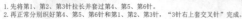

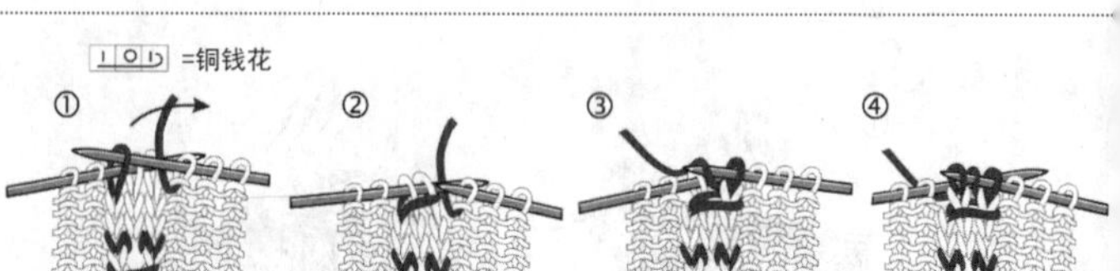

1. 先将第3针挑过第2和第1针（用针圈套住它们）。
2. 继续编织第1针。
3. 加1针（空针），实际意义是增加了1针，弥补第1步中挑过的那1针。
4. 继续编织第3针。